„Our house is on fire“

Drama zwischen Text und Bühne

Herausgegeben von

Marta Famula
Paul Martin Langner
Agata Mirecka

BAND 5

Andreas Englhart, Artur Pełka, Hannah von Sass (Hg.)

„Our house is on fire“

Theater / Drama / Theatertext und Klimakrise

BRILL | FINK

Umschlagabbildung: Gemeinsame Zeichnung der Beiträger*innen des vorliegenden Bandes

Bibliografische Information der Deutschen Nationalbibliothek

Die Deutsche Nationalbibliothek verzeichnet diese Publikation in der Deutschen Nationalbibliografie; detaillierte bibliografische Daten sind im Internet über http://dnb.d-nb.de abrufbar.

www.brill.com
E-Mail: info@fink.de

Einbandgestaltung: Evelyn Ziegler, München
Herstellung: Brill Deutschland GmbH, Paderborn

ISSN 2747-9811
ISBN 978-3-7705-6961-8 (hardback)
ISBN 978-3-8467-6961-4 (e-book)

Für unsere Zukunft

Arkadiusz
Clara
Immanuel
Jakob

Inhalt

TEIL III
Post/Humanismen

TEIL IV
Biosphären

TEIL V
Neue Dramaturgien

TEIL VI
Stücke

Einleitung

Andreas Englhart, Artur Pełka, Hannah von Sass

Nicht erst nach den Berichten über Grenzen des Wachstums in den 1970er Jahren, Al Gores Warnungen seit den 1990er Jahren, Greta Thunbergs Protest und den Aktionen von Fridays for Future, Extinction Rebellion oder der Letzten Generation ist klar, dass wir vor den Katastrophen des Klimawandels und der Auslöschung der Arten stehen. Die Zerstörung der Ökosysteme und der Raubbau an der Natur erweisen sich zunehmend als die negativen Seiten des Anthropozäns. Nicht jede*r scheint den Ernst der Lage erkannt zu haben oder die Kosten für notwendige Änderungen tragen zu wollen. Als älteste Medien der Öffentlichkeit sind hierzu auch das Theater und das Drama angesprochen. Wie bekannt, entwickelten sich das Theater und die Demokratie zeitgleich im 5. Jh. v. Chr. in der griechischen Polis. Mit der Tragödie, etwa der ersten uns überlieferten von Aischylos, *Die Perser* (472 v. Chr.), reflektierten die Bürger Athens, dass Hybris, Ignoranz und Realitätsflucht zum Untergang führen. Prophezeiungen der Seher*innen wie Kassandra in Aischylos *Orestie* (458 v. Chr.), Teiresias in Sophokles *Ödipus* (um 428 v. Chr.) oder in Euripides *Die Bakchen* (406 v. Chr.) werden ignoriert – mit verheerenden Folgen. Viel scheint sich heute nicht geändert zu haben: „Our house is on fire!", so Greta Thunberg, die ältere Generation wäre zu sorglos, habe weggesehen, vermittle das falsche Gefühl, alles im Griff zu haben. An sich begannen bereits in den 1950er und 1960er Jahren Forscher*innen, die Rolle von Treibhausgasen wie Kohlendioxid (CO2) in der Atmosphäre zu untersuchen, spätestens mit der Gründung des Intergovernmental Panel on Climate Change (IPCC) 1988 und dessen regelmäßigen Berichten konnte keine*r mehr behaupten, man hätte von nichts gewusst. In den 1970er Jahren stellten James Lovelock und Lynn Margulis ihre Gaia-These vor, an die in jüngster Vergangenheit Bruno Latour anknüpfte. Man verstand, dass die Tragödie nicht mehr allein auf den Menschen, sondern auf die Erde und ihr Biosystem als Ganzes bezogen werden musste. Der entscheidende Paradigmenwechsel von Galileo, dem es um Ähnlichkeiten, um physikalische Gesetze, die überall gelten sollten, ging, zu Lovelock, entspräche der Entdeckung der Einzigartigkeit von Gaia.[1] Gleichwohl war die Tragödie Jahrzehnte lang nicht offensichtlich, zumindest außerhalb der Wissenschaft.

1 James Lovelock, *The Ages of Gaia* (N.Y.: Norton, 1988); Latour Bruno. *Kampf um Gaia: Acht Vorträge über das neue Klimaregime*, aus dem Französischen von Achim Russer und Bernd Schwibs, Berlin: Suhrkamp, 2017, S. 133 ff.

Mit ihren Messinstrumenten, ihrem theoretischen Apparat und geeigneten Methoden registrierten Forscher*innen etwas, das man im Theater und in der Öffentlichkeit erst in seinen dramatischen Folgen wahrnehmen kann. Im Idealfall liefert die Wissenschaft Fakten, die selektiert, bewertet und präsentiert werden müssen. Entscheidungen, die auf Bewertungen von wissenschaftlichen Fakten beruhen, sind dann die Aufgabe der Politik: Sind etwa Arbeitsplätze in älteren Industrien oder das Überleben der Malediven wichtiger? Dennoch ist die wissenschaftliche Präsentation der Fakten nicht frei von Theatralität. Zuweilen spielt die Klimaforschung mit ihren Szenarien die tragische Rolle der aischylosschen Kassandra. Als Projektionen der Fakten in die Zukunft werden in Szenarien plausible Entwürfe der Zukunft erstellt, die sich logisch, wahrscheinlich und kausal begründet aus den heutigen Fakten und Grundannahmen ableiten lassen. Dabei bleiben seriöse Wissenschaftler*innen immer auch Skeptizist*innen: Fakten und Projektionen können per se nicht verifiziert werden, sie sollten aber – so Karl Popper – falsifiziert werden können.[2] Ähnlich wie es Aristoteles in seiner *Poetik* (335 v. Chr.) für die Tragödie verlangt, sind Szenarien der Klimaforscher*innen in ihrer Möglichkeit wahrscheinlich, aber keine Wirklichkeit.[3] Diese Differenz zwischen Wahrscheinlichkeit der Tragödie und Wirklichkeit ist die Lücke, die geschickte Klimaleugner*innen ausnutzen. Sie bestreiten keineswegs den Anstieg der Temperaturen, sondern die Kausalität des Anthropozäns[4], verkünden alternative Fakten und erfinden Verschwörungstheorien. Um diesen zu begegnen, fordern Wissenschaftler*innen eine neue Aufklärung.[5] Wie im 18. Jahrhundert

2 Karl Popper, *Logik der Forschung*, Tübingen: Mohr, 1971.

3 Es geht also mit Aristoteles nicht darum, was zufälligerweise gerade ist (und sich als Historie ausprägt), sondern darum, was geschehen könnte und sollte, um das den Regeln der Wahrscheinlichkeit (eikos) oder Notwendigkeit (anankaion) folgende Mögliche, so Aristoteles, *Poetik*, Kap. 9, Stuttgart: Reclam, 1994.

4 Das Anthropozän ist ein Begriff von Paul Crutzen und Eugene Stoermer, der die Menschheit als wichtigen oder wichtigsten geologischen Faktor identifiziert (Crutzen, Paul J. und Eugene F. Stoermer, *The „Anthropocene"*, in: IGBP Global Change Newsletter. Nr. 41, Mai 2000, S. 17–18). Ob das Anthropozän eine tragfähige These darstellt und wann es beginnen soll, wird kontrovers diskutiert. Vieles spricht für die Zeit um 1800 als Beginn der Industrialisierung und der Moderne oder die 1950er Jahre, in denen weltweit die wichtigsten Industrieparameter und Wirtschaftszahlen deutlich ansteigen.

5 Ernst Ulrich von Weizsäcker, Anders Wijkman und weitere Mitglieder des Club of Rome fordern eine „neue Aufklärung". Darunter verstehen sie ein neues Bewusstsein dafür, dass die bereits für die lokale Verschmutzungen (wie Flüsse, Luftqualität etc.) eingeleitete Abkopplung des Wirtschafts- und Industriewachstums von der Umweltverschmutzung auch auf die Bereiche Klima, Bodenqualität oder biologische Vielfalt erweitert werden muss; Weizsäcker, Ernst Ulrich von, Anders Wijkman u. a., *Wir sind dran – Club of Rome. Der große*

benötigt Aufklärung eine offene mediale Öffentlichkeit sowie eindrucksvolle Dramaturgien und Ästhetiken, die Fakten präsentieren, die Reflexion fördern und die notwendige Diskussion einleiten. Wenn wir die Szenarien der Klimaforscher*innen für plausibel bzw. kausal möglich, gar wahrscheinlich halten, dann müssen wir uns auch im Theater und in der Literatur 1. zu diesen Fakten verhalten, sie inhaltlich oder ästhetisch vermitteln, um dann 2. ein Engagement zu initiieren. Schon Bertolt Brecht meinte, dass es im Theater „nicht nur darauf ankommt, die Welt zu interpretieren, sondern sie zu verändern".[6] Er zitiert die elfte These über Ludwig Feuerbach von Karl Marx: „Die Philosophen haben die Welt nur verschieden interpretiert; es kömmt drauf an sie zu verändern".[7] Al Gore bemerkt: „Learn as much as you can about the climate crisis. Then put your knowledge into action".[8] Knapper formuliert es das künstlerische Vermittlungsformat SAVE THE WORLD: „From Empathy to Action".[9] Die Aktion Plant-for-the-Planet fordert „Stop talking", denn Kinder wollen „auch eine Zukunft".[10] Leider kommen die darstellenden Künste etwas spät in die Gänge, innerhalb der letzten Jahre erreichte Fridays for Future mehr, als alle Engagements der Theater zusammen. Für Thomas Köck liegt die Tragödie gar „hinter uns, vor uns auf dem tisch die daten, die orakel haben gesprochen, die statistiken hängen doch da, die tragödie findet statt, hier und heute, that's it, kein flug der vögel mehr, kein rauschen mehr, kein summen, kein geräusch, no 2nd chance."[11] Man kann die Lage auch etwas optimistischer bewerten. Klar ist, dass es sich die Künste nicht einfach machen können. Jonathan Safran Foer diagnostiziert, der Klimawandel sei zu abstrakt für eine gute Erzählung. Kathrin Röggla stellt fest, alles sei „weit weg. Viel zu weit weg. Die Katastrophen, die sich vollziehen, sind immer woanders, auch wenn sie real vor unserer Haustür stattfinden. Noch immer werden sie Naturkatastrophen genannt. Auch unser

---

Bericht: Was wir ändern müssen, wenn wir bleiben wollen. Eine neue Aufklärung für eine volle Welt, Gütersloh: Bertelsmann, 2017, S. 179ff.

6 Bertolt Brecht: „Katzgraben-Notate", in: Ders., *Werke. Große kommentierte Berliner und Frankfurter Ausgabe. Band 25*, hg. von Werner Hecht u. a. Berlin, Weimar, Frankfurt a. M.: Suhrkamp, 1994, S. 399–490, hier S. 401.

7 Karl Marx, „Exzerpte und Notizen Sommer 1844 bis Anfang 1847; Notizbuch aus den Jahren 1844–1847, 1) ad Feuerbach", in: *Karl Marx/Friedrich Engels Gesamtausgabe (Mega), Vierte Abteilung, Bd. 3*, Berlin: Akademie Verlag, 1998, S. 19–21, hier S. 21.

8 Al Gore, „End Credits", in: Davis Guggenheim: *An Inconvenient Truth*, 2006.

9 https://www.savetheworld.de (Zugriff 10.06.2019).

10 https://www.plant-for-the-planet.org (Zugriff 19.07.2020).

11 Thomas Köck, *forecast: ödipus. living on a damaged planet (τύφλωσίς, II)*, Berlin: Suhrkamp, 2022, S. 10.

Wissen darüber hält sich auf Abstand."[12] Zutreffend ist sicher die Standortbestimmung Latours aus dessen „Terrestrischem Manifest", die nicht zufälligerweise von Martin Heckmanns in seinem aktuellen Stück *Etwas Besseres als den Tod finden wir überall* eingangs zitiert wird: „Heute sind alle: Dekor, Kulissen, Hinterbühne, das gesamte Gebäude, auf die Bühnenbretter gestiegen und machen den Schauspielern die Hauptrolle streitig. Das schlägt sich in den Textbüchern nieder, legt andere Ausgänge der Intrige nahe. Die Menschen sind nicht mehr die einzigen Akteure, sehen sich zugleich aber mit einer Rolle betraut, die viel zu groß für sie ist."[13] Für das Theater und das Drama wären also auch andere Akteur*innen in differenten Handlungszusammenhängen relevant. Die Demokratie als einer der genialsten Kulturerrungenschaften der Menschheit wäre um ein Parlament der Dinge zu ergänzen. Latours Frage, wie man eine große Zahl latenter, nichtmenschlicher Akteur*innen, oder auch Aktanten, relational in institutionelle Kooperationen und demokratische Aushandelsprozesse einbinden und ihnen im übertragenen oder wörtlichen Sinne eine Stimme geben könnte, um mit ihnen einen, auf die Natur erweiterten Gesellschaftsvertrag abzuschließen, verlangt gerade vom Theater und Drama gute Antworten. Damit wäre dem traditionellen Anthropozentrismus des Dramas der traditionelle Boden entzogen. Man könnte sich eher ein prozedurales Politikmodell in einem Kollektiv vorstellen, in dem auch Nichtmenschliches nicht ausgeschlossen, Hybridität unter menschlichen und nichtmenschlichen Akteuren bzw. *Quasi*-Objekten ermöglicht und Bidirektionalität zwischen Mensch und Umwelt eingerichtet wäre.[14] Dies scheint jedoch einfacher postuliert als künstlerisch umgesetzt werden zu können. Röggla skizziert zutreffend: „Wenn man etwas in einem Stück nicht erzählen kann, rückt die Suchbewegung in den Vordergrund."[15] Diese Suchbewegung dokumentiert der vorliegende Band, er geht aus einer Tagung hervor, die im Oktober 2023 (13.–14.10.) an der Universität Łódź stattgefunden hat, in Zusammenarbeit mit der LMU München, dem DFG-Netzwerk „Untersuchungen zur Gegenwartsdramatik" und dem Theater des Anthropozän. Eingeladen waren interdisziplinär nicht nur Akademiker*innen und Künstler*innen, sondern auch interessierte Bachelor-, Master- und Promotionsstudierende. Neben einer Darlegung des Stands der Dinge ging es darum, zu diskutieren, welche aktuellen und welche

12 Kathrin Röggla, *Vorrede zum Stück Wasser*, Frankfurt a. M.: S. Fischer, 2022, S. 4.

13 Martin Heckmanns, *Etwas Besseres als den Tod finden wir überall*, Berlin: Suhrkamp, 2021, S. 5.

14 Bruno Latour, *We Have Never Been Modern*, Hemel Hempstead: Harvester Wheatsheaf, 1993.

15 Kathrin Röggla, *Das Wasser*, Frankfurt a. M.: S. Fischer, 2022, S. 7.

zukünftigen Formen für ein Theater und ein Drama, dem es um den Klimawandel und die Auslöschung der Arten geht, möglich sind. Welche Formen und Strukturen der Dramatik und des Theaters wären gefordert und geeignet, die Tatsachen der Verbrechen gegen die Umwelt zu präsentieren? Und: Wie wäre zum Engagement zu motivieren? Es ergab sich ein breit gefächertes Panorama der Beiträge und Vorträge, was der Weite des Themas und der Möglichkeiten des deutschsprachigen Theaters entspricht.

Vor diesem Hintergrund versammelt der folgende Band in sechs Sektionen Beiträge, die zentrale Aspekte von Klimakrise im Theater und Drama bzw. Theatertexten in den Blick nehmen und exemplarisch wie komparativ herausstellen.

Die erste Sektion **Neue Dramatik** wird mit einem Beitrag von HANNAH VON SASS eröffnet, die sich den Klimanarrativen in einer Doppelrolle – als Literaturwissenschaftlerin und Theaterautorin – widmet. Aus der Überzeugung heraus, dass sich die Klimanarrative immer auf die menschliche Natur beziehen, weist die Autorin in Anlehnung auf Gabriele Dürbeck auf potenzielle Möglichkeiten, wie man die Klimakrise erzählen kann und plädiert dabei für das Biosphärische Schreiben. Abschließend betont der Beitrag die Rolle einer tragikomischen Poetik. Dieser Band-Eröffnung folgt der Beitrag von EDITH DRAXL, der die Notwendigkeit neuer Narrative betont und sich dabei vorwiegend auf Donna Haraway stützt. Als Beispiel für eine gelungene In-Szene-Setzung der Klimakrise wird die Installation *Intimacy of Strangers* von Lisa Horvath präsentiert, die das Verhältnis Mensch zur Erde thematisiert. KEVIN RITTBERGER untersucht das Theater als eine Praxis, die Wahrnehmung, Körper und Umwelt als verflochtene Entitäten begreift. U. a. ausgehend von der antiken Dionysostheater-Erfahrung entwickelt er ein Konzept des diffraktiven Theaters, das Dichotomien wie Subjekt/Objekt oder Natur/Kultur aufbricht und eine experimentelle, aber notwendige Öffnung für materielle, sinnliche und ethische Verflechtungen fordert.

In der zweiten Sektion **Institutionen** stellt FRANK M. RADDATZ das von ihm mitbegründete Theater des Anthropozäns vor, welches Kunst und Wissenschaft verbindet, um die ökologische Krise des Anthropozäns auf sowohl wissenschaftlicher wie ästhetischer Ebene zu reflektieren. Das Theater fungiert hier als Denk- und Spielraum, der ökologische Prozesse sichtbar macht und eine neue Sensibilität für planetarische Bedingungen entwickelt. KERSTIN WILHELMS analysiert in ihrem Beitrag aktuelles Gerichtstheater, in besonderem das Theaterstück *De Zaag Shell* (2020), das den realen Klimaprozess gegen den Shell-Konzern inszeniert und die Verantwortung für den Klimawandel herausstellt. Das Stück verbindet rechtliche, politische und ethische Perspektiven und fordert eine kollektive Verantwortung in der Klimakrise. Die öffentlich finanzierten deutschsprachige Theater als moralischer Kompass für eine ökologisch nachhaltige Lebensweise interessiert LAURA KRAHN, hierbei die Rolle von Theatern als Räume für gesellschaftliche Debatten und Transformation. Sie erörtert, wie Theaterinstitutionen nachhaltiger agieren und gesellschaftliche Veränderungen wie die Klimakrise aktiv aufgreifen können.

ELIANE BEAUFILS leitet mit ihrem Beitrag die dritte Sektion **Post/Humanismen** ein, Mensch-Tier Forschungen auf der Bühne perspektiviert sie als transformativen Weg, konkret als Performances, die Mensch-Tier-Beziehungen thematisieren. Analysiert werden u.a. experimentelle Aufführungen am Théâtre de Vidy in Lausanne, die das Publikum dazu anregen, etablierte Perspektiven zu transzendieren und neue Beziehungsformen zu Tieren zu erkunden. Eine theaterpraktisch funktionierende Dramaturgie der Kritischen Zone im Gegenwartstheater interessiert ANDREAS ENGLHART. Er diskutiert, wie das Theater auf ökologische Krisen wie den Klimawandel und die Auslöschung der Arten reagieren kann und plädiert für eine Dramaturgie, die traditionelle anthropozentrische Perspektiven überwindet, auch wenn dies bis heute und vielleicht generell nicht vollständig gelingen kann. KATHARINA KOHLER stellt die fundamentale Frage nach einem Theater ohne Menschen, auf philosophischer Ebene zu De/Montagen anthropozentrierter Vorstellung/en im Theater des Anthropozän vor dem Hintergrund der Notwendigkeit einer Dezentrierung des Menschen in theatralen Darstellungen. Sie argumentiert, dass Perspektiven der Negativen Anthropologie hilfreich wären, um die Flexibilität und Vielgestaltigkeit menschlicher Rollenbilder zu erforschen und ethische Verantwortung in einer vom Menschen geprägten Welt zu thematisieren. *Der letzte Mensch* als dystopisch-utopisches Drama von Philipp Weiss beschäftigt KAROLINA SIDOWSKA, es erkundet das Schicksal der Menschheit nach einer globalen Klimakatastrophe und fordert einen radikalen Paradigmenwechsel im Verhältnis des Menschen zur Natur. Einer der radikalsten theatral-performativen Ausformungen ist das Pflanzentheater als Langzeitprojekt *Die Welt ohne uns* des Kollektivs lunatiks produktion, das Pflanzen als Protagonist*innen inszeniert, um anthropozentrische Perspektiven zu überwinden. THERESA SPIELMANN überlegt auf dieser Folie, wie und wie weit Theater hier und im Allgemeinen den Weg in eine posthumanistische Ästhetik gehen kann.

Für die anschließende vierte Sektion **Biosphären** stellt ARTUR PEŁKA dramatische Hydrologien des Gegenwartstheaters und -stücks vor. Hydrologische Motive wie Fluten und Dürren dienen als zentrale Metaphern für gegenwärtige und zukünftige ökologische und gesellschaftliche Krisen. MONIKA WĄSIK-LINDER erkundet die Lingua arborum, konkret: Worüber Bäume in zeitgenössischen Opern-Installationen sprechen. Damit werde es auch für die zeitgenössische Oper möglich, einen gewichtigen Beitrag angesichts der ökologischen Krise zu leisten. Dass die theatrale und dramatische Darstellung von Umweltkrisen gar nichts Neues ist, sondern etwa im Kinderdrama am Beispiel der Umwelt-Trilogie des GRIPS Theaters (1977–1990) schon vor fast einem halben Jahrhundert virulent war, zeigt der Beitrag von FELIX LEMPP. Gerade die Handlungsmöglichkeiten von Kindern scheinen hier immer noch das Hauptthema zu sein.

Gesucht werden in allen Beiträgen **neue Dramaturgien** für ein Theater des Anthropozän, besonders fokussiert in den Beiträgen zur fünften Sektion. THERESA SCHLESINGER skizziert auf der Basis einer performativen Kraft des Trauerns im Erleben des Artensterbens im Theater eine Dramaturgie nach dem Anthropozän, die durch performative Trauerrituale und die Einbeziehung nicht-menschlicher Perspektiven neue Verbindungen zwischen Mensch und Natur schafft. Kontingente Räume erforscht JOHANN OTTEN, man benötige sie für eine radikale Transformation der Theaterpraxis hin zu ökologischer Nachhaltigkeit. Betont wird im Beitrag die Notwendigkeit, soziale Nachhaltigkeit und Diversität zu fördern, um ein breites Spektrum an Publikumsschichten anzusprechen. Den das Theater gründenden und in einem heutigen performativen Theater vermehrt wieder anzutreffenden Chor versteht TAE-EUN AN als Vertreter der ökologische Klasse, in Dramen und Theatertexten zur Klimakrise werde er benötigt, um zu kollektivem Handeln gegen die Klimakatastrophe anzuregen. Auf die private wie gesellschaftlich strukturelle Ebene bezogen werden aktuelle Katastrophen als Krisenerfahrungen und -reaktionen in René Polleschs *Geht es dir gut?* in der Figur F bzw. dem Schauspieler Fabian Hinrichs thematisiert, die Analyse dieses postdramatischen Theaters des Anthropozän von ANTON BRÖLL rundet die Sektion ab.

Die sechste Sektion **Stücke** offeriert einen direkten Einblick in das, was vor allem zählt: die dramatische und theatrale Praxis. ANNA STECHER zeigt anhand ihrer kommentierten Übersetzung eines Ausschnittes aus dem Stück *Neun Lieder* von YAN XIAOPING, dass die kritische Auseinandersetzung mit Umweltzerstörung, Klimawandel und gesellschaftlichen Umbrüchen im zeitgenössischen chinesischen Theater genauso relevant ist wie hierzulande. RAPHAELA BARDUTZKY, PAUL BRODOWSKY, ARIANE KOCH, THOMAS KÖCK, KEVIN RITTBERGER und HANNAH ZUFALL präsentieren in ihren dramatischen und nicht mehr dramatischen Stücken, die im Band als Ausschnitte auftreten, weitere innovative Ansätze und Stücke, die die vielfältigen Möglichkeiten des Theaters und Theatertextes im Umgang mit ökologischen und gesellschaftlichen Herausforderungen aufzeigen. Verdeutlicht werden die komplexen Wechselwirkungen zwischen Mensch, Natur und Gesellschaft, eröffnet werden auf den verschiedenen dramaturgischen und ästhetischen

Ebenen mögliche und unmögliche neue Perspektiven für eine nachhaltige Zukunft.

Wir danken allen Kolleg*innen, Dramaturg*innen und Dramatiker*innen, die mit uns den spannenden Forschungsweg bei der Tagung sowie der Vorbereitung des vorliegenden Bandes gegangen sind, mit uns diskutiert und uns auf vielfältigste Weise unterstützt haben. Besonders möchten wir Giulia Weis für die Korrekturarbeiten würdigen.

Andreas Englhart, Artur Pełka, Hannah von Sass
im Frühjahr 2025

TEIL I

Neue Dramatik

In eigener Sache

Überlegungen zu einem biosphärischen Schreiben

Hannah von Sass

Die Auseinandersetzung mit der Klimakrise nimmt in der gegenwärtigen Dramatik sowie in der deutschsprachigen Literatur- und Theaterwissenschaft stetig zu. Endlich, möchte man sagen. Bis vor einigen Jahren reagierten Theater- und Förderinstitutionen noch eher abweisend oder mit Unverständnis auf Konzeptionen, die darauf zielten, das sich tragisch zuspitzende Verhältnis des Menschen zu seiner Umwelt thematisch werden zu lassen. Und das, obwohl sich die deutschsprachige Theaterszene doch als Seismograph gesellschaftlich-politischer Themenfelder begreift. Allerdings wäre es zu vereinfacht gedacht, wenn man die Reserve der Theaterlandschaft allein als allzu träge Reaktion auf gesellschaftlich bereits etablierte Debatten diskreditiert.

Vielversprechender erschien mir der Erklärungsversuch, dass die Klimakrise mit den altbewährten Erzählstrukturen kaum zu (be-)greifen sei; insbesondere Film und Literatur tun sich allgemein schwer mit dem Sujet, so jedenfalls konstatieren Samira El Ouassil und Friedemann Karig in dem viel diskutierten letzten Kapitel ihres Sachbuchs *Erzählende Affen*. Den beiden Autor*innen zufolge fehlt es für potentielle Geschichten zur Klimakatastrophe etwa an klar greifbaren Antagonist*innen bzw. es gibt zu viele von ihnen, denn wir alle sind sie. Neben der vielleicht nicht allzu angenehmen Erkenntnis, dass wir die Bösewichte dieser Geschichte sind, wird uns häufig gespiegelt, dass wir als Einzelne nicht viel gegen die bestehenden und weiter drohenden Katastrophen unternehmen können. El Ouassil und Karig problematisieren weiterhin, dass sich die Klimaerwärmung und das Artensterben nicht simplifiziert erzählen lassen, da es sich bei ihnen um ein hochkomplexes Zusammenspiel von Faktoren handelt.[1]

Zudem machen sie ein weiteres Problem aus: Erfolgreiche Vorbeugungsmaßnahmen eignen sich nicht zum dramatischen Stoff, dies konkretisieren sie am Beispiel der Wirtschaftlichkeit von Klimaprävention: „Das simpelste Argument – wenn es keine lebensfähige Erde mehr gibt, wird es auch keine Wirtschaft mehr geben, die man noch schützen kann – verfängt nicht."[2] Eine

1 Vgl. Samira El Ouassil / Friedemann Karig, *Erzählende Affen. Mythen, Lügen, Utopien. Wie Geschichten unser Leben bestimmen*, Berlin: Ullstein, 2021, S. 445–478.

2 Ebd., S. 389.

© BRILL FINK, 2025 | DOI:10.30965/9783846769614_002

entsprechende Held*innentat bleibt zumeist ungewürdigt, da die Krise dank dieser eben nicht eingetreten ist. Diese zeitliche Dimension beschrieb auch der Virologe Christian Drosten im Kontext der Pandemie als Präventionsparadox: „Es ist nichts passiert, weil wir es verhindert haben. Das war ja der Sinn der Maßnahmen."[3]

Im Zuge der postdramatischen Wende (oder wie Rainald Goetz kürzlich anmerkte: der „nachpostdramatischen Wende"[4]) mag es für den Kontext von Gegenwartsdramatik geradezu anachronistisch anmuten, fehlende Identifikationsfiguren oder gar das Ausbleiben von Held*innen zu problematisieren und einen Handlungsbegriff inklusive Spannungsprämisse anzulegen. Doch implementiert die Frage nach den möglichen Klimanarrativen[5] noch Grundsätzlicheres: Aus welcher Position heraus verhandeln wir die Klimakrise als eine erzählte Wahrheit? Wer spricht zu wem auf der Bühne und wessen Perspektive wird mit welcher Intention in den Vordergrund gerückt? Von welchen dramatischen und nichtdramatischen Erzählsträngen versprechen wir uns neue Einsichten und Zugriffe? Können wir uns von unserer human-solipsistischen Perspektive lösen bzw. ist dies überhaupt erstrebenswert?

Da ich mich nicht nur als Literaturwissenschaftlerin, sondern auch als Theaterautorin unter dem Künstlernamen Hannah Zufall mit den Erzählweisen von Natur und Klima auseinandersetze, sind die folgenden Überlegungen schon allein in diesem Sinne „in eigener Sache". Dass Klimanarrative darüber hinaus stets eine unmittelbare Angelegenheit unserer Spezies darstellen, möchte ich in einem *ersten* Schritt vertiefen. Womöglich, so die thetische Argumentation, ist die Hinwendung zur der uns umgebenden Natur immer eine zur eigenen Natur. In einem *zweiten* Schritt möchte ich auf potentielle Erzählweisen in der dramatischen Literatur eingehen; dies auch stets mit einer Reflexion meiner eigenen bisherigen Schreibansätze im Bereich der *cli fi* (*climate fiction*). Abschließend werde ich in einem *dritten* Schritt tentative

3 Vgl. Christian Drosten in einem Interview mit dem *Spiegel* am 29.05.2020, https://www.spiegel.de/wissenschaft/medizin/christian-drosten-in-meinem-alltag-kommt-die-bild-zeitung-nicht-vor-a-00000000-0002-0001-0000-000171168292 (Zugriff 17.02.2024).

4 Die Rede wurde am 23.09.2023 am Deutschen Theater Berlin im Rahmen einer Aufführung von Goetz' Theaterstück *Baracke* gehalten; ein Videomitschnitt findet sich hier: https://www.suhrkamptheater.de/urauffuehrung/uraufgefuehrt-baracke-von-rainald-goetz-am-deutschen-theater-berlin-b-4172 (Zugriff 19.02.2024).

5 Als Narrative verstehe ich in diesem Kontext „zentrale kulturelle Ausdrucksformen, die wesentlich zur Selbstdeutung und Sinnstiftung einer Kultur beitragen". Astrid Erll / Simone Roggendorf, „Kulturgeschichtliche Narratologie. Die Historisierung und Kontextualisierung kultureller Narrative", in: Ansgar Nünning / Vera Nünning (Hg.), *Neue Ansätze in der Erzähltheorie*, Trier: Wissenschaftlicher Verlag Trier, 2002, S. 73–113, hier S. 77.

Vorschläge für eine tragikomische Poetik in Anschlag bringen, indem die Überlegungen aus dem ersten und zweiten Teil in produktiver Absicht zusammengeführt werden.

1 In eigener Sache

Als ich am 6. Juni 2023 den sehr empfehlenswerten Drama Book Shop in Manhattan verließ, war New York City in grauen Rauch gehüllt. Die ganze Stadt verblasste in den kommenden Tagen, ihr Antlitz wurde erst aschfahl, dann wurde sie in ein warmes Orange getaucht. Es roch vage nach Lagerfeuer, ein fast angenehmer Geruch. Wäre da nicht die unmittelbare Angst, die einen angesichts solch apokalyptischer Bilder und Ursachen befällt. Die an *Blade Runner* erinnernden Fotografien gingen um die Welt. Nur dass sie nicht durch einen künstlichen Farbfilter geschaffen worden waren, sondern auf massive Waldbrände in Kanada zurückgingen. Deren Qualm fühlte sich noch siebenhundert Meilen weiter in der trockenen Kehle so an, als hätte man in Berlins schlimmster Raucher*innenkneipe ein paar Nächte zu viel verbracht.

Während wir die Rauchschwaden bei geschlossenen Fenstern und dreißig Grad in unserem Zimmer ohne Air-Conditioner aussaßen, las ich *Death by Landscape* von Elvia Wilk, welche die Beweggründe für post-anthropozäne Ansätze konsequent auf unseren eigenen Überlebenswillen zurückführt: Indem uns immer deutlicher wird, dass wir den Planeten für uns selb als Lebensgrundlage zu ruinieren drohen, haben wir mehr und mehr kei andere Wahl, als uns mit ihm auseinanderzusetzen, mit dem, was wir ü sehen haben und mit dem, was wir zerstören.[6] Selbstkritisch lässt sich -nach auch fragen, ob unser erstarkendes Interesse an klimatischen Frage nd an der durch uns bedrohten Biosphäre des Planeten nicht vor allem auf zurückzuführen ist, dass wir um unsere eigene Existenz fürchten.

Wir können unseren menschlichen Blick auf die uns umgebene W nicht ablegen, wie schon Thomas Nagel betonte.[7] Haben nichtmenschlich ebensformen für uns um ihrer selbst willen einen Wert oder nur dann enn sie für unser eigenes Überleben wichtig sind? Wie Dipesh Chakrabar n seiner eher pessimistisch angehauchten Studie *Das Klima der Geschich im planetarischen Zeitalter* vorschlägt, ließe sich in den meisten Debat , die aktuell geführt werden, doch eher von einem schwachen Anthr ozentrismus

6 Vgl. Elvia Wilk, *Death by Landscape*, New York: Soft Skull, 2022, S. 45.

7 Vgl. Thomas Nagel, „What Is It Like to Be a Bat?", in: *The Philosop al Review* 83.4 (1974), S. 435–450.

sprechen: Von einem rationalen und emphatischen Nachdenken darüber, warum Nichtmenschliches wichtig für menschliches Gedeihen ist. Ein starker Anthropozentrismus hingegen würde ein unreflektiertes Ausnutzen der Natur bezeichnen.[8]

Insofern lässt sich hoffen, dass die sichtbaren Effekte auf die New Yorker Bevölkerung, die Einschränkungen der alltäglichen Lebensqualität, die die Einwohner*innen für wenige Tage und in mehr als erträglichem Maß erfahren haben, gerade durch die Eintrübungen des Rauchs einen klareren Blick auf die eigenen Verflechtungen und auf die Abhängigkeit von klimatischen Faktoren evoziert haben mögen. Denn selbst, wenn wir jegliche Form von Anthropozentrismus abzulegen versuchen und nicht mehr auf die Bedürfnisse der menschlichen Spezies abzielen wollen würden, bliebe unsere eigene Perspektive doch unhintergehbar. Die Begrenztheit unseres Einfühlungsvermögens, man mag sie bedauern, erstreckt sich dabei nicht nur auf andere Daseinsformen, sondern auch auf uns selbst. Die Unverfügbarkeit des eigenen Selbst, welches wir nie zur Gänze durchdringen werden können, eröffnet zugleich auch Freiheiten.

Für ein Theaterprojekt über das dramatische Insektensterben unserer Zeit und den immer lauter werdenden „silent spring"[9], in dem die Wiesen verstummen, da die Biomasse der Insekten bereits um siebzig Prozent dezimiert worden ist, stand die Frage der Aneignung von Perspektiven im Vordergrund. Wie können wir uns Insekten, die uns oft eher fremd oder gar ekelhaft erscheinen, annähern? Gerade aus einer Skepsis gegenüber einer unangemessenen Anthropomorphisierung heraus haben wir uns schließlich für eine konsequent durchgezogene Darstellung von Insektenfiguren durch Schauspieler*innen entschieden, dem die Menschen als das andere erscheinen. Menschen spielen aus einem emphatischen Affekt heraus Insekten, die über ihre Verbindung zum Menschen sprechen und erzählen sich über den (Um-)Weg des Tieres gleichsam selbst. Denn folgt man dem italienischen Philosophen Benedetto Croce, so David Roberts, entdecken wir stets nur uns selbst, wenn wir die Natur betrachten.[10]

In einem anderen Zusammenhang erschien es mir als Autorin vielversprechend, in einem Libretto für Jugendliche nicht nur Menschen, sondern auch Jahreszeiten als Chöre und Naturgewalten als Handlungsdominanten

8 Vgl. Dipesh Chakrabarty, *Das Klima der Geschichte im planetarischen Zeitalter*, Berlin: Suhrkamp, 2022, S. 116.

9 Vgl. Rachel Carson, *Silent Spring*, Boston: Houghton Mifflin Co., 1962.

10 Vgl. David Roberts, *Benedetto Croce and the Users of Historicism*, Berkeley: University of California Press, 1987, S. 59–62.

auftreten zu lassen. Nach meinem Dafürhalten gilt es nicht primär die Vermenschlichung zu vermeiden, sondern die erneute, wenn auch positiv konnotierte, Romantisierung eines Natur-Kultur-Dualismus. Statt den Menschen in Opposition zur Natur (gerne auch attribuiert mit Imaginationen von Unberührtheit, Reinheit oder Wildheit) zu setzen, ist es mir als Theatermacherin vielmehr daran gelegen, das Potential der Übertragungen, Überlappungen und Verwandtschaften zu sondieren.[11] Aus diesem Grund möchte ich Bezeichnungen wie Nature Writing, eco-narratives oder *climate fiction* gerne um den Begriff des Biosphärischen Schreibens ergänzen. Die Biosphäre ist die Summe aller uns umgebenden Atmosphären, ihr interaktives Moment ist stets wirksam, ob wir uns in einem Wald, in den Rauchschwaden aus Kanada, im Kiesgarten eines Vorstadthauses oder auf einer Müllkippe befinden. Jene Biosphäre kreieren und teilen wir zusammen mit anderen nichtmenschlichen Akteur*innen und Entitäten, ob wir dies fokussieren oder nicht.

Gerade das Theater vermag einen Versuch der Einfühlung zu ermöglichen. In einer spielerischen Versuchsanordnung kann dabei sowohl gescheitert werden als auch die Erfahrung des Scheiterns als Wert an sich bestehen. Denn was hervortritt in diesen Versuchen einer Hinwendung zu anderen Lebensformen, ist der Wunsch der Annäherung. Auch wenn offenbleibt, wie man das eigene Selbst verschwinden lassen kann, jenes Selbst, das immer etwas will. Auch wenn Sprache scheitern muss, bei dem Versuch zu beschreiben, wie Sprache scheitert, zeugt die Lust an dem Experiment doch von einem zutiefst menschlichen Bedürfnis.[12]

Der Soziobiologe Edward O. Wilson definiert jene angeborene menschliche Affinität zum Leben, zu natürlichen Landschaften, zu Ehrfurcht, Faszination, Ekel, Geborgenheit im Kontakt mit anderen Lebensformen als „Biophilie"[13]; die Auseinandersetzung mit der Biosphäre, die uns aktuell (noch) umgibt und die man als lebenswerten Raum beschreiben kann, bedient ein genuin menschliches Interesse an reziproken Auseinandersetzungen und offenbart insofern ein fundamentales Streben in eigener Sache. Eine Dramatik der Klimakrise führt demnach weg von der Frage, *wo* wir stehen, hin zu der Frage, wo *wir* stehen, wie Elvia Wilk konzise ausführt.[14] Die so formulierte Frage beleuchtet unsere Lust, sich mit der eigenen Natur auseinanderzusetzen und

---

11 Dass der imaginierte Rückzug in eine unberührte Natur ein Privileg ist, das man sich auch erst mal leisten können muss, verdeutlicht Fahim Amir in *Schwein und Zeit. Tiere, Politik, Revolte*, Hamburg: Edition Nautilus, 2018.

12 Vgl. Wilk, *Death by Landscape*, S. 77.

13 Vgl. Edward O. Wilson 1979 in einem Artikel in der *New York Times*, zit. n. Chakrabarty, *Das Klima der Geschichte im planetarischen Zeitalter*, S. 326.

14 Vgl. Wilk, *Death by Landscape*, S. 126.

die Beziehungen zu anderen Organismen, von deren Bestehen wir unmittelbar abhängig sind, zu verfolgen.

2 Utopie vs. Dystopie oder Slow Hope?

Auf die Frage, wo *wir* mit unserem Naturnarrativen stehen, folgt jene, *wie* wir dies als „storytelling animal"[15] konkret tun. „Geschichten sind so etwas wie die Atemzüge des Geistes. Wir können nicht ohne sie."[16] Mit Blick auf diese Grundthese lässt sich auch im Klimakrisendiskurs nach tendenziellen Erzähltypen fragen, um die Zugriffe etwas zu strukturieren. Die Kulturwissenschaftlerin Gabriele Dürbeck hat hierzu fünf Narrative des Anthropozäns ausgemacht, die sich in Ansätzen auch auf die gegenwärtige Dramatik übertragen lassen.[17] Grundsätzlich geht sie hierbei von der Menschheit als einer geophysischen Kraft aus, die sowohl zerstörerisch wie auch fürsorglich auf den Planeten einwirken kann. Das erste von fünf Narrativen, die sie unterscheidet, ist das „Katastrophen-Narrativ", das in vielen künstlerischen Auseinandersetzungen mit Umweltschäden als dystopisches Szenario umgesetzt wird. So fasst Dürbeck den Grundtenor zusammen:

> Die pessimistische Sicht auf die *conditio humana* wird in dem Katastrophennarrativ aktualisiert. Zugleich erlaubt der Blick auf die eigene Kultur von einem antizipierten Ende her eine kritische Reflexion der Gegenwart und erfüllt damit eine moralische Appellfunktion, um die Menschheit als Verursacher der Probleme in die Pflicht zu nehmen und ein Umdenken für das zukünftige Handeln zur Erhaltung des Planeten anzumahnen.[18]

In Anbetracht der massiven Umweltschäden, unzureichenden Gegenmaßnahmen sowie apokalyptisch anmutenden Prognosen für die weiteren globalen Entwicklungen aus den Naturwissenschaften ist das mehr als nachvollziehbar. Auch ihr zweites, das „Gerichtsnarrativ", stellt die weitgehende Zerstörung des Planeten in den Mittelpunkt, fragt dabei aber dezidierter nach

---

15 Alasdair Macintyre, *After Virtue. A Study in Moral Theory*. Notre Dame: University of Notre Dame Press, ^{2}1984 [1981], S. 216.

16 El Ouassil / Karig, *Erzählende Affen*, S. 15.

17 Der Vortrag wurde am 22.04.2023 am Zimmertheater Tübingen gehalten, s. weiterhin Gabriele Dürbeck, „Das Anthropozän erzählen. Fünf Narrative", in: *Aus Politik und Zeitgeschichte* 68 (2018), Themenheft: Klima, S. 11–17, online aufrufbar: https://www.bpb.de/shop/zeitschriften/apuz/269298/das-anthropozaen-erzaehlen-fuenf-narrative/ (Zugriff 18.02.2024).

18 Gabriele Dürbeck, „Das Anthropozän erzählen. Fünf Narrative". Zit. n. d. Online-Artikel.

den Ursachen und der Haftbarkeit für die Missstände, wobei zumeist die westlichen Industrienationen als Hauptverantwortliche adressiert werden. Die Handlung greift dabei auf das Schema des „Whodunit" zurück. Beide Fälle lassen sich als eher pessimistische Blicke auf das Anthropozän einordnen und sollen hier als Ausdruck eines „eco-miserabilism"[19] als Typus I beschrieben werden.

Zugleich werden – so auch in der Theaterszene – die Rufe nach positiv gewendeten Erzählungen, die zum Handeln motivieren und optimistischere Gegenentwürfe zur Disposition stellen, lauter. Darauf reagiert etwa das dritte Narrativ nach Dürbeck, welches sie wahrscheinlich nach Karl Polanyi als das der „Großen Transformation" erfasst: In diesem gibt es noch einen Ausweg aus der planetarischen Umweltkrise, wenn sofort interveniert wird. Das vierte „(bio-)technologische Narrativ" radikalisiert gewissermaßen jenes der „Großen Transformation", indem auf futuristische, häufig grüne Technologiemacht gesetzt wird, um intervenierend auf die Bio- und Stratosphäre einzuwirken. Das fünfte und letzte „Narrativ der Interdependenz" wiederum versteht den Menschen posthumanistisch als einen Handlungsträger von vielen in wechselseitigen Netzwerken mit Tieren, Pflanzen, Substanzen und Gegenständen. Diese tendenziell hoffnungsvollen Deutungen des Anthropozäns können als Typus II subsumiert werden.[20]

Die eher dystopischen, katastrophischen Darstellungen des Typus I reagieren, so meine Vermutung, auf unser Bedürfnis nach Ereignishaftigkeit. Die „slow violence" der Klimakrise ist nach Rob Nixon allerdings gerade kein Event, sondern ein voranschreitender Prozess.[21] Slow violence „is a form of violence that is neither spectacular nor instantaneous, but rather incremental and accretive, its calamitous repercussions playing out across a range of temporal scales."[22] Narrative des Typus II hingegen, so eine weitere Beobachtung, tendieren häufig zu utopischen Momenten und Erzählweisen. Utopien jedoch erweisen sich oft als zur Dystopie komplementär. Zudem setzt der u-topos *qua definitionem* auf einen Ort, den es nicht gibt, nicht geben kann. So betrachtet,

---

19 Vgl. Mathias Thaler, „Eco-Miserabilism and Radical Hope: On the Utopian Vision of Post-Apocalyptic Environmentalism", in: *American Political Science Review* (2023), S. 1–14.

20 Vgl. Gabriele Dürbeck, „Das Anthropozän Erzählen: fünf Narrative", Online-Artikel der Bundeszentrale für politische Bildung, s. https://www.bpb.de/shop/zeitschriften/apuz/269298/das-anthropozaen-erzaehlen-fuenf-narrative/#footnote-reference-38 (Zugriff 12.02.2024).

21 Vgl. Rob Nixon, *Slow Violence and the Environmentalism of the Poor*, Cambridge MA / London: Harvard University Press, 2011.

22 Ebd., S. 2.

spiegeln sie zwar Probleme der Gegenwart, ihre Lösung liegt aber jenseits von ihnen.

Aus diesem Grund möchte ich vorschlagen, die utopische Imagination noch konsequenter zu denken, etwa indem man sich vielmehr Ansätzen der ikonoklastischen Tradition zuwendet. Deren anti-utopische Bestrebungen widersetzen sich einer Kategographie des Zukünftigen und stellen stattdessen nach Jonathan Lear eine „radical hope" zur Disposition.[23] Eine Hoffnung, die unabhängig von ihrer Angemessenheit oder der Frage nach Wahrscheinlichkeit besteht und sich auf eine gänzlich offene Zukunft richtet, *quasi* unkonditional und bedingungslos. Der Fokus liegt weniger auf der Lösungssuche als solche, vielmehr zielt er darauf ab, in einem Modus des Hoffens zu interagieren. Wie dieser Modus einer radikal zugrunde gelegten Hoffnung, die sich aber einer konkreten Utopie entzieht, im Dramatischen umgesetzt werden könnte, möchte ich in meinem dritten Teil als gattungsorientierten Ausblick andenken.

3 Ein Plädoyer für die Tragikomödie

In den letzten Monaten in New York habe ich an einem Auftragsstück für das Institut für Theatrale Zukunftsforschung bzw. Zimmertheater Tübingen gearbeitet. Es sollte als Sommerspektakel der Stadt Tübingen *open air* spielen. Man wünschte sich Leichtigkeit nach den Corona-Jahren und (ich zitiere einen der Intendant*innen) „so viel Sommernachtstraum wie möglich", damit die Leute ins Theater zurückkehren. Ich wiederum wollte zu der Frage arbeiten, warum wir uns damit so schwertun, uns nicht als Hauptfiguren einer Geschichte zu denken und dies in Bezug auf die Klimakrise, ihrer Leugnung und den Widersprüchen unserer Handlungsweisen zu thematisieren – und fand schließlich, dass Shakespeares *A Midsummer Night's Dream* sich geradezu als Ausgangspunkt für eine diesbezügliche Kreuzung anbietet.

Zum einen verhandelt das Stück die so existentielle wie verstörende Selbsterfahrung der Menschen im Wald, welcher gleich hinter der Stadt beginnt, und zeigt (in Shakespeares Stück noch ausgelöst durch den Streit von Oberon und Titania) eine Natur, die aus dem Gleichgewicht geraten ist. Zum anderen wird all dies vorrangig im komödiantischen Stil erzählt, gleichwohl die Inhalte, wenn man sie sich genauer anschaut, vielmehr ein „Lachen der Verzweiflung"

23 Vgl. Jonathan Lear, *Radikale Hoffnung. Ethik im Angesicht kultureller Zerstörung* (2006), aus dem Amerikanischen von Jens Pier, Berlin: Suhrkamp, 2020, S. 320–321; Thaler: „Eco-Miserabilism and Radical Hope", S. 8.

provozieren mögen.[24] Nach einigen Versuchen, der Klimakrise literarisch zu begegnen, zieht es mich zunehmend zum vielleicht etwas unterschätzten Genre der Tragikomödie hin.[25] Diese lässt sich, so mein Vorschlag, für eine selbstkritische Auseinandersetzung mit den Ausprägungen des narrativen Anthropozentrismus einsetzen.

Denn Komik vermag als politisches Instrument der Subversion zu fungieren, Ohnmacht im Angesicht immenser Herausforderungen ein stückweit weniger überwältigend erscheinen zu lassen; Komik kann somit auch immer wieder den Blick auf Anderes freigeben. Während die Komödie tendenziell das Allgemeine behandelt, die Tragödie hingegen das Individuelle, finden in der Tragikomödie beide zueinander. Für die Klimakrise als einem gleichermaßen kollektiven wie persönlichen Problem kann hierin eine Entsprechung gefunden werden, die einerseits die Katastrophe ernst nimmt, andererseits vermag der komische Zugriff ihr das paralysierende Moment zu nehmen, in dem es das Lachen wie eine Axt in das gefrorene Meer unserer Angst schlägt, um Franz Kafkas berühmtes Bonmot zu paraphrasieren.

Die Tragikomödie zeugt vom Streben nach dem Ideal und zugleich von der Unmöglichkeit, dieses Ideal in der Wirklichkeit zu realisieren,[26] und steht somit für den Literaturwissenschaftler Cyrus Hoy bereits in den frühen 1960ern gleichsam für „the dual nature of man".[27] Gerhard Melzer wiederum sieht später im Tragikomischen ein Mittel, wie man der mit Zerrissenheit einhergehenden Orientierungslosigkeit begegnen könne.[28] Das ästhetische Phä-

---

24 So der Dramatiker Christian Dietrich Grabbe, der sich seinerseits William Shakespeare schwarzhumorig aufarbeitete. Vgl. hierzu Christian Dietrich Grabbe, zit. n. Alfred Bergmann (Hg.), *Ferdinand Freiligraths Briefwechsel mit der Familie Clostermeier in Detmold, insbesondere mit Louise Christiane, der späteren Gattin Grabbe*, Detmold: Alfred Bergmann Verlag, 1953, S. 195; Hannah von Sass, „‚Interessiert Sie auch unsere, etwas zurückgebliebene, magere, deutsche Literatur?'" Christian Dietrich Grabbes *Aschenbrödel* (1829/35) im Kontext dramatischer Märchenbearbeitungen", in: Lothar Ehrlich / Detlev Kopp (Hg.), *Grabbe-Jahrbuch 2023*, 42. Jg., Bielefeld: Aisthesis, 2023, S. 69–85.

25 Als Tragikomödie verstehe ich dramatische Texte, denen tragische wie komische Elemente wesentlich zugrunde liegen und in denen diese nicht nur partiell zum Einsatz kommen. Vgl. Jürgen Landwehr, „Tragikomödie", in: Georg Braungart u. a. (Hg.), *Reallexikon der deutschen Literaturwissenschaft: Neubearbeitung des Reallexikons der deutschen Literaturgeschichte*, Bd. 3: P–Z, Berlin / Boston: Walter de Gruyter, 2007, S. 663–666, hier S. 663.

26 Vgl. Karl S. Guthke, *Die moderne Tragikomödie. Theorie und Gestalt*, Göttingen: Vandenhoeck und Ruprecht, 1968, S. 8.

27 Cyrus Hoy, *The Hyacinth Room. An Investigation Into the Nature of Comedy, Tragedy, and Tragicomedy*, New York: Chatto & Windus, 1964, S. 8.

28 Vgl. Gerhard Melzer, *Das Phänomen des Tragikomischen. Untersuchungen zum Werk von Karl Kraus und Ödön von Horváth*. Hochschulschriften Literaturwissenschaft, Bd. 15, Kronberg/Ts.: Scriptor, 1976, S. 21–22, 35, 154.

nomen der Tragikomödie entsteht für ihn im industriellen Zeitalter „aus der Notwendigkeit, die Vorrausetzung […] zur Gestaltung einer dispers-unübersichtlichen Welt zu schaffen".[29] Nochmal dezidierter als die Groteske[30] vermag die Tragikomödie in den ihr eigenen Ausprägungen auf humorvolle Leichtigkeit und ein melancholisches Moment zu setzen.

In meiner eher freien Adaptation, die den Titel *Irrlichter. Ein Sommernachtstrauma* trägt, sind die meisten von Shakespeares Figuren bereits ausgestorben. Nach der Entzauberung der Welt in Zeiten des sechsten Artensterbens ersetzt Puck, nun im Auftrag der Beifall GmbH, kurzerhand die abhanden gekommene Elfenkönigin Titania durch ein Bakterium aus der Tiefsee namens Halomonas titanicae. Alle Figuren, die menschlichen wie die nichtmenschlichen, erleben im Wald – oder besser in dem kläglichen Zustand, in dem er sich nun befindet – den sogenannten Titanic-Effekt: Je mehr man auf ein System vertraut, umso katastrophaler sind die Auswirkungen, wenn dieses zusammenbricht. Die Reflexion eines Zoochauvinismus und einer „plant blindness"[31], die schon Aristoteles' *scala naturae*, eine paradigmatische Hierarchie, in der Menschen oben und Pflanzen unten stehen, aufweist und die bis heute unsere Weltwahrnehmung bestimmt, findet dabei nur selten statt. Meist sehen die Figuren den berüchtigten Wald vor zu dick gebohrten Brettern nicht. Das Ganze endet folglich so tragisch, wie es komisch anfängt. Lösungen gibt es keine, außer dem künstlich hergestellten Happy End der Liebenden, mit dem uns auch Shakespeare abserviert. Utopische Ideen zerbrechen an ihrem Anspruch, ebenso wie idealisierte Liebeskonzepte.

Und doch gibt es Einsichten und Aussichten. Die Erkenntnis, dass der Mensch nicht die Hauptfigur in der Weltengeschichte sein wird, erscheint in manchen Szenen und verflüchtigt sich gleich wieder. Wie es ausgeht, bleibt völlig offen, im Sinne der erwähnten radikalen Hoffnung. Doch gerade indem sie nicht vorrangig auf eine Lösung zielt, zeigt sich diese Hoffnung vielmehr als performativer Vollzug. Nicht mehr das Ende, sondern der Versuch tritt in den Vordergrund. Ein Versuch, der häufig scheitert, ein Scheitern, über das auch gelacht werden kann, vielleicht gar muss, um dann wieder einen nächsten Versuch zu wagen. Und noch einen.

In der Tragikomödie blitzt bei aller Fassungslosigkeit ob der eigenen Entfremdung und all der scheiternden Versuche, den eigenen Ansprüchen gerecht

---

29 Vgl. ebd., S. 28.

30 Vgl. Gerhard Mensching, *Das Groteske im modernen Drama. Dargelegt an ausgewählten Beispielen*, Bonn: Phil. Diss. A. d. Rheinischen Friedrich-Wilhelms-Univ., 1961, S. 41.

31 James H. Wandersee / Elisabeth E. Schussler, „Preventing Plant Blindness", in: *The American Biology Teacher* 61, No. 2 (1999), S. 82–86.

zu werden, im zugrunde liegenden Humor doch so etwas wie Hoffnung auf: Die Hoffnung auf den nächsten Versuch; auf die Einsicht in kleinen Schritten. In diesem Sinne ist die Hoffnung radikal, da sie nicht weiß, wann sie sich einlösen kann und wohin sie uns führen mag. Diesen ersten, zögernden, auch suchenden Schritt, sich der immensen, zumeist immer noch gut verdrängten Schuld und der damit einhergehenden Scham zu stellen, die unser Handeln auf diesem Planeten hervorbringt, könnte man somit im Sinne Christof Mauchs als „slow hope" bezeichnen.[32] Als Reaktion auf die „slow violence" und als theatrale Weiterführung der „radical hope" bringt die Tragikomödie womöglich noch eine weitere Spielart hervor, indem sie eine Hoffnung des peut-à-peut bietet, die sich vorantastet und im Vollzug verwirklicht.

Insofern der Versuch und das häufige Scheitern einer gelingenden Einfühlung in der Tragikomödie selbst thematisch werden, lässt sich für eine emphatische Anthropomorphisierung anderer Daseinsformen plädieren; entspricht diese doch dem eigenen biophilen Bedürfnis nach Verbundenheit und Dialog mit der uns umgebenden Welt. Mit einer sich schrittweise etablierenden Hoffnung, jener „slow hope", die leise, aber kontinuierlich entfaltet wird, kann sich das Streben nach Verbesserungen jenseits idealistischer Vorstellungen etablieren. Womöglich ist hiermit zugleich ein potentieller III. Typus der Klimanarrative nach Dürbeck zu finden. Nicht dystopisch, nicht utopisch, sondern mit dem Augenmerk auf das tragikomische eigene Streben, sein Scheitern und manchmal vielleicht gar sein Gelingen.

Literaturverzeichnis

Amir, Fahim, *Schwein und Zeit. Tiere, Politik, Revolte*, Hamburg: Edition Nautilus, 2018.

Bergmann, Alfred (Hg.), *Ferdinand Freiligraths Briefwechsel mit der Familie Clostermeier in Detmold, insbesondere mit Louise Christiane, der späteren Gattin Grabbe*, Detmold: *Alfred Bergmann* Verlag, 1953.

Braungart, Georg u. a. (Hg.), *Reallexikon der deutschen Literaturwissenschaft: Neubearbeitung des Reallexikons der deutschen Literaturgeschichte*, Neubearbeitung des Reallexikons der deutschen Literaturgeschichte, Bd. 3: P–Z, Berlin / Boston: Walter de Gruyter, 2007, S. 663–666.

Carson, Rachel, *Silent Spring*, Boston: Houghton Mifflin Co., 1962.

32 Vgl. Christof Mauch, „Slow Hope: Rethinking Ecologies of Crisis and Fear", in: *RCC Perspectives: Transformations in Environment and Society* 1 (2019), hg. v. Rachel Carson Center for Environment and Society, Online-Artikel: https://www.doi.org/10.5282/rcc/8556 (Zugriff 19.02.2024).

Chakrabarty, Dipesh, *Das Klima der Geschichte im planetarischen Zeitalter*, Berlin: Suhrkamp, 2022.

Drosten, Christian, „In meinem Alltag kommt die ‚Bild'-Zeitung nicht vor", https://www.spiegel.de/wissenschaft/medizin/christian-drosten-in-meinem-alltag-kommt-die-bild-zeitung-nicht-vor-a-00000000-0002-0001-0000-000171168292 (Zugriff 17.02.2024).

Dürbeck, Gabriele, „Das Anthropozän erzählen. Fünf Narrative", in: *Aus Politik und Zeitgeschichte* 68 (2018), Themenheft: Klima, S. 11–17.

Dürbeck, Gabriele, „Das Anthropozän Erzählen: fünf Narrative", https://www.bpb.de/shop/zeitschriften/apuz/269298/das-anthropozaen-erzaehlen-fuenf-narrative/#footnote-reference-38 (Zugriff 12.02.2024).

El Ouassil, Samira / Karig, Friedemann, *Erzählende Affen. Mythen, Lügen, Utopien. Wie Geschichten unser Leben bestimmen*, Berlin: Ullstein, 2021.

Erll, Astrid / Roggendorf, Simone, „Kulturgeschichtliche Narratologie. Die Historisierung und Kontextualisierung kultureller Narrative", in Ansgar Nünning / Vera Nünning (Hg.), *Neue Ansätze in der Erzähltheorie*, Trier: Wissenschaftlicher Verlag Trier, 2002, S. 73–113.

Goetz, Rainald, „Baracke. Vortrag und Gespräch", https://www.suhrkamptheater.de/urauffuehrung/uraufgefuehrt-baracke-von-rainald-goetz-am-deutschen-theater-berlin-b-4172 (Zugriff 19.02.2024).

Guthke, Karl S., *Die moderne Tragikomödie. Theorie und Gestalt*, Göttingen: Vandenhoeck und Ruprecht, 1968.

Hoy, Cyrus, *The Hyacinth Room. An Investigation Into the Nature of Comedy, Tragedy, and Tragicomedy*, New York: Chatto & Windus, 1964.

Lear, Jonathan, *Radikale Hoffnung. Ethik im Angesicht kultureller Zerstörung* (2006), aus dem Amerikanischen von Jens Pier, Berlin: Suhrkamp, 2020.

Macintyre, Alasdair, *After Virtue. A Study in Moral Theory*, Notre Dame: University of Notre Dame Press, ^{2}1984 [1981].

Mauch, Christof, „Slow Hope: Rethinking Ecologies of Crisis and Fear", in: *RCC Perspectives: Transformations in Environment and Society* 1 (2019), hg. v. Rachel Carson Center for Environment and Society, https://www.doi.org/10.5282/rcc/8556 (Zugriff 19.02.2024).

Melzer, Gerhard, *Das Phänomen des Tragikomischen. Untersuchungen zum Werk von Karl Kraus und Ödön von Horváth*, Hochschulschriften Literaturwissenschaft, Bd. 15, Kronberg/Ts.: Scriptor, 1976.

Mensching, Gerhard, *Das Groteske im modernen Drama. Dargelegt an ausgewählten Beispielen*, Bonn: Phil. Diss. A. d. Rheinischen Friedrich-Wilhelms-Univ., 1961.

Nagel, Thomas, „What Is It Like to Be a Bat?", in: *The Philosophical Review* 83.4 (1974), S. 435–450.

Nixon, Rob, *Slow Violence and the Environmentalism of the Poor*, Cambridge MA / London: Harvard University Press, 2011.

Roberts, David, *Benedetto Croce and the Users of Historicism*, Berkeley: University of California Press, 1987.

Thaler, Mathias, „Eco-Miserabilism and Radical Hope: On the Utopian Vision of Post-Apocalyptic Environmentalism“, in: *American Political Science Review* (2023), S. 1–14.

von Sass, Hannah, „‚Interessiert Sie auch unsere, etwas zurückgebliebene, magere, deutsche Literatur?‘ Christian Dietrich Grabbes *Aschenbrödel* (1829/35) im Kontext dramatischer Märchenbearbeitungen“, in: Lothar Ehrlich / Detlev Kopp (Hg.), *Grabbe-Jahrbuch 2023*, 42. Jg., Bielefeld: Aisthesis, 2023, S. 69–85.

Wandersee, James H. / Schussler, Elisabeth E., „Preventing Plant Blindness“, in: *The American Biology Teacher* 61, No. 2 (1999), S. 82–86.

Wilk, Elvia, *Death by Landscape*, New York: Soft Skull, 2022.

Zur Notwendigkeit neuer Narrative in der zeitgenössischen Dramatik

Edith Draxl

> „Die Klimakrise wurzelt in der Vorstellung, dass wir das Recht haben, andere Menschen und Tiere auszubeuten. Und dass wir Menschen und Natur als Ware betrachten."
> Greta Thunberg

Das Theater fungiert seit jeher als Spiegelung der Zeit. Das bezieht sich nicht nur auf die verhandelten Inhalte, sondern vor allem auf die Form, die Struktur und die auftretenden Figuren. Ein paar Beispiele: Wurde das Denken von dem Glauben an das Schicksal bestimmt, zeigte sich das in den griechischen Dramen ebenso wie die darauf folgende Emanzipation des Menschen aus diesen Denkmustern. Es gab den Chor und nach und nach eine Protagonist*in und letztlich die Antagonist*in. Der Glaube an Gött*innen wurde auch in den entsprechenden Erzählungen und Dramen sichtbar. Bestimmte der Adel die Welt, waren die handelnden Personen in den Stücken Adelige, die Demokratisierung der Gesellschaft reflektierte sich im Verschwinden der Hauptfiguren, an deren Stelle viele relevante Personen traten. Diese Betrachtungen ließen sich noch lange fortführen.

Das im Moment alles bestimmende Thema ist die Klimakrise, die unser aller Leben betreffen wird. Wie zeigt sich nun dieses Thema in der zeitgenössischen Dramatik? Wie müsste es sich zeigen? Es wird über die Klimakrise geschrieben, meistens aber in Form von katastrophischen Szenarien. Das gilt sowohl für den Film als auch für das Theater. Dabei wird sie oft sehr isoliert betrachtet und zu wenig in Verbindung mit anderen Fragestellungen gebracht. Dem Klimawandel können wir aber nur mit einem völlig veränderten Denken begegnen.

Um zu verstehen, wie es zu dieser Krise überhaupt kommen konnte, muss man zunächst zurückblicken. Es ist die patriarchalische, eurozentrische und dichotome Denkweise vor allem der letzten zwei Jahrhunderte, aus der Imperialismus, Kolonialismus und die Vorstellung von der grenzenlosen Überlegenheit der menschlichen Spezies (oder zumindest der westlichen Eliten) hervorgegangen sind. Die westliche Wissenschaft eignete sich die Natur an, um Kultur hervorzubringen. Hieraus lässt sich der Rückschluss ziehen, dass die Natur ein Ort der Nicht-Kultur war. Sie wurde als Bedrohung angesehen,

 | DOI:10.30965/9783846769614_003

die man versuchte, sich anzueignen und zu beherrschen.[1] Durch diesen Prozess wurde der Mensch zum wichtigsten Faktor für biologische, geologische und atmosphärische Prozesse auf der Erde. Das Zeitalter des Anthropozäns (ein von Paul Crutzen im Jahr 2000 geprägter Begriff[2]) hat die Klimakrise, die Umweltverschmutzung, zerstörerische Landnutzung und vieles mehr hervorgebracht. Unser Planet ist am Rand des Zusammenbruchs und wir sind kurz davor, die Erde in einen unbewohnbaren Raum für uns und andere Lebewesen zu verwandeln. Jedes Jahr nimmt die Artenvielfalt ab, der Rückgang der biologischen Vielfalt hat sich in den letzten Jahren deutlich beschleunigt, weltweit ist eine der acht Millionen Tier- und Pflanzenarten vom Aussterben bedroht.[3] Es ist höchste Zeit, das Narrativ der „Unterwerfung der Erde" zu überwinden und zu einem neuen Verständnis von und einer neuen Beziehung zum Planeten Erde zu finden.

Eine der zentralen Vordenkerinnen dieses politischen, kulturellen und ökologischen Paradigmenwechsels ist Donna Haraway, die neue Formen von „Verantwortung" einfordert und für eine radikale Veränderung des Verhältnisses aller Lebewesen und unbelebten Wesen auf unserem Planeten eintritt. Als Menschen müssen wir einsehen, dass unsere Spezies nicht getrennt von anderen existiert, denn keine Spezies kann allein überleben. Seit Millionen von Jahren haben Zusammenschlüsse von organischen Arten und abiotischen Agenten die Geschichte des Planeten bestimmt. Dies müssen wir anerkennen, und nach Haraway beginnt die Chance für das Überleben aller – der Menschheit und der Erde mit all ihren Bewohner*innen – mit dieser Anerkennung. Es braucht die Wahrnehmung, dass es nicht nur um bedrohte Arten geht, sondern um uns alle. „Plötzlich ist die Erde voll von Flüchtlingen, menschlichen und nicht-menschlichen, ohne Obdach", schreibt Haraway in „Verwandt im Chthuluzän"[4] und legt nahe, dass wir Zufluchtsorte für eine biologisch-kulturell-politisch-technologische Wiederherstellung und Neuzusammensetzung brauchen, Refugien, die uns Kraft geben, die Welt neu zu denken und zu leben. Für uns selbstverständliche Strukturen und Beschreibungen müssen neu gedacht werden, um eine Alternative zum Anthropozän zu schaffen. Es braucht die Auflösung der Dichotomien durch die Auflösung von Kategorien

---

1 Vgl. Donna Haraway, *Die Neuerfindung der Natur. Primaten, Cyborgs und Frauen.* Frankfurt a. M. / New York: Campus, 1995, S. 27.

2 Vgl. Sven Titz, „Ein gut gemeinter Mahnruf", in: *Neue Zürcher Zeitung* (04.11. 2016).

3 Vgl. Artenvielfalt in Österreich nimmt drastisch ab, in: https://www.oeaw.ac.at/detail/news/artenvielfalt-in-oesterreich-nimmt-drastisch-ab (Zugriff 20.04.2024).

4 Donna Haraway, „Verwandt im Chthuluzän. Nach Anthropozän, Kapitalozän und Plantagozän kommt: Verwandtschaft.", in: https://lesen.oya-online.de/texte/3149-verwandt-im-chthuluzaen.html (Zugriff 20.04.2024).

wie Gender, soziale Klasse, etc. Jene historischen Konstruktionen haben sich durch die Bildung einer unabhängigen, homogenen, aktiven, männlichen, weißen Identität etabliert, welche versucht hat, die Herrschaft dauerhaft zu erlangen.[5] Durch die Entwicklung dieser Identität wurde ein hierarchischer Raum konstruiert, der ganze Gruppen, wie die der Frauen, der People of Color und der Tiere von der Position der Handlungsträger*innen in unseren westlichen Narrationen ausschließt.[6] Wir müssen also die weiße männliche Identität dekonstruieren, um fähig zu werden, neue Narrative zu entwickeln, die alle ausgeschlossenen Gruppen einschließen und den Menschen als Teil der Natur denken.

Als neuen Begriff für die Natur/Welt schlägt Haraway das Wort Gaia vor, das beinhaltet, dass die Welt als Ganzes ein Lebewesen ist (konzipiert als lebender Organismus, der aus ähnlichen Komponenten wie der menschliche Körper besteht – Nervengeflecht, Organe, Lunge usw. – und fähig zur Selbstregulierung[7]) und dass sich nichts außerhalb befindet. Das heißt für die zeitgenössische Dramatik, es braucht Gaia-Erzählungen, in denen der Mensch und alle anderen Akteur*innen gleichermaßen Geschichte schreiben können. Der Mensch rückt aus dem Mittelpunkt, er ist eingebettet in ein Netz, ist nur ein Teil von Gaia. Es reicht nicht – wie bisher meistens praktiziert – die Notlage der Gegenwart fatalistisch abzubilden, es braucht vielmehr Theatertexte und Arbeiten für das Theater, die auf radikale Weise visionär sind und die Zukunft im oben beschriebenen Sinn neu denken. Theater und Text eignen sich dafür im besonderen Maße. Haraway betont in ihren Schriften immer wieder die Rolle der Sprachanalyse als Möglichkeit der hermeneutischen Reflexion, Entwicklung und Transformation unserer Vorstellung von der Welt.

Die geänderten Narrationen bedingen auch neue Formate des Erzählens. Ein Theater der Zukunft muss sich als Aufbruch in eine neue Wirklichkeit verstehen. Es braucht neue Dramentexte, neue Theaterstücke und performative Formate, die auf geänderte Narrative über die Beziehung zwischen Mensch und Natur, Mensch und Tier sowie Mensch und Mensch abzielen. Gefragt sind Erzählungen und Räume, in denen die Stimmen aller Kritiker*innen, menschlicher und nicht-menschlicher Akteur*innen das gleiche Gewicht haben. Neue Protagonist*innen und Akteur*innen müssen die Bühne unserer Vorstellungskraft betreten, um für eine nachhaltige Entwicklung, umweltfreundliche

5 Vgl. Haraway, *Die Neuerfindung der Natur*, S. 38.

6 Ebd.

7 Vgl. die Arbeiten von James Lovelock, z. B.: James Lovelock: *Das Gaia-Prinzip: die Biographie unseres Planeten*, aus dem Englischen übertr. von Peter Gillhofer und Barbara Müller, Zürich / München: Artemis & Winkler, 1991.

Praktiken, vielfältige Identitäten, vernetztes Handeln und kollektive Kreativität einzutreten. Die Zukunft muss als etwas noch Ungeschriebenes neu erdacht und vielleicht erträumt werden.

Wir müssen uns die Zukunft als Möglichkeit und als Praxis wieder – auch spielerisch – zu eigen machen. Wir müssen die Zukunft als einen Raum der Möglichkeiten zurückerobern. In Haraways Worten bezieht sich der Begriff Zukunft auf die Fähigkeit und (wie sie es nennt) „Reaktionsfähigkeit", sich alternative Geschichten vorzustellen. In diesem Sinne ist die Zukunft etwas, das wir auch durch das Theater erfahren können, dessen ureigenste Aufgabe es ist, uns vom Leben zu erzählen.

Haraway verwendet häufig Formen der Science Fiction als literarische Strategien und als erkenntnistheoretisches Mittel. Science Fiction ist dabei nicht als Abkehr von der Realität zu verstehen, sondern als Aufbruch in eine neue. Die spekulative Fabulation, wie sie Haraway vorschlägt, kennzeichnet die Kraft solcher Narrationen als Akte der Fabrikation, die produktive Auswirkungen auf das Reale haben können.[8]

Die Menschheit muss aufhören, die Welt nur als Material für die Befriedigung ihrer Bedürfnisse zu benutzen. Genau diese Haltung zerstört sie. Wie wir gesehen haben, ist ein vollständiger Bewusstseinswandel notwendig, der nicht nur einen anderen Umgang mit unserer Umwelt, sondern darüber hinaus mit allen marginalisierten und ausgeschlossenen Gruppen bewirkt. Nur wenn wir neue Zusammenhänge wahrnehmen und leben, nur dann kann sich die Welt und alles, was in ihr existiert, regenerieren und eine Zukunft gewinnen.

Ein Arbeitsprinzip für die Entwicklung neuer Narrative für die Zukunft der Erde/Gaia ist die Spekulation. Das heißt, Spekulation ist nicht nur das strukturierende Prinzip des Neokapitalismus und als solches Teil des Problems, sondern auch der Ausweg, denn sie bezeichnet die Vorstellungskraft, die wir brauchen, um eine Zukunft zu gestalten und einen Weg zu finden, der weg von der Zerstörung der Natur führt.[9] Spekulation bedeutet daher, in die Ferne zu schauen. „Spekulanten sind also diejenigen, die beobachten, die Zeichen der Veränderung in der Situation kultivieren und sich dem öffnen, was in einer bestimmten Situation von Bedeutung sein könnte", so Alfred Whitehead.[10] Theatermacher*innen und Autor*innen sollen Spekulant*innen werden, sich auf eine offene Suche begeben, sich dem Unvorhergesehenen und den

8 Vgl. Donna Haraway, „SF: Spekulative Fabulation und String-Figuren", in: *Documenta 13: 100 Notizen – 100 Gedanken*, Bd. 033, Berlin: Hatje Cantz, 2012.

9 Vgl. Armen Avanessian u. a., „Editorial", in: *Texte zur Kunst: Speculation* 93 (2014).

10 Alfred Whitehead, „Re-Imagining Futures", in: Oncurating Project Space in Zürich (2019).

Möglichkeiten öffnen. Dies erfordert undiszipliniertes oder nicht erfasstes Wissen, anarchistische epistemische Impulse, posthumane Epistemologien und Strategien zur Dekolonisierung des Wissens.[11] Nur so können wir zu neuen Erzählungen gelangen, die Denkerinnen wie Isabelle Stengers und Haraway fordern: Geschichten, die nicht mehr anthropozentrisch sind; Geschichten, die vom Kampf zwischen Möglichem und Wahrscheinlichem erzählen; Geschichten, die nicht mit der Apokalypse enden, sondern das Mögliche in der Zerstörung aufblitzen sehen, etwas, auf das auch Max Horkheimer und Theodor W. Adorno schon in der *Dialektik der Aufklärung* hoffen. Es ist ein Muss für die zeitgenössische Theaterkunst, Möglichkeiten zu schaffen, die dem Fatalismus entgegenwirken, der mit der Vorstellung einer wahrscheinlichen Realität einhergeht, in der alles berechenbar und als solches im Voraus unveränderlich und konsistent ist. Künstlerische Arbeiten müssen sich dem Wahrscheinlichen widersetzen, indem sie neue Erzählungen finden, die das Reale neu denken und strukturieren:

> In diesem Sinne impliziert ein solches aktuelles Verständnis von Spekulation eine Neudefinition dessen, was Sehen bedeuten kann, und dessen, was die Wirkung des Sehens sein kann. Es ist eine Art des Sehens, bei der die Zukunft nicht fern ist, sondern immanent in dem, was jetzt getan wird, um Veränderungen herbeizuführen.[12]

In ihrem Essay „Speculative Fabulation and String Figures" charakterisiert Haraway die Macht dieser Narrationen als Akte der Fabrikation, die das Reale produktiv beeinflussen können. Spekulative Fabulation setzt auf die Transformierbarkeit des Realen in Abhängigkeit davon, wie wir es erzählen. Sie wendet sich gegen Dualismen wie wahr/falsch, real/fiktiv oder Subjektivität/Objektivität: „Die spekulative Fabulation erschließt das, was kommen wird, in der Vergangenheit, der Gegenwart und der Zukunft von proteanischen, miteinander verbundenen Zeiten".[13] Sie schafft provozierende Verbindungen zwischen menschlichen und nicht-menschlichen Akteur*innen und Faktoren. Ursula Biemann bemerkt zu den Auswirkungen der Dezentralisierung des Menschlichen:

> Was wir bereits sagen können, ist, dass eine gemeinsame Zukunft, die wir mit allem anderen teilen, gleichermaßen in kulturellen und natürlichen Erzählungen verwurzelt wäre; die Sammlungen dieser gemeinsamen Welt, unser Erbe,

11 Vgl. ebd.
12 Ebd.
13 Haraway, „SF: Spekulative Fabulation".

> würden notwendigerweise gleichzeitig kulturelle und natürliche Geschichten beinhalten. Vielleicht können wir uns von dort aus eine weniger geteilte Zukunft vorstellen, die eine post-menschliche Art des Seins in der Welt beherbergen kann.[14]

Um nicht bei dem „Es soll …“ stehen zu bleiben, seien am Ende noch Beispiele genannt, die zeigen, wie Beiträge des Theaters aussehen können. Bislang gibt es nur wenige Arbeiten im zeitgenössischen Theater, die sich positiv mit der Natur auseinandersetzen. Ein Beispiel ist die Theatermacherin Vienne Giselle, die in einer ihrer Arbeiten auf der Bühne einen möglichst naturnahen Wald darstellt, so dass man die Natur riechen und fühlen kann. Dabei erzeugt sie echten Nebel. Durch die Arbeit wird der Gegensatz Natur und Kultur aufgehoben, da die Natur in die Kunst bzw. ins Theater einwandert.

Beispielhafte Arbeiten finden sich auch in der bildenden Kunst. Zum Beispiel ein „Crochet Coral Reef“ von Christine und Margaret Wertheim, das zusammen mit 1000 Menschen hergestellt wurde. Es war auf der Biennale in Venedig 2019 zu sehen. Das Werk ist eine Antwort auf die Klimakrise, die die Riffe zerstört. Sie stellt das Künstlerinnenpaar in einer zeitintensiven Arbeit wieder her. Es zeigt, was wir Menschen tun können, wenn wir zusammenarbeiten und weder die ökologischen Probleme ignorieren, noch auf die Technologie als *deus ex machina* hoffen. Durch die Betonung des Wertes des Handgemachten erhebt das Projekt „Crochet Coral Reef“ einen Anspruch auf die Geschichte und die Bedeutung der materiellen Arbeit für das menschliche Überleben. Es ahmt auch die Oberfläche von Korallen nach, die eine besondere Form der Geometrie erfordert, die hyperbolische Geometrie:

> Und so wie lebende Riffe durch die Zusammenarbeit von Milliarden winziger Korallenpolypen entstehen, wird das gehäkelte Korallenriff von Gemeinschaften aufgebaut, von Tausenden von Menschen, die zusammenarbeiten. Jeder, der an dem Projekt mitarbeitet, kann neue Arten von gehäkelten Rifforganismen schaffen, indem er das Muster der Maschen verändert oder mit neuen Materialien arbeitet. Im Laufe der Zeit ist so eine darwinistische Landschaft voller Möglichkeiten entstanden.[15]

Beide Beispiele zeigen, wie Bühnenbilder neu gedacht werden können. Auch Andy Goldsworthy könnte Anstöße für eine neue Formen des Landschaftstheaters geben, das die Landschaft nicht als Kulisse, sondern als lebendige*n

---

14 Ursula Biemann, „Late Subatlantic. Science Poetry in Times of Global Warming“, in: *L'Internationale* (12.11.2015).

15 https://crochetcoralreef.org/about/theproject/ (Zugriff 20.04.2024).

Partner*in im Werk denkt, nicht als Objekt, sondern als mitwirkendes Subjekt, als Mitspieler*in.

Eine Theaterarbeit, die ebenfalls als geglücktes Beispiel für eine neue Erzählung angesehen werden kann, ist *Intimacy of Strangers* von Lisa Horvath. Die Installation der jungen Künstlerin thematisiert das Verhältnis Mensch zur Erde und löst dabei die der Formulierung innewohnende Dichotomie auf. Hier sind Text, Bühne, Sound gleichermaßen bedeutsam. Die Arbeit wurde beim Internationalen Dramatiker*innenfestival Graz 2023 gezeigt. Das Bühnenbild, ein Berg von Pölstern in einem abgedunkelten Raum. Darauf projiziert Wasser, Schaum, Sandkörnern, Moos und Flechten sowie Fell. Durch die Überlagerung der einzelnen Videos und die Vergrößerung der Bilder verlor das Dargestellte seine Konkretheit, wurde abstrakt. Es erinnerte an Mikroorganismen, die ja in allen Strukturen dieser Erde vorhanden sind. Die Natur wurde so zur Hauptdarstellerin. Zu hören: ein elektronischer Sound und Gemurmel. Die Besucher*in war aufgefordert das Bühnenbild zu betreten und sich darin hinzulegen. Dann lösten sich, aufgrund der räumlichen Nähe zu den in manchen Pölstern verborgenen Lautsprechern, aus dem Gemurmel Sätze. Es waren Sätze über das Werden der Erde, der Pflanzen, der Tiere, der Maschinen und immer auch über den Menschen.

Abb. 2.1 Bühne von Lisa Horvath, Foto @Noemi Conesa

Der in die Natur eingebettete Mensch wird angesprochen, gleichzeitig sind die Worte aber auch eine Reflexion über bzw. der Erde, der Pflanzen, der Tiere. Immer wieder hat man aber auch das Gefühl, dass die Worte nur Klang sind und sich die Bedeutungen verlieren. Es entsteht nie Eindeutigkeit, immer ist alles möglich, das Gesagte bleibt offen:

du hast keine Erinnerung an andere Orte
aber die Vergangenheit
ist in deinen Körper eingeschrieben
die Substanz aus der du bestehst
hat sich um die Zeit gelegt
Schicht um Schicht
Jahr um Jahr
in konzentrischen Kreisen
und der Ort an dem du warst
da bist du immer noch
genauso wie an den neuen Orten
[...]
du erhältst einen neuen Körper
[...]
die Strukturen, denen du begegnest formen deinen Körper
seine Form ist so flexibel, dass er sich an seine Umgebung anpasst er verschmilzt damit
selbst die scharfen Teile davon verletzen dich nicht
du bist so weich und flexibel, du faltest dich um sie
und dadurch bewegst du dich
[...]
und so dehnt sich die Gegenwart aus
es gibt keinen Unterschied zwischen Schmecken und Fühlen du weißt nicht, wo dein Mund aufhört und deine Haut beginnt es ist eins
dein ganzer Körper ist ein hochentwickelter weicher Sensor ein Gestaltwandler
aber einige Teile deines Körpers sind in der Lage, Kontakt aufzunehmen mit dem, was vor Dir liegt
[...]
du transformierst dich
in ein vollkommen anderes Wesen
das als Mensch durchgehen könnte
du hast zwei weibliche Augen
ohne Augenweiß darin
die Augenfarbe gleicht deiner Haut
das linke Auge normal
das rechte vollkommen weiß
[...]
zuerst erkennst du dich nicht
du kannst dich nur sehen
wenn du das Zoom benutzt
so durchscheinend bist du
du wirfst keinen Schatten
und obwohl du es versuchst
nimmst du keine Farbe an
[...]
du bewegst dich auf eine Weise
auf die es dir zuvor nie möglich war[16]

---

16 Lisa Horvath, *Intimacy of Stranger.*

Die gesamte Installation entfaltet für alle Besucher*innen eine starke Wirkung. Man fühlt ein Verschmelzen mit der Umgebung, ein Sich-Auflösen, ein Verlieren der eigenen Grenzen und damit verschwindet für kurze Momente die Dichotomie von Mensch und Natur, es wird für einen Moment greifbar, dass Beides eine Einheit bildet. Fremdheit löst sich auf, Intimacy of Strangers findet statt. Und das sehen auch die Personen, die außen bleiben und von außen draufschauen. Personen, die sich in der Installation aufhalten, beschreiben alle, dass sich bei ihnen eine positive Entspannung einstellt und dass sie diesen Moment festhalten wollen.

Literaturverzeichnis

Avanessian, Armen u. a., „Editorial", in: *Texte zur Kunst: Speculation* 93 (2014).

Haraway, Donna, *Die Neuerfindung der Natur*, Frankfurt a. M.: Campus, 1995.

Haraway, Donna, „SF: Spekulative Fabulation und String-Figuren", in: *Documenta 13: 100 Notizen – 100 Gedanken*, Bd. 033, Berlin: Hatje Cantz, 2012.

Lovelock, Jim E., *Unsere Erde wird überleben: Gaia – eine optimistische Ökologie*, aus dem Englischen von Constanze Ifantis-Hemm, München / Zürich: Piper, 1982.

Lovelock, James, *Das Gaia-Prinzip: die Biographie unseres Planeten*, aus dem Englischen von Peter Gillhofer und Barbara Müller, Zürich / München: Artemis & Winkler, 1991.

Lovelock, James, *Gaia: Die Erde ist ein Lebewesen*, aus dem Englischen von Jochen Eggert und Marcus Würmli, Bern / München / Wien: Scherz, 1992.

Titz, Sven, „Ein gut gemeinter Mahnruf", in: *Neue Zürcher Zeitung* (4.11.2016).

https://oncurating-space.org/re-imagining-futures/

https://www.academia.edu/22465485/Subatlantic_Science_poetry_in_times_of_global_warming

https://www.oeaw.ac.at/detail/news/artenvielfalt-in-oesterreich-nimmt-drastisch-ab

https://lesen.oya-online.de/texte/3149-verwandt-im-chthuluzaen.html

Diffraktives Theater als onto-epistemologisches Schreiben

Kevin Rittberger

1.

"we let you think you choose. you choose
like wind chooses, like water chooses,
like wind chooses to move"
ALEXIS PAULINE GUMBS[1]

Zuschauende, die im April 461 v. Chr. im Dionysostheater in Athen einer Aufführung beiwohnen, überblicken eine frühlingshafte Landschaft mit heiligen Hainen bis zur Küste. Im Rücken befindet sich die Akropolis. Während der Aufführung wird es dunkel. Das Geschehen ist tatsächlich viel mehr als nur das Bühnengeschehen. Ich frage mich, wie dieses *anno* dazumal Wahrgenommene das Wahrnehmende beeinflusst, damals wie heute. Ich versuche, dieses Gründungsmoment des Theaters rückwirkend phänomenologisch und neumaterialistisch zu verstehen.

Der Begriff „Theater" leitet sich von dem altgriechischen Wort „theastai" ab – schauen, beobachten, erblicken. Ich stelle mir also vor, ich erblicke die Haine, die Heiligtümer, den Himmel. Wenn ich mein Blickfeld etwas erweitere, nach rechts an den Bergen vorbeischaue, sehe ich das Meer. Ich weiß, dass die Polis auf der rechten Seite ist, wenn jemand von links auftritt, wie jetzt die 50 weiblichen Geflüchteten, die Schutzflehenden, die vor der Zwangsheirat fliehen. Die Heiligtümer, sie blicken zurück, vor mir das Heiligtum des Dionysos Eleuthereus, hinter mir, auf der Akropolis, das Athena-Heiligtum. Wer sich dem Altar der Athene mit einem Ölzweig nähert, dem wird Schutz gewährt. Über die Köpfe des Publikums hinweg fliegen Kraniche, die Bewegungsfreiheit genießen, in V-Formation zu den Sommerquartieren in den Norden. In der Ferne bellen Hunde. Abschweifen oder *Dérive* nenne ich dieses mäandernde Schauen und Staunen, während ich das Spektakel auf der Bühne weiterhin im Blickfeld habe. Ich möchte meinem Blickfeld mit dem Phänomenologen

1 Alexis Pauline Gumbs, *Dub. Finding Ceremony*, Durham: Duke, 2020, S. 238.

 | DOI:10.30965/9783846769614_004

Maurice Merleau-Ponty einen „Wahrnehmungsglauben“ unterstellen, „mit der Kraft des Anfänglichen und leibhaftig Gegenwärtigen“ ausgestattet.[2]

Und wenn Medeas Amme Jahre später von den Wäldern spricht, die gerodet wurden, um für die Argonauten die Ruder zu schnitzen, sehe ich in die Ferne und suche die Landschaft nach gerodeten Kahlflächen ab. Die Landschaft, in der wir Platz nehmen, als Pluralität von Agentien und Verflechtung von Blick- und Wahrnehmungsachsen, ist kein bloßer, passiver Hintergrund wie der See in Tschechows *Die Möwe*, sondern, so möchte ich annehmen, Co-Skript-Autorin. Die Landschaft ist aufgeladen mit Beziehungsweisen, erklärbaren und unerklärbaren, sichtbaren und unsichtbaren. Erst die Moderne wird die Landschaft vollends profanisieren.

Als die Skene immer größer wird, das Gebäude, das die Garderoben und das Bühnenbild beherbergt, als das Theatergebäude unseren Rundumblick schließlich einhegt, 2000 Jahre später nur noch den Himmel freilässt, diese *fünfte Wand*, wie in Shakespeares Globe Theater, frage ich mich, ob es ein Zufall ist, wenn Karl Marx von der Einhegung der Gemeingüter eben zu Beginn des 17. Jahrhunderts spricht. Ich frage mich, ob das Theater diese Einhegung des Blickes nicht rückgängig machen kann, so wie die Aktivist*innen der damaligen Zeit, die Levellers und Diggers, versuchten, die Zäune jener ersten Welle der Privatisierung von Land wieder einzureißen. Damit diese Schaustätte namens Theater als Teil eines Kosmos begriffen werden kann, und der Mensch als Teil einer Kosmologie, die andere Lebewesen nicht aus dem Blick verliert. Und nicht nur das, ich möchte die anderen Lebewesen nicht nur nicht aus dem Blick verlieren, sondern Theater als genuines Erblicken und Erleben verstehen, das sich unserem „Kontakt zu den Dingen“[3] verdankt, wie Merleau-Ponty in *Das Sichtbare und das Unsichtbare* schreibt.

Wenn wir das Theater de-anthropozentrisieren, um den Menschen nur als Teil einer Ding- und Lebewesengemeinschaft zu verstehen, handelt es sich beim Erblicken auch um ein Verwobensein von Geist und Körper, nicht mehr um ein Abmessen, Analysieren und Operationalisieren der Objektwelt durch ein denkendes Subjekt. Für David Abram ist dies die animistische Grundeinstellung: „Bei diesem unablässigen Tanz des fleischlichen Subjekts mit seiner Welt führt mal der Körper, mal führen die Dinge.“[4] Merleau-Ponty hat das phänomenologisch anhand des Erlebens des blauen Himmels wie folgt beschrieben: „Plötzlich ergreift das Sinnliche [...] meinen Blick und ich liefere

2 Maurice Merleau-Ponty, *Das Sichtbare und das Unsichtbare*, München: Fink, 1994, S. 206.

3 Ebd., S. 31.

4 David Abram, *Im Bann der sinnlichen Natur. Die Kunst der Wahrnehmung und die mehr-als-menschliche Welt*, Klein Jasedow: Drachen 2015, S. 74.

einen Teil meines Leibes […] jener der Schwingung und Raumerfüllung aus, in der das Blau […] besteht."[5]

Sicher ist die Einhegung des Blickes und der Wahrnehmung bereits früher geschehen. Für Abram entsteht der Geist der Trennung aus der Geburt der ersten Alphabete.[6] Der Übergang vollziehe sich vom phönizischen zum althebräischen *Aleph-Beth* zwischen dem 11. und 5. Jhd. v. Chr. Ich zitiere aus meinem im März 2024 uraufgeführten Stück *Vom Zeugenschutz des Raubwürgers*:

> Es war einmal ein A. Und das A stand damals noch auf der Seite, kopfüber. Und es war der Kopf eines Ochsen, umgekehrt. Aus der täglichen Erfahrung mit dem Ochsen, der den Pflug zieht, entsteht eine Notwendigkeit etwas zu sagen. A zu sagen. Aleph genannt. Und der Kopf des Ochsen, dieses Bild, das war der Anfang von allem. Der Anfang unseres Alphabets. Aleph-Beth. Aleph ist der Ochse. Beth ist das Haus. Gaml das Kamel, unser späteres C. So geht das weiter. Das O ein Auge. Eine Idee von Schrift. Und so ist der Mensch in der Welt.[7]

In unserem heutigen Alphabet ist der Sinn der Buchstaben als Folge einer sinnlichen, alltäglichen Erfahrung und Wahrnehmung nicht mehr unmittelbar erkennbar. Beim Lesen der Gedichte von Rike Scheffler hatte ich allerdings zuletzt den Eindruck, dass daran wieder gerüttelt wird.[8]

Onto-epistemologisches Schreiben – ich wage mit Abram eine erste These – würde die „Belebtheit der wahrgenommenen Dinge bejahen", wir würden unseren Worten erlauben, „unmittelbar aus den Tiefen unserer andauernden Reziprozität mit der Welt emporzusteigen."[9] Dies Bejahen und Einschreiben von Erfahrungen würde dergestalt mit dichotomistischen Wissenssystemen kollidieren, die eine mechanistische Trennung zwischen Mensch und Welt propagieren. Karen Barad hat gegen die im globalen Norden weit verbreitete Trennung vielfach Einspruch erhoben und ihre Aufhebung als *iterative Intraaktivität* und *agentiellen Realismus* weit über die Quantenphysik hinaus bekannt gemacht.[10] Bruno Latour und Nikolaj Scholz haben vehement dafür plädiert, eine „ökologische Klasse" zu formen, um jene Denk- und Produktionsweise zu

5 Merleau-Ponty, *Das Sichtbare und das Unsichtbare*, S. 203.

6 Abram, *Im Bann der sinnlichen Natur*, S. 110 ff.

7 Kevin Rittberger, *Vom Zeugenschutz des Raubwürgers*, Frankfurt a. M.: Verlag der Autoren, 2024.

8 Vgl. Rike Scheffler, *Lava. Rituale*, Berlin: kookbooks, 2023.

9 Abram, *Im Bann der sinnlichen Natur*, S. 75.

10 Vgl. Karen Barad, *Verschränkungen*, Berlin: Merve, 2015, S. 177; Karen Barad, *Agentieller Realismus*, Berlin: Suhrkamp, 2012.

überwinden, in der der Mensch *von* der Welt lebt anstelle *in* ihr.[11] Buenaventura de Sousa Santos hat den hegemonialen Epistemologien „Epistemologien des Südens"[12] gegenübergestellt.

Onto-epistemologisches Schreiben wird nicht bedeuten, auf das geschriebene Wort zu verzichten oder ein neues Alphabet zu ersinnen. Es gilt, so Abram „die irdische, knospentreibende, Intelligenz unserer Wörter freizusetzen, damit diese wieder auf die Dinge selbst antworten können."[13] „Sprache ist alles", schreibt Merleau-Ponty mit Paul Valery, „weil sie niemandes Stimme ist, weil sie die Stimme sogar der Dinge, der Wellen und Wälder ist".[14] Diese Antwortfähigkeit oder *Response-Ability* zu kultivieren, möchte ich im Folgenden als eine Form dekolonialer Sorgearbeit beschreiben, in die onto-epistemologisches Schreiben eingebettet ist. Dieses Schreiben ist kein äußeres Beobachten der Welt. „Wir befinden uns aber auch nicht einfach nur an bestimmten Orten in der Welt", so Barad:

> Erkenntnis- und Seinspraktiken sind nicht voneinander trennbar; sie implizieren sich gegenseitig. Wir gewinnen keine Erkenntnis dadurch, dass wir außerhalb der Welt stehen; wir erkennen, weil wir zur Welt gehören. Wir sind Teil der Welt in ihrem je unterschiedlichen Werden […], ein Teil der Welt in ihrer fortlaufenden Intraaktivität.[15]

Ganz im Einklang mit Merleau-Ponty nennt Barad die zu überwindenden Dichotomien: „Die Trennung einer Erkenntnistheorie von der Ontologie ist ein Nachhall einer Metaphysik, die einen wesentlichen Unterschied zwischen Mensch und Nicht-Mensch, Subjekt und Objekt, Geist und Körper, Materie und Diskurs annimmt."[16] Onto-epistemologisches Schreiben hingegen untersucht Erkenntnispraktiken und Wissenssysteme innerhalb des Seins, „es gibt keinen äußeren Beobachtungspunkt".[17] Merleau-Ponty und Abram, auch Eduardo Kohn lehren uns, sinnliche und semiotische Verflechtungen zu verstehen, denen ein vorsprachlicher Kontakt zu und von den Dingen vorausgeht.[18] Mit

---

11 Vgl. Bruno Latour, Nikolaj Schultz, *Die Entstehung einer ökologischen Klasse. Ein Memorandum.* Frankfurt a. M.: Suhrkamp, 2022.

12 Buenaventura De Sousa Santos, *Epistemologien des Südens. Gegen die Hegemonie des westlichen Denkens*, Münster: Unrast, 2018.

13 Abram, *Im Bann der sinnlichen Natur*, S. 280.

14 Merleau-Ponty, *Das Sichtbare und das Unsichtbare*, S. 203.

15 Barad, *Agentieller Realismus*, S. 99.

16 Barad, *Agentieller Realismus*, S. 100.

17 Ebd., S. 99.

18 Vgl. Eduardo Kohn, *Wie Wälder denken. Anthropologie jenseits des Menschlichen*, Berlin: Matthes & Seitz, 2023.

Barad können wir zu untersuchende Phänomene als Ergebnis im Werden diskursiv-materieller Praktiken bezeichnen oder als verflechtendes, *diffraktives Theater*. Dieses Theater der verflochtenen Ökologien, zu dekolonisierenden Epistemologien und zu erlernenden Kosmologien schreibt sich auf den Ruinen der Moderne, mit und neben all den Tools, Prothesen und Cyborg-Apparaturen, die verfügbar sind. Ganz gleich, ob es sich um physikalisch-verschränkten Spuk (Barad, Zeilinger) oder spirituellen Animismus handelt (Abram, Kohn) – Medien sind unabkömmlich. Das animistische Medium ist der Schamane (von Levi-Strauss Untersuchung der Algonkin über Eduardo Kohns „denkende Wälder" bis zu Monica Gaglianos „Pflanzensprache"[19]). Und Physiker*innen wie Bohr und Barad, aber auch Merleau-Ponty, haben mit dem Beispiel des Blindenstocks ausgeführt, dass körperliche Grenzen fluide sind:

> The blind man's stick has ceased to be an object for him, and is no longer perceived for itself; its point has become an area of sensitivity, extending the scope and active radius of touch, and providing a parallel to sight. [...] To get used to a hat, a car or a stick is to be transplanted into them, or conversely, to incorporate them into the bulk of our own body.[20]

Barads philosophische Interpretation der Quantenphysik lehrt uns anhand alltäglicher Gebrauchsgegenstände und Handlungen, dass es keine klare Trennung zwischen Subjekt und Objekt gibt. Barad geht von einem „Streuungsmuster" aus (*diffractive grating*[21]). Die diffraktive Methode kann uns zeigen, dass Subjekt und Objekt nicht prä-existieren, sondern durch Intra-Aktionen jeweils neu hervorgebracht werden: „Relata existieren nicht schon vor den Relationen."[22]

Während Abram Merleau-Ponty dahin folgt, Wahrnehmung synergetisch als „fleischliches Verhaftetsein von Empfindendem und Empfundenem, von Empfundenem und Empfindendem"[23], als „spontanes, sinnliches Eingebundensein"[24] und Wechselspiel zwischen wahrnehmendem Körper und Wahrgenommenen zu beschreiben, das vor aller sprachlichen Reflexion erfolge, und betont, dass in den Tanz der Agentien auch unbelebte Objekte wie Steine oder Berge, das Blau des Himmels, Pflanzen, Tiere und Spirits einstimmen

---

19 Monica Gagliano, *Thus Spoke The Plant*, Berkeley: North Atlantic Books, 2018, S. 6.

20 Karen Barad, *Meeting the Universe Halfway. Quantum Physics and the Entanglement of Matter and Meaning*, Durham: Duke, 2007, S. 157.

21 Ebd., S. 106.

22 Ebd., S. 20, vgl. S. 106 ff.

23 Merleau-Ponty, *Das Sichtbare und das Unsichtbare*, S. 187.

24 Ebd.

können und Teilhabe behaupten, spricht Barad von der Ausdehnung unseres In-der-Welt-Seins in das Instrument hinein. Barads agentieller Realismus setzt Schnitte an eben diesen unscharfen Übergängen, die Descartes Dualismen noch sauber zu trennen wussten, als intraaktive Verschränkungen.[25] Für die feministische, dekoloniale Quantenphysikerin Barad ist die Kritik der Instrumente und Apparate entscheidend. Die fortlaufende Rekonfiguration der Welt ist nicht losgelöst von Machtfragen, von Fragen der Ethik und Gerechtigkeit. Barads feministische und neumaterialistische *Ethico-Onto-Epistemologie* geht es immer noch um die konkrete Verortung von menschlicher Handlungsmacht: „Menschen sind Teil des Welt-Körper-Raums in seiner dynamischen Strukturierung."[26] Sie fragt nach „der unterschiedlichen Konstitution von Menschen", „nach ihren materiellen Bedingungen der Möglichkeit und nach ihrem konstitutiv ausgeschlossenen Anderen – dem Nichtmenschlichen."[27]

2.

> Wenn man die Dichte der Verflechtungen ernst nimmt, dann gibt es kein Zurück zu einem reinen, unpolitischen, unvergesellschafteten, machtfreien Naturzustand, sondern nur ein Hin zu einer gemeinsamen Produktion von Welt, zu einer Verantwortung (Response-Ability), die sich aus der Etablierung einer Beziehung ergibt.
> DONNA HARAWAY[28]

Zurück zum Theater. Diesmal stehe ich, während einer siebenstündigen Performance namens *Shared Landscape* von Caroline Barneaud und Stefan Kaegi, in den hinteren Reihen mitten im Wald in Grünheide nahe Berlin. In der Ankündigung fragen die Macher*innen: „Welche neuen Perspektiven lassen sich einnehmen, wenn Inszenierungen nicht nur die sogenannte Natur thematisieren, sondern mitten in ihr stattfinden?"[29] Nach sieben Stunden habe ich den Eindruck: Wir sind zwar im Wald – der Mensch erscheint in diesem

---

25 „relata-within-phenomena emerge through specific intra-actions"; Karen Barad, *Meeting the Universe Halfway*, S. 334.

26 Barad, *Agentieller Realismus*, S. 100.

27 Barad, *Verschränkungen*, S. 192.

28 Donna Haraway, „Stay where the trouble is. Vinciane Despret und Donna Haraway im Gespräch mit Karin Harrasser und Katrin Solhdju", in: *Zeitschrift für Medienwissenschaft* 4 (2011), S. 98.

29 Haus der Berliner Festspiele, „Shared Landscapes. Sieben Stücke zwischen Wald und Wiese", https://www.berlinerfestspiele.de/programm/2023/shared-landscapes-start. (Zugriff 15.07.2024).

Setting zwar kleiner, aber ich kann keine Balance zwischen dem Anthropozentrischen und dem Ökozentrischen feststellen. Ich habe den Eindruck, Natur wird thematisiert, die Inszenierung findet auch mitten in ihr statt, aber einen echten Kontakt von und zu den Dingen können die künstlerischen Positionen nicht herstellen. Auch wird kein Protest gegenüber den oben erwähnten Dichotomien formuliert. Die konkrete Schädigung des Ökosystems durch die unmittelbare Nähe zu den sich weiterhin im Ausbau befindenden, wasserabgrabenden Tesla-Werken wird auch nicht zum Thema der künstlerischen Auseinandersetzung.

Einige der Performances, die an verschiedenen Orten im Wald platziert sind, arbeiten mit vorproduzierten Hörstücken. Da höre ich im Hintergrund einen üppigen Teppich an Vogelstimmen und muss, als ich die Kopfhörer absetze, dann doch selbst herausfinden, dass der Wald Ende August, dem Aufführungstermin von *Shared Landscape*, einer europaweit tourenden Produktion, vollkommen geräuschlos geworden ist. Sind die Vögel bereits auf ihrem Weg in die Winterquartiere? *Wie der Vogel wohnt*, wie die Ethologin Vinciane Despret das eindrücklich beschrieben hat, erfahren wir nicht.[30] Ebenso geht keine der künstlerischen Positionen auf das Sinnfälligste ein, den Geruch des Waldbodens nach dem Regen. Das Event findet zwar *live* statt, ich sehe ja, wie wir alle mit Kopfhörern den Wald ablatschen, aber von Response-Ability oder Verhaftetsein von Wahrnehmenden und Wahrgenommenem keine performative Spur. Dahin können unsere Sinne und synergetischen Fähigkeiten durch die Abschirmung der Ohren, die Anweisungen folgen sollen, gar nicht vordringen. Es ist sozusagen *site-specific* und *site-unspecific at the same time*, da es gar keine Rolle spielt, welche Bäume uns umgeben, ob es ein Forst oder ein Wald ist, ob da eine gepflanzte Kiefer steht oder eine uralte native Eiche. Wichtiger scheint, ob die Performances auch in beliebig anderen Wäldern funktionieren, ob sie in Serie gehen können. Einzig wenn die Musiker*innen in den Kompositionen von Ari Benjamin Myers mitten im Wald verteilt auf dem Boden liegen und mit den sich im Wind bewegenden Baumwipfeln zu resonieren scheinen, habe ich den Eindruck, dass ein Kontakt von und zu den Dingen gewünscht sei.

Die Gesamtinstallation versäumt es, die angekündigten, neuen Perspektiven zu ermöglichen. Durch den Wegfall des Guckkastens im Wald erscheint es umso schmerzhafter, wenn das Blickfeld eingeengt wird und diesmal eine „echte“ Natur als Kulisse erscheint. Es sei denn, es gelingt mir wie im Dionysostheater, dem eingangs erwähnten Beispiel, auf eigene Verantwortung hin abzudriften. Ich erinnere mich dann etwa an eine Soundarbeit von Michael

30 Vgl. Viviane Despret, *Wie der Vogel wohnt*, Berlin: Matthes und Seitz, 2023.

Maeder, der im austrocknenden Schweizer Pfynwald im Wallis hörbar machen konnte, wie ein Wald klingt, dem immer weniger Feuchtigkeit zur Verfügung steht, der immer mehr von Käfern zerfressen wird, der mehr Harz absondert usw.[31]

In einem Briefwechsel mit Una Chaudhuri versuche ich, meinem Unbehagen auf den Grund zu gehen. Vor einem halben Jahr bereits hat sie meiner Suche nach einem Theater, das die vierte, fünfte und sechste Wand durchbricht, mit ihrer „fifth wall dramaturgy“[32] entgegengehalten, Theater nun im Wald zu machen, sei nicht die Lösung und würde die Natur-Kultur-Dichotomie unter Umständen noch verstärken.

Ich schreibe: „The problematic aspect for me was e.g. that the already produced soundscape on our headphones and the other pieces didn't resonate at all with the actual soundscape nor with other forms of lives. So I thought back of your essay on interspecies diplomacy with Dolphins. (I asked myself:) When does interspecies diplomacy makes ‚sense' in that sense that our senses are present, that we are entangled with the more-than-human world? And when is theatre, leaving the playhouses, using nature as a mere backdrop, not able to use any of its actual resonance, voices, semiotics?“[33]

Chaudhuri antwortet: „The performance you describe sounds typical: very well intentioned, but also perhaps a little too quick to decide what it would really mean to have a ‚dis-anthropocentric' theatrical experience, not one in which the human is enjoyably centered in ‚nature' but one in which the human is decentered from all its certitudes. I think it's not just a matter of getting the sensory ‚balance' right, but rather of first activating and then estranging the prevailing assumptions about what landscapes are/contain/exclude/want/need. For theatre-makers, perhaps it's best to attempt that within our traditional spaces, indoors – which is as much an interspecies space, as much a ‚landscape', as a forest.“[34]

In ihrem Text über die Bedeutung der „Fifth Wall“ schreibt Chaudhuri:

> Looking up and beyond the social world, (todays playwrights) see forces as powerful and as fearful as the supernatural forces that had reigned over the dramas of antiquity. Instead of wrathful gods and goddesses, the drama of climate change invokes, for example, pitiless physical realities. […] Besides expanding

31 Vgl. Marcus Maeder, „Perimeter Pfynwald“, https://blog.zhdk.ch/marcusmaeder/2019/06/06/eco-visionarios-eco-visionaries/ (Zugriff 15.07.2024).

32 Vgl. Una Chaudhuri, „The Fifth Wall. Climate Change Dramaturgy“, https://howlround.com/fifth-wall.

33 Zit. aus einer Email vom 1.9.2023 an Una Chaudhuri.

34 Zit. aus einer Email vom 5.9.2023 von Una Chaudhuri.

> the dramatic frame beyond the social world, Fifth Wall dramaturgy also expands it temporally, pushing past cultural history to locate the human story in the deep time of the earth. […] The view of the world that climate change calls for is a wide view and a long one. It is a view we must learn to borrow from the earth itself, from whose perspective the human is a complicated, fascinating, and above all evolving phenomenon.[35]

3.

Es gilt „die Welt, von der man lebt, mit der zur Deckung zu bringen, in der man lebt" – auch ästhetisch. Doch welchen Prämissen verschreibt sich eine Ästhetik der „ökologischen Unzivilisation", wie es der pragmatische Philosoph Martin Savransky genannt hat?[36]

Für Karl Marx und seine Apologet*innen war der Animismus ein Teil rückständiger Gesellschaften und Ausdruck einer Natur-Unterwerfung. Erst am Ende seines Lebens und zu spät für den produktivistischen Marxismus hat sich Marx dem Gemeinwesen der Irokesen und der russischen Mir gewidmet und damit einen Teil seiner Ansichten revidiert. Autoren wir Kohai Saito holen diesen apokryphen Marx heute erfolgreich ins Rampenlicht, der auf einmal zu einem dekolonialen, kommunitaristischen Ökosozialisten oder „Degrowth-Commonisten" erklärt wird.[37] Für Brecht und eine Generation politischer brechtischer Theatermacher*innen ist das Kind jedoch in den Brunnen gefallen. Wird die soziale Frage gegen eine sogenannte Identitätspolitik bemüht, wie in den ermüdenden öffentlichen Debatten der letzten Jahre, so ist das Soziale nicht nur mehr und mehr das national, sondern auch immer noch das völlig anthropozentrisch Eingehegte. Die folgende und folgenreiche Szene aus Brechts *Messingkauf* kann als symptomatisch gelten: „Was mich am meisten interessiert, ist das, was nachgeahmt wird, nämlich das Zusammenleben der Menschen", sagt der Philosoph. Und fährt fort: „Kann ich mit so einer Haltung ein guter Zuschauer sein?"[38] Und der Dramaturg antwortet: „Warum sollten Sie nicht ein guter Zuschauer sein? Wir haben doch schon lange keine Götter, Hexen, Tiere oder Gespenster mehr."

---

35 Una Chaudhuri, „The Fifth Wall".

36 Martin Savransky, „Ecological uncivilization: Precarious world-making after progress", in: *The Sociological Review Volume* 70 (2022), S. 380.

37 Kohai Saito, *Systemsturz. Der Sieg der Natur über den Kapitalismus*, München: dtv, 2023.

38 Bertolt Brecht, *Schriften zum Theater*, 7 Bde., Frankfurt a. M.: Suhrkamp, 1963, Bd. 4, S. 61.

Warum eigentlich nicht? Wie wird das Soziale auf die „Bewohnbarkeitsbedingungen des Planeten“[39] ausgeweitet? Wie wird den Geistern und Spirits, den Tieren und Pflanzen, den Prothesen und künstlichen Intelligenzen im heutigen Curazän – im Zeitalter der Sorge, Reparation und Regeneration – erneuter oder erstmaliger Einlass gewährt?[40]

Soll diese Brecht'sche Wissenschaftsbühne, wie Frank M. Raddatz meint, heute ihren „antidionysischen Schutzwall“ durchbrechen, den sie einst gegen Nietzsches dionysisches Rauschtheater und das bürgerliche Illusionstheater hochgezogen hatte, und zur „dionysischen Wissenschaftsbühne“ werden, die sich „durch […] Engagement hinsichtlich der Überwindung der anthropozänen Talfahrt definiert“,[41] so möchte ich bereits die Dichotomie zwischen dem Apollinischen und Dionysischen (Nüchternheit und Rausch), die Raddatz zu den „antipodischen, unverrückbaren Fixsternen“ des „bipolaren Theateruniversums“[42] erklärt (und nun synthetisieren möchte), hinterfragen. Zum einen weil ich es für zweifelhaft halte, so lange nicht anerkannt wurde, in wieweit sowohl das Prinzip Rausch als liberale oder libertäre Ökonomie der Verschwendung und Zügellosigkeit (im Theater gerne auch als Ästhetik des Ausbrennens oder geniehafter Individualanarchismus zelebriert) als auch das Prinzip Nüchternheit als sozialistisch durchrationalisierte Ökonomie des Plans (oder körpergepanzerte *Verhaltenslehre der Kälte*) gleichermaßen Teil einer problematischen, extraaktivistischen Moderne waren und sind. Mag das eurozentrische Theater erneut an seinem Urgrund rütteln, braucht es dekoloniale Perspektiven, epistemologische Gerechtigkeit und Offenheit für transkulturelle Hybridität.[43]

Zum anderen möchte ich Nietzsches und Raddatz' Polarisierung noch etwas Drittes an die Seite stellen. Was wenn der Rausch und die Nüchternheit nicht die einzigen, entgegengesetzten Prinzipien der europäischen Theatergeschichte waren und das wahrnehmende synästhetisierende Umherschweifen und Erblicken, das ich eingangs beschrieben habe, immer schon ein phänomenologischer und neumaterialistisch gesprochen, verschränkter, intraaktiver Urgrund des Theaters als rituell praktiziertem und animistischem

39 Latour / Schultz, *Die Entstehung einer ökologischen Klasse*, Berlin: Suhrkamp, 2022, S. 26.

40 Das Curazän, das Zeitalter der Sorge und Regeneration, ist eine Wortschöpfung und leitet sich ab aus dem Lateinischen. Curare lässt sich übersetzen mit „sich kümmern“ und „sorgen für“.

41 Frank M. Raddatz, „Abenteuer Gaia“, in: *Lettre* 138 (2022), S. 110.

42 Ebd.

43 Vgl. Rittberger, Kevin, „Transkulturalität und das Theater der Vorahmung“, in: Teresa Kovacs / Koku Nonoa (Hg.), *Postdramatisches Theater als transkulturelles Theater*, Tübingen: Narr, 2018, S. 301–322.

Kontakt mit den Dingen war? Werden Europäer*innen diesen Animismus, den sie an anderer Stelle ausgerottet haben, in sich neu entdecken können? Warum versuchen wir nicht, eine freundlichere Kosmologie zu entwerfen, und zwar durch unsere Praktiken? Die phänomenologische Sicht Merleau-Pontys mag den Eindruck erwecken, den Wahrnehmungsglauben in den Vordergrund zu stellen. Die Wahrnehmung soll aber nicht „als schlichte Sinnesfunktion, die alle anderen Funktionen erklären könnte" verstanden werden, so Merleau-Ponty, „sondern als Archetyp der originären Begegnung, die in der Begegnung mit dem Vergangenen, mit dem Imaginären und mit der Idee nachgeahmt und erneuert wird."[44] Vielleicht können wir Wahrnehmungsglauben in einer entsakralisierten Welt so als Begegnung verstehen, als „mehrdimensionale Verflechtung, […] von der Wahrnehmungswelt in die Ausdruckswelt und von dort in die Welt des Politischen […], ohne dabei jedoch die Wahrnehmungswelt zu verlassen."[45]

Es wäre der Beginn eines ethico-onto-epistemologischen Schreibens am Ende des erdverheerenden Fortschritts. Ethik wäre dann mit Barad nicht Gegenstand der Deklamation oder Agitation, „nicht ein Aufsetzen menschlicher Werte auf den Stoff der Welt. […] Verantwortlichkeit keine Verpflichtung, für die sich das Subjekt entscheidet, sondern vielmehr eine verkörperte Beziehung, die der Intentionalität des Bewusstseins vorausgeht."[46]

Literaturverzeichnis

Abram, David, *Im Bann der sinnlichen Natur. Die Kunst der Wahrnehmung und die mehr-als-menschliche Welt*, Klein Jasedow: Drachen 2015.

Barad, Karen, *Meeting the Universe Halfway. Quantum Physics and the Entanglement of Matter and Meaning*, Durham: Duke, 2007.

Barad, Karen, *Agentieller Realismus*, Berlin: Suhrkamp, 2012.

Barad, Karen, *Verschränkungen*, Merve: Berlin, 2015.

Brecht, Bertolt, *Schriften zum Theater*, 7 Bde., Frankfurt a. M.: Suhrkamp, 1963, Bd. 4.

Chaudhuri, Una, „The Fifth Wall. Climate Change Dramaturgy", https://howlround.com/fifth-wall.

De Sousa Santos, Buenaventura, *Epistemologien des Südens. Gegen die Hegemonie des westlichen Denkens*, Münster: Unrast, 2018.

---

44 Merleau-Ponty, *Das Sichtbare und das Unsichtbare*, S. 207.

45 Oliver Precht, *Der rote Faden. Maurice Merleau-Ponty und die Politik der Wahrnehmung*, Berlin: Matthes & Seitz, 2023, S. 103.

46 Barad, *Verschränkungen*, S. 183.

Despret, Vinciane, *Wie der Vogel wohnt*, Berlin: Matthes und Seitz, 2023.
Gagliano, Monica, *Thus Spoke The Plant*, Berkeley: North Atlantic Books, 2018.
Gumbs, Alexis Pauline, *Dub. Finding Ceremony*, Durham: Duke, 2020.
Haraway, Donna, „Stay where the trouble is. Vinciane Despret und Donna Haraway im Gespräch mit Karin Harrasser und Katrin Solhdju“, in: *Zeitschrift für Medienwissenschaft* 4 (2011).
Kohn, Eduardo, *Wie Wälder denken. Anthropologie jenseits des Menschlichen*, Berlin: Matthes & Seitz, 2023.
Latour, Bruno, Nikolaj Schultz, *Die Entstehung einer ökologischen Klasse. Ein Memorandum*. Frankfurt a. M.: Suhrkamp, 2022.
Maeder, Marcus, „Perimeter Pfynwald“, https://blog.zhdk.ch/marcusmaeder/2019/06/06/eco-visionarios-eco-https://blog.zhdk.ch/marcusmaeder/2019/06/06/eco-visionarios-eco-visionaries/ (Zugriff 15.07.2024).
Merleau-Ponty, Maurice, *Das Sichtbare und das Unsichtbare*, München: Fink, 1994.
Precht, Oliver, *Der rote Faden. Maurice Merleau-Ponty und die Politik der Wahrnehmung*, Berlin: Matthes & Seitz, 2023.
Raddatz, Frank-M., „Abenteuer Gaia“, in: *Lettre* 138 (2022).
Rittberger, Kevin, „Transkulturalität und das Theater der Vorahmung“, in: Teresa Kovacs / Koku Nonoa (Hg.), *Postdramatisches Theater als transkulturelles Theater*, Tübingen: Narr, 2018.
Rittberger, Kevin, *Vom Zeugenschutz des Raubwürgers*, Frankfurt a. M.: Verlag der Autoren, 2024.
Saito, Kohai, *Systemsturz. Der Sieg der Natur über den Kapitalismus*, München: dtv, 2023.
Savransky, Martin, „Ecological uncivilization: Precarious world-making after progress“, in: *The Sociological Review Volume* 70, (2022).
Scheffler, Rike, *Lava. Rituale*, Berlin: kookbooks, 2023.

TEIL II

Institutionen

Das Theater des Anthropozän: Konzept, Fragestellungen, Aufführungen

Frank M. Raddatz

1.

Das Theater des Anthropozän wurde von dem Dramaturgen und Publizisten Dr. Frank Raddatz und der Meeres- und Polarforscherin Prof. Dr. Antje Boetius im November 2019 gegründet. Schirmherrin war Prof. Dr. Sabine Kunst, die Präsidentin der Humboldt Universität (www.theater-des-anthropozaen.de). Zweck dieser Bühne ist es künstlerisch-theatrale Projekte im Kontext des Anthropozäns zu entwickeln. Es handelt sich um ein ökologisches Theater an der Schnittstelle Kunst/Wissenschaft. Seither fanden in Zusammenarbeit mit Universitäten, Stiftungen und Wissenschaftsinstitutionen an ganz unterschiedlichen Orten vornehmlich in Deutschland Veranstaltungen statt, die Klimaaktivist*innen, Wissenschaftler*innen, Philosoph*innen und Künstler*innen vernetzen.

Warum ist die Schnittstelle Kunst/Wissenschaft zentral für dieses Theater oder eine anthropozäne Ästhetik? Die Antwort darauf zeigt uns, dass die Wissenschaft in diesem Kontext in einer Doppelrolle agiert. Das gesamte toxische Vokabular der Ökologie wie Erderwärmung, Abschmelzen der Pole, Versauerung der Ozeane, gravierende Verluste von Biodiversität usw. beruht auf Erhebungen der Erdsystemwissenschaften, atmosphärischen Messungen, Computersimulationen, Satellitenaufzeichnungen und aufwendigen Bohrungen an den Eispolen. Anhand von Bohrkernen, die mitunter hunderte Millionen Jahre in die Erdgeschichte zurückreichen, wird sowohl das Ausmaß wie Potential der gegenwärtigen Krise taxiert als auch extrapoliert, dass das Holozän ohne die Emissionen der Industriegesellschaften noch bis zu 50.000 Jahre angedauert hätte. Das Anthropozän ist eine gut begründete wissenschaftliche Konstruktion, wie sein Name auch nicht zufällig vom Nobelpreisträger für Chemie Paul Crutzen aus der Taufe gehoben wurde.

Aber wieso Doppelrolle? Das ökologische Desaster, so der Wissenschaftshistoriker Bruno Latour, wäre ohne die Wissenschaften und die mit ihnen verbundenen Technologien keineswegs möglich gewesen. Die ökologische Krise ist das Resultat eines defizitären epistemischen Konzepts. Kurz gesagt: der Klassifizierung des Planeten als totes physikalisches Objekt. Latour begreift den

 | DOI:10.30965/9783846769614_005

Erdplaneten als etwas Lebendiges, das er altgriechisch mit GAIA bezeichnet. Gaia, an sich eine Hypothese von Lynn Margulis und James Lovelock, ist nicht von einer Reihe unlebendiger Dinge bedeckt, sondern von höchst lebendigen Wirkmächten, die miteinander in Verbindung stehen und sich gegenseitig beeinflussen und die Critical Zones bilden. Dieses Netz des Lebens oder der Aktanten der Critical Zones lässt sich wiederum ohne Wissenschaft weder erkennen noch verstehen.

Will eine Bühne diese Realität abbilden, bespielen, mit ihr in Kontakt treten, braucht es demnach ein wissenschaftlich grundiertes Theater. Wie aber kann ein derartiges Theater aussehen? Zunächst einmal: Es existiert bereits ein weltweit erfolgreich operierendes wissenschaftliches Theater. Das epische Theater Brechts wird ausdrücklich als Bühne *für die Kinder des wissenschaftlichen Zeitalters* entworfen. Brechts zentrale theoretische Schrift *Kleines Organon für das Theater* beruft sich auf Albert Einstein, Robert Oppenheimer und mehrfach auf Galileo Galilei. Diese Bindung an die Wissenschaft bedeutet keineswegs, dass ein Stück wie zum Beispiel *Mutter Courage und ihre Kinder* wesentliche Kenntnisse über den 30-jährigen Krieg transportiert. Vielmehr soll die denkende Zuschauer*in, während die Marketenderin ihre Kinder eins nach dem anderen verliert, zu der zwingenden Schlussfolgerung gelangen, dass Geschäfte mit dem Krieg früher oder später ihre blutige Kehrseite offenbaren. Das Theater wird zum Denkraum. Mit dieser Operation wird das Theater, das dem Kult und dem Ritual entstammt, der Leitplanke der Kausalität anvertraut. Nach dieser Maßgabe kann die anthropozäne Bühne mitsamt der Schnittstelle Kunst/Wissenschaft problemlos auf das wissenschaftliche Theater Brechts aufsatteln. Aber es existieren zugleich gravierend Unterschiede. Denn bei der Erderwärmung, den erschreckenden Verlusten von Biodiversität handelt es sich keineswegs um intendierte Nebeneffekte der naturbeherrschenden Verfahren. Statt wie die Brechtbühne eine mechanische und lineare Kausalität zu propagieren, die in die Akkumulation des Fortschritts mündet, muss sich das anthropozäne Theater fragen, welche Logik im planetaren Habitat regiert und wie diese veranlasst, mit der Erderwärmung und weiteren bedrohlichen Effekten auf die menschlichen Interventionen in das Erdsystem zu antworten.

Während Brecht die Idee des Fortschritts auf der Voraussetzung gründet, dass die Ausbeutung der Natur frei von Rückkopplungen ist und die Grundlage des Wohls aller stiftet, wird die anthropozäne Bühne mit den unerwünschten globalen Nebenwirkungen der industriellen Form der Naturbeherrschung konfrontiert. Erkenntnistheoretisch betrachtet ist die Brechtbühne trotz aller Innovationen weiterhin im bürgerlichen Schauspiel verankert. Im traditionellen Theater wird ein Kirschgarten, wie in Anton Tschechows Stück, als Objekt taxiert und ist, wenn überhaupt auf der Szene vorhanden, Kulisse und nicht *Quasi*-Subjekt. Dagegen hat eine anthropozäne Szene die Aktanten der Natur und Ökosysteme als etwas Lebendiges, als Wirkmächte zu zeigen, die mit der Welt in Wechselwirkungen stehen. Indem sich die Entitäten der Natur verhalten und auf die menschlichen Aktivitäten reagieren, demonstrieren sie zugleich, dass sie keinesfalls allein als unlebendige Dinge erfasst und beschrieben werden können. Es handelt sich vielmehr um in Rückkopplungsprozesse eingebundene Kräfte der Critical Zones, die sich mit dem Beginn des Lebens auf der Erde gegenseitig beeinflussen und auf die Handlungen jedes Aktanten im Netz des Lebens antworten. Kein Baum existiert wie eine Monade nur auf sich bezogen. Er steht nicht nur in intensivem Austausch mit weiteren Bäumen, sondern auch mit allen Lebensformen und Sphären, die das Habitat seiner Spezies bilden.

Das Gesicht der Erde wäre beispielsweise ohne das über viele Hunderte von Jahrmillionen anhaltende Terraforming der Bäume und Wälder nicht wiederzuerkennen. Angesichts dieses Horizonts aus Wechselwirkungen muss der Mensch schleunigst begreifen, dass auch er nur ein Faktor der Critical Zones ist, der zwar großen Einfluss ausübt, aber, noch blind gegenüber den Auswirkungen seiner Aktivitäten, gerade dabei ist, aufgrund seiner Unkenntnis sich selbst eine Schlinge um den Hals zu legen. In diesem Kontext bestimmt Latour die epistemische Figur der Rückkopplung als ausschlaggebend für das ökologische Desaster. In einer anthropozänen Kunst würde, so Latour, „jede Rückkopplungsschleife gleichzeitig kollektiv erzählt, nachvollzogen, nachgespielt und ritualisiert werden. Jede dieser Schleifen zeichnet unerwartete Reaktionen eines äußeren Akteurs auf, der das menschliche Handeln kompliziert."[1] Die Agentien der Natur können von einem anthropozänen Wissenschaftstheater daher nicht länger als Objekte oder Elemente der Kulisse behandelt werden. Eindringlich appelliert Latour,

> diese Schleifen mit allen verfügbaren Mittel unablässig und immer wieder nach(zu)zeichnen, als wären die alten Unterschiede zwischen wissenschaftlichem Instrumentarium, Emergenz einer Öffentlichkeit und politischen Künsten wie auch die Definition des gemeinsamen Raumes im Verschwinden begriffen. Diese Unterschiede sind sehr viel weniger wichtig als die nachdrückliche Aufforderung: tut alles dafür, dass eine Schleife nachvollziehbar und öffentlich sichtbar ist, sonst werden wir blind und hilflos und haben keinen Boden mehr, auf dem wir uns niederlassen können.[2]

1 Bruno Latour, *Kampf um Gaia: Acht Vorträge über das neue Klimaregime*, aus dem Französischen von Achim Russer und Bernd Schwibs, Berlin: Suhrkamp, 2017, S. 464.

2 Ebd., S. 465.

Die Wirkkräfte der nicht-menschlichen Welt sind wie im antiken mythisch grundierten Theater als eigenständige Subjekte bzw. schwer zu berechnende Gewalten anzusetzen. Die Frage dieser Bühne ist daher, wie sie, so eine Formulierung von Michel Serres, die Aktanten „in einer zirkulären Kausalität, in Rückkopplungsschleifen"[3] organisieren kann.

Die epistemischen Argumente bezüglich der Differenz von Objekt und Aktant lassen die unterschiedlichen Zugangsweisen zur physikalischen bzw. ökologischen Realität im Wissenschaftstheaters des 20. und 21. Jahrhunderts deutlich hervortreten. Geht eine anthropozäne Bühne mit Latour davon aus, dass das Wissen um die Rückkopplungsschleifen überlebenswichtig ist, verblassen die Gemeinsamkeiten mit Brechts Wissenschaftstheater und es setzt eine grundlegende Transformation der Wissenschaftsbühne ein. Die Verschiebung von einer mechanischen Kausalität mit ihren reproduzierbaren Wirkungen hin zur Prozesslogik der Rückkopplungsschleifen mit kaum kalkulierbaren Resultaten eröffnet das Spielfeld, auf dem Kunst und Wissenschaft trotz ihrer Gegensätzlichkeit kommunizieren.

2.

Angesichts der Klimakatastrophe und der damit verbundenen anwachsenden Bedrohungshorizonte kann es nur das Ziel einer ökologischen Ästhetik sein, eine Verbundenheit mit dem planetarischen Habitat zu erzeugen. Traditionell gehört die Formung der Sensibilität zu den primären Aufgaben von Kultur, Kunst und Theater. So sah bereits Gotthold Ephraim Lessing einen wesentlichen Effekt des bürgerlichen Trauerspiels, das er in Deutschland einbürgerte, in der Etablierung von Affekten, die der feudalen Kultur fremd waren. Die Parallelen liegen auf der Hand. Auch die „ökologische Klasse" (Latour) muss einen eigenen Wertekanon artikulieren und eine entsprechende Empfindsamkeit ausprägen, die den Realitäten nach der Überlappung von Erd- und Menschengeschichte (Dipesh Chakrabarty) korrespondieren. Ohne die Ausbildung einer Sensibilität für die Anforderungen des 21. Jahrhunderts wird eine unabdingbare Modifikation der gesellschaftlichen Existenzweisen kaum gelingen. Wie aber lässt sich ein genereller Haltungswechsel in Bezug auf die planetarischen Bedingungen, die nicht-menschlichen Bewohner*innen der Erde und die Fragilität unserer Ökosphäre einleiten? Die Erdsystemwissenschaft sieht sich mit dem Problem konfrontiert, dass mittels Computersimulation,

3 Michel Serres, *Der Parasit*, aus dem Französischen von Michael Bischoff, Frankfurt a. M.: Suhrkamp, 1984, S. 97.

Bohrkernen, Satellitenprogrammen, Messstationen generierte Informationen nicht ausreichen, Veränderungen des Bewusstseins auszulösen. Informationen über die zunehmende Instabilität unserer Lebenssphären erzeugen offenbar keine adäquaten gesellschaftlichen Verhaltensweisen, insbesondere wenn damit Nachteile für das einzelne Individuum verbunden sind. „wissen alleine ist schön aber / man muss an dieses wissen auch glauben“, schreibt der österreichische Dramatiker Thomas Köck treffend in seinem Stück *aerocircus* (2023). Nicht das wissenschaftliche Wissen stößt an Grenzen, sondern seine Überzeugungskraft, wenn es nicht zu unmittelbar nutzbaren technischen Neuerungen führt. Nur die Kunst, so die verzweifelte These, kann jene Phantasien freisetzen, welche die als nötig erachtete Modifikationen der eingeübten Routinen der Konsument*innen in Gang setzen, um den als unumgänglich erachteten systemischen Umbau voranzutreiben. Die Kunst soll dem Wissen also kein weiteres Wissen über kreative Verfahren etc. hinzusetzen, sondern den Prozess der Vermittlung emotionalisieren und kulturalisieren. Das heißt, die Erkenntnisse in Formen ästhetischer Erfahrung verdichten.

3.

Als James Watt 1769 das Rätsel der Optimierung der Dampfmaschine löste wie Ödipus tausende Jahre zuvor das Rätsel der Sphinx, stieß er ohne böse Absichten und im Stande der Unschuld das Tor zum Industriezeitalter mit seinem unersättlichen Hunger nach Kohle und fossilen Energieträgern auf. Als Folge stürzt heute, nur einige Generationen später, die gesamte menschliche Spezies irreversibel in das planetarische Zeitalter. Noch existiert keine überzeugende Bühnengrammatik, mit welcher sich die in Bewegung geratenen planetarischen Parameter wie die Erderwärmung, der anhaltende Verlust von Biodiversität, die schmelzenden Polkappen in theatrale Kontexte zurückbinden lassen. Schließlich gilt die Bühne seit vielen Jahrhunderten als ein Ort des Sozialen, der Auseinandersetzungen zwischen Menschen in Szene setzt. Allerdings zeigt ein Blick in ihre Geschichte, dass sie in der Vergangenheit durchaus in der Lage gewesen ist, Kontakte und Austausch mit der Sphäre der nicht-menschlichen Kräfte zu organisieren.

Wer sich auf die Suche der planetarischen Dimension der Theaterkunst begibt, stößt auf das Dionysische. Um Wagners Gesamtkunstwerk kunstphilosophisch zu flankieren, entwarf der junge Nietzsche einen Grundriss des tragischen Motors, indem er auf die von Friedrich Wilhelm Josef Schelling in den ästhetischen Diskurs eingebrachte Dichotomie Geist und Natur rekurrierte. Mitnichten wurde das Dionysische in der Natur – wie oft in der kommentierenden Literatur behauptet – als Eigenschaft des Menschen konzipiert. Vielmehr – so will es die Konstruktion – handelt es sich um eine impersonale planetarische Kraft, welche die Angehörigen vieler Spezies aufgrund ihrer Leiblichkeit und Zugehörigkeit zu den Kräften der Evolution ergreift. Dieser libidinöse Sinnesrausch wird durch die intendierte ekstatische Wirkung von Musik und Rhythmik auf der Ebene der Kultur verstärkt. Sie bilden das im Kultischen verwurzelte Fundament der Tragödienkunst. Diese Grundierung bedingt eine Metrik der Texte, die gesungen, aber auch getanzt werden und zwar in gemeinschaftlicher, schließlich chorischer Form. Aus diesem chorischen Subjekt erwachsen historisch die einzelnen Protagonist*innen mitsamt ihrem individuellen Schicksal.

Anthropozän perspektiviert, zeigt sich das Dionysische als Äußerung jener planetarischen Kraft, die den Kreislauf der Evolution und Lebens antreibt. Deren Wirkmacht ist in planetarischen Rhythmen, den Jahreszeiten organisiert. Mittels der Kunstform der attischen Tragödie wird dieser Pulsschlag des Planeten zeremoniell verdichtet und zu Frühlingsbeginn in Form der Dionysien gefeiert. Zugleich handelt es sich bei Dionysos, der ebenso für das alljährliche Sprossen des Grüns wie für das Theater verantwortlich zeichnet, sieht man einmal von seinem Gefolgsmann Pan ab, um annähernd den einzigen griechischen Gott, der sterben kann.

Ein Theater, das einen lebendigen von Wirkmächten beherrschten Planeten bespielen will, kann demnach auf seine Wurzeln rekurrieren, die genetisch tief mit dem Leben auf dem Erdplaneten verbunden sind. Obwohl die Brechtbühne stets bemüht ist, die unterirdischen Stränge zum Kultischen auszureißen, tritt unter der anthropozänen Prämisse eine Verwandtschaft der wissenschaftlichen Bühne mit schamanischen oder indigenen Formen des Wissens und mythischen Narrativen, die den kultischen Grundstock der Theaterkunst bilden, zu Tage. Wird das Dionysische als planetarischer Effekt bestimmt, lässt sich die anthropozäne Bühne mit den vom linearen Brecht'schen Wissenschaftstheater gekappten Wurzeln der Bühne verbinden. Wie aber kann dieses Potential unter den aktuellen Bedingungen theatrale Gestalt annehmen?

Besaß das antike Theater in seinen frühen Phasen die Möglichkeit, Erdbeben oder Pestausbrüche göttlicher Einwirkung zuzuschreiben und damit zu personifizieren, verweigern aktuell elementare Naturgewalten wie das Klimabeben oder die Klimapest ihre Übertragung in theateraffine Figurationen. Obwohl durch die Jahrtausende Verwandtschaften zur antiken Welt existierten, kann vom bürgerlichen Schauspiel, von Shakespeares Königsdramen, den Trauerspielen des 18. Jahrhunderts, dem bürgerlichen und sozialistischen Realismus oder dem Epischen Theater kaum ein tragfähiger Bogen zu dem sich ökologisch verdunkelnden Zeithorizont der Gegenwart geschlagen werden. In der Epoche des Anthropozän kündigen Mächte ihre Regentschaft an, die in der Moderne und ihren Nachgeburten für immer niedergerungen und unterworfen schienen. Stattdessen haben die titanischen Mächte nur die Gestalt gewechselt und kehren mit einem Charakter zurück, der als launisch, unberechenbar und unvorhersehbar beschrieben werden muss. Wo eben noch eine kaum gekannte Hitzewelle das Land niederdrückte, regnen plötzlich bislang für unvorstellbar gehaltene Wassermassen nieder. Auf einer technisch hochentwickelten Stufe der Naturbeherrschung sieht sich die Zivilisation in eine zunehmend unberechenbar erscheinende Natur zurückversetzt, die an die Beziehung zur rätselhaften Sphäre des Nicht-Menschlichen früherer Kulturen erinnert, als die Äußerungen der Natur wie despotische Eminenzen in Erscheinung traten. In immer kürzeren Abständen muss die in Global Village ansässige digitale Moderne konstatieren, dass ihre Immanenz von erdgeschichtlichen Bedingungen perforiert wird, die in den letzten Jahrhunderten auf der Bühne gerade mal zur Kulisse taugten. Das Theater des Anthropozän steht demnach vor der Frage: Wie lassen sich Entwürfe einer vorwissenschaftlichen Welt, die im engen Austausch mit den nicht-menschlichen Gewalten standen, auf eine wissenschaftlich fundierte und auf der Technosphäre basierte Zivilisation übertragen?

4.

Vor den skizzierten Koordinaten hat das Theater des Anthropozän in den letzten vier Jahren Performances zum Wasser, zum Wald, zum Boden und zu den Tieren im Boden sowie im Dezember 2022 zu den Eigenrechten der Natur herausgebracht. Allen diesen Inszenierungen liegt die Prämisse zugrunde, dass die gegenwärtigen Probleme nicht vom Himmel gefallen sind. Denn es existiert keine unmittelbare Natur. Vielmehr eignet den thematisierten Phänomenen insofern eine lange Geschichte, als sie auch immer Teil des symbolischen Haushalts sind und in kulturellen wie spirituellen Entwürfen wurzeln. *Natur ist Konzept*, resümiert Bruno Latour. Natur befindet sich niemals außerhalb des symbolischen Felds als eine unabhängige oder gar gegebene Größe, sondern ist stets abhängig von der Kultur einer Epoche und damit wie diese permanenten Veränderungen unterworfen. Eingebettet in die jeweiligen Zeithorizonte treten die Aktanten als geschichtlich gewordene Hybride, sowohl in Natur wie in Kultur verankert, in Erscheinung. Die performativen Exponate müssen stets diesen doppelten Charakter der Motive und Stoffe vor Augen haben. Verklammert durch das elementare Thema präsentieren die Szenen,

Videos, Songs etc. unterschiedliche Aspekte des jeweilig fokussierten Phänomens. Diese Art der Perspektivierung lässt kein homogenes bzw. geschlossenes Bild einer Entität entstehen, sondern entfaltet einzelne Aspekte derselben. Im ästhetischen Prisma erscheinen sie nicht als Einheit oder Wesenheit, sondern als Assemblage. Damit ist die Aktivität der Zuschauer*in gefordert, die einzelnen Gesichtspunkte zu gewichten, um ein Gesamtbild zu generieren oder Zerrissenes zusammenzufügen.

Die künstlerische Verfahrensweise konstituiert eine spektrale Ästhetik. Ebenso divers wie die Inhalte, die zum Ausdruck kommen, ist das künstlerische Personal der einzelnen Performances. Das Ensemble besteht aus Musiker*innen, Schauspieler*innen, Inklusionsschauspieler*innen, Puppenspieler*innen, Filmemacher*innen wie Tänzer*innen. Daneben treten zudem Erdsystemwissenschaftler*innen, Förster*innen, Kurator*innen, Expert*innen und Aktivist*innen auf. An der Schnittstelle Kunst/Wissenschaft erzeugt dieses Ensemble von Akteur*innen mit verschiedenen Zugehörigkeiten zu einem sowohl wissenschaftlichen wie nichtwissenschaftlichen Wissen Ausdruck. Auf diese Weise wird ästhetische Erfahrung generiert, die eine Vielzahl offener Anschlüsse bietet – sinnlich, beweglich und überraschend. Im Kommenden möchte ich dieses künstlerische Verfahren anhand der Inszenierung *Anwälte der Natur* beispielhaft vorstellen.

5.

1972 plädierte der US-amerikanische Jurist Christopher Stone mit seiner mittlerweile zum Klassiker der ökologischen Literatur avancierten Streitschrift: *Haben Bäume Rechte?* für eine grundlegende Revision unserer anthropozentrischen Rechtsordnung.

1990 provozierte Michel Serres, der „philosophische Vordenker des Anthropozän" (Hans-Jörg Rheinberger), mit seinem Essay *Der Naturvertrag*, indem er sich für die Anerkennung der Natur als Vertragspartner aussprach, um die aus dem Gleichgewicht geratene Ordnung der ökologischen Parameter zu stabilisieren: „Wenn die Objekte selbst zu Rechtssubjekten werden, dann neigen sich alle Waagschalen der Gleichgewichtsposition zu".[4] Fünfzig Jahre nach dem von Stone eingeleiteten Paradigmenwechsel hat die Diskussion über konkrete Schritte zu einer Art Naturvertrag oder Verfassung des Anthropozän an Fahrt aufgenommen. Der Rechtsethiker Jens Kersten von der

4 Michel Serres, *Der Naturvertrag*, aus dem Franz. von Hans-Horst Henschen, Frankfurt a. M.: Suhrkamp, 1994, S. 67.

Ludwig-Maximilians-Universität in München, der für eine „ökologische Revolution des Rechts“ eintritt, zieht in Serres’ Fahrwasser grundsätzliche juristische Konsequenzen: „Die Verfassung des Anthropozän sollte die Natur als ein Rechtssubjekt begreifen, das seine Rechte selbstständig einfordern, einklagen und durchsetzen kann.“[5] Er stützt seine Argumentation auf die Tatsache, dass in Argentinien, Kolumbien und den USA die Rechte von Tieren und in Ecuador, Indien, Kolumbien, Kanada und Neuseeland die Rechte von Flüssen vor Gericht anerkannt werden. Eine Auffassung, die über den Schutz von Arten und Landschaften hinausgeht, indem sie der Natur erlaubt, „ihre ökologischen Interessen als Rechtssubjekt selbst“ durchzusetzen.

In der Publikation *Haben Tiere Rechte? Aspekte und Dimensionen der Mensch-Tier-Beziehung* von 2019 plädieren über 40 Jurist*innen und Expert*innen aus Agrarwirtschaft, Anthropologie, Ernährungswissenschaft, Meeresbiologie, Medizin, Philosophie, Politologie und Theologie für umfassende Reformen der rechtlichen Aspekte der Naturbeziehung. Die Zusammenfassung des Status quo durch Anne Peters, Direktorin des Heidelberger *Max-Planck-Instituts für ausländisches öffentliches Recht und Völkerrecht*, macht die Voraussetzungen deutlich:

> Der herkömmliche Status von Tieren fügt sich in eine strikte Zweiteilung zwischen Personen (personae) und Sachen (res) ein, den viele Rechtsordnungen, auch die deutsche, aus dem römischen Recht übernommen haben. Parallel dazu läuft die Unterteilung zwischen Rechtssubjekten und Rechtsobjekten. Personen (Rechtssubjekte) können Rechte haben – gegenüber anderen Personen, an Sachen oder gegenüber dem Staat. Eine Person kann in niemandes Eigentum stehen. […] Die Sachen sind also Objekte des Rechts, über welche die Personen verfügen können.[6]

Die westliche Rechtsordnung unterscheidet zwischen zwei Kategorien von Personen. Neben natürlichen Personen, das heißt Menschen, stehen juristische Personen, wie z. B. Wirtschaftsunternehmen in Form von Aktiengesellschaften. Einer epistemologischen Transformation von Sachen in Akteure und *Quasi*-Subjekte entspräche auf juristischer Ebene ihre Kategorisierung als Personen. Die „Rechtsfortbildung“, so Peters, eines nationalen wie globalen Tierrechts wäre durch eine Ausweitung der Rechtssubjekte durchaus möglich: „Da der philosophische und darauf aufbauende juristische Begriff der ‚Person‘ eine

---

5 Jens Kersten, „Natur als Rechtssubjekt“, in: Aus *Politik und Zeitgeschichte* (11) 2020, S. 27–32, hier S. 29.

6 Anne Peters, *Die Rechtsstellung von Tieren.*, in: Elke Diehl / Jens Tuider (Hg.), *Haben Tiere Rechte. Aspekte und Dimensionen der Mensch-Tier-Beziehung*, Bonn: Bundeszentrale für Politische Bildung, 2019, S. S. 122–134, hier S. 126 f.

menschliche Erfindung ist, könnte ohne weiteres auch eine ‚tierliche Person' konzipiert werden und als dritte Personenart neben die beiden existierenden gestellt werden."[7] Auch Jens Kersten unterstreicht: „Einer Rechtsordnung steht es grundsätzlich frei, wen oder was sie als ein Rechtssubjekt anerkennt."[8] Angesichts der ökologischen Bedrohungshorizonte ist es dringlich geboten, das tradierte Mensch-Tier/Landschaft-Verhältnis auf juristischer Ebene auf den Prüfstand zu stellen und wo nötig zu reformieren.

6.

Bei einer Revision der tradierten juristischen Bestimmung nicht-menschlicher Protagonist*innen der Natur, der ihnen einen Status als „Quasi-Subjekte" (Bruno Latour) mit einem Rechtsstatus einräumt, handelt es sich zweifelsohne um eine tiefgehende kulturgeschichtliche Zäsur. Bereits seit den Tagen der antiken Tragödie wird das Theater genutzt, um Umbrüche des Rechtssystems narrativ zu veranschaulichen. Zudem besitzt die Kunst die Fähigkeit, Möglichkeitsräume zu erkunden und zu situieren. Daher ist die Bühne besonders geeignet, das Novum der Eigenrechte der Natur spielerisch in einer losen Szenenfolge zu beleuchten, indem sie unterschiedliche Facetten der komplexen Thematik aufgreift. Einige dieser theatralisierten Gesichtspunkte, ihre künstlerisch – szenische Umsetzung in dem Stück *Anwälte der Natur* (Premiere Dezember 2022, RambaZamba Theater Berlin) soll final skizziert werden.

Wie im Theater des Anthropozän üblich, werden Einzelaspekte des Problemzusammenhangs mit unterschiedlichen künstlerischen Disziplinen perspektiviert, aber nicht systematisch erschlossen. Das Recht unterliegt in seiner Geschichte zahlreichen Veränderungen und wird – so das Ziel der Inszenierung – in seiner Gewordenheit erfahrbar gemacht, als eine Ordnung, die sich in permanenter Transformation befindet.

Die westliche Rechtsordnung und damit die der globalen Welt basiert historisch auf dem römischen Recht, das in scharfem Widerspruch zur Rechtsordnung weniger stark anthropozentrisch ausgerichteter Kulturräume stand. So missbilligten beispielsweise Cicero wie Friedrich Georg Wilhelm Hegel die altägyptischen Tierschutzgesetze, die wegen ihrer Härte gegenüber Delinquenten gefürchtet wurden, konnte doch beispielsweise der Tod einer Katze die Exekution nach sich ziehen. In der szenischen Abfolge demonstriert ein

7 Ebd., S. 128.
8 Kersten, „Natur als Rechtssubjekt", S. 30.

Tänzer die Durchlässigkeit der Grenzen zwischen Mensch und Tier: anthropologische und ethnologische Texte, Passagen mit Bezug auf prähistorische Mensch-Tier-Beziehungen oder der mythischen Antike belegen, wie die innige Verbindung zwischen Menschen, Tieren und Landschaften das Lebensgefühl vorangehender Kulturen bestimmten.

Eine Moderatorin, die sich mehrfach ausdrücklich auf Brecht bezieht, führt durch den Abend, der mit den Unwägbarkeiten einer defekten Zeitmaschine operiert. Die geplante lineare Abfolge wird unterbrochen, als plötzlich ein auf einem Interview basierender eigens hergestellter Videoclip eingespielt wird, in dem der Richter Agustin Grijalva sein Urteil erläutert, das er vor wenigen Jahren im Kontext der Klage des Nebelwaldes Los Cedros in Ecuador gegen eine Bergbaugesellschaft fällte. Augenfällig wird sowohl die nicht-anthropozentrische Perspektive der indigenen Bevölkerung, als auch dass durch den Rekurs auf juristisch einklagbare Rechte jeglicher Rückfall in Praktiken der Re-Mythisierung vermieden werden. In der Aufführung kommt auch eine gespielte Winzerin vor, die Käfer anklagt, welche ihren Weinberg ruinieren, und welche fordert, dass diese Tiere systematisch vernichtet werden sollten. Überliefert ist ein diesbezüglich authentischer Fall aus dem 16. Jahrhundert in Frankreich, bei dem das Gericht die Käfer anwies, den Weinberg zu verlassen. Zugleich musste die Gemeinde den Insekten ein alternatives Gelände zu Verfügung stellen, da auch die Kleintiere Geschöpfe Gottes seien.

Wenig später entsteigt der vergessene und nahezu unbekannte Tierrechtsphilosoph des frühen 19. Jahrhunderts Karl Christian Friedrich Krause seinem Grab und plädiert dafür, seine Überlegungen zur Erde als Organismus zur Grundlage des Rechts zu machen. In der Aufführung entsteht zunehmend der Eindruck, dass die Enkel Spinozas, die der Erde nahestanden, im Zuge einer von Descartes und Hegel inspirierten Überhöhung der Vernunft planmäßig aus dem symbolischen Universum entfernt wurden. Wieder in der heutigen Zeit angekommen, wird in der Aufführung per Zoomschaltung nach Mexiko der Anthropologe und Kulturwissenschaftler Matthias Kramm eingeblendet, der über den weltweiten Stand der Rechte der Natur berichtet, bevor ein Gast aus einer Parallelwelt die Szene betritt, der einen Dämon an seiner Seite hat. Er spricht über die Bedeutung der Vögel im Surrealismus, die alles andere sind als tote Dinge und fragt, ob die Kunst ihrerseits die traditionellen Subjekt-Objekt–Spaltung überwunden hat.

Am Ende erscheint die Rechtsanwältin Charlotte Maier, um als Mediatorin in einem Konflikt zwischen Menschen und einem Fluss, genauer gesagt der Spree, zu vermitteln. Hintergrund hierfür sind in Berlin die realen Probleme, die auf die Stadt in puncto Wasserversorgung in wenigen Jahren zukommen, was die Basis für weitere Auseinandersetzung bildet. Neben dem Austausch der Argumente der verschiedenen Interessengruppen tritt die Spree selbst auf, um ihre Position zu artikulieren. So gelingt es der Aufführung sichtbar und erfahrbar das zu verdeutlichen, was theoretisch anfangs angedacht wurde: Die Rechte der Natur böten einen gangbaren Weg, der auf der Höhe des 21. Jahrhunderts in eine Zukunft jenseits der Dystopien führt. Zugleich zeigt sich, dass die ökologische Misere kulturelle Rückkopplungseffekte erzeugt, die bereits jetzt selbst auf die rechtliche Verfasstheit der westlichen Kultur durchschlagen.

Literaturverzeichnis

Kersten, Jens, „Natur als Rechtssubjekt“, in: Aus *Politik und Zeitgeschichte* (11) 2020, S. 27–32.

Latour, Bruno, *Kampf um Gaia: Acht Vorträge über das neue Klimaregime*, aus dem Französischen von Achim Russer und Bernd Schwibs, Berlin: Suhrkamp, 2017.

Peters, Anne, *Die Rechtsstellung von Tieren*, in: Elke Diehl / Jens Tuider (Hg.), *Haben Tiere Rechte. Aspekte und Dimensionen der Mensch-Tier-Beziehung*, Bonn: Bundeszentrale für Politische Bildung, 2019, S. 122–134.

Serres, Michel, *Der Parasit*, aus dem Französischen von Michael Bischoff, Frankfurt a. M.: Suhrkamp, 1984.

Serres, Michel, *Der Naturvertrag*, aus dem Franz. von Hans-Horst Henschen, Frankfurt a. M.: Suhrkamp, 1994.

Klima / Gericht / Theater

Kerstin Wilhelms

1 Einleitung: Gericht / Theater

Gericht und Theater konstituieren sich gegenseitig. Das bedeutet, das Gericht bietet eine Bühne für theatrale Inszenierungspraktiken und das Theater partizipiert an rechtlichen Diskursen, Praktiken und Strukturen.[1] Was sich an der klassischen dramatischen Struktur vieler Theaterstücke, d. h. an der antagonistischen Figurenkonstellation sowie an dem dialogischen Aufbau aus Rede und Gegenrede ablesen lässt, tritt noch deutlicher dort zutage, wo Politisches verhandelt wird: Politische Akteur*innen machen das Gericht zur Bühne; politische Themen, aber auch reale Gerichtsprozesse werden als Gerichtsverfahren im Theater inszeniert, oft mit dem Ziel, die Verfahren kritisch zu reflektieren. Das Gerichtstheater wiederholt dabei nicht einfach das Rechtsverfahren, sondern transformiert es auf eine Weise, die Fragehorizonte jenseits dessen eröffnet, was üblicherweise im Rahmen eines Gerichtsprozesses eruiert werden kann.[2] Im Zentrum von theatralen Adaptationen realer Gerichtsverfahren steht dabei nicht selten die Rechtskritik, bei der auf die Dysfunktionalität des Rechts oder rechtlicher Prozesse gedeutet wird und das Recht so selbst zum Politikum wird.

Die aktuelle Konjunktur von Klimagerichten im Theater verdeutlicht dies. Häufig werden fiktive Prozesse auf die Bühne gebracht, wie z. B. *Ökozid*, aber da in letzter Zeit aufsehenerregende Klimaprozesse vor europäischen Gerichten geführt wurden, so wurden diese zuletzt zum Stoff für Theaterproduktionen. Eine davon möchte ich im Folgenden untersuchen: *De Zaag Shell* von Anoek Nuyens und Rebekka de Wit (dt.: *Der Fall Shell*; Theater Frascati Amsterdam 2020).[3] Auch hier wird, wie ich zeigen möchte, ein realer Gerichtsprozess zum Ausgangspunkt für eine politische Verhandlung, in diesem Fall um zwei Konzepte, die den Bereich des Rechts mit dem der Politik verknüpfen: Verantwortung und Handlungsmacht.

---

1 Vgl. Stefan Arnold / Kerstin Wilhelms, „Schau-Prozesse. Gericht und Theater als Bühnen des Politischen", in: Dies. (Hg.), *Schau-Prozesse. Gericht und Theater als Bühnen des Politischen*, Berlin: Metzler, 2022, S. 1–24.

2 Vgl. Stefan Arnold / Kerstin Wilhelms, „Spätverfolgung von NS-Verbrechen als ‚Schau-Spiel'", in: Moritz Vormbaum (Hg.), *Spätverfolgung von NS-Unrecht*, Berlin: Springer, 2023, S. 365–384.

3 Vgl. die Projekt-Homepage http://dezaakshell.nl/the-shell-trial/ (Zugriff 16.02.2024).

 | DOI:10.30965/9783846769614_006

2 De Zaag Shell: Das Gerichtsverfahren

Dass der Klimawandel nicht nur Politiker*innen und Aktivist*innen beschäftigt, sondern auch in Gerichtsprozessen zum Thema wird, ist in der tagesaktuellen Berichterstattung kaum zu übersehen. Strafrechtlich wird gegen Aktivist*innen der *Letzten Generation* vorgegangen,[4] völkerrechtlich wird der Klimawandel z. B. im Rahmen einer Klage von Kindern und Jugendlichen vor dem EuGH verhandelt.[5] In zunehmendem Maße werden auch privatrechtliche Klagen zum Schauplatz von Klimaaushandlungen und damit zur Bühne von nicht nur rechtlichen, sondern eben auch politischen Prozessen. Dies ist insofern bemerkenswert, als das Privatrecht nicht unbedingt als ‚politischer' Rechtsbereich gilt.[6] Im Privatrecht geht es, knapp formuliert, um Fragen der Haftung für entstandene Schäden, was in der Regel das öffentliche Interesse höchstens dann weckt, wenn Prominente beteiligt sind. Das Politische der Haftung erfährt allerdings mit dem Klimawandel eine ganz neue Dynamik. Plötzlich verfolgt die Welt gespannt auf den Prozess eines peruanischen Kleinbauern gegen den Energiegiganten RWE, der bereits seit 2015 am OLG Hamm anhängig ist.[7] Und im Jahr 2021 blickte die Welt nach Den Haag, wo ein in dieser Form bislang einzigartiger Prozess gegen Shell geführt wurde.

In dem Verfahren ging es, kurz und unjuristisch ausgedrückt, um die Verantwortung des Shell-Konzerns für die Schäden, die durch von ihm und seinen Zulieferern verursachten CO_2-Austoß an der Umwelt angerichtet wurden. Geklagt hatten mehrere NGOs und 17.000 Einzelpersonen mit dem Argument, dass die Unternehmenspolitik der Royal Dutch Shell (RDS) unvereinbar sei mit dem Pariser Abkommen und die Wahrung der Menschenrechte in den

4 Vgl. Deutsche Presse-Agentur, „Gericht: Straßenblockaden von Klimaaktivisten sind Nötigung", in: *Zeit Online*, https://www.zeit.de/news/2024-02/13/gericht-strassenblockaden-von-klimaaktivisten-sind-noetigung (Zugriff 16.02.2024).

5 Vgl. Emilio Rappold / Regina Wank / Deutsche Presse-Agentur, „EGMR verhandelt Klimaklage von Jugendlichen gegen 32 Staaten", in: *beck-aktuell* https://rsw.beck.de/aktuell/daily/meldung/detail/egmr-verhandelt-klimaklage-von-jugendlichen-gegen-32-staaten (Zugriff 16.02.2024).

6 Vgl. dazu: Cedric Hornung, *Internationales Privatrecht zwischen Wertneutralität und Politik*. Tübingen: Mohr Siebeck, 2021. Für eine Einschätzung zur Handlungsfähigkeit der Gerichte in privatrechtlichen Klimaklagen vgl. Stefan Arnold, „Zur Haftung transnational tätiger Unternehmen für Klimawandelschäden", in: Thomas Garber (Hg.), *Festschrift Matthias Neumayr*, Wien: Manz, 2023, S. 777–792. Stefan Arnold sei an dieser Stelle für seine wichtigen Hinweise für diesen Aufsatz gedankt!

7 Vgl. Germanwatch, „The Climate Case Saúl vs. RWE", https://www.germanwatch.org/de/huaraz (Zugriff 16.02.2024).

Niederlanden und weltweit gefährde.[8] Es handelte sich dabei somit nicht nur um eine nachträgliche Feststellung vergangener Taten, sondern – und das ist hier zentral – es ging darum, Shell auf eine drastische Reduktion des CO_2-Austoßes *in der Zukunft* festzulegen.

Solch eine Zukunftsperspektive ist insofern bemerkenswert, als es in Prozessen üblicherweise um die Evaluation von *in der Vergangenheit* begangenen Handlungen auf der Grundlage des zum Tatzeitpunkt geltenden Rechts geht. Im Urteil wird dann die Schuld eines oder einer Angeklagten bemessen, das heißt, es wird eine Aussage darüber getroffen, ob vergangenes Verhalten dieser Person den Anforderungen, die das Recht an menschliches Handeln heranträgt, gerecht geworden ist.[9] Diese Vordergründigkeit des Vergangenen im Gerichtsprozess begründet die Formulierung von Kurt Bayert und Birgit Beck, das Gericht sei das Paradigma der ex-post-Verantwortung.[10] Ex-post-Verantwortung meint die Zuschreibung von in der Vergangenheit liegenden Handlung, z. B. als Vorbedingung für Schuld.[11] Das Gegenstück zur ex-post-Verantwortung ist die ex-ante Verantwortung, bei der im Moment einer Entscheidung für eine Handlung die Konsequenzen und die möglichen Evaluierungen der Tat in der Zukunft reflektiert werden. Für diese Form der Verantwortung ist ein hohes Maß an Unsicherheit prägend, denn die tatsächlichen Konsequenzen einer Handlung können nur im begrenzten Maße überschaut werden und die Wertmaßstäbe für zukünftige rechtliche oder moralische Bewertungen einer Handlung sind noch nicht formuliert.[12] Das heißt, um die eigene Verantwortung für zukünftige Handlungen zu eruieren, bedarf es der Imagination. Szenarien werden durchgespielt, um möglichst viele Auswirkungen einer zu begehenden Tat in den Blick bekommen zu können. Hier kommt nun das Theater ins Spiel, das genau diese Funktion erfüllen kann. Es fungiert als Paradigma der ex-ante

8 Vgl. Roda Verheyen / Johannes Franke, „Deliktsrechtlich begründete CO -Reduktionspflichten von Privatunternehmen. Zum ‚Shell-Urteil' des Bezirksgericht Den Haag", in: *Zeitschrift für Umweltrecht* 11 (2021), S. 624–632, hier S. 624.

9 Vgl. Jan Henrik Klement, „Rechtliche Verantwortung", in: Ludger Heidbrink u. a. (Hg.), *Handbuch Verantwortung*, Wiesbaden: Springer 2017, S. 559–584, hier S. 566.

10 Vgl. Kurt Bayertz / Birgit Beck, „Soziale Verantwortung. Zur Entwicklung des Begriffs im 19. und frühen 20. Jahrhundert", in: *Papers of the Centre for Advances Study in Bioethics*, Universität Münster (2015), S. 6, https://www.uni-muenster.de/imperia/md/content/kfg-normenbegruendung/intern/publikationen/bayertz/81_bayertz.beck_-_soziale_verantwortung.pdf (Zugriff 16.02.2024).

11 Vgl. Klement, „Rechtliche Verantwortung", S. 563.

12 Bayertz / Beck, „Soziale Verantwortung. Zur Entwicklung des Begriffs im 19. und frühen 20. Jahrhundert", S. 8 f.

Verantwortung, wenn es Rechtsszenarien durchspielt und die Frage stellt „Was wäre, wenn …?“.[13]

Es wäre aber zu pauschal, dem Gericht generell eine Zukunftsperspektive abzusprechen. Spätestens im Urteil tritt aus dem Befassen mit der Vergangenheit eine nun deutlich veränderte Zukunft hervor: Aus einer Angeklagten wird eine Schuldige, die die nächsten Monate im Gefängnis verbringen wird oder ein Unfallverursacher muss demnächst einen größeren Betrag an eine geschädigte Person überweisen. Es ist jedoch diese Vordergründigkeit des Vergangenen im Gerichtsprozess, die zu einem Argument geführt hat, das auch die RDS in besagtem Prozess angeführt hat: Gerichte seien nicht die richtigen Orte, um den Klimawandel zu verhandeln. Die Ansprüche der Klageseite, so RDS sinngemäß, würden Entscheidungen erfordern, die über die Funktionen der Gerichte hinausgehen. Zur Festlegung von Richtlinien für klimabezogenes Handeln sei allein die Politik zuständig.[14] Das Gericht in Den Haag weist die Argumentation zurück, die, so Roda Verheyen und Johannes Franke, „in ihrer Pauschalität seit jeher unzutreffend“[15] ist. „Es geht stets um die Anwendung und Interpretation geltender Rechtsnormen auf einen (zwar komplexen) Sachverhalt, also um eine klassische Aufgabe der Gerichte.“[16]

In ihrem Urteil legen die Richter*innen Shell auf die Reduktion ihrer Emissionen um 45% bis 2035 fest, eine Entscheidung, die „nicht weniger als [die] *Umstellung des Geschäftsmodells*“[17] bedeutet. Das Urteil stützt sich auf eine ‚deliktsrechtliche Generalklausel der unerlaubten Handlung‘ im niederländischen Recht, in der es um Haftung im Schadensfall geht.[18] Das niederländische Recht sieht auch dann einen Haftungsfall vorliegen, wenn eine Sorgfaltspflicht hinsichtlich dessen, *„was nach ungeschriebenem Recht als ordnungsgemäßes soziales Verhalten anzusehen ist“*, verletzt wurde.[19] Das Gericht musste also klären, ob es einen gesellschaftlichen Konsens hinsichtlich klimaschädlichem bzw. klimaschützendem Handeln gibt.[20] Dies

---

13 Vgl. Kerstin Wilhelms, „Rechtsinszenierungen als Szenarien gesellschaftlicher Verantwortung“, in: *Jahrbuch für Internationale Germanistik / Beihefte: Wege der Germanistik in transkultureller Perspektive. Akten des XIV. Kongresses der Internationalen Vereinigung für Germanistik (IVG)*, 5 (2023), S. 301–308.

14 Vgl. Verheyen / Franke, „Deliktsrechtlich begründete CO -Reduktionspflichten von Privatunternehmen. Zum ‚Shell-Urteil‘ des Bezirksgericht Den Haag“, S. 625.

15 Ebd.

16 Ebd., S. 632 (in Endnote 17).

17 Ebd., S. 628 (Hervorh. i. Orig.).

18 Vgl. ebd., S. 625.

19 Urteil des den Haager Gerichts im Shell-Fall, übersetzt zit. n. ebd., S. 625 [Hervorh. K.W.].

20 Vgl. ebd., S. 626.

bejahte das Gericht unter anderem unter Berufung auf die Europäische Menschenrechtskonvention (EMRK) und weitere internationale Abkommen.[21] Das Gericht entschied, dass obschon die konkreten Effekte des menschengemachten Klimawandels weitgehend unvorhersehbar waren und sind, der RDS die Gefahren des Klimawandels doch nachweislich seit langem bekannt waren.[22] Diese Kenntnis hätte zu angemessenen Maßnahmen führen müssen, so das Urteil, und diese Angemessenheit bemisst sich u. a. an den Einflussmöglichkeiten:

> Die Verantwortung von RDS hängt davon ab, welchen Einfluss und Kontrolle sie auf die Scope 1- bis 3-Emissionen der Shell Gruppe ausüben kann, was notwendig ist, um einen gefährlichen Klimawandel zu verhindern (…) sowie von den möglichen Reduktionspfaden.[23]

Die Kategorien ‚Einfluss' und ‚Kontrolle' werden hier mit dem Verantwortungsbegriff verknüpft, was sich mit der theoretischen Debatte um den Verantwortungsbegriff deckt: Hier geht es unter anderem um die Möglichkeit, auch anders zu handeln (Freiheit), auf die Konsequenzen der Handlung Einfluss zu nehmen (Kausalität), um die Absichtlichkeit bzw. Vorsätzlichkeit der Folgen einer Handlung und um das Wissen um die Konsequenzen einer Handlung. Nur wenn diese Kriterien zutreffen, kann Verantwortung zugeschrieben werden.[24] Ganz klar ist dabei, „dass die Grenze des Verantwortbaren […] definitiv überschritten [wird], wenn man auch das noch miteinbezieht, was gar nicht in der Macht des Menschen liegt."[25] Auch in dem verwandten Begriff der ‚Schuld' ist die Handlungsmacht mit der Vorwerfbarkeit, Strafbarkeit oder, im Shell-Fall relevant, Haftung verbunden.[26] Das Den Haager Urteil weist für Scope 1 und Scope 2, also für die direkt von Shell durch eigene Quellen (Scope 1) oder durch eigenen Verbrauch (Scope 2) verursachten Emissionen eine solche Handlungsmacht des Konzerns nach und legt RDS hier auf eine Ergebnispflicht hinsichtlich einer drastischen CO_2-Reduktion fest. Im Scope 3-Bereich, also bezüglich der Emissionen im Rahmen von Lieferketten auf der einen und bei den Endverbrauchenden auf der anderen Seite, stellt das Gericht eine eingeschränkte

---

21 Vgl. ebd., S. 626–627.

22 Vgl. ebd., S. 628.

23 Zit. n. ebd., S. 628. Was ‚Scope' ist wird später erläutert.

24 Vgl. Ludger Heidbrink, „Definitionen und Voraussetzungen der Verantwortung", in: Ders. (Hg.), *Handbuch Verantwortung*, Wiesbaden: Springer, 2017, S. 3–33, hier S. 24 f.

25 Volker Gerhardt, „Individuelle Verantwortung", in: Ludger Heidbrink u. a. (Hg.), *Handbuch Verantwortung*, Wiesbaden: Springer, 2017, S. 431–451, hier S. 446.

26 Vgl. Maria-Sibylla Lotter, „Verantwortung und Schuld", in: Heidbrink (Hg.), *Handbuch Verantwortung*, S. 251–264, hier S. 252.

Einflussmöglichkeit des Konzerns fest, aus der eine Bemühenspflicht resultiert, „die nicht durch die individuelle Verantwortung der Geschäftspartner, einschließlich der Endverbraucher, für ihre eigenen CO_2-Emissionen aufgehoben oder reduziert wird."[27] Mit dieser Formulierung kassiert das Gericht ein beliebtes Argument bei Klimaklagen, dass die eigene Tätigkeit von anderen Unternehmen weitergeführt werde und nur ein allgemeiner gesellschaftlicher Sinneswandel die Emissionen senken würde. Das Urteil legt stattdessen die Verantwortung des Energiekonzerns genau fest und schreibt ihm daraus eine Modifizierung seines Geschäftshandelns vor.

Im juristischen Diskurs spielt die Verbindung von Handlungsmacht und Verantwortung also eine entscheidende Rolle bei der Bewertung von klimabezogenem Handeln. Und obwohl das Urteil zu dem Zeitpunkt, als das Theaterstück *De Zaag Shell* konzipiert und uraufgeführt wurde, noch gar nicht gesprochen war und die entsprechende Formulierung in der Urteilsbegründung so noch gar nicht existierte, stellt das Theaterstück, wie ich im folgenden Abschnitt zeigen möchte, genau diese Verquickung von Handlungsmacht und Verantwortung als Sollbruchstelle der Klimadebatte ins Zentrum ihrer theatralen Rechtsinszenierung.

3 De Zaag Shell: Die Theaterinszenierung

Zu Beginn des Stücks betreten die Theatermacherinnen de Wit und Nuyens ihre Bühne, die aus einer erhöhten weißen Fläche besteht, deren Ränder in verschiedenen Farben leuchten können. Hinter dieser Fläche befinden sich Kulissen, die ein großes Gebäude aus weißen Steinen darstellen mit Säulen, großen Galerien, Stuck; ein öffentliches Gebäude, möglicherweise ein Parlament, aber durch den Titel des Stücks liegt auch der Gedanke an ein Gerichtsgebäude nahe.[28]

Shell war auf die Benachrichtigung, dass es zu einer Anklage kommt, bestens vorbereitet, berichten die beiden Theatermacherinnen auf ihrer Bühne. Denn: Shell hat eine Szenario-Abteilung und die ist bereits seit 1998 mit der Möglichkeit von Klimaklagen befasst. Gute Idee, so eine Szenario-Abteilung,

27 Urteil, zit. n. Verheyen, Franke, „Deliktsrechtlich begründete CO -Reduktionspflichten von Privatunternehmen. Zum ‚Shell-Urteil' des Bezirksgericht Den Haag", S. 628.

28 Anoek Nuyens und Rebekka de Wit haben mir freundlicherweise einen Mitschnitt der Uraufführung sowie ein ins Deutsche übersetztes Theatermanuskript zukommen lassen. Hierfür danke ich herzlich! Die folgenden Zitate beziehen sich auf dieses Manuskript und sind als (MZS) gekennzeichnet.

finden die beiden und stellen dieses Theaterstück als eine solche Szenario-Abteilung vor: „Um zu proben für die Realität." (MZS) Und diese Probe hat etwas mit Verantwortung zu tun, denn so Nuyens:

> Ich habe den Gedanken, dass die Klimakrise eigentlich eine Verantwortungskrise ist und dass [...] niemand genau weiß, wer für was verantwortlich ist. Und ich würde gerne mit all diesen Parteien am Tisch sitzen. Eine Art Treffen des Systems, in dem wir alle stecken. Um zu verstehen, wie es so weit gekommen ist. (MZS)

Es geht also um eine Art Anhörung zu Zwecken der Rekonstruktion des Status Quo, aber es geht auch um das eigene Sprechen:

> Ich zum Beispiel möchte gerade für dieses berühmte Gespräch mit meinen Enkelkindern üben. Dieses Gespräch, in dem sie mich zur Rechenschaft ziehen werden, wenn sie fragen: Wie konnte es sein, dass ihr wusstet, was ihr wusstet ... und nichts getan habt. (MZS)

Indem das ‚Szenario' in dieses Setting platziert wird, führt das Stück die Verhandlung des Klimawandels aus dem rechtlichen und politischen Diskurs heraus und eröffnet eine ethische Perspektive auf das Thema. Das Szenario der zukünftigen Fragen der Enkel*innen modelliert die ex-ante-Verantwortung als eine zukünftige ex-post-Verantwortung und führt das Gespräch damit in eine analoge Struktur zum Gerichtsverfahren, das aber zugleich den Bereich des Rechts hin zu einer eher moralisch geführten Debatte transzendiert. Recht und Politik werden jedoch mindestens durch das Bühnenbild, den Titel des Stücks und immer wieder auch in der Figurenrede präsent gehalten. Der Begriff der Verantwortung verknüpft letztlich diese drei Bereiche, die immer das Verhältnis des Individuums zum Sozialen diskutieren. Das ‚Gericht der Enkel*innen' wird in diesem Szenario als eine Verantwortungsinstanz eingesetzt, also als eine Instanz, vor der ein Individuum, das als verantwortliches angesprochen wird, antworten muss.[29] Die Vision der urteilenden Enkel*innen imaginiert einen ethischen Gerichtshof und visualisiert damit zugleich eine wichtige Feststellung der Verantwortungsdebatte, dass es in Bezug auf Klimafragen derzeit keine institutionalisierten Verantwortungsinstanzen gibt.[30] Daher fungiert nur das individuelle Klimabewusstsein, bzw. das eigene „Gewissen" als solche Instanz.[31] Das Gericht der Enkel*innen figuriert dieses ethische Gewissen, das

---

29 Vgl. Florian Braun / Christian Baatz, „Klimaverantwortung", in: Heidbrink (Hg.), *Handbuch Verantwortung*, S. 855–886, hier S. 859.

30 Vgl. ebd., S. 860; 871.

31 Vgl. ebd., S. 871 f.

freilich an „normativer Willkür" und mangelnden Verbindlichkeiten krankt.[32] Zugleich macht das Stück mit dieser Eröffnung bereits deutlich, dass es weniger um Handlungen und konkrete Taten gehen wird als vielmehr um das Proben rhetorischer Verteidigungsstrategien. Dabei wird letztlich gezeigt, dass solche Verteidigungsstrategien nur dazu führen, Verantwortung weiterzuschieben.

Dies wird von der nun auftretenden Figur des Shell-CEOs explizit formuliert. Obschon er das eigene Interesse und auch das der RDS am Klimawandel betont, stellt er doch deutlich heraus, dass das Gerichtsverfahren die falsche Form sei, um Klimaverantwortung zuzuschreiben: „Es zwingt mich, an der Verteidigung von Shell zu arbeiten, während ich lieber mit Ihnen an der Lösung arbeiten möchte" (MSZ). Am Anfang des Stücks steht also die Erkenntnis, dass der Zuschreibung von Verantwortung zunächst eine Verhandlung der Verantwortung mit entsprechenden Verteidigungsstrategien vorausgeht, die nicht selten darin bestehen, die eigene Verantwortung wegzuschieben. So sieht sich auch der CEO hier als „Sündenbock", „[d]enn wenn Sie einen Sündenbock haben, müssen Sie nicht über Ihre eigenen Entscheidungen nachdenken, sondern können Ihre möglichen Sünden an mich weitergeben." (MSZ) Auf diese Weise diskutiert das Stück die Funktion von Klimaklagen als Entlastung der Individuen von ihrer eigenen Verantwortung durch Schuldzuweisung an andere. Eine Praktik, die der CEO sogleich vorführt: Er sieht nicht primär Shell in der Verantwortung für den Klimawandel, sondern die Konsumierenden. Shell halte sich an die Gesetze und müsse sich vor den Aktionär*innen rechtfertigen, sodass sich das Unternehmenshandeln nur dann ändern könne, wenn die Konsumierenden ihr Verhalten ändern würden. Damit trägt er ein Argument vor, das auch im realen Gerichtsverfahren gehört wurde und das schließlich die Eigenverantwortung der Abnehmenden fokussiert. „Wenn Sie sich heute massenhaft entscheiden, das Tanken zu beenden, dann wird morgen mein Telefon mit besorgten Aktionären klingeln, und dann können wir über einen radikal anderen Kurs für Shell sprechen." (MSZ) Verantwortung wird also als individuelle Verantwortung der Verbrauchenden modelliert, eine Auffassung, die die theoretische Diskussion der Klimaverantwortung zu Recht ablehnt.[33] Und auch das Theaterstück führt mit dem Auftritt der ‚Verbraucherin' die Begrenzung dieser Auffassung vor.

„Der Verbraucher … Ja, das bin ich. Ich muss das nicht einmal spielen, das bin ich schon. Übrigens habe ich das nie gewählt, es war nie eine Entscheidung. So wie es schon eine Entscheidung ist, CEO von Shell zu werden." (MZS) Die Schauspielerin auf der weiß leuchtenden Fläche verkörpert eine

32 Ebd., S. 872.

33 Vgl. ebd., S. 871.

Repräsentationsfigur; sie steht für alle Konsumierenden, ist aber zugleich ein Individuum, das diese Rolle „nicht einmal spielen" muss. In ihrem Monolog geht es um die aus dieser nicht gewählten Position resultierende Verantwortung:

> Ich habe nicht nach diesem Vibrationstrainer gesucht, bin ich aber trotzdem verantwortlich dafür, dass es Vibrationstrainer gibt? Bin ich verantwortlich für die Art und Weise, wie diese Vibrationstrainer hergestellt werden? Wahrscheinlich durch erschöpfte Mädchen im Kasachstan, die knietief in verschmutzten Flüssen stehen. Und bin ich verantwortlich für das Leiden der übermüdeten Mädchen im Kasachstan und der verschmutzten Flüsse? (MZS)

Undurchsichtige Lieferketten und Produktionsbedingungen sowie die Werbe- und Marketingstrategien von Unternehmen schränken die Eigenverantwortung der Konsumierenden erheblich ein. Auf diese Weise wird die Kausalkette, die der CEO für das Verhältnis von Konsum und Produktion entworfen hat, *ad absurdum* geführt. Durch den Kauf eines Produkts kann eine Person nicht ex-post für die Produktion verantwortlich gemacht werden, da sie keinen Einfluss darauf hatte. Kausalität und Handlungsmacht sind wichtige Elemente der Verantwortungsdebatte generell, in der Debatte um Klimaverantwortung werden diese aber explizit zu Problemstellen,[34] auf die das Stück an dieser Stelle hinweist. Es wird die Frage nach der Verantwortung für das „Mädchen in Kasachstan" gestellt und damit die Frage nach der Beziehung zwischen den Verursachenden des Klimawandels und den Geschädigten. Das Besondere an diesem Verhältnis liegt in der enormen zeitlichen und räumlichen Distanz zwischen beiden Instanzen: Verursachende und Geschädigte bleiben füreinander anonym, leben möglicherweise zu ganz unterschiedlichen Zeitpunkten und an weit entfernten Orten.[35] Die am OLG Hamm anhängige Klimaklage eines Peruaners gegen RWE verdeutlicht dies, ebenso wie das bahnbrechende ‚Klimaurteil' des Bundesverfassungsgerichts, das den gegenwärtigen Akteur*innen eine Verantwortung für zukünftige Generationen zuschreibt.[36] Da die Konsumentin in keine Kausalbeziehung zu den Arbeitsbedingungen des kasachischen Mädchens gebracht werden kann und auch über keine Handlungsmacht in Bezug auf diese Bedingungen verfügt, stellt sie zurecht die individuelle Verantwortung für die Existenz der entsprechenden Produkte infrage. Dies betrifft auch ihre eigenen Kaufentscheidungen, die durch Marketing und Manipulation zustande kämen.

---

34 Vgl. ebd., S. 868.

35 Vgl. ebd., S. 867.

36 Vgl. BVerfG: Beschluss des Ersten Senats vom 24. März 2021 – 1 BvR 2656/18 -, Rn. 1–270, https://www.bverfg.de/e/rs20210324_1bvr265618.html (Zugriff 16.02.2024).

> Sollte es nicht einen Dritten geben, der dieses Gleichgewicht [zwischen der Freiheit der Verbraucher und der Freiheit zur Manipulation, K. W.] im Auge behält? Eine Partei, die einsteht für das allgemeine Interesse? Die die Linien des Spielfelds markieren, innerhalb derer wir frei wählen können … ich weiß nicht … die Regierung? (MZS)

Daraufhin zieht sich die Schauspielerin auf der Bühne um und verwandelt sich vor den Augen des Publikums in eine Vertreterin der Regierung. Sie spricht jetzt also nicht mehr wie zuvor als eine autobiographische Figur, bei der eine Identität von Schauspielerin und Rolle suggeriert wird, sondern sie verkörpert nun augenscheinlich eine fiktionale Figur, die als Sprecherin der Regierung auftritt. Ihr Thema ist die Komplexität von demokratischen Entscheidungsfindungsprozessen und die damit einhergehenden Beschränkungen im politischen Handeln. Sie erläutert, dass das Prinzip der Demokratie eigentlich im Zersplittern von Verantwortlichkeit besteht, um Macht zu verteilen und dass deshalb viele Prozesse Zeit brauchen, um gut zu enden. Für sie geht es also um eine Form von kollektiver Verantwortung, bei der eine Reihe von Akteur*innen gemeinsam Beschlüsse fassen, für die sie dann auch gemeinschaftlich verantwortlich sind. Ihre Verantwortungsinstanz sind die Wähler*innen, wiederum eine Kollektivakteur*in, dessen Interessen häufig zwischen denen der Gemeinschaft und ihren Individualinteressen pendeln, wie sie am Beispiel der Platzierung von Windrädern verdeutlicht. „[S]olange dieses Land aus 17 Millionen unentschiedenen Wählern besteht, kann man als Politiker nur sehr wenig tun. […] Und das mag heute Abend die unangenehme Wahrheit sein: Nicht ich, aber Sie regieren dieses Land." (MZS) Mit diesen Worten klingt sie ähnlich wie der CEO, der die Verantwortung an Individuen abschiebt. Die Regierungsvertreterin appelliert an die Bürger*innen, selbst soziale Verantwortung zu übernehmen: „Denn an diesen Tischen [Verhandlungstischen, K. W.] merkt man, dass alles noch ein bisschen komplizierter ist, als man vorher gedacht hat." (MZS)

Daraufhin tritt die letzte Repräsentationsfigur, der Bürger, auf die leuchtende, weiße Fläche. Als Requisit führt er eine größere Menge Papier mit sich, die er nun stapelweise auf dem Boden verteilt und als ‚Klimaabkommen' bezeichnet, „Ergebnis von 1,5 Jahren verhandeln am Tisch" (MZS). Zu seiner Enttäuschung enthält das ‚Klimaabkommen' aber keine Regelungen über den gemeinschaftlichen Umgang mit natürlichen Ressourcen, sondern stellt einen Verhaltenskodex für Verbraucher*innen dar. „Und ich weiß nicht, wer dafür verantwortlich ist […] für die Tatsache, dass die Regierung uns nicht als Bürger, sondern als Verbraucher anspricht" (MZS). Für ihn liegt das Problem im Mangel an Gemeinschaft: „Dieses ganze Dokument basiert auf der Tatsache, dass wir eine Gruppe von Individuen ohne Gesellschaft sind und dass wir auch wollen, dass es so bleibt. Und natürlich ... ich finde das Zusammenleben auch kompliziert [...]." (MZS) Auch er adressiert also das Komplexitätsproblem, das bereits die Regierungsvertreterin angesprochen hat. Für ihn ist aber die daraus resultierende Individualisierung und Vereinzelung das Kernproblem in der Klimadebatte:

> Wenn wir nicht lernen, zusammenleben (sic) und uns weiterhin die ganze Zeit gegenseitig für unsere individuelle Verantwortung zur Lösung des Klimaproblems zur Rechenschaft ziehen [...] dann bekommen Sie viele Menschen, die sich für alles verantwortlich fühlen, aber auf nichts Einfluss haben. (MZS, Hervorh. i. Orig.)

Damit wird erneut Verantwortung mit Handlungsmacht verknüpft. Für Braun und Baatz ist dieser Konnex ganz zentral für die Zurechnung von Verantwortung in der Klimakrise, denn wer sich selbst (oder anderen) Verantwortung zuschreibt, ohne eigentlich über die Handlungsmacht zu verfügen, etwas an den bestehenden Verhältnissen zu ändern, befindet sich im Bereich des Wunschdenkens, nicht in dem der Verantwortung.[37] Zugleich referiert der Bürger hier die Tatsache, dass unorchestrierte Handlungen von Einzelpersonen in Bezug auf den Klimawandel ineffizient und ineffektiv sind, eine Feststellung aus der Braun und Bautz ein „Gebot zur Kooperation" ableiten: „Es besteht eine Pflicht, Kollektivakteure derart zu konzipieren, dass über diese eine entsprechende Koordination der quantitativ riesigen Aufgaben erfolgen kann."[38] Individuum und Gemeinschaft fallen bislang auseinander, wie alle Monologe verdeutlicht haben, es bedarf aber einer Vermittlung zwischen Subjekt und Kollektiv, um Handlungsmacht zu entfalten. Verantwortung in der Klimakrise übernehmen, bedeutet dann eben, sich in solch eine Gemeinschaft einzufügen.

Der Höhepunkt der Inszenierung ist der Auftritt der „zukünftigen Generation". Eine sehr junge Person of Colour, die sich selbst in ihrer Figurenrede als „Schwarz" bezeichnet, betritt die Bühne und berichtet von den Fridays for Future-Protesten, bei denen sie verhaftet wurde und in deren Nachgang sie von den beiden Theatermacherinnen angefragt wurde, in dem Stück mitzuspielen.

> Es wäre sehr falsch, sagten sie, wenn wir eine Schauspieler*in das spielen lassen würden. Du muss nicht einmal etwas spielen. Du musst keine Hoffnung spielen. Du bist die Hoffnung. Ich glaube nicht, dass sie damals wussten, dass ich auf diesem Platz aus Verzweiflung stand. [...] Deshalb werde ich heute Abend nicht die Hoffnung spielen. (MZS)

---

37 Vgl. Braun, Baatz, „Klimaverantwortung", S. 864.
38 Ebd., S. 869.

Die junge Frau spricht aus einer autobiographischen Position, sie wird von de Wit und Nuyens in eine äußerst verantwortliche Rolle gerufen („du bist die Hoffnung"), der sie sich widersetzt. Ihr Thema ist die Gegenwart der Katastrophe:

> Jetzt!
> Jetzt sind die pazifischen Inseln überflutet.
> Jetzt brennen die Wälder in Australien und Kalifornien nieder.
> [...]
> Jetzt gibt das IPCC bekannt, dass wir uns im „Alptraumszenario" befinden.
> Ich weiß nicht mehr, wie ich meine Verzweiflung und meinen Ärger darüber ausdrücken muss und an Sie hier im Saal weitergeben soll. Ich habe immer gelernt, dass Wut niemals eine gute Idee ist. Weil man dann weniger ernst genommen wird. Besonders als Frau. Besonders als schwarze Frau. [...]
> Während das Urteil verkündet wird, werden die letzten Inselbewohner des Pazifiks in einem Kanu über ihre Häuser gleiten, hin und her. In der Hoffnung, dass etwas auftaucht. Etwas, das an die Tatsache erinnert, dass es existierte. (MZS)

Sie ist die Einzige, die nicht über Verantwortung oder über Schuld spricht. Sie bringt die Gegenwart der Katastrophe zum Erscheinen,[39] spricht das Publikum direkt an und bringt verringert dadurch die große zeitliche und räumliche Distanz zwischen Verursachenden und Geschädigten. Sie adressiert dabei auch ihre marginalisierte Diskursposition als Frau und als Schwarze, rückt damit ihren Körper in den Fokus, der in westlichen Kulturen oft reflexhaft mit einem ‚Anderswo', mit der Frage nach ‚Herkunft' verknüpft wird und assoziativ mit dem globalen Süden in Verbindung gebracht wird. Sie bringt ein ‚Anderswo' zur Sprache und ein zukünftiges ‚Anderswann', trägt aber keine Utopie vor und spielt kein Szenario durch, sondern sie prophezeit:

> Shell wird diese Klage im Frühjahr 2021 verlieren. [...] Und wenn sie verlieren, werden die Zeitungen voll davon sein und weil das sehr gute Nachrichten sind, werden die Bürger nicht in Gemeindezentren gehen. Shell wird in Berufung gehen und danach in Kassation und sie werden die notwendigen Verzögerungstaktiken anwenden. Damit die Konsequenz der Entscheidung des Richters immer weiter verschoben werden. [...] Während das Urteil verkündet wird, werden die letzten Inselbewohner des Pazifiks in einem Kanu über ihre Häuser gleiten, hin und her. In der Hoffnung, dass etwas auftaucht. (MZS)

---

39 Mit dieser Formulierung wird auf Martin Seels Inszenierungskonzept angespielt, laut dem künstlerische Inszenierungen Gegenwärtigkeit hervorbringen. Martin Seel, „Inszenieren als Erscheinenlassen. Thesen über die Reichweite des Begriffs", in: Josef Früchtl / Jörg Zimmermann (Hg.), *Ästhetik der Inszenierung. Dimensionen eines künstlerischen, kulturellen und gesellschaftlichen Phänomens*, Frankfurt a. M.: Suhrkamp, 2001, S. 48–62, hier S. 60.

Hier kehrt das Stück zurück zum Gerichtsprozess und kommt aus dieser Perspektive ebenfalls zu einer negativen Einschätzung über die Funktion von Gerichtsverfahren in der Klimakrise. Die Entscheidungswege sind zu lang, juristische Expert*innen nutzen dies, um die Konsequenzen der Urteile hinauszuzögern und damit ad absurdum zu führen. Für die „zukünftige Generation" geht es nicht um Schuld, Verantwortlichkeit oder Zuständigkeit. Sie findet Hoffnung in Emotionen. Ihren eigenen Gefühlen von Verzweiflung, Wut und Ärger stellt sie die Liebe entgegen:

> Liebe für den Geruch, für die Farben, für die Größe, dafür, dass Alter dieses Planeten (sic. Gemeint ist: für das Alter dieses Planeten) und wie jung wir sind. [...] Ich weiß, wo die ältesten Bäume der Welt stehen und dass es Wurzelsysteme gibt, die miteinander kommunizieren und Wasser durch diese Wurzeln zueinander pumpen, um sich gegenseitig zu helfen und am Leben zu erhalten. Bäume, die alles und auch wirklich alles miteinander teilen und Gemeinschaften bilden, die unsere übertreffen. Und ich bekomme Kraft durch diesen Gedanken. (MSZ)

Wie beim Bürger wird auch hier die Gemeinschaftsbildung fokussiert, Solidarität, aber nicht nur zwischen Menschen. Die zukünftige Generation schreibt der Natur einen eigenen Subjektstatus zu, sodass die Liebe und Solidarität, die zu verantwortlichem Handeln führt, nicht nur ein Verhältnis zwischen (weit entfernten) Menschen meint, sondern auch ein Verhältnis zur Natur selbst. Bislang wird in der Klimaverantwortungsdebatte das Verhältnis zwischen Menschen fokussiert,[40] es gibt aber erste Gerichtsurteile, die auch Landschaften den Status eines Rechtssubjekts zuschreiben und damit auch das Verhältnis zwischen Mensch und Natur als ein verantwortliches entwerfen.[41] Das öffnet den Blick auf die Relevanz des zugrundeliegenden Normensystems: Bei der Verantwortung geht es nicht nur darum zu klären, wer verantwortlich ist für wen oder was, sondern auch *warum*.[42] Damit verweist jede Verantwortungszuschreibung auf geteilte Werte, die zum Teil rechtlich kodifiziert sind und

---

40 Vgl. Braun / Baatz, „Klimaverantwortung", S. 859; 863 f. Das Klima ist das Objekt der Verantwortung, das keinen moralischen Selbstwert hat, aber von dem Entitäten mit moralischem Selbstwert, also z. B. gegenwärtig und zukünftig lebende Menschen, von den Auswirkungen des Klimawandels betroffen sind.

41 Vgl. ebd., S. 858. Zur rechtlichen Debatte um Landschaften als Rechtssubjekte vgl. Peggy Fiebig, „Natur als Rechtssubjekt", in: *Deutschlandfunk*, 12.11.2021, https://www.deutschlandfunk.de/klimaschutz-per-gericht-natur-als-rechtssubjekt-100.html (Zugriff 16.02.2024). Seitdem wurde 2022 erstmals in Europa eine spanische Salzwasserlagune zur Rechtsperson erklärt. Vgl. Matthias Kramm, „Wenn das Wattenmeer uns verklagt", in: *taz* 24.03.2023, https://taz.de/Die-Natur-hat-Rechte/!5923733/ (Zugriff 16.02.2024).

42 Vgl. Julia Nida-Rümelin / Christine Bratu, „Soziale und politische Verantwortung", in: Heidbrink (Hg.), *Handbuch Verantwortung*, S. 585–606, hier S. 586.

jenen ‚gesellschaftlichen Konsens' konstituieren, wie ihn das Den Haager Gericht zur Urteilsgrundlage gemacht hat. Werte sind aber nicht nur Rechte und Pflichten, sondern sind in beständiger gesellschaftlicher Aushandlung begriffen und zu dieser Aushandlung leistet das Theater seinen Beitrag, wie das abschließende Statement von de Wit und Nuyens verdeutlicht: Nach dem ‚Aufritt' der Erde, bei der die weiße Fläche leer bleibt, aber in warmes orangenes Licht getaucht wird und bei der ein instrumentales Musikstück eingespielt wird, treten die beiden Theatermacherinnen wieder auf und sprechen über das Motto des Stücks: „Die Zukunft wird von dem gemacht, der seine Rolle am besten kennt."

> Und letzte Woche, als wir diesen Satz endgültig strichen – nachdem er drei Jahre lang unser Slogan gewesen war – dachte ich, dass es vielleicht daran liegt, dass nicht (sic) so etwas gibt wie 1 Rolle. So wie nicht ein jemand für die globale Erwärmung verantwortlich ist oder sie verhindert. Weil im Leben ständig alle möglichen Rollen durcheinanderlaufen. Es geht also nicht darum, ob du Hoffnung hast, […] es geht darum, dass du weißt, wann du welche Rolle spielen musst und wann nicht. (MSZ)

Das Stück hat die sich überlagernden und dadurch diffundierenden Verantwortungsdimensionen vorgeführt und durch die Verkörperung der verschiedenen Rollen durch wenige Schauspielende gezeigt, dass es die eine Rolle, die eine Verantwortlichkeit nicht gibt. Vielmehr treten die Vertreter*innen als Beteiligte eines Gefangenendilemmas auf, das sich nur lösen lässt, wenn alle ihre Verantwortung in ihrer sozialen Rolle wahrnehmen.

De Wit ist allerdings mit Nuyens Statement nur halb zufrieden. Sie ergänzt:

> Und dachte ja, ja, ja. Aber auch nein. Denn das ist etwas mit den Worten, mit deiner Rolle spielen. Das suggeriert, dass es ein Spielchen ist, das du einfach spielen kannst und dass das nicht wirklich ist oder so. […] Ja … Rollen spielen … alles sehr wichtig … aber wir müssen auf unsere Worte achten, denn sie werden vielleicht zu unseren Gedanken und diese Gedanken werden zu Handlungen und diese Handlungen werden zu Gewohnheiten und diese Gewohnheiten werden zu Werten und diese Werte werden unser Schicksal. (MZS)

Somit wendet sich das Theaterstück am Ende vom konsequenzbefreiten Probehandeln der ‚Szenarioabteilung' ab und deutet auf den grundlegenden Bestandteil der Handlungsmacht in Zeiten der Klimakatastrophe: die Sprache selbst und ihre Performativität, mit der wir in der Lage sind, unser Wertesystem so zu gestalten, dass wir die Frage, *warum* wir Verantwortung in der Klimakrise übernehmen müssen, beantworten können.

4 Schluss: Klima / Gericht / Theater

Möglicherweise muss die Feststellung, dass es keine Verantwortungsinstanzen in der Klimakrise gibt, vor denen Verursachende Rede und Antwort stehen sollten, inzwischen eingeschränkt werden. Mit ihrem Urteil hat sich das Den Haager Gericht als eine sehr potente Verantwortungsinstanz präsentiert, die auf der Basis kodifizierter Normensysteme Verantwortlichkeiten zuschreiben und Sanktionen ableiten kann. Gerichte setzen der normativen Willkür des individuellen Gewissens Verbindlichkeiten entgegen und können schärfere Maßnahmen verhängen als lediglich ‚Gewissensbisse'.

In der Urteilsbegründung wird ebenso wie im Theaterstück deutlich, dass die Verantwortung der Konzerne keine Entlastung von der eigenen Verantwortung darstellt. *De Zaag Shell* kritisiert den Rechtsweg in seiner Behäbigkeit und seiner Produktion von Verteidigungsstrategien. Es pocht darauf, dass jede Person in ihrer jeweiligen und sich auch möglicherweise überlappenden sozialen ‚Rolle' Verantwortung übernehmen sollte und dass die zentrale Stellschraube in der Klimadebatte nicht ist, zu klären, *wer* Verantwortung übernimmt, sondern *warum*. *De Zaag Shell* stellt das Vermögen des Theaters aus, Werte zu dynamisieren, zu reflektieren und zu produzieren, die einen Ausweg aus der Ohnmacht des Gefangenendilemmas darstellen. Damit wird das Medium Theater in seiner bewährten Funktion als ‚moralische Bildungsanstalt' wirksam, indem über eine gefühlsbasierte Verbindung Gemeinschaften gestiftet werden, die politisch wirksam werden sollen. Über die Eigenschaft des Theaters, alle Beteiligten in körperlicher Präsenz zusammen an einen Ort zu bringen, wird mit Formen des Inszenierens von Gegenwärtigkeit die anonyme Verbindungslosigkeit zwischen den Leidtragenden der Katastrophe und den Beteiligten an deren Verursachung zumindest ansatzweise überbrückt. Das Theaterstück zeigt sich so ebenfalls als eine Verantwortungsinstanz, wenn auch als eine gänzlich andere als das Gericht: Es präsentiert die Akteur*innen als Rede und Antwort Stehende, als sich Verteidigende vor dem Urteil des Publikums, adressiert aber zugleich auch das Publikum als Verantwortliche am Prozess der Wertebildung und in der Übernahme verantwortlicher sozialer Rollen.

Literaturverzeichnis

Arnold, Stefan / Wilhelms, Kerstin, „Schau-Prozesse. Gericht und Theater als Bühnen des Politischen", in: Dies. (Hg.), *Schau-Prozesse. Gericht und Theater als Bühnen des Politischen*, Berlin: Metzler, 2022, S. 1–24.

Arnold, Stefan / Wilhelms, Kerstin, „Spätverfolgung von NS-Verbrechen als ‚Schau-Spiel'", in: Moritz Vormbaum (Hg.), *Spätverfolgung von NS-Unrecht*, Berlin: Springer, 2023, S. 365–384.

Arnold, Stefan, „Zur Haftung transnational tätiger Unternehmen für Klimawandelschäden", in: Thomas Garber (Hg.), *Festschrift Matthias Neumayr*, Wien: Manz, 2023, S. 777–792.

Bayertz, Kurt / Beck, Birgit, „Soziale Verantwortung. Zur Entwicklung des Begriffs im 19. und frühen 20. Jahrhundert", in: *Papers of the Centre for Advances Study in Bioethics, Universität Münster* (2015), https://www.uni-muenster.de/imperia/md/content/kfg-normenbegruendung/intern/publikationen/bayertz/81_bayertz.beck_-_soziale_verantwortung.pdf (Zugriff 16.02.2024).

Braun, Florian / Baatz, Christian, „Klimaverantwortung", in: Ludger Heidbrink u. a. (Hg.), *Handbuch Verantwortung*, Wiesbaden: Springer, 2017, S. 855–886.

BVerfG, Beschluss des Ersten Senats vom 24. März 2021 – 1 BvR 2656/18 -, Rn. 1–270, https://www.bverfg.de/e/rs20210324_1bvr265618.html (Zugriff 16.02.2024).

Deutsche Presse-Agentur, „Gericht: Straßenblockaden von Klimaaktivisten sind Nötigung", in: *Zeit Online*, 13.02.24, https://www.zeit.de/news/2024-02/13/gericht-strassenblockaden-von-klimaaktivisten-sind-noetigung (Zugriff 16.02.2024).

Fiebig, Peggy, „Natur als Rechtssubjekt", in: *Deutschlandfunk*, 12.11.2021, https://www.deutschlandfunk.de/klimaschutz-per-gericht-natur-als-rechtssubjekt-100.html (Zugriff 16.02.2024).

Gerhardt, Volker, „Individuelle Verantwortung", in: Ludger Heidbrink u. a. (Hg.): *Handbuch Verantwortung*, Wiesbaden: Springer 2017, S. 431–451.

Germanwatch, „The Climate Case Saúl vs. RWE", https://www.germanwatch.org/de/huaraz (Zugriff 16.02.24).

Heidbrink, Ludger, „Definitionen und Voraussetzungen der Verantwortung", in: Ders. (Hg.), *Handbuch Verantwortung*, Wiesbaden: Springer, 2017, S. 3–33.

Hornung, Cedric, *Internationales Privatrecht zwischen Wertneutralität und Politik*, Tübingen: Mohr Siebeck, 2021.

Klement, Jan Henrik, „Rechtliche Verantwortung", in: Ludger Heidbrink et al. (Hg.), *Handbuch Verantwortung*, Wiesbaden: Springer, 2017, S. 559–584.

Kramm, Matthias, „Wenn das Wattenmeer uns verklagt", in: *taz*, 24.03.2023, https://taz.de/Die-Natur-hat-Rechte/!5923733/ (Zugriff 16.02.2024).

Lotter, Maria-Sibylla, „Verantwortung und Schuld", in: Ludger Heidbrink et al. (Hg.), *Handbuch Verantwortung*, Wiesbaden: Springer, 2017, S. 251–264.

Nida-Rümelin, Julia / Bratu, Christine, „Soziale und politische Verantwortung", in: Ludger Heidbrink u. a. (Hg.), *Handbuch Verantwortung*, Wiesbaden: Springer, 2017, S. 585–606.

Nuyens, Anoek / de Witt, Rebekka, *De Zaag Shell*, http://dezaakshell.nl/the-shell-trial/ (Zugriff 16.02.2024).

Rappold, Emilio / Wank, Regina / Deutsche Presse-Agentur, „EGMR verhandelt Klimaklage von Jugendlichen gegen 32 Staaten“, in: *beck-aktuell*, 27.09.23, https://rsw.beck.de/aktuell/daily/meldung/detail/egmr-verhandelt-klimaklage-von-jugendlichen-gegen-32-staaten (Zugriff 16.02.2024).

Seel, Martin, „Inszenieren als Erscheinenlassen. Thesen über die Reichweite des Begriffs“, in: Josef Früchtl / Jörg Zimmermann (Hg.), *Ästhetik der Inszenierung. Dimensionen eines künstlerischen, kulturellen und gesellschaftlichen Phänomens*, Frankfurt a. M.: Suhrkamp 2001, S. 48–62.

Verheyen, Roda / Franke, Johannes, „Deliktsrechtlich begründete CO -Reduktionspflichten von Privatunternehmen. Zum ‚Shell-Urteil‘ des Bezirksgericht Den Haag“, in: *Zeitschrift für Umweltrecht* 11 (2021), S. 624–632.

Wilhelms, Kerstin, „Rechtsinszenierungen als Szenarien gesellschaftlicher Verantwortung“, in: *Jahrbuch für Internationale Germanistik / Beihefte: Wege der Germanistik in transkultureller Perspektive. Akten des XIV. Kongresses der Internationalen Vereinigung für Germanistik (IVG)*, 5 (2023), S. 301–308.

Öffentlich finanzierte deutschsprachige Theater als moralischer Kompass für eine ökologisch nachhaltige Lebensweise?

Zwischen Vorbildfunktion, Möglichkeitsbegrenzung und Traditionsbezug

Laura Krahn

Die wichtigste Aufgabe des Theaters besteht darin, gesellschaftliche Transformationen zu initiieren, indem es durch Kreativität, Debatten und Experimente Visionen in Handlungen umsetzt sowie Defizite und Chancen aufzeigt – so eine viel vertretene Einschätzung. Christa Liedtke, Carolin Baedeker und Martina Fineder-Hochmayr schreiben in *Kulturpolitische Mitteilungen*: „Kunst und Kultur sind prädestiniert für Veränderungsprozesse, in denen es darum geht, Neues zu wagen, Grenzen zu überschreiten und Unbekanntes zu erkunden […].“[1] Dem Theater als Raum der Kreativität, des ‚Möglichmachens', als Spiegel der Gesellschaft wird die Fähigkeit zugeschrieben, Zustände nicht nur abzubilden, sondern viel mehr als Motor der Veränderung zu fungieren.

Durch Begriffe wie ‚Systemrelevanz' wurde zuletzt das gesellschaftspolitische Potential des Theaters zum Thema. Als Erbe des antiken Theaters begründet jedoch eben diese Relevanz, der Glaube an Veränderung durch Kunst, nach wie vor das Theaterschaffen und -schauen. Die Spielpläne orientieren sich an aktuellen Diskursen, an Debatten, zeigen beispielhafte Geschichten und regen immer wieder zum (Über-)Denken an. Neue Perspektiven zu entwickeln und dazu einzuladen, gemeinsam über Neues, Altes und Fremdes nachzudenken – das ist das Potential des Theaters und Teil der kulturellen Bildung, die auf der Agenda der subventionierten deutschsprachigen Theaterhäuser steht.[2] Und doch nutzt sich das Theater als Diskursraum ab. Denn obwohl diskursive Themen in den Spielplänen vorkommen, vertritt die Institution mitunter andere Werte. Inhalt und Produktionspraxis liegen noch immer oft weit auseinander – ein gutes Beispiel sind hier die zahlreichen

1 Christa Liedtke / Carolin Baedeker / Martina Fineder-Hochmayr, „Kunst, Kultur und Design, als Treiber für eine ökologische und soziokulturelle Transformation“, in: *Kulturpolitische Mitteilungen* 183 (2023), S. 59–60.

2 Vgl. Bundesministerium für Bildung und Forschung, in: *Kulturelle Bildung*, https://www.bmbf.de/bmbf/de/bildung/kulturelle-bildung/kulturelle-bildung_node.html#:~:text= (Zugriff 10.05.2024).

 | DOI:10.30965/9783846769614_007

wenig diversen Ensembles der Stadt- und Staatstheater – und somit fehlt es der thematischen Auseinandersetzung an Glaubwürdigkeit.

Ein Thema, was davon massiv betroffen ist, ist das des Umweltschutzes und entsprechend der Nachhaltigkeit. Kaum etwas anderes prägt den gesellschaftlichen Diskurs über alle Bevölkerungsgruppen hinweg – oder vielmehr *sollte* ihn prägen. Auch das Theater nimmt sich dessen an, produziert Stücke und Inszenierungen und fordert den Austausch untereinander, fordert ein Handeln. Doch ist das Theater dafür wirklich der richtige Ort? Und (wie) können kulturelle Institutionen als Vorbild für gesellschaftliche Veränderungen in diesem Bereich fungieren?

Zunächst soll im Folgenden mit einem Rückblick auf die Ursprünge des Theaters, wie es aktuell praktiziert und rezipiert wird, das gesellschaftliche und politische Potential untersucht und auf seine Aktualität geprüft werden. Die historische Betrachtung des antiken griechischen Theaters als politischer Raum, in dem öffentliche Debatten geführt und gesellschaftliche Themen verhandelt wurden, wirft ein offenbarendes Licht auf die Ursprünge des Theaters als kreatives und transformatives Medium. Diese ursprüngliche Verbindung zwischen Theater und Politik bietet die Grundlage, um die heutige Rolle des Theaters in der Gesellschaft zu reflektieren. Insbesondere die Idee des Theaters als Ort der öffentlichen Debatte und des demokratischen Diskurses regt dazu an, darüber nachzudenken, wie Theaterinstitutionen heute eine ähnliche Verbindung mit der politischen Realität herstellen können. Daraus ergibt sich eine Betrachtung des politischen Theaters des 21. Jahrhunderts im deutschsprachigen Raum. Durch die daran anschließende Auseinandersetzung mit dem Begriff der Nachhaltigkeit und seiner Entwicklung wird auch der Begriff der Transformation Betrachtung finden. In der Zusammenführung dieser Themenbereiche soll untersucht werden, inwieweit das Theater seinem Bildungsanspruch im Angesicht einer sich ständig verändernden Gesellschaft gerecht werden kann und inwiefern es dem Bereich der Nachhaltigkeit Rechnung trägt.

Die Ursprünglichkeit des griechischen Theaters ist bestimmt durch einen politischen Raum, der gesellschaftliche Geschehnisse extrahiert und das Substrat wiederum verarbeitet, von dem kein Bürger (und keine Bürgerin[3]) ausgeschlossen ist. Dieses Theater war untrennbar mit der *polis* verbunden. So etwa lassen sich die Gedanken Martin Heideggers in *Der Ursprung des Kunstwerkes*, in welchem er das antike griechische Theater mit der *polis* vergleicht,

3 Die Bürgerinnen der Antike hatten zwar keinen Einfluss bzw. keine Entscheidungsgewalt, betroffen von den Entscheidungen ihrer männlichen* Mitbürger waren sie dennoch.

zusammenfassen. Heidegger beschreibt, dass sowohl das Theater als auch die *polis* einen Ort der Zusammenkunft und des gemeinsamen Erlebens darstellten.[4] *Polis*, übersetzt Politik oder Stadtstaat, ist der Ausdruck für die klassische demokratische Gesellschaft der Antike,[5] er lässt sich nicht vom Theaterbegriff trennen.

Das Modell der griechischen Öffentlichkeit definiert Jürgen Habermas als Trennung zwischen dem öffentlichen Leben, *bios politicos*, das sich auf dem Marktplatz abspielte, und dem privaten Leben, *oikos*. Der Marktplatz, die *agora*, diente als öffentlicher Raum und war zumindest in Athen nicht unweit der Theaterbauten verortet.[6] Diese institutionellen und entsprechend baulichen Grundlagen des antiken Theaters werden häufig als Idealform einer Theateröffentlichkeit bezeichnet.[7] Der gesamte Rahmen der Theateraufführungen war ein *agon*.[8] Der Begriff *agon*, abgeleitet von der *agora*, ist eine Form des öffentlichen Auftritts[9] und findet sich in der griechischen Kultur und im Theater, er fördert kritisch diskursive Diskussionen. Theater war damit ein wesentlicher Bestandteil öffentlicher Handlungen und Debatten. „Der Widerspruch, die Warnungen, die Kritik des Theaters waren erwünscht und wurden gehört. Also: Das Theater war Medium der Demokratie und ihr vollendeter Ausdruck zugleich."[10]

Das Verhältnis von Öffentlichkeit und Privatperson bestimmte den Diskurs um das Politische im antiken griechischen Theater. Öffentlich zu Schau getragene Verhandlungen und Debatten setzten ein Publikum voraus und trugen dazu bei, ein demokratisches Prinzip zu etablieren.[11] Indem Politik eine konsequente Öffentlichkeit erfuhr, erlangte das Theater als Sprech- und Diskursraum, als Möglichkeit der Aushandlung an Bedeutung und agierte so auch rückwirkend in das Private: „Das kreisrunde Kolosseum, die Arena, hat

4 Martin Heidegger, *Der Ursprung des Kunstwerkes*, Frankfurt a. M.: Klostermann, 2012, S. 24.

5 Vgl. Christopher Balme, „Polis und Parrhêsia: zur Öffentlichkeit des antiken Theaters", (Universitäts-Vorlesung, Ludwig-Maximilians-Universität München, 11. Mai 2020).

6 Vgl. Jürgen Habermas, *Strukturwandel der Öffentlichkeit. Untersuchungen zu einer Kategorie der bürgerlichen Gesellschaft*, Frankfurt a. M.: Suhrkamp, 2015, S. 56.

7 Vgl. Balme, „Polis und Parrhêsia".

8 Vgl. ebd.

9 Vgl. Bettine Menke, „Agon und Theater", in: *Universität Konstanz* https://www.exc16.uni-konstanz.de/5229.html (Zugriff 23.04.2024).

10 Theo Girshausen, *Ursprungszeiten des Theaters. Das Theater der Antike*. Berlin: Vorwerk 8, 1999, S. 287.

11 Vgl. Balme, „Polis und Parrhêsia".

nicht nur [die] strukturelle Betrachtung von Öffentlichkeit inspiriert."[12] Die gesellschaftliche Umgangsform in der Institution des Theaters spiegelte somit jene Umgangsform außerhalb des Theaters:

> Wo sich Sprecher zu bewähren suchen und nach Anerkennung heischen, entsteht jener virtuelle Raum, in dem sich das Ganze der Gesellschaft als ‚Gesellschaft' inszenieren lässt, als Sphäre, die als Gesellschaft offenkundig nicht für das Ganze steht, aber für das Ganze gehalten wird.[13]

Die Institution vermochte es, neben der Bühnenhandlung auch das Publikum zu inszenieren und dadurch in gewisser Weise zu ‚erziehen'.

Das heutige Theater steht vor der Herausforderung, diese politische Kraft und Relevanz in einer sich verändernden Gesellschaft zu nutzen. Was aber ist das Politische heute und wie lässt sich der Begriff ‚Politik' im Theater – ausgehend von der *polis* – aus heutiger Sicht definieren? Der Politikwissenschaftler Jan Deck definiert Politik als „konkrete Praktiken der Lösung gesellschaftlicher Probleme und Herausforderungen sowie ihr[e] diskursive Thematisierung".[14] Er schreibt dem Theater die Fähigkeit zu, als starkes Instrument zu fungieren, um gesellschaftliche Veränderungen herbeizuführen. „Politisches Theater versteht sich als Teil gesellschaftlicher Bewegungen und setzt sich aktiv für eine Veränderung ein."[15] Politische Themen werden nicht nur theatral aufgegriffen, sondern aktiv verarbeitet. „Definitionen davon, was Kunst überhaupt sein kann und soll, entwickeln sich oft in Phasen sozialer Umbrüche."[16] Laut Deck ist ein wichtiger Faktor des politischen Theaters die Interaktion mit dem Publikum. Es soll „einen Dialog mit dem Publikum ermöglichen und zu einer kritischen Auseinandersetzung anregen."[17] Es ließe sich demnach als politische Praktiken reflektierendes Medium verstehen, in seiner Arbeitsstruktur, aber auch in seinen Inhalten. Dies geschieht jedoch nicht immer oder nicht zwangsläufig sichtbar und es stellt sich die Frage,

---

12 Manuel Rivera, *Theater als politische Öffentlichkeit. Begriff, Aspekte und eine Fallstudie*, Stuttgart: Fakultät für Wirtschafts- und Sozialwissenschaften der Universität Stuttgart, 2015, S. 37.

13 Ebd.

14 Jan Deck, „Politisch Theater machen", in: Jan Deck / Angelika Sieburg (Hg.), *Politisch Theater machen. Neue Artikulationsformen des Politischen in den darstellenden Künsten*, Bielefeld: transcript, 2011, S. 41–72, hier S. 25.

15 Ebd., S. 27.

16 Florian Malzacher, *Gesellschaftsspiele. Politisches Theater heute*, Bonn: Bundeszentrale für politische Bildung, 2021, S. 95.

17 Deck, „Politisch Theater machen", S. 35.

> […] ob Theater […] denn heute noch mehr sei als ein Status garantierendes Konsumgut für eine schrumpfende „Bildungsbürger"-Nische; ob es überhaupt ein öffentlicher Raum sei und nicht vielmehr eine unidirektionale Show; ob es nicht bloß ein selbstreferentielles System bilde, in dem Regiemoden sich abwechseln und Intendantenkarussells sich drehen, unbekümmert um die Kommunikation mit den politischen Belangen der Zeit; etc.[18]

Der Aspekt der Bildung, den der Soziologe Manuel Rivera in diesem Zitat in Frage stellt, ist einer, den sich Theaterschaffende gerne auf die Fahnen schreiben. Laut Florian Malzacher werden durch das Theater nicht nur aktuelle gesellschaftliche Probleme thematisiert, es wird zusätzlich ein Raum für kritische Reflektion und politische Diskussionen geschaffen.[19] Wie Deck sieht auch Malzacher einen wichtigen Aspekt des politischen Theaters in der Interaktion mit dem Publikum. Dieses wird aktiv einbezogen und zur politischen Teilhabe angeregt.[20] Die oben zitierte These Riveras, dass sich Theater ausschließlich zum Selbstzweck produziere, hinterfragt den Sinn von Theater. Die beschriebene Selbstreferentialität leitet zu einer großen Frage, die sich das Theater des 21. Jahrhunderts stellen muss: Warum machen die Kulturschaffenden das eigentlich? Und für wen?

Die „[p]olitische Idee des klassischen deutschen Theaters [war es], durch die Verkörperung literarischer Gedankenkunst das Publikum mit Aufklärung und Sittlichkeit zu bilden und zu erbauen."[21] Heute würde man die Begriffe ‚Aufklärung' und ‚Sittlichkeit', die Patrick Primavesi hier anführt, vielleicht mit anderen Worten, wie beispielsweise ‚Moralisierung', ersetzen. Das Ideal, das auch heute noch in den Fundamenten des Theaters einbezogen ist, hat sich jedoch nicht maßgeblich verändert. Warum hält das Theater so sehr an diesem Ideal fest? Bertolt Brecht schrieb 1926 in seiner Glosse *Weniger Gips*: „‚Ein Theater ist ein Unternehmen, das Abendunterhaltung verkauft.' Und sogleich fügte er hinzu: ‚Aber damit ist im Grund niemand zufrieden bei uns.'"[22] Die Bedeutung und Verantwortung, die dem Theater auferlegt wird, gründet sich aus der langen Historie des Theaters. Es ist *per se* ein Unterhaltungsmedium, eine Abendbeschäftigung – wie beispielsweise das Kino – und doch soll es nicht nur das sein. „Der Unterschied zwischen dem Theaterzuschauer[*innen]

18 Rivera, *Theater als politische Öffentlichkeit*, S. X.

19 Vgl. Malzacher, *Gesellschaftsspiele*, S. 11.

20 Vgl. ebd., S. 85.

21 Patrick Primavesi, „Theater/Politik. Kontexte und Beziehungen", in: von Jan Deck / Angelika Sieburg (Hg.), *Politisch Theater machen. Neue Artikulationsformen des Politischen in den darstellenden Künsten*, Bielefeld: transcript, 2011, S. 41–71, hier S. 41.

22 Manfred Brauneck, *Die Deutschen und ihr Theater. Kleine Geschichte der ‚moralischen Anstalt' – oder: Ist das Theater überfordert?* Bielefeld: transcript, 2018, S. 8.

raum und dem Kinozuschauer[*innen]raum ist, das Kino ist eine Schule der Einsamkeit und Theater ist eine Schule der Zusammenkunft und des Parlamentarismus."[23] Die Einzigartigkeit gründet sich aus der historischen Prägung der Politisierung des Theaters bzw. der Theatralisierung von Politik.

„Wenn in den letzten Jahren vom politischen Theater die Rede ist, wird meist auf die Unterscheidung zwischen *der Politik* und *dem Politischen* verwiesen."[24] Bei der Politik handelt es sich um „das konkrete Feld staatlicher Funktionen und des staatlichen Handelns",[25] es meint das alltägliche Verhandeln von politischen Themen durch Politiker*innen. Das Politische „verweist [...] auf die Dimension des Sozialen, zuweilen des Kollektiven, auf die Sphäre, in der sich auch politische Begegnungen manifestieren."[26] Es ist die Grundlage politischer Entscheidungen, eine Ebene, die noch keine Richtung vorweist, aber von der aus Politik gestaltet werden kann. Auf die Kunst oder genauer das Theater des 21. Jahrhunderts bezogen, hat der Fokus auf das Politische zur Folge, dass die Annahme (oder das Ziel?) entsteht, alle Kunst sei *per se* politisch, „um damit letztendlich nichts anderes zu bezwecken als die Delegitimierung tatsächlich politischer Kunst."[27] Diese (vermeintlich) politische Kunst der Gegenwart provoziert im Zweifel die Sehgewohnheiten des Publikums, das bedeutet jedoch nicht, dass das Politische zwangsläufig Thema dieser Kunst ist. „Denn so groß das politische Potential einer Ästhetik der Irritation und der veränderten Wahrnehmung auch ist – die Auseinandersetzung mit einem konkreten Gegenstand ersetzt sie nicht."[28] Die gesellschaftliche Verantwortung von Kunst ist nicht klar definiert, die Repräsentation einer Welt, die im Wandel ist, lässt dies nicht zu. Das Theater ist ein vorrangig auf Menschen zentriertes Medium, das sich immer kritischer mit der Menschheit auseinandersetzen muss. „Dass die Menschheit den Planeten massiv verändert hat, mag erst einmal nicht weiter überraschend klingen. [...] Dieser Befund hat auch in der Kunst die drängende Frage nach grundlegend anderen Lebensmodellen aufgeworfen".[29]

Betrachtet man die Spielpläne der deutschsprachigen Theaterlandschaft, finden sich vorrangig Klassiker, Stückentwicklungen und Überschreibungen. Aber sind diese Produktionen einer breiten Masse zugänglich oder braucht es eine gewisse intellektuelle Vorbildung, damit sie verstanden oder überhaupt

---

23 Susanne Burkhardt / Elena Philipp, „Film oder Theater? Schauspiel auf der Bühne und vor der Kamera", in: *Der Theaterpodcast*, 2023 (Zugriff 11.01.2023).

24 Malzacher, *Gesellschaftsspiele*, S. 38.

25 Ebd.

26 Ebd.

27 Ebd., S. 39.

28 Ebd., S. 41.

29 Ebd., S. 41.

als interessant befunden werden? Für wen produziert die deutsche Theaterlandschaft Theater? Will es bilden? Und wenn ja, wen möchte es bilden und warum? Ist der Bildungsanspruch nur ein Relikt, das mitgetragen wird, weil es schon immer so war? „Theater beförder[t] die individuelle Bildung sowie die kollektive Selbstreflexion."[30] Dieser Anspruch, den Rivera dem Theater zuschreibt, ist schwer nachzuweisen, Theater ist nicht mehr das Zentrum einer *polis*, des antiken Ortes der Selbstverständigung,[31] nicht mehr das gesellschaftliche Zentrum einer Gemeinschaft, sondern vielmehr ein Raum mit schwer abzulegendem, elitär intellektuellem Ruf. „Nicht nur das Stück auf der Bühne, sondern das gesamte theatrale Setup (ganz zu schweigen von den Hierarchien der Institution selbst) reproduziert lediglich das System, das es kritisieren will."[32] Diese Reproduktion der Realität verhindert womöglich die Präsentation von utopischen und dystopischen Bildern, die dem Publikum Räume der Reflexion öffnen könnte. „Das Theater, wie wir es vorfinden, zeigt die Struktur der Gesellschaft (abgebildet auf der Bühne) nicht als beeinflußbar [sic!] durch die Gesellschaft (im Zuschauer[*innen]raum)".[33]

Malzacher sieht die Herausforderung, der politisches Theater gegenübersteht, im Verlust der politischen Kraft und Relevanz in einer sich verändernden Gesellschaft.[34] Denn „Theater westlicher Prägung war immer vor allem ein Medium zur Darstellung von Konflikten und Gegensätzen: […] Auseinandersetzungen werden stellvertretend ausgetragen, mal körperlich, mal psychologisch, mal diskursiv."[35] Diese Stellvertretung ist die Grundlage für das Potential von Theater, das so tun kann, als würde es die Konflikte auf der Bühne tatsächlich verhandeln. Neben der inhaltlichen Verarbeitung von politischen Stoffen liegt jenes Potential aber auch in der strukturellen Anordnung. Denn zum einen „kann Theater ein Raum sein, in dem ein spielerischer (aber ernsthafter) Agonismus Widersprüche nicht nur am Leben hält, sondern vor allem erlaubt, sie frei zu artikulieren."[36] Zum anderen kann die Institution Theater dem politischen Diskurs mit einer Reflexion der Mängel beistehen oder als

---

30 Rivera, *Theater als politische Öffentlichkeit*, S. X.

31 Vgl. Hans-Thies Lehmann, „Wie politisch ist postdramatisches Theater?", in: Jan Deck / Angelika Sieburg (Hg.), *Politisch Theater machen. Neue Artikulationsformen des Politischen in den darstellenden Künsten*, Bielefeld: transcript, 2011, S. 29–40, hier S. 30.

32 Malzacher, *Gesellschaftsspiele*, S. 30.

33 Bertolt Brecht, *Kleines Organon für das Theater. Mit einem „Nachtrag zum kleinen Organon"*, Frankfurt a. M.: Suhrkamp, 1960, S. 22.

34 Vgl. Malzacher, *Gesellschaftsspiele*, S. 130.

35 Ebd., S. 14 f.

36 Ebd., S. 14.

Versuchsobjekt für strukturelle Änderungen im kleinen ‚sicheren' Rahmen des Theaters agieren:

> So alarmierend also die soziale, ökologische, politische Lage ist, in der wir derzeit leben, für das Theater ist sie zugleich auch eine Chance, gemeinsam oder auch in Reibung mit den zahlreichen Bewegungen in aller Welt, neue gesellschaftliche Imagination zu entfachen.[37]
>
> In diesem Sinne kann sich Theater in der Gesellschaft verorten, indem es sich mit ihr auseinandersetzt. Dies ist ein anderer Prozess, als bloß das abstrakte Abbild jener zu repräsentieren. „Kunst nicht *im* öffentlichen Raum sondern *als* öffentlicher Raum […], das ist vielleicht das wichtigste Anliegen politischen Theaters.[38]

Trotz wiederholter Warnungen von Wissenschaftler*innen und Aktivist*innen vor katastrophalen globalen Auswirkungen der menschlichen Lebensweise und die dringende Notwendigkeit einer grundlegenden politischen und gesellschaftlichen Neuausrichtung ist die globale Gesellschaft weitgehend untätig geblieben. „Es scheint eindeutig: die gesamte Ökosphäre befindet sich bereits in einer überkomplexen Transformation, für die die Menschen und ganz besonders wir – die Gesellschaften des globalen Nordens – maßgeblich verantwortlich sind."[39] Theaterinstitutionen sind im Vergleich zu großen Wirtschaftsbetrieben nur kleine Rädchen im System der Gesellschaft, die durch ihre Strukturen zu der Zerstörung des Ökosystems beitragen. Für große Unternehmen sind CO2-Rechner, Nachhaltigkeitsmanager*innen und Fördergelder vorhanden und mittlerweile gesetzlich vorgegeben, den Theaterinstitutionen fehlen diese größtenteils. Die Frage nach der Verantwortlichkeit für die Transformation hin zur institutionellen Nachhaltigkeit stellt sich für die Theater in öffentlicher Trägerschaft vielleicht besonders und doch scheint nicht geklärt, inwieweit die Politik handeln muss, wo die Verantwortung liegt und wie sie effektiv umverteilt werden könnte und sollte. Der Kulturbetrieb entwickelt nun mit einiger Verspätung ebenfalls Programme wie CO2-Rechner[40]

37 Ebd., S. 15.

38 Ebd., S. 125.

39 Marius Thomay, „Degrowth und der (Eigen-)Wert der Natur. Eine kritische Reflexion umweltethischer Positionen in der Degrowth-Bewegung und der Versuch eines Plädoyers für eine holistische Umweltethik", in: Ulrich Roos (Hg.), *Nachhaltigkeit, Postwachstum, Transformation. Eine Rekonstruktion wesentlicher Arenen und Narrative des globalen Nachhaltigkeits- und Transformationsdiskurse*, Wiesbaden: Springer VS, 2020, S. 45–84, hier S. 46.

40 Vgl. Stadt Leipzig, *Leipzig und Dresden entwickeln CO2-Rechner für den Kulturbetrieb* https://www.leipzig.de/news/news/leipzig-und-dresden-entwickeln-co2-rechner-fuer-den-kulturbetrieb (Zugriff 25.04.2024).

und Anlaufstellen für Institutionen und Kulturschaffende, bei denen sie beispielsweise „Handlungsempfehlungen in Umwelt- und Klimaschutzfragen, unter Berücksichtigung der ihnen zur Verfügung stehenden Ressourcen"[41] erhalten können. Formulierungen wie diese lassen jedoch erkennen, dass per se ein Mangel an Ressourcen herrscht. Zudem verringern sie die Handlungsnotwendigkeit, da eine jeweilige Einschränkung vorausgesetzt wird und der Handlungsimpuls *a priori* entschärft wird.

Da der Begriff der Nachhaltigkeit interdisziplinär (und mitunter inflationär) genutzt wird, bedarf es einer knappen Einordnung für seine produktive Nutzung. Denn seit er sich „Ende der 1980er Jahre öffentlich verbreitete, wird mit ihm auf Krisenerfahrungen und globale Risiken reagiert, die im letzten Viertel des 20. Jahrhunderts ins allgemeine Bewusstsein getreten sind."[42] Ein Allheilmittel? Ein nachhaltiges Handeln scheint jedenfalls in allen ökonomischen und ökologischen Bereichen gefordert, wobei eine explizite Bedeutung dieses Nachhaltigkeitsbegriffes schwer zu finden ist – seine eindeutige Zuordnung zu Werten oder Zielen scheint schwer möglich. Der Soziologe Sigward Neckel formuliert hierzu wie folgt:

> Im Verlauf dieser Entwicklung hat sich das, was unter ‚Nachhaltigkeit' jeweils verstanden wird, mit recht unterschiedlichen Perspektiven und Interessen angereichert. Mitunter werden sehr gegensätzliche gesellschaftliche Vorstellungen mit demselben Begriff der Nachhaltigkeit belegt.[43]

Vieles soll im 21. Jahrhundert auf die eine oder andere Weise nachhaltig sein und in jeder gesellschaftlichen Ecke sprießen neue, miteinander konkurrierende Entwürfe nachhaltiger Verhaltensweisen. „Nachhaltigkeit ist zu einem Leitbegriff des gesellschaftlichen Wandels geworden, mit dem sich gleichwohl sehr unterschiedliche Zielvorstellungen verbinden – sei es ein grüner Kapitalismus, der auf ökologischer Modernisierung beruht, oder eine radikale sozial-ökologische Transformation, die eine postkapitalistische Ära einleiten könnte."[44]

---

41 Vgl. Nachtkritik, *Green Culture: Beratung für Kulturbetriebe* https://nachtkritik.de/meldungen/nachhaltigkeit-green-culture-beratungsangebot-fuer-kulturbetriebe (Zugriff 14.05.2024).

42 Sighard Neckel, „Die Gesellschaft der Nachhaltigkeit", in: Sighard Neckel u. a. (Hg.), *Die Gesellschaft der Nachhaltigkeit. Umrisse eines Forschungsprogramms*, Bielefeld: transcript, 2018, S. 11–24, hier S. 11.

43 Ebd., S. 12.

44 Ebd., S. 7.

Laut Klimaweltrat hat die globale Erderwärmung bis 2021 einen Wert von 1,1 Grad Erhöhung erreicht.[45] Zur Abwendung des Klimawandels verpflichtete sich die Internationale Staatengemeinschaft im Pariser Klimaabkommen von 2015, „die Erwärmung bis 2100 auf unter 2 Grad, möglichst sogar 1,5 Grad Celsius, gegenüber vorindustrieller Zeit zu begrenzen".[46] Ein radikales Umdenken sowie optimierte Arbeitsweisen sind also in allen ökonomischen Gebieten zwingend notwendig. Denn „[d]er Klimawandel trifft nahezu alle wirtschaftlich relevanten Bereiche."[47] Die Gründe und Auswirkungen des Klimawandels sind ein Teufelskreis und die Folgen sind absehbar. „Die Wirkungsketten sind komplex verzahnt und auch die Folgen können sich untereinander beeinflussen."[48] So ist Klimapolitik gefordert: *„Klimapolitik bedeutet in der Tat eine einzigartige Herausforderung.* Sie bedeutet nicht nur eine Herausforderung für Politik und Ökonomie. Vor allem ist sie eine einzigartige Herausforderung für die Wissenschaft."[49] Vor diesem Hintergrund scheinen die modernen Demokratien derzeit nicht angemessen zukunftsorientiert zu sein. So sind viele politische Entscheidungen auf beschränkte Sicht ausgerichtet und konzentrieren sich auf kurzfristige politische Gewinne, anstatt langfristige Lösungen für komplexe Probleme zu finden. Politische Entscheidungen sollten auf wissenschaftlicher Expertise und Erkenntnissen basieren, die zwangsläufig gemeinsam mit Wissenschaftler*innen besprochen werden müssen. Es besteht ein struktureller, systemimmanenter Anreiz des gesamten politischen Systems, die Zukunft zu vernachlässigen.[50] Die Politik kann auf die Wissenschaft vertrauen und Entscheidungen auf deren Grundlage treffen, muss es aber oft nicht. Dies stellt ein Problem für wichtige Themen wie den Klimawandel dar.

Das *Theater der Zeit*-Arbeitsbuch aus dem Jahr 2021, betitelt mit *transformers*, setzt sich mit „Nachhaltigkeit, Digitalisierung, Inklusion – [den] Themen der

45 Vgl. Stefan Rahmstorf, „Klima und Wetter bei 3 Grad mehr. Eine Erde, wie wir sie nicht kennen (wollen)", in: Klaus Wiegandt (Hg.), *3 Grad mehr. Ein Blick in die drohende Heißzeit und wie uns die Natur helfen kann, sie zu verhindern*, München: oekom verlag, 2022, S. 13–30, hier S. 13.

46 Leonie Wenz / Friderike Kuik, „Ökonomische Risiken. Über die Folgen der Klimakatastrophe für die Wirtschaft", in: Wiegandt (Hg.), *3 Grad mehr*, S. 93–119, hier S. 93.

47 Ebd., S. 102.

48 Ebd., S. 103.

49 Richard Sturn, „Die Natur der Probleme – Institutionen ökologischer Nachhaltigkeit", in: Martin Held / Gisela Kubon-Gilke / Richard Sturn (Hg.), *Normative und institutionelle Grundfragen der Ökonomik*, Marburg: Metropolis-Verl., 2011, S. 9–38, hier S. 33.

50 Vgl. Christoph Burger, „Die Klimakrise: Status Quo", Vortrag bei der SITZung im ITZ Tübingen (Tübingen, 8.10.2022).

Großen Transformation“[51] auseinander. „Doch was ist das überhaupt, diese ominöse Transformation, von der auf einmal alle reden? Und was bedeutet sie für den Theaterbetrieb?“[52] Der Architekt Friedrich von Borries, der im Arbeitsbuch interviewt wird, beschreibt den Unterschied zwischen Reform und Transformation in der Lokalisierung im politischen Raum. Während Reform „von der Vorstellung geprägt ist, dass Politik ein prägender gesellschaftlicher Treiber sei,“[53] versteht er Transformationsprozesse „so, dass es nicht mehr das Primat der Politik gibt, sondern [...] das Feld der Politik der Wirklichkeit hinterherhinkt, weil viele gesellschaftliche Bereiche sich bereits transformiert haben.“[54] Er fügt hinzu, „dass die Transformation ein Verwandlungsprozess ist, in dem das ursprüngliche Wesen erhalten bleibt, sich zwar die Form verändert, aber das, was darin liegt, dennoch als Energie erhalten bleibt.“[55] Auf die Institution Theater bezogen, die sich zwangsläufig der Notwendigkeit einer Nachhaltigkeitstransformation stellen muss, bedeutet dies, dass das System, in welchem Theater aktuell funktioniert, in seiner Essenz das gleiche bleiben kann. Wäre es überhaupt möglich, diese traditionsbewusste Struktur grundlegend zu ändern? Die Ambitionen, Arbeitsweisen, Prozesse und Ziele müssen sich aber verändern, so dass Theater als solches seine kulturelle Qualität beibehält, sie jedoch mit mehr Wissen und Inhalten füllt, die zu einer nachhaltigen Institution verhelfen. „Die Theater befinden sich erst am Anfang eines Transformationsprozesses, der neben einer Strukturreform auch zu neuen Formensprachen und Ästhetiken führen wird.“[56]

Das Klima der Welt, in der wir leben, ist im Wandel. Aber wandelt das Klima bereits das Theater? Den inhaltlichen Möglichkeiten von Theaterinszenierungen scheinen zunächst wenige Grenzen gesetzt. Die Stadt-, Staats- und Landestheater im deutschsprachigen Raum präsentieren Spielpläne, welche neben dem klassischen Kanon Uraufführungen und zeitgenössische Stücke vorsehen. Florian Malzacher stellt die entscheidende Frage: „Was für ein Theater brauchen wir in einer Zeit, in der Demokratien demontiert werden, [...] zahlreiche Kriege sich ausbreiten und die Klimakatastrophe eigentlich alle Aufmerksamkeit erfordert?“[57] Er prophezeit ein Theater,

---

51 Jonas Zipf / Silke van Dyk / Friedrich von Borries, „design und desaster. vorrede zur transformation des theaters“, in: *Theater der Zeit* 30 (2021), S. 15–24, hier S. 15.

52 Ebd.

53 Ebd.

54 Ebd.

55 Ebd.

56 Nicola Bramkamp, „save the world with this melody? wie wir theater und nachhaltigkeit zusammen denken können“, in: *Theater der Zeit* 30 (2021), S. 36–38, hier S. 37.

57 Malzacher, *Gesellschaftsspiele*, S. 145.

das sich an die Veränderung der Welt anpassen muss und das einen Beitrag zu leisten hat innerhalb dieser Veränderungen.[58] Er fordert potentielle Bilder der Zukunft, die Fantasien schüren und Narrative entwickeln können, ein Ausprobieren, Engagement und alternative Denkweisen.[59] Und Malzacher geht mit seinen Forderungen noch einen Schritt weiter. Aus seiner Sicht braucht es:

> Eine Kunst, die ihr Wissen um die Kontingenz unserer Welt nicht als Ausrede dafür nimmt, alles dem Zufall zu überlassen, sondern als Auftrag, der Willkür des Lebens immer wieder eigene – notwendige – Entwürfe entgegenzustellen. Eine Kunst, die Missstände auf diesem Planeten nicht vorführt und kritisiert, sondern aktiv daran mitarbeitet, die Welt zu einem besseren Ort zu machen, so kitschig das klingen mag.[60]

Diese aktive Mitarbeit an einer Verbesserung der Welt kann auf verschiedenen Ebenen geschehen. Theater wirkt inhaltlich und betrieblich nach Innen, nämlich für die Mitarbeitenden und Kunstschaffenden, und inhaltlich nach Außen, für das Publikum. Inhaltlich gelingt dies über die Auswahl der Stücke und die entsprechenden Inszenierungen, über Diskursformate oder Podiumsdiskussionen im Theaterraum. Die von Politiker*innen besprochenen Themen, die einen entscheidenden Anteil an den Möglichkeiten der Ausgestaltung haben und die Voraussetzungen maßgeblich mitentscheiden, sollten und können ganz im Sinne des antiken griechischen Theaters wieder ins Theater gebracht werden. Die kommunikative Kluft, die zwischen den Politiker*innen, den Theaterschaffenden und dem Publikum herrscht, kann auf diese Weise überwunden werden. Ein Verständnis kann hergestellt werden, indem Begegnungsräume für einen ehrlichen Austausch geschaffen werden. Theater darf nicht nur als abgeschlossener Raum existieren, es muss sich öffnen und geöffnet werden. „Insbesondere die Kulturpolitik des Bundes und der Länder sind in dieser Situation auf ihre eigentliche Aufgabe zurück-[…]geworfen, weil diese vor allem in der Sicherung der Rahmenbedingungen des kulturellen Schaffens und der Bewahrung des kulturellen Erbes liegt."[61]

Betrachtet man das Theater als eine Ware produzierende Institution, die am Ende eines Schaffensprozesses ein Produkt zum Verkauf anbietet, wird die notwendige Integrität von Produktion und Produkt deutlich. Eine künstlerisch kritische Auseinandersetzung mit dem Klimawandel braucht ein Bewusstsein

58 Vgl. ebd., S. 146.
59 Vgl. ebd., S. 147.
60 Ebd.
61 Norbert Sievers, „Klimaschutz ist auch eine Frage der Prioritätensetzung", in: *Kulturpolitische Mitteilungen* 183 (2023), S. 52–53, hier S. 53.

für das behandelte Problem, sonst erlischt die Intention. Dem Theater wird generell eine Diskursnähe zugeschrieben und so werden die entsprechenden innerbetrieblichen Vorgänge selten in Frage gestellt. Das Potential dafür gibt es jedoch. Da sich das Theater aus der Tradition der Bildungsanstalt kommend nach wie vor in einer (moralischen) Vorreiterrolle präsentiert, muss es institutionell den Diskurs um den Klimawandel entscheidend vorantreiben.

Was die Schaffung eines nachhaltigen Theaterbetriebes zusätzlich erschwert und ihn dadurch massiv von anderen Betrieben unterscheidet, ist der künstlerische Anspruch des Theaters. Denn die „Kunst muss Grenzen überschreiten dürfen. Aber Kunst muss sich auch die Frage gefallen lassen, ob es z. B. notwendig und sinnvoll ist, mit einem Bühnenbild aus riesigen, transparenten und extra gefertigten Plastikobjekten auf die Vermüllung der Meere anzuspielen."[62] Mit der expliziten Außenwirkung der eigenen Arbeit sind Kultureinrichtungen und vor allem das Theater auf besondere Art und Weise konfrontiert. Das Land Baden-Württemberg hat beispielsweise 2022 einen Leitfaden für den Klimaschutz in den Kultureinrichtungen in Trägerschaft des Landes Baden-Württemberg herausgebracht. In diesem wird betont, dass sowohl Kunstfreiheit als auch Klimaschutz im Grundgesetz verankert sind:

> Bei der Umsetzung von Klimaschutzmaßnahmen bzw. Maßnahmen zur Reduktion des CO2-Ausstoßes sind Kunstfreiheit und der Schutz der natürlichen Lebensgrundlagen im Kontext der konstitutionellen Werteordnung im jeweiligen Einzelfall gegeneinander abzuwägen.[63]

Der Gegensatz von Kunstfreiheit und Faktoren, die diese beschränken, ist nicht simpel, denn Kunstfreiheit kann erst durch Maßnahmen entstehen, die diese legitimieren. Wenn die Gesellschaft Ressourcen wie Holz nicht mehr einfach produzieren kann, entsteht eine Einschränkung der Kunstfreiheit von selbst. Der CO2-Preis wird steigen und auch dies wird zu Einschränkungen führen, da weniger Geld für die tatsächliche Ausführung vorhanden sein wird. Das Theater muss handeln, damit es weiter bestehen kann. Das Produzieren von Theaterproduktionen im deutschsprachigen Raum ist in der Struktur, wie sie aktuell stattfindet, grundsätzlich nicht nachhaltig, da die drei üblichen Produktionsweisen En-suite-Spielbetrieb, Repertoirespielbetrieb

---

62 Bramkamp, „save the world with this melody?", S. 37.

63 Ministerium für Wissenschaft, Forschung und Kunst Baden-Württemberg, „Green Culture. Leitfaden für den Klimaschutz in den Kultureinrichtungen in Trägerschaft des Landes Baden-Württemberg", https://mwk.baden-wuerttemberg.de/fileadmin/redaktion/m-mwk/intern/dateien/pdf/green_culture_broschuere_leitfaden_download_final.pdf, S. 14 (Zugriff 21.02. 2023).

und Gastspielbetrieb jeweils die Überbeanspruchung von Ressourcen fordern. Im En-suite-Spielbetrieb sowie im Repertoirespielbetrieb werden die Bühnenbilder in der Regel ausschließlich für das Haus, an welchem die Inszenierung entsteht, entworfen und gebaut. Nach der Dernière werden die Bühnenbilder häufig vernichtet. Ein Weiterverkauf der Bühnenbilder gestaltet sich schwierig, da die Rechtsform von Theatern dies beispielsweise wegen Urheberrechts verkompliziert.

Das Theater hat eine historische Tradition als politisches Medium, das in der Lage war, große gesellschaftliche Themen zu verhandeln und Veränderungen anzustoßen. Es hat immer wieder seine Fähigkeit bewiesen, politische Diskurse zu formen und die öffentliche Meinung zu beeinflussen. Bei genauer Betrachtung des heutigen Theaters offenbart sich jedoch eine Diskrepanz zwischen dieser historischen Tradition und seiner aktuellen Realität. Während das Theater früher oft als politischer Raum diente, in dem kontroverse Themen diskutiert und politische Veränderungen gefordert wurden, scheint es heute oft von politischer Passivität und einem Mangel an echtem Engagement geprägt zu sein. Die Gründe für diese Diskrepanz sind vielfältig. Theaterinstitutionen sind oft mit internen Herausforderungen konfrontiert, wie begrenzten finanziellen Ressourcen, organisatorischen Hürden und einer gewissen Distanz zur politischen Realität. Die gesellschaftliche Rolle des Theaters hat sich verändert. In einer Welt, die von schnellen Nachrichtenzyklen und digitalen Medien dominiert wird, scheint das Theater manchmal an Relevanz zu verlieren und muss darum kämpfen, sein Publikum zu erreichen und politische Debatten zu integrieren. Es bleibt dennoch die Frage: Kann das öffentliche deutsche Theater überhaupt als politisches Medium fungieren, das in der Lage ist, große gesellschaftliche Themen wie den Klimawandel zu verhandeln und Veränderungen anzustoßen? Während das Theater nach wie vor künstlerische Exzellenz und intellektuelle Reflexion fördern kann, ist es vielleicht nicht mehr in der Lage, die politische Kraft und Relevanz zu entfalten, die es einst besaß. Um diese Diskrepanz zu überwinden, bedarf es einer tiefgreifenden Neuausrichtung. Vielleicht sollten wir uns von diesem konkreten Vorbild lösen, das uns das griechische Theater vorzugeben scheint. Wir sollten nicht per se davon ausgehen, dass Theater verändert und reflektiert, hierfür müssen wir aktiv etwas tun. Möglicherweise wäre es leichter, eine vollständig neue Denkweise in Angriff zu nehmen, als immer wieder am traditionellen politischen Vorbild zu scheitern. Ich möchte abschließend den Impuls von Nicola Bramkamp aufnehmen: „Wir stehen nicht allein vor dieser Herausforderung."[64] Wenn wir

64 Bramkamp, „save the world with this melody?", S. 38.

es schaffen, die Klimakrise auch im Theater multiperspektivisch und mit all unseren Kompetenzen anzugehen, dann können wir auch in vielen Jahren noch die Kunst des Theaters genießen.

Literaturverzeichnis

Balme, Christopher, „Polis und Parrhêsia: zur Öffentlichkeit des antiken Theaters.“, Universitäts-Vorlesung, Ludwig-Maximilians-Universität München, 11. Mai 2020.

Bramkamp, Nicola, „save the world with this melody? wie wir theater und nachhaltigkeit zusammen denken können.“, in: *Theater der Zeit* 30 (2021), S. 36–38.

Brauneck, Manfred, *Die Deutschen und ihr Theater. Kleine Geschichte der »moralischen Anstalt« – oder: Ist das Theater überfordert?*, Bielefeld: transcript, 2018.

Brecht, Bertolt, *Kleines Organon für das Theater. Mit einem „Nachtrag zum kleinen Organon“*, Frankfurt a. M.: Suhrkamp, 1960.

Bundesministerium für Bildung und Forschung, in: *Kulturelle Bildung*, https://www.bmbf.de/bmbf/de/bildung/kulturelle-bildung/kulturelle-bildung_node.html#:~:text= (Zugriff 10.05.2024).

Burger, Christoph, „Die Klimakrise: Status Quo.“ Vortrag bei der SITZung im ITZ Tübingen, Tübingen, 8.10.2022.

Burkhardt, Susanne / Philipp, Elena, „Film oder Theater? Schauspiel auf der Bühne und vor der Kamera“, in: *Der Theaterpodcast*, 2023 (Zugriff 11.01.2023).

Deck, Jan, „Politisch Theater machen“, in: Jan Deck / Angelika Sieburg (Hg.), *Politisch Theater machen. Neue Artikulationsformen des Politischen in den darstellenden Künsten*, Bielefeld: transcript, 2011, S. 11–28.

Girshausen, Theo, *Ursprungszeiten des Theaters. Das Theater der Antike*, Berlin: Vorwerk 8, 1999.

Habermas, Jürgen, *Strukturwandel der Öffentlichkeit. Untersuchungen zu einer Kategorie der bürgerlichen Gesellschaft*, Frankfurt a. M.: Suhrkamp, 2015.

Heidegger, Martin, *Der Ursprung des Kunstwerkes*, Frankfurt a. M.: Klostermann, 2012.

Lehmann, Hans-Thies, „Wie politisch ist postdramatisches Theater?“, in: Jan Deck / Angelika Sieburg (Hg.), *Politisch Theater machen. Neue Artikulationsformen des Politischen in den darstellenden Künsten*, Bielefeld: transcript, 2011, S. 29–40.

Liedtke, Christa / Baedeker, Carolin / Fineder-Hochmayr, Martina, „Kunst, Kultur und Design, als Treiber für eine ökologische und soziokulturelle Transformation“, in: *Kulturpolitische Mitteilungen 183* (2023), S. 59–60.

Malzacher, Florian, *Gesellschaftsspiele. Politisches Theater heute*, Bonn: Bundeszentrale für politische Bildung, 2021.

Menke, Bettine, „Agon und Theater“, in: *Universität Konstanz* https://www.exc16.uni-konstanz.de/5229.html (Zugriff 23.04.2024).

Ministerium für Wissenschaft, Forschung und Kunst Baden-Württemberg, in: *Green Culture. Leitfaden für den Klimaschutz in den Kultureinrichtungen in Trägerschaft des Landes Baden-Württemberg*, https://mwk.baden-wuerttemberg.de/fileadmin/redaktion/m-mwk/intern/dateien/pdf/green_culture_broschuere_leitfaden_download_final.pdf (Zugriff 15.05.2022).

Nachtkritik, *Green Culture: Beratung für Kulturbetriebe*, https://nachtkritik.de/meldungen/nachhaltigkeit-green-culture-beratungsangebot-fuer-kulturbetriebe (Zugriff 14.05.2024).

Neckel, Sighard, „Die Gesellschaft der Nachhaltigkeit“, in: Sighard Neckel u. a. (Hg.), *Die Gesellschaft der Nachhaltigkeit. Umrisse eines Forschungsprogramms*, Bielefeld: transcript, 2018, S. 11–24.

Primavesi, Patrick, „Theater/Politik. Kontexte und Beziehungen“, in: Jan Deck / Angelika Sieburg (Hg.), *Politisch Theater machen. Neue Artikulationsformen des Politischen in den darstellenden Künsten*, Bielefeld: transcript, 2011, S. 41–72.

Rahmstorf, Stefan, „Klima und Wetter bei 3 Grad mehr. Eine Erde, wie wir sie nicht kennen (wollen)“, in: Klaus Wiegandt (Hg.), *3 Grad mehr. Ein Blick in die drohende Heißzeit und wie uns die Natur helfen kann, sie zu verhindern*, München: oekom verlag, 2022, S. 13–30.

Rivera, Manuel, *Theater als politische Öffentlichkeit. Begriff, Aspekte und eine Fallstudie*, Stuttgart: Fakultät für Wirtschafts- und Sozialwissenschaften der Universität Stuttgart, 2015.

Sievers, Norbert, „Klimaschutz ist auch eine Frage der Prioritätensetzung“, in: *Kulturpolitische Mitteilungen* 183 (2023), S. 52–53.

Stadt Leipzig, *Leipzig und Dresden entwickeln CO2-Rechner für den Kulturbetrieb*, https://www.leipzig.de/news/news/leipzig-und-dresden-entwickeln-co2-rechner-fuer-den-kulturbetrieb (Zugriff 25.04.2024).

Sturn, Richard, „Die Natur der Probleme – Institutionen ökologischer Nachhaltigkeit“, in: Martin Held / Gisela Kubon-Gilke / Richard Sturn (Hg.), *Normative und institutionelle Grundfragen der Ökonomik*, Marburg: Metropolis-Verl., 2011, S. 9–38.

Thomay, Marius, „Degrowth und der (Eigen-)Wert der Natur. Eine kritische Reflexion umweltethischer Positionen in der Degrowth-Bewegung und der Versuch eines Plädoyers für eine holistische Umweltethik“, in: Ulrich Roos (Hg.), *Nachhaltigkeit, Postwachstum, Transformation. Eine Rekonstruktion wesentlicher Arenen und Narrative des globalen Nachhaltigkeits- und Transformationsdiskurse*, Wiesbaden: Springer VS, 2020, S. 45–84.

Wenz, Leonie / Kuik, Friderike, „Ökonomische Risiken. Über die Folgen der Klimakatastrophe für die Wirtschaft“, in: Klaus Wiegandt (Hg.), *3 Grad mehr. Ein Blick in die drohende Heißzeit und wie uns die Natur helfen kann, sie zu verhindern*, München: oekom verlag, 2022, S. 93–119.

Zipf, Jonas / van Dyk, Silke / von Borries, Friedrich, „design und desaster. vorrede zur transformation des theaters“, in: *Theater der Zeit* 30 (2021), S. 15–24.

TEIL III

Post/Humanismen

Mensch-Tier Forschungen auf der Bühne: Ein transformativer Weg?

Eliane Beaufils

Am 1. Mai 2021 fanden am Théâtre de Vidy in Lausanne zahlreiche Vorstellungen statt, die aus einem kollaborativen Forschungs- und Kunstzyklus hervorgingen. Unter der wissenschaftlichen Leitung der Philosophin Vinciane Despret in Zusammenarbeit mit der Universität Lausanne wurde in Vidy ein „Theater der möglichen Zukünfte" (*Théâtre des futurs possibles*) entworfen. Drei kurze Performances erregten vor allem meine Aufmerksamkeit:[1] In wenigen wohlgesetzten Momenten rüttelten sie an meiner Vorstellungswelt der Tiere, rührten jene wie Kompost um, um sie zu lockern und mit Bildern, vielfältigen Lebewesen und Sehnsüchten anzureichern. Biologische Darstellungen, die im Grunde genommen recht klar waren, wechselten sich mit Repräsentationen von Trauer, Hunden und Ritualen ab.

Diese wenig spektakulären Lecture-Performances reproduzierten in ihrer Frontalität das herkömmliche theatrale Subjekt-Objekt Verhältnis, das mit einer Vormachtposition über Tiere einherzugehen scheint. Es mutet paradox an, dass sie die menschliche Position genauso, wenn nicht noch mehr zu erschüttern vermochten als andere Spektakel, die Zuschauer*innen mit tierischen Individuen aus Fleisch und Blut konfrontieren: Ich denke insbesondere an *Tempel der Gegenwart* (*Temple du présent*), die im selben Zyklus am Théâtre de Vidy mit zwei Kraken, den Künstler*innen des Shanjulab und Stefan Kaegi erarbeitet wurde. Die Thematik der Aufführungen mit Tieren gewinnt bezeichnenderweise auch in der Forschung an Bedeutung, da davon ausgegangen wird, dass eine Rekonfiguration der Mensch-Tier-Beziehungen eben nur mit Tieren vonstatten gehen kann.[2] Wie schaffen es aber diese geradezu

1 Dominique Bourg und das Théâtre de Vidy hatten im Vorjahr den Zyklus *Imaginaires des futures possibles* (2019–2020 unter der Schirmherrschaft von Bourg) initiiert. Die Aufnahmen der drei Jahre des Zyklus wurden mir von Darious Ghavami, Dramaturg des Theaters, im Rahmen einer kollektiven Studie übermittelt, die von den Mitgliedern des Projekts AVETA unter der Leitung und Koordination von Julie Sermon (2022–2024), durchgeführt wurde. Die zitierten Sätze aus den Performances verdanke ich all diesen Mitschnitten.

2 Es sei vor allem auf folgende Arbeiten verwiesen: Lourdes Orozco, *Theatre and Animals*, Basingstoke: Palgrave, 2013; Lourdes Orozco / Jennifer Parker-Starbuck (Hg.), *Performing animality. Animals in Performance Practices*, Basingstoke: Palgrave Macmillan, 2015; Maximilian Haas, *Tiere auf der Bühne: Eine ästhetische Ökologie der Performance*, Berlin: Kulturverlag

 | DOI:10.30965/9783846769614_008

theatralischen Lecture-Performances, unsere Beziehungen radikal zu hinterfragen, ohne uns Tieren begegnen zu lassen und ohne die Frontalbeziehung in Frage zu stellen? Wie drehen sie den mentalen Boden um zu einem lockeren Terrain, das andere Lebens- und Beziehungsformen möglicherweise aufnehmen kann? Ich möchte der Hypothese nachgehen, dass eine wohl ausgeklügelte Komplexität der Arbeiten zur Störung des Urteilsvermögens, zur Erschütterung und zum Empowerment des Publikums beitragen kann.

Inspiriert von Vinciane Despret, die diesen Zyklus unter das Zeichen der Feldforschung gestellt hat,[3] sind die drei Lectures *performances* (wie diese Bezeichnung erahnen lässt) zunächst das Ergebnis von Untersuchungen, die pluralistisches Wissen einfangen und in einem neuen Tanz des Wissens zusammenführen. Darüber hinaus entstehen an den Schnittstellen der herangezogenen Wahrheitsregime Diskrepanzen und Assoziationen, die dazu einladen, etablierte Perspektiven zu transzendieren: Dank dieser Brüche, die ich poetisch nennen möchte, werden die Zuschauer*innen dazu aufgerufen, sich über ihre Neugier und Rationalität hinaus subjektiv auf die Bühnenereignisse einzulassen. Schließlich leisten die Aufführungen Trauerarbeit, indem sie auf tote Tiere eingehen. Dadurch rufen sie indirekt dazu auf, die Mensch-Tier-Beziehungen weiter zu überprüfen, um zu verhindern, dass lebende Arten das gleiche Schicksal erfahren. Die Aufführungen scheinen daher eine ausgesprochen ethische, ja sogar politische Dimension aufzuweisen.

Dieser Beitrag gliedert sich daher in drei Teile: einen ersten, der sich mit den einzelnen Performances als Ermittlungen befasst, einen zweiten, der die poetischen Dimensionen der Aufführungen erforscht, und einen dritten, der ihre ethischen Herausforderungen untersucht.

1 Forschungsprozesse

Die drei Theaterarbeiten stützen sich auf zahlreiche Referenzen und stellen sich als Ergebnisse von Forschungen dar, die jeweils von einem Duo oder Trio aus Künstler*innen und Wissenschaftler*innen geführt wurden. Sie befassen sich mit toten oder verschwundenen Individuen, weshalb die Bühne ohne die

---

Kadmos, 2018; Esther Köhring, *Tiere auf Bühnen des Wissens: Theatralisieren, Experimentalisieren, Bestiarisieren von der Mitte des 20. Jahrhunderts bis zur Gegenwart*, Heidelberg: Springer, 2023. Man zählt auch viele monographische Beiträge und einige historische Studien.

3 Die Philosophin gebraucht das Kernkonzept der „enquête", das somit die Leitlinie des Zyklus darstellt. Im Folgenden wird es durch verschiedene Wörter übersetzt: Feldforschung oder Ermittlung. Wichtig ist dabei das Bestreben des zugleich theoretischen und empirischen Nachfragens, der Suche nach Antworten sowohl über theoretische Abhandlungen als auch über (ethnographische) Gespräche und Ansammlungen von Zeugnissen aller Art.

Anwesenheit von Tieren auskommt. Die Ursachen des Verschwindens, die tierischen Habitate und damit auch die Formen des Zusammenlebens mit Tieren werden demnach hinterfragt.

In *Seepferdchen* (*Hippocampes*) nähern sich Ruth Childs und Leïla Chakroun[4] den sanften Fischen, ausgehend von alten Schwarz-Weiß-Aufnahmen des berühmten Filmemachers und Wissenschaftlers Jean Painlevé. In einem Film aus dem Jahre 1933 wimmeln die lieblichen Tiere gemächlich im Meer.[5] Unterhalb der Leinwand erscheint auf dem Set Leïla Chakroun an einem Schreibtisch. Die Forscherin stellt die zoologischen Merkmale der Seepferdchen vor, erst den Film untermalend, wenn sie erklärt, wie die Fische aufgrund ihrer fehlenden Flossen zu Langsamkeit, Anmut und extremer Geschicklichkeit gezwungen sind. Zeitgenössische Aufnahmen zeigen die vielen Farben, mit denen sich die Seepferdchen zur Tarnung schmücken. Die schillernden, bewegten Bilder schaffen einen Kontrapunkt zum fachlichen Diskurs, aber die beiden szenischen Pole entwickeln sich weiter: Von den Merkmalen dieser Leben geht die Performerin über zu ihren aktuellen Bedingungen, zur Überfischung und Verschmutzung der Ozeane. Die Bilder stehen dann im Kontrast zu den ersten Aufnahmen: tote, bräunliche Körper in Gläsern oder Vitrinen; ein Seepferdchen-Baby, das an einem Wattestäbchen hängt; das schleichende Verschwinden der Art, das ähnlich diskret vor sich geht wie das der Spezies selbst. Der Erwähnung des Aussterbens folgt ein Diskurs zu mythologischen Vorstellungen, den Zuschauer*innen wird die Verwandlung der kleinen Kreatur durch die Griechen in das kolossale Pferd des Gottes Poseidon bewusst gemacht. Es folgen Überlegungen zur Unangemessenheit der Symbolisierungen, die durch prächtige Gemälde und Keramiken, „Akte der hypostatischen Zuweisung" bis heute weitergeführt werden und als Phantasmagorien fortleben. Die Verbindung zwischen dem Tier und dem Organ im menschlichen Gehirn (Hippocampus), dem Sitz des Gedächtnisses, brachte die Künstlerinnen jedoch auf die Idee, „den [tierischen] Hippocampus in den [zerebralen] Hippocampus einzuführen". Nach mehreren Vorschlägen erwähnen sie die Wirksamkeit des Tanzes für die Aufrechterhaltung der Gehirnplastizität. Zusammen mit den anderen Mitglieder*innen der partizipativen Workshops, die den Theaterarbeiten vorausgingen, haben sie sich in Seepferdchen-Tänzen versucht. Sie bieten den Zuschauer*innen an, sich kleine Videos dieser Versuche anzuschauen, und projizieren hierzu auf der Leinwand einen QR-Code.

---

4 Ruth Childs ist Tänzerin, Choreographin und performative Künstlerin, Leïla Chakroun war zu diesem Zeitpunkt Doktorandin an der UNIL. Ihre Doktorarbeit befasst sich mit permakulturellen Praktiken.

5 Ein Auszug des Films ist online zu sehen: https://www.youtube.com/watch?app=desktop&v=OqwSvxzVvxM (Zugriff 10.06.2024).

Abb. 7.1 Mit freundlicher Genehmigung von Claudia Ndebele.

Die Aufführung endet damit, dass sich jede*r die verschiedenen choreografischen Videokapseln, die sich hinter dem QR-Code verbergen, ansieht.

In *Das Kuhsteak und der Riesenalk* (*Le Steack de vache et Grand Pingouin*) sind die drei forschenden Künstler*innen auf der Bühne anwesend und verzichten auf jegliche Ikonografie. Nur die Bücher, die auf einem Couchtisch versammelt sind, zeugen materiell von ihrer Forschung, ebenso wie der Text, den sie vorlesen. Gemütlich in Sesseln sitzend und dem Publikum zugewandt, in einer geselligen Geste des Austauschs, eröffnen die Künstler Matthias Brossard und Adrien Rupp mit der Forscherin Naomie Reymond das Stück. Sie berichten, dass ihre Untersuchung auf dem zentralen Marktplatz von Lausanne begann. Dort konzentrierten sie sich auf zwei Individuen, bzw. auf das, was von ihnen übrigblieb: ein Steak aus Kuhfleisch vom Metzgerstand, das die Nummer QR E2564872 trägt und ein ausgestopfter großer Pinguin der ausgestorbenen Spezies Riesenalk, den sie im angrenzenden Museum im Palais de Rumine entdeckt haben. Beide Beispiele könnten nicht unterschiedlicher sein. Die Performance untersucht, was diese beiden Toten über die menschlichen Beziehungen zu Wild- und Haustieren aussagen. Sie fragt sich, ob es möglich ist, mit Exemplaren, die nichts zu verbinden scheint, eine Geschichte erzählen zu können. Sie hinterfragt die Geheimnisse der Tierausbeutung und erfindet die Geschichte von Roger, dem Pinguin. Sie analysiert, wie die Bezeichnung „tot" es ermöglicht, „ihnen wieder einen Platz im Leben zu geben", und wie umgekehrt jedes tote Tier schnell über seinen Preis wahrgenommen wird – mit Ausnahme des menschlichen Tieres. Und sie kommt schließlich auf das Lebensrecht der Viehzüchter*innen und das Todesrecht der Jäger*innen zurück. Nur ein Ritual scheint dazu geeignet, eine ethische Art des Zusammenlebens in die Praxis umzusetzen: Man müsste die Toten durch ein echtes Begräbnis wieder in die Reihen der Lebenden einschreiben. Die Performance endet mit der Vorbereitung der Zeremonie und ihrer schwierigen Durchführung.

Abb. 7.2 Mit freundlicher Genehmigung von Claudia Ndebele.

In *Vidy graben* (*Creuser Vidy*) werden die Zuschauer*innen eingeladen, sich den Performerinnen im Park des Theaters anzuschließen. Als Bauarbeiterin bekleidet, wühlt Davide-Christelle Sanvee mit bloßen Händen in der Erde des Parks. Sie wollte in der Vergangenheit des Ortes graben, dadurch entdeckte sie, dass der Park früher ein Hundefriedhof war. Nach etwa zehn Minuten zieht die Performerin eine im Boden vergrabene Pappschachtel hervor: den Sarg eines Dobermanns, begleitet von Fotos und einem Abschiedsbrief. Menschliche und hündische Grabweisen werden verglichen. Die Materialität des Wühlens, der Erde und des Leichnams bringt Davide körperlich-subjektiv in die Nähe von Hunden, so dass sie ihrer Mitspielerin Aude Fauvel die Frage nach der gefühlten oder tatsächlichen Ähnlichkeit zwischen Menschen und Hunden stellt. Die Historikerin geht auf die Wünsche ein, die man auf Hunde projiziert, auf die Verfahren der Selektion, die historische Entwicklung der Beziehungen und die sehr unterschiedlichen Funktionen von Hunden heutzutage (vom Therapie- oder Militärhund bis zum Zier- oder kollektiven Gesellschaftshund). Aude spricht auch über die zahlreichen symbolischen Besetzungen des Hundes, über Bastarde oder Hündinnen, und fragt sich in ihrer äußerst gesetzten Stimme, ob sie ihrerseits nicht oft als Akademikerin unerhört bleibt und eine „Bellerin in der Wüste“ ist. Davide hört auf, Aude erneut zu befragen, vergleicht ihr Loch mit einer Villa, versetzt sich in die Rolle des Objekts bzw. Hundesubjekts, sagt, man müsse sich das Hundesein einverleiben, und beginnt zu bellen. Sie bellt zunächst allein, dann wird sie von einem aufgenommenen Hundechor in einer schwingenden Polyphonie begleitet. Dieses Bellen bewegt sie körperlich auf eine sehr intensive Art, so dass sie in einen energetischen Wut-Zustand versetzt wird. Das bringt sie dazu, in das ausgegrabene Loch zu tauchen und mit einem aufgesetztem Hundekopf weiterzumachen. Sie kläfft dann wiederkehrende Worte („Sitz – Steh", „Mach dies, mach das", „Iss so – iss nicht so"), klettert in die Büsche und verschwindet schließlich.

Abb. 7.3 Mit freundlicher Genehmigung von Claudia Ndebele.

2 Prozessuale Einladungen

Die Feldforschung nimmt in der letzten Sequenz einen sehr performativen Charakter an, der eher von Sympathie als von Empathie zeugt.[6] Ansonsten

6 Ich folge hier der im Französischen üblichen Unterscheidung zwischen Empathie und Sympathie, die ähnlich dünn im Englischen ausfällt: Empathie beruht in der Fähigkeit, die Emotionen einer anderen Person nachzuvollziehen und sie in der Alterität nachzuempfinden, während Sympathie darin besteht, sich auf eine intensivere Art in eine andere Person zu projizieren und ihre Emotionen zu teilen. Die „Distanzierung" besteht im Gegenteil in einer Beobachtung des Anderen ohne subjektive Implikation. Siehe auch das Englische Wörterbuch Merriam-Webster 2023: „*Sympathy is* [...] *an affinity, association or relationship between persons or things wherein whatever affects one similarly affects the other*"; „*empathy is the*

geben sich alle Performances als Suche nach Wissen zu verstehen, einem Wissen, das weder durch eine einzige Fachrichtung noch durch eine einzige Quelle vermittelt wird. Sie stützen sich auf Bücher, Tierporträts und Filme (darunter der von Painlevé), auf Interviews (der Metzgerin, der Forscher*innen, Museumswärter*innen oder Arbeiter*innen, die den Park terrassieren), auf tote Protagonist*innen (Hundekadaver, ausgestopfte Tiere), auf die Suche nach körperlicher Annäherung der zu untersuchenden Lebensformen. Jede Arbeit folgt also den im postdramatischen Theater sehr üblichen Vorgehensweisen der Materialkonstitution und -ausarbeitung, doch sie knüpft zugleich an Modalitäten an, die von Vinciane Despret in einer Reihe von Schriften, Vorträgen und Workshops am Theater de Vidy unterbreitet wurden.[7] Für die Philosophin stellt die Feldforschung oder Ermittlung seit dem Mittelalter die kanonische Form der Forschung und des Wissensaufbaus dar.[8] Durch den Einsatz von Ermittlungen, die sich aller verfügbaren Wissensarten bedienen und sie zusammen knüpfen, erhofft sie sich eine Neuausrichtung der Politik des Wissens. Vor allem Feldforschungen sind für sie in der Lage, etablierte Wissensregimes umzustoßen und derartig neue für das Anthropozän zu schaffen. Eine solche Art des Forschens setzt voraus, dass man sich in Beziehung mit Personen, Gegenständen und Archiven setzt. Außerdem sollten die subjektiven Impulse der situierten Forscher*innen nicht unbeachtet bleiben. Aus diesen Gründen verbindet Despret gerne Forschung mit Suche, um die subjektive oder situierte Dimension der Ermittlung offen zu legen. Dieser Anteil ist unvermeidbar, da er mit der notwendigen Ko-Konstitution der Forschenden und ihres Gegenstands in allen „nicht-harten" Wissenschaften[9] einher geht. Jedes Lebewesen (sei es menschlich oder nicht-menschlich) wird unweigerlich von den gestellten Fragen betroffen oder sogar beeinflusst, und auch eine Frage wird unweigerlich von den Vorannahmen des*der Wissenschaftlers*in durchdrungen – angefangen mit der Norm der wissenschaftlichen Neutralität.

---

action of understanding, being aware of, being sensitive to, and vicariously experiencing the feelings, thoughts, and experience of another ... without [these] being fully communicated".

7 Am Théâtre de Vidy hat die Philosophin selbst Workshops des künstlerischen Forschens geleitet und fünf Vorträge gehalten, die online verfügbar sind: https://vidy.ch/fr/evenement/vinciane-despret-enqueter-avec-dautres-etres/, https://www.youtube.com/watch?v=6G_FOCxIxOM, https://www.youtube.com/watch?v=RmDvD4uUJck, https://www.youtube.com/watch?v=bZ5RpTbQRRg (Zugriff 10.06.2024).

8 Der erste Vortrag kommt insbesondere auf die Definition und Herausforderungen der Ermittlung zurück (enquête) und stützt sich zunächst auf Foucault, um sich später von ihm zu entfernen. S. Michel Foucault, *Theorien und Institutionen der Strafe*, Berlin: Suhrkamp, 2017.

9 Wie Humanwissenschaften gern im französischsprachigen Raum bezeichnet werden.

Auch wenn in den besprochenen Performances den Tieren selbst keine Fragen gestellt wurden, fragen sich die Künstler*innen dennoch, wie die Tiere sie „ansprechen“, was sie ihnen zu sagen haben. Die drei Theaterarbeiten lassen unterschiedliche Vorstellungen aufeinanderprallen, um eine gewisse Einseitigkeit jeder Vorstellung aufzuzeigen (Kühe, die nicht selten bzw. buchstäblich abgewertet sind; Seepferdchen, die die Meere bevölkern; Hunde, die treue Gefährten des Menschen sind). Diese Visionen sprechen auch die Zuschauer*innen an, zumal sie mit ebenso vielen (impliziten oder manchmal unbewussten) Wertschätzungen und Zuweisungen einhergehen. Vor allem Leïla Chakroun erwähnt die Fantasien, die die Bewertungen des Seepferdchens beeinflussen, wie die Bilder des riesigen von Poseidon gerittenen Meerespferdes: Diese Gestalt gibt ein falsches Bild des winzigen Tieres und seines ausgesprochen unehrgeizigen, sehr geselligen Charakters. Dem Seepferdchen wird von einigen asiatischen Völkern auch ein aphrodisischer und phallischer Wert zugeschrieben.

Es liegt an den Zuschauer*innen, Verbindungen in diesen Netzen von Assoziationen zu knüpfen, die so weit von tierischen Lebensformen entfernt sind und so viel über menschliche Aneignung aussagen. Die Zuschauer*innen müssen versuchen, die auseinanderklaffenden Sichtweisen zu vereinen, die Standpunkte von Painlevé, Poseidon und Tänzer*innen ebenso wie jene der Metzgerin, veganen Forscherin und Eroberer*innen der Arktis. Wie Sophie Gosselin und David Gé Bartoli schreiben, ist es an der Zeit, „die Nutzungskonflikte und die Weltenkonflikte (die relationalen Kompositionen), die ihnen zugrunde liegen, zu inszenieren“, denn nur auf „einer agonistischen Bühne [können sich die Leute] ihren Lebensraum wieder zu eigen machen“,[10] bzw. ihre Verhaltensweisen umgestalten. Auch wenn Konflikte hier im Hintergrund bleiben, weil die Performer*innen jede anklagende Geste vermeiden, sind menschliche Verhaltensweisen eindeutig die Grundlage für die relationalen Kompositionen und damit für das Aussterben sowie andere Konsequenzen des Produktivismus. Statt der Anklage bleibt der Tonfall oft monoton, doch eben durch diesen Antipathos sind die Exzesse und Verwüstungen nachvollziehbar. Dies bezeichnet Leo Spitzer als die Wirksamkeit der Dämpfung (*effet de sourdine*).

Die Wiedergabe einer Forschung ist eine bekannte Modalität des zeitgenössischen Theaters, wie zum Beispiel Barbara Métais-Chastanier gezeigt hat, denn sie ermöglicht es, die Verflechtung der Wissensregime jenseits ihrer Reibung zu zeigen sowie die hartnäckige Undurchsichtigkeit des Realen und

10 Sophie Gosselin / David Gé Bartoli, *La condition terrestre*, Paris: Seuil, 2022, S. 155.

die Gefahr, die darin bestünde, sich mit einer „panischen und übertriebenen Kausalität“[11] zufrieden zu geben, die vereinheitlichend wirkte und die Gemüter beruhigen würde. Wie Métais-Chastanier betont,

> [s]cheint in der modernen und industriellen Welt [...], in der das Reale nicht mehr so selbstverständlich zu sein scheint [...], die Ermittlung die Antwort ebenso wie die Methode zu sein, die ein unruhiges Gewissen schmiedet; es ist der geordnete Weg derjenigen, die im Nebel der Fakten und Daten nach Halt suchen, tastend zwar, aber auf eine systematische und komponierte Weise.[12]

Nun mögen die Ermittlungen auf „besorgte Gewissen“ antworten, doch sie beruhigen sie nicht. Sie zeugen hier vielmehr von der Verlegenheit, Antworten zu geben (ein Bellen, Beerdigungen, sollen das Antworten sein?). Die Vielzahl der Ansätze und Fragen in den drei Performances zeigt im Gegenteil, dass die Suche nicht abgeschlossen, erst recht nicht totalisiert werden kann. Sie entwickeln keine Visionen von Mensch-Tier-*Companionships* (Haraway), anhand derer die materiell-symbolischen Ausbeutungsverhältnisse überwunden werden könnten. Die Mensch-Tier-Beziehungen werden vielmehr als schwer zu erfassen und zu kippen gezeigt, hängen sie doch v. a. von gesamtkulturellen Symbolisierungen und Zuschreibungsprozessen ab, was auch bedeutet, dass sie mit mangelnden materiellen Beziehungen und einer tiefen zoologisch-biologischen Unkenntnis der westlichen Bevölkerungen einhergehen. Daher wundert es nicht, dass die Auseinandersetzung in Form von polyphonen Lecture-Performances stattfindet, in denen überdies niemand ein Spezialist ist. Durch die Vervielfachung der expliziten Fragen in *Das Kuhsteak* und *Vidy Graben* signalisieren die Performer*innen, dass die Beschreibungen der tierischen Realitäten und der Beziehungen zu ihnen ebenso unbefriedigend sind wie die relationalen Kompositionen – und darüber hinaus so vielseitig wie die irdischen Kulturen. Die Suche der Performances wird zu einer Suche nach Annäherung, nach Positionierung; sie hinterfragen den eigentlichen Weg, der von Menschen zu Tieren führt, sie hinterfragen ihre Selbstkonstitution als „Menschen auf der Suche nach dem Tier“. Und wenn sie in jeder Hinsicht einen Forschungsprozess im Werden darstellen, können sie keinen Untersuchungsweg darstellen, der an sich *die* Lösung wäre. Indem die Theaterarbeiten ihre Prozessualität betonen, zeigen sie sich als Methodologie, die es zu durchlaufen und zu verlängern gilt. Die Zuschauer*innen werden implizit

---

11 Barbara Metais-Chastanier, *L'Enquête à l'œuvre. La représentation inquiétée dans les dramaturgies contemporaines*, Thèse en Arts du spectacle, Ecole normale supérieure de Lyon, 2013, S. 457.

12 Metais-Chastanier, *L'Enquête à l'œuvre*, S. 9.

dazu aufgefordert, die Ermittlung fortzusetzen und ihre Verhaltensweisen zu benennen, zu überprüfen und zu ändern.

Diese Formulierung könnte suggerieren, dass die Aufführungen eine ausgeprägte didaktische Dimension aufweisen. Es gelingt ihnen zwar, die Zuschauer*innen als „unwissende Lehrmeister" mit ins Boot zu nehmen,[13] die zum Handeln oder zumindest zum Einsatz ihrer eigenen kognitiven Fähigkeiten aufgefordert werden. Aber sie versuchen auch, sie mit dem Virus der Suche anzustecken, so dass sie von einem Wunsch und einer Sorge getrieben würden. Diese Ansteckung der Zuschauer*in mag vor allem über poetische Mittel stattfinden.

3 *Stop and think*: Poetische Unterbrechungen

Die von Vinciane Despret empfohlene Methode des ständigen Fragenstellens führt zu Aufführungen, die durch Fragen strukturiert sind. Dieses Verfahren ermöglicht es, die Aufmerksamkeit der Zuschauer*innen immer wieder neu anzuregen und den Performances ein hohes Tempo zu verleihen. Die Variationen erzeugen Spannung.[14] Außerdem wird auf diese Weise abrupt von einer Ebene zur nächsten gewechselt: Vom Lebensraum der Tiere geht man über zu deren Rarität, oder zu deren Preis, und zum Recht auf Leben und Tod; nach den Antworten der Historikerin Aude, die die Ähnlichkeiten zwischen Hunden und ihren Besitzer*innen eruiert, fragt sich Davide, wie sie noch weiter gehen kann, und setzt einen Hundekopf auf. Diese Stellen halten poetische und humorvolle Überraschungen bereit. Außerdem sind Unterbrechungen und der Wechsel auf eine andere Denkebene – wie das Theater spätestens seit Bertolt Brecht weiß – ein Mittel, das Denken herauszufordern: Das Denken braucht Stopps, wird durch Sprünge neu angeregt, was Arendt als „*stop and think*" formuliert[15]. Die expliziten Fragen, die die Performances strukturieren, regen auch die Vorstellungskraft der Zuschauer*innen an: Sie sind versucht, innerlich die Frage zu beantworten oder gedanklich resonieren zu lassen. So verbindet das Theater die erotetische Kunst des Fragens mit der „Kunst der Kritik"[16] und schafft gleichzeitig poetische Disruptionen.

---

13 Nach dem Argument von Jacques Rancières wohlbekanntem Essay *Der unwissende Lehrmeister. Fünf Lektionen über die intellektuelle Emanzipation*, Wien: Passagen Verlag, 2018.

14 Der Zusammenhang zwischen erotetischer Kunst und Spannung ist der Gegenstand eines aktuellen Forschungsprojekts, „*The erotetic and the aesthetic*", https://sites.google.com/view/eroteticandaesthetic/home (Zugriff 10.06.2024).

15 Hannah Arendt, *La vie de l'esprit*, Vol. 1, *La pensée*, Paris: PUF, 1981 [1971], S. 95.

16 Michel Foucault, *Was ist Kritik?*, Berlin: Merve, 1992.

Seepferdchen spielt außerdem mit den Reibungen zwischen Ton und Videos sowie mit der Schönheit der projizierten Bilder: Die Erwähnung des dahinirrenden Seepferdchen-Babys an seinem Wattestäbchen führt insbesondere zu mehreren Porträts der Choreographin Ruth Childs, deren Gesicht mit Wattestäbchen übersät ist, die in alle möglichen Körperöffnungen gesteckt wurden. Ohne Rekurs auf Ikonographie, beschreiben die drei Künstler-Forscher*innen von *Der Kuhsteak* wiederum farbenfrohe Landschaften und geben sich suggestive Kosenamen: schlafendes Reh, misstrauischer Reiher, schlaues Eichhörnchen – Namen, die an autochthone Kosmogonien erinnern mögen, welche den Tieren näherstehen. Die Performances kultivieren auf diese Weise bunte Kontraste von Bildern und Sprachregistern oder lassen Wörter und Körper stark aufeinanderprallen, wenn Davide zu bellen beginnt und ihr ganzes Wesen durch die Kraft des Gebells verzerrt wird. Diese disruptiven Dramaturgien zeigen die Grenzen der rationalen Annäherungen, suggerieren Transformationen, die womöglich zu einer Überwindung der grundsätzlichen Alterität und Frontalität führen. Sie fördern auf jeden Fall eine Resonanz mit dem Gehörten. Resonanz stellt jedoch eine subjektive und kreative Begegnung dar, die es nach Ansicht des Soziologen Hartmut Rosa ermöglicht, der Entfremdung in der heutigen Welt zu entkommen:

> Resonanz ist keine Echo- sondern eine Antwort-Beziehung; sie setzt voraus, dass beide Seiten *mit eigener Stimme* sprechen, und dies ist nur dort möglich, wo starke Wertungen berührt werden. [...] Resonanzbeziehungen setzen voraus, dass Subjekt und Welt hinreichend „geschlossen" bzw. konsistent sind, um mit je eigener Stimme sprechen zu können, und offen genug, um sich affizieren oder erreichen zu lassen.
>
> Beziehung ist kein emotionaler Zustand, sondern ein Beziehungsmodus. Dieser ist gegenüber dem emotionalen Inhalt neutral.[17]

Die Bilder, sowie die Unterbrechungen und Lücken, die in die Diskurse eingefügt werden, laden die Zuschauer*innen wiederum dazu ein, die Forschung fortzuführen, indem sie weiter resonieren, räsonieren oder assoziieren.

Die Kontraste sind, wie bereits erwähnt, oft mit Humor gespickt, angefangen bei dem Kontrast zwischen dem gesichtslosen Fleisch des Zuchttieres und dem zeremoniellen Körper des ausgestopften Pinguins. „Schlaues Eichhörnchen", „schlafendes Reh", die Kosenamen spielen auch mit der Theatralität der (im Übrigen sehr wenig spektakulären) Aufführung und lassen die Forscher*innen wie verdeckte Detektive auftreten. Zugleich zeugen die Namen vom Wunsch

---

17 Hartmut Rosa, *Resonanz. Eine Soziologie der Weltbeziehung*, Berlin: Suhrkamp, 2016, S. 298.

Abb. 7.4 und 7.5 Mit freundlicher Genehmigung von Claudia Ndebele.

nach horizontalen Verhältnissen zwischen Mensch und (anonymem) Tier, und sogar vom Wunsch nach einer existenziellen Nähe: Drücken sie nicht eine gewisse Zugehörigkeit zum Lebenden aus? Die Namen vermitteln letztlich Ideale von Existenzfamilien ebenso wie Selbstironie. Sie vermitteln dem Text einen Hauch von Leichtigkeit. Dieser komisch-poetische Weg könnte auch ein Vorbild, eine nachzuahmende Praxis für die Zuschauer*innen darstellen.

Seepferdchen, *Der Kuh-Steak* und *Vidy graben* unterlaufen zudem ganz nebenbei die Gepflogenheiten von Lecture-Performances. Meistens stützen sich jene auf eine zentrale Performer*innenfigur, die die Diskurse trägt oder unterwandert. Hier ziehen sich die Performer*innen hinter andere Diskurse oder Bilder (Leïla Chakroun) zurück. Sie geben sich nicht als Autoritätsfiguren sondern als Suchende zu erkennen, die von ihren Forschungsobjekten überfordert sind. Die Entziehung von wissenden Figuren und Unterstreichung der fragenden und polyphonen Sätze erinnert an das tendenziell selbstreferentielle Schreiben vieler Gedichte. Gedichte verzichten oft darauf, eine Sprecher*in erkennen zu lassen, so dass die Worte umso besser bei den Zuschauer*innen „ankommen" und von ihnen echoiert werden – was wieder eine Art des Resonierens fördert.

Die Verwendung von Fiktionalisierungen führt auch zu einem Spiel mit dem Wissen: Die Performer*innen stellen sich vor, wie der Tod von Roger (dem Pinguin) vonstatten ging, oder sie erfinden ein Leben für den ausgegrabenen Dobermann und für das Seepferdchen-Baby. Inspiriert hat sie vielleicht wieder Vinciane Despret. Ihre in Vidy vorgestellte Forschung besteht vollständig aus einer futuristischen Fiktion, die Partnergemeinschaften von Menschen und Tieren erfindet. Deren Ziel ist weit mehr als ein Spiel. In dieser Zukunft hat jede Spezies Eigenarten ihrer Partner-Spezies übernommen und sich so hybridisiert. Die Fiktion dient dem Trainieren der Einbildungskraft, die dazu aufgerufen wird, über ihre eigenen Grenzen hinweg zu gelangen. Sie erforscht den Raum der Möglichkeiten.[18] Außerdem betont Despret, wie sehr jeder Tod Anlass zu Geschichten gibt, da sich die Angehörigen fragen, warum eine Person dies oder jenes gemacht hat; warum sie an einen bestimmten Ort gegangen ist, was sie unter diesen Umständen gemocht hätte und was sie unter jenen getan hätte. Die fiktionalen Stellen der Aufführungen sind zwar sehr fragmentarisch, dennoch erwecken auch sie tote Individuen zum Leben und fördern die Empathie.

Schließlich schreiten die Performer*innen zur Tat. Sie erfinden performative Beziehungen zu Tieren: Ein Dutzend Menschen tanzt das Seepferdchen, wobei jede Person der Inspiration ihrer körperlichen Verfassung folgt, was eine indirekte Einladung an jede andere Amateur*in darstellt, diese verkörperte Beziehungsforschung fortzusetzen. Die Künstler*innen des *Kuhsteaks* planen eine Beerdigung der beiden Toten, der Kuh QR E2564872 und des großen Pinguins, was eine Reihe von Tricks erfordern würde, um die Gesetze zu umgehen. Und Davide geht beim Bellen auf wahrhaft tiefgreifende Weise zum Hund-Werden über, die der Autorin dieses Beitrags unter die Haut ging. Dies sind drei Praktiken, die versuchen, Tiere aus vollem Herzen in das eigene Leben, in das Herz unserer menschlichen Geschichten einzuschreiben. In dieser Hinsicht gehen sie weiter als die Fiktionen der Philosophin.

Diese Praktiken ähneln „pragmatischen Prüfungen", wie Despret sie bei John Dewey oder William James vorfindet. Die performativen Gesten bilden in der Tat ein Art Wette: und zwar auf konkrete Handlungen und deren Auswirkungen. Mit pragmatischen Prüfungen haben sie gemeinsam, dass es vor allem auf die praktischen Konsequenzen eines Konzepts oder einer Philosophie, hier einer Geste ankommt. Die sinnlichen und spielerischen Verknüpfungen durch den Tanz ermöglichen es beispielsweise, sich in die Körperlichkeit der Seepferdchen, in ihr Lebensumfeld zu projizieren, Wissen und Projektionen miteinander zu verknüpfen und durch die Körper hindurch fließen zu lassen. Sie erzeugen eine existenzielle Annäherung, die der Idee von Existenzfamilien noch mehr Substanz verleiht.

---

18 Diese Methode hat die Philosophin zum ersten Mal konsequent mit ihren Kolleginnen Donna Haraway und Isabelle Stengers 2015 in Cerisy angewandt: die Figur Camille ist eine hybride Mensch-Tier-Kreatur der Zukunft. Haraway widmet ihr das letzte Kapitel ihres Buches *Staying with the Trouble*, Durham: Duke Univ. Press, 2016.

Abb. 7.6 und 7.7
Mit freundlicher Genehmigung von Claudia Ndebele.

4 Ethische Resonanzen

Diese Praktiken des ökorelationalen Lernens haben eine paradoxe Dimension: Einerseits machen sie die Unverfügbarkeit der besprochenen Tiere bewusst, denen man sich immer nur von der Seite, aus der Ferne oder stückweise nähern kann; andererseits eröffnen sie die Möglichkeit zum Handeln. Sie fördern die Agentivität der Zuschauer*innen, appellieren an ihre Fähigkeit, die Tiere aktiv von ihren Zuweisungen zu befreien, sich selbst in Bewegung zu setzen, so dass diese praktischen Einschnitte die Höhepunkte der Aufführungen bilden. Die Aktionen sind mikropolitisch und kulturell im weitesten Sinne: Sie legen den Keim für eine andere Kultur und befähigen dazu, andere Beziehungen zu pflegen.

Die Performances ebnen auch den Weg für eine ethische Beziehung zu den Tieren über Trauer. Die Zuschauer*innen erleben den Verlust längst verstorbener Tiere (Riesenalk, Hunde), bedrohter Arten (Seepferdchen) und einzelner Individuen (Dobermann, QR E2564872). Die Aufnahmen von Painlevé machen das Verschwinden einer ganzen Welt bewusst, der Welt, die die Seepferdchen umgibt, unterstützt und am Leben hält. Die anmutigen, vor Leben strotzenden Meere, die von alten Stimmen und Melodien kommentiert werden, räumen in den folgenden Aufnahmen den Platz für die Einsamkeit: Verlorene Seepferdchen treiben an einer Alge oder einem Wattestäbchen geklammert dahin, jedes Bild wird durch eine einzige Farbe geprägt, blaue See, braune abgestorbene Körper. So gibt die Performance zu verstehen, dass jedes verschwundene Leben in einem ebenfalls verschwindenden Netzwerk des Lebens eingeschrieben ist, wie Vinciane Despret bemerkt.[19]

Die Performances unterbreiten auch pragmatische Überlegungen. Indem sie über das Recht auf Leben und Tod von Tieren reflektieren, über das Seerecht oder das Recht, den Boden umzuwühlen, den Tieren Namen und eine Geschichte zu geben, greifen sie Anliegen der Tier-ethik seit den 1970er Jahren auf,[20] einer Ethik, die sich für die „Anerkennung von Tieren als Individuen"[21] einsetzt und für sie Gerechtigkeit einfordert. Auch wenn kein expliziter Aufruf zur Empörung zu hören ist (z. B. ein Appell gegen die Zuchtbedingungen, der vielleicht als zu moralisierend und medienredundant angesehen würde), stellen die Tiere dennoch für die Künstler*innen einen „Hebel zur Bewusstseinsbildung dessen, was wir den Lebenden aufzwingen"[22] dar. Die Erwähnung wirtschaftskritischer Verhaltensweisen in den verschiedenen Performances (von der Überfischung, Verschmutzung und/oder Kolonialisierung der Meere, bis zum übermäßigen Konsum und zur Objektivierung der besprochenen Lebewesen) stellt eine gar nicht mal implizite Denunziation dar, die Verantwortungsfragen heraufbeschwört.

Eine regelrechte Ethik der Pflege entfaltet sich also auf gedämpfte, unpathetische Weise,[23] eine Ethik der Sorge und der Pflege angesichts der toten oder bedrohten, missverstandenen oder minorierten Tiere. Sie beinhaltet die Forderung, „dem Andenken derer treu zu sein, die verschwunden sind".[24] Die Künstler*innen spielen allerdings auch mit *Care* auf der Grundlage des Humors und der Kreativität. Sie spielen mit der Beziehung zu sich selbst als Wissenschaftler*innen oder Künstler*innen. Vor allem aber stellen die Irrwege der Mensch-Tier-Beziehungen einen Aufruf zur Umgestaltung ihrer menschlichen Subjektivierung dar, die über die Beziehung zum Nicht-Menschlichen erfolgt. Außerdem zeugen sie von Bescheidenheit: Alle Herangehensweisen, selbst die performativen Vorschläge, erscheinen in ihren Ansätzen begrenzt. Sie versuchen demütig, ein „Leben von" (Schönheit, Kraft, Autonomie der Tiere), ein „Leben mit Tieren" (im Tanz oder Begräbnis) und ein „Leben für"

---

19 Vinciane Desprets, *Au bonheur des morts*, Paris: La Découverte, 2017.

20 Corine Pelluchon, *Réparons le monde. Humains, animaux, nature*, Paris: Payot & Rivages, 2020, S. 148.

21 Ebd., S. 151.

22 Ebd., S. 164.

23 Eine ethische Ästhetik der Dämpfung, wenn man weiter an Leo Spitzer anknüpft (s. o.).

24 Pelluchon, *Réparons le monde*, S. 17.

(andere Beziehungen) zu verbinden:[25] Für die Philosophin Corinne Pelluchon entspricht das Zusammenkommen von „Leben von", „Leben mit Tieren" und „Leben für sie" dem Grundstein der Tierethik. Die drei Haltungen ermöglichen, was sie Rücksicht nennt. Rücksicht wird hier nicht als Emotion oder Wert, sondern als globale Haltung definiert. Sie geht in den Performances mit der Anerkennung der tierischen „Nichtverfügbarkeit" einher, des „Inkommensurablen in der Verbindung zu den anderen Lebenden und in der Erforschung dessen, was jenseits der Sprache ist".[26] Gerade Rücksicht und Verhältnis zum Unermesslichen seien, so Pelluchon, die beiden zu fördernden Grundhaltungen, denn sie allein könnten neue Institutionen und Justizformen erst wirksam machen.

Die Theaterarbeiten könnten überdies eine Reparatur vorbereiten. Ist es nicht möglich, das erloschene Leben zu reparieren, so kann man sich zumindest die hinterlassene Leere vorstellen, seine eigene Unwissenheit und Beziehungslosigkeit zum Erloschenen. So entsteht eine Art von Trauer *a posteriori* und rekonstruiert das Gewebe des Lebens. Für Corinne Pelluchon beinhaltet Reparieren außerdem „eine komplette Überarbeitung unserer Darstellungen und Verhaltensweisen"[27] und einen Vertrauensaufbau in die menschliche Kreativität, in unsere Fähigkeit zu handeln und zusammenzuarbeiten, was die Aufführungen eben versuchen zu tun.

Gewiss haben die Performances beachtliche Grenzen, denn sie konzentrieren sich nach wie vor auf die menschliche Agentivität und erkennen die des Nicht-Menschlichen nicht ausreichend an. Sie erzählen mehr *über* Tiere als *mit* ihnen, im Gegensatz zu dem, was der Titel von Desprets zweiter Konferenz verspricht. Aber indem sie sich als unabgeschlossene Ermittlungen zeigen, die es fortzuführen gilt, geben sie die aleatorische und fragile Dimension der Annäherung von Tieren zu erkennen, die in ihrer Verwundbarkeit gezeigt werden. Die Theaterarbeiten präsentieren sich somit selbst als verwundbare Künste. Umso verletzlicher vielleicht, als jede Kunst, die sich mit Ethik schmückt, der Kritik eine offene Flanke gibt, denn es gibt immer noch zahlreiche Gegner ethischer Künste, die ihre Freiheit verteidigen möchten.[28] Ist es nicht jedoch von Bedeutung, dass Kunst sich gegenüber von Tieren verwundbar zeigt, in ethischer, ästhetischer und wissenschaftlicher Hinsicht? Mag dies nicht der Beweis für die Ernsthaftigkeit sein, mit der man das Ausmaß

25 Ebd., S. 144.
26 Ebd., S. 141.
27 Ebd., S. 18.
28 S. hierzu zum Beispiel Christian Neuhäuser / Christian Seidel, *Kritik des Moralismus*, Berlin: Suhrkamp, 2020.

der durchzuführenden Forschung, der zu überwindenden Hindernisse, der zu erfindenden Relationen anerkennt?

In ihrer Analyse des Critical Art Ensemble begrüßt Juliane Rebentisch die ethisch-wissenschaftliche Unschärfe hinsichtlich des Status der ausgestrahlten „Botschaften" und der von den Zuschauer*innen durchgeführten „Prüfungen".[29] Denn gerade diese Unschärfe finde sie geeignet für die Erschütterung des Urteils und der Zuschauer*innenhaltung. Schließlich und letztendlich bedeutet Handeln immer trotz seines Nicht-Wissens zu handeln, sozusagen durch sein Nicht-Wissen hindurch. Die Ethik der unvollendbaren theatralischen Ermittlung könnte somit einer anderen politischen Kultur den Weg ebnen: einer sensiblen und polywissenschaftlichen Kultur der Mensch-Tier-Annäherung; eine Kultur der Aufmerksamkeit gegenüber der (tierischen) Anderen, der Ignorierten; eine Kultur der (tierischen) Alterität als Quelle der Resonanz und der „schöpferischen Verbundenheit".[30]

Literaturverzeichnis

Arendt, Hannah, *La vie de l'esprit*, Vol. 1, *La pensée*, Paris: PUF, 1981 [1971].

Desprets, Vinciane, *Au bonheur des morts*, Paris: La Découverte, 2017.

Desprets, Vinciane, *Was würden Tiere sagen, würden wir die richtigen Fragen stellen?*, Münster: Unrast, 2019 [2012].

Foucault, Michel, *Was ist Kritik?*, Berlin: Merve, 1992.

Foucault, Michel, *Theorien und Institutionen der Strafe*, Berlin: Suhrkamp, 2017.

Gosselin, Sophie / David, Gé Bartoli, *La condition terrestre*, Paris: Seuil, 2022.

Haas, Maximilian, *Tiere auf der Bühne: Eine ästhetische Ökologie der Performance*, Berlin: Kulturverlag Kadmos Berlin, 2018.

Köhring, Esther, *Tiere Auf Bühnen des Wissens: Theatralisieren, Experimentalisieren, Bestiarisieren. Von der Mitte des 20. Jahrhunderts bis in Die Gegenwart.* Heidelberg: Springer, 2023.

Metais-Chastanier, Barbara, *L'Enquête à l'œuvre. La représentation inquiétée dans les dramaturgies contemporaines*, Thèse en Arts du spectacle, Ecole normale supérieure de Lyon, 2013.

Neuhäuser, Christian / Seidel Christian, *Kritik des Moralismus*, Berlin: Suhrkamp, 2020.

Orozco, Lourdes, *Theatre and Animals*, Basingstoke: Palgrave, 2013.

---

29 Juliane Rebentisch, "Forms of Participation in Art", in: *Qui Parle*, Vol. 23, No. 2 (Spring/Summer 2015), S. 29–54, hier S. 54.

30 Vgl. Hartmut Rosa, Sendung „Sous le soleil de Platon", 3.1.2024, franz. Radiosender *France Inter.*

Orozco, Lourdes / Parker-Starbuck, Jennifer (dir.), *Performing animality. Animals in Performance Practices*, Basingstoke: Palgrave Macmillan, 2015.

Pelluchon, Corine, *Réparons le monde. Humains, animaux, nature*, Paris: Payot & Rivages, 2020.

Rebentisch, Juliane, „Forms of Participation in Art", *Qui Parle*, Vol. 23, No. 2 (Spring/Summer 2015), S. 29–54.

Rosa, Hartmut, *Resonanz. Eine Soziologie der Weltbeziehung*, Berlin: Suhrkamp, 2016.

Rosa, Hartmut, Sendung „Sous le soleil de Platon", 3.1.2024, franz. Radiosender *France Inter.*

Spitzer, Léo, „L'effet de sourdine dans le style classique: Racine", in: *Etudes de style*, Paris: Gallimard, 1972, S. 208–335.

Down to Earth?

Unmaßgebliche Anmerkungen zu einer Dramaturgie der Kritischen Zone im Gegenwartstheater

Andreas Englhart

„Der Kosmos ist in uns. Wir sind alle Sternenstaub!"
Carl Sagan

„Wir sind Erdenstaub, der über die Erde nachdenkt."
Samantha Harvey

1 Sprechtheater des Anthropozäns

Klimawandel und Artensterben stellen eine immense Herausforderung für das deutschsprachige Theater dar. Zum einen! Zum anderen ist Theater, sind Tragödie und Komödie von Beginn an Medien, die den Zuschauer*innen im Theatron im dramaturgischen Wechselspiel von Chor und Schauspieler*innen das vor-spielen, was sie sonst gerne übersehen würden. Den Athener Bürger*innen wurde im Dionysostheater vorgeführt, wie schnell Arroganz, Ignoranz und Eskapismus dazu führen können, Warnzeichen zu übersehen oder falsch zu interpretieren, was zum Untergang führt. Die Tragödie ist von den Anfängen der europäischen Kultur bis heute eng mit der Erkenntnis unangenehmer Realitäten verknüpft. Um 335 v. Chr. soll Aristoteles seine *Poetik* verfasst oder zumindest, vielleicht als studentische Mitschrift, verantwortet haben. Er bezieht sich vor allem auf die Entstehungszeit der Tragödie (und Komödie) im 5. Jahrhundert v. Chr. mit rückwärtigem Ausblick auf den Übergang vom 6. zum 5. Jahrhundert v. Chr. und argumentiert auf der Grundlage der aristotelischen Entelechie plausibel, dass die Tragödie sich vor dem Hintergrund des Spannungsverhältnisses von Chor und Einzeldarsteller*innen entwickelt hat. Damit beginnt eine Entfaltung des eurozentrischen Dramas und Theaters, das sich immer wieder neu herausgefordert sieht, die Gefährdungen des Menschen und der Menschheit zu reflektieren und mitzuhelfen, diesen adäquat zu begegnen. Die uns beschäftigende Frage lautet, ob das heutige Theater in der Lage ist, auf die Katastrophen des Anthropozäns dramaturgisch oder ästhetisch angemessen zu reagieren. Insbesondere das Sprechtheater wäre hier, in seinen mehr oder weniger dramatischen oder performativen Formen, herausgefordert, indem es überprüfen oder besser ausprobieren muss, wie eine

© BRILL FINK, 2025 | DOI:10.30965/9783846769614_009

dementsprechend nachhaltige Dramaturgie und Ästhetik in seiner Institution aussehen sollte und könnte.

Die Spielpläne avancierter Schauspielhäuser wie der Münchner Kammerspiele, des Münchner Residenztheaters, des Deutschen Theaters Berlin, des Zürcher Schauspielhauses, des Wiener Burgtheaters oder des Hamburger Schauspielhauses weisen darauf hin, dass gegenwärtiges Sprechtheater ein weites Feld darstellt: Normen und Normalitätserwartungen auf der einen, avantgardistischer und experimenteller Habitus auf der anderen Seite grundieren im deutschsprachigen Theater eine hohe Quantität, Qualität und Vielfalt des Angebots an Aufführungen.[1] Man sieht kreatives Regietheater, radikales Regisseur*innentheater, virtuoses Schauspieler*innentheater und den Autor*innen verpflichtete Inszenierungen. Die Bühnen offerieren Popästhetik, posthumanistisches Theater, Erzähltheater und die ‚Authentizität' des Dokumentarischen, ein Theater der Erfahrung sowie Stilelemente neuer Bürgerlichkeit, postdramatisches Theater, performancenahe und installationsähnliche Aufführungen, Überschreibungen und Armes Theater im leeren Raum.[2] Kann dieses breit aufgestellte Gegenwartstheater, das man auf den Sprechbühnen findet, in seinen unterschiedlichen institutionellen Produktionsanforderungen, seinen dramatischen, episch-politischen und performativen Ästhetiken, seinen Dramen, Theatertexten, Aufführungen und Aktionen der Ort eines nachhaltigen, zum Engagement anregenden Theaters des Anthropozäns sein? Welche Formen wird und muss es verwirklichen? Wird es in seinen Theatertexten zum Beispiel wie bei Thomas Köck seinen Ausgangspunkt in einer ‚Sym-Poiesis' im institutionellen Produktionsprozess haben?[3] Wird es wie in Christopher Rüpings Inszenierung von Köcks Theatertext *Paradies fluten / hungern / spielen* 2020 am Hamburger Thalia Theater kreativ Dramatisches und nicht mehr Dramatisches verweben?[4]

---

1 Vgl. Andreas Englhart, „Sprechtheater", in: Beate Hochholdinger-Reiterer / Christina Thurner / Julia Wehren (Hg.), *Theater und Tanz. Handbuch für Wissenschaft und Studium*, Baden-Baden: Nomos, 2023, S. 467–474, hier: S. 468.

2 Ebd.

3 Thomas Köck versteht sein Produktionsverfahren als Sym-Poiesis. Das [sic!] Autor (Köck sieht sich selbst als gleichberechtigter Teil eines Netzwerkes der Produktion, daher: das Autor) wäre ein Medium in der Korrespondenz mit Anderen, der Habitus sei „ein multiplizierender / sympoietischer rückzug / der singularisiert / und dabei pluralisiert / allein / aber nicht einsam.; Thomas Köck, *ghost matters, poetik vorlesung an der hochschule für musik & theater hamburg*, https://nachtkritik.de/index.php?option=com_content&view=article&id=17268:die-hamburger-poetikvorlesung-des-dramatikers-thomas-koeck&catid=53&Itemid=83, (Zugriff 12.01.2024).

4 Vgl. Vasco Boenisch / Malte Ubenauf (Hg.), *Nahaufnahme Christopher Rüping. Gespräche, Begegnungen, Material*, Berlin: Alexander Verlag, 2024. Dass Rüping für seine Theaterarbeit

2 Szenarien, Prognosen und die Tragödie der Erde

Alles Leben ist Problemlösen, wie Karl Popper bemerkte.[5] Menschen können bestenfalls – aber immerhin! – Thesen über das Leben, die Umwelt und deren Zukunft aufstellen, die möglichst oft und weitgehend der Falsifikation durch das Faktische standhalten. Evolutionär sind wir Menschen im Denken und Fühlen auf die Zukunft ausgerichtet, dabei bilden sich in uns täglich durchschnittlich 6000 Gedanken (die nicht alle auf die Zukunft ausgerichtet sind, aber mutmaßlich schon ein Großteil davon), von Jordan Poppenk und Julie Tseng so bezeichnete Thought Worms.[6] Aus einigen dieser Thought Worms werden in einem größeren Zusammenhang im Theater Dramaturgien und in der Wissenschaft Thesen. Hierbei bleibt es trotz aller Repräsentationskritik durchaus relevant, ob und wie Dramaturgien und Thesen mit dem zusammenhängen, was wir Wirklichkeit und Realität nennen. Idealerweise liefert die Wissenschaft Fakten. Fakten sollten keine alternativen Fakten sein, obwohl Fakten ausgewählt, bewertet und präsentiert werden müssen. Die Entscheidungen, die auf der Beurteilung wissenschaftlicher Fakten beruhen, liegen jedoch in den Händen der Politik. Politiker*innen müssen entscheiden, ob Arbeitsplätze in der Kohleindustrie oder das Überleben der Malediven wichtiger sind. Die Klimaforschung ist dabei nicht frei von Theatralität, ihre Fakten präsentiert sie in Szenarien.[7] Diese sind keine Prognosen wie der Wetterbericht oder die Mahnungen mythischer Seher*innen in der antiken Tragödie. Szenarien sind vielmehr Projektionen von Fakten und verschiedenen angenommenen Bedingungen in die Zukunft. Für Köck können wir uns – in Zukunft! – die Mühe sparen, denn die Tragödie liege eigentlich „hinter uns, vor uns auf dem tisch die daten, die orakel haben gesprochen, die statistiken hängen doch da, die tragödie findet statt, hier und heute, that's it, kein flug der vögel mehr, kein rauschen mehr, kein summen, kein geräusch, no 2nd chance."[8]

---

sowohl Andrea Breth als auch Tim Etchells gleichermaßen als Vorbilder schätzt, verwundert vor diesem zeitgemäßen Hintergrund nicht.

5 Karl Popper, *Alles Leben ist Problemlösen*, München: Piper, 1994.

6 Vgl. Julie K. Tseng, Jordan Poppenk, „Brain meta-state transitions demarcate thoughts across task contexts exposing the mental noise of trait neuroticism", in: *Nature Communications* 11 (2020), S. 1–12.

7 Vgl. Jules Buchholtz, *Wem gehört die Zukunft? Wissen und Wahrheit im Szenario*, Berlin: Neofils, 2019. Freilich unterscheidet Buchholtz programmatisch nicht zwischen Wirklichkeit und Realität, sodass sie und Popper, was Szenarien betrifft, wenig an Übereinstimmung fänden.

8 Thomas Köck, *forecast: ödipus. living on a damaged planet* (*τύφλωσίς, II*), Berlin: Suhrkamp, 2022, S. 10.

Bei der Erstellung von Szenarien bleiben Wissenschaftler*innen optimistischer als der Dramatiker, aber sie bleiben grundsätzlich skeptisch: Fakten und Szenarien können an sich nicht verifiziert werden, sollten aber gemäß Popper falsifizierbar sein.[9] Szenarien sollten plausibel oder kausal möglich sein. Sie weisen daher interessante Parallelen zum Theater und Drama auf: Schon für Aristoteles sollte, wie er in seiner *Poetik* bemerkt, die Tragödie wahrscheinlich sein. Diese Wahrscheinlichkeit legitimiert das Drama der Renaissance, Lessings bürgerliche Tragödie, das Wellmadeplay und heutige Qualitätsserien. Insbesondere seit der Aufklärung ist im bürgerlichen Theater sowohl auf epistemologischer als auch auf moralischer Ebene – man denke nur an Immanuel Kants kategorischen Imperativ – Vernunft gefordert. Friedrich Schiller wird darauf seine Vorstellung von Freiheit stützen, Friedrich Nietzsches Einspruch fällt hingegen so vehement wie für das avantgardistische Theater folgenreich aus. An dieser Polarisierung orientiert erhalten ethische und epistemologische Perspektiven im Theater der Gegenwart unterschiedliche Bedeutungen. Kurz gesagt: Dramatische Dramaturgien konzentrieren sich auf die rationale, ethisch definierbare Positionierung innerhalb der Handlung oder der Konstellation der Figuren, die die Unterscheidung zwischen ‚richtig' und ‚falsch' und letztendlich zwischen ‚gut' und ‚böse' legitimiert. Das postdramatische Theater, als Theater des Rituals (Richard Schechner), legt nahe, dass klare Handlungen, stereotyp gezeichnete dramatische Identitäten und Ähnlichkeiten, die vorgängige Machtstrukturen und Gewalt verschleiern, als Ursache des Tragischen aufzubrechen wären. René Pollesch, dem es grundsätzlich um die Auflösung von normsetzenden und normalitätsfixierenden Ähnlichkeiten und Vergleichsmaßstäben ging, sah hier die Differenz in der Brecht-Tradition: Er, Pollesch, stünde in der Tradition des brechtschen Lehrstücks; Kolleg*innen wie Oliver Reese oder Thomas Ostermeier stünden in der Tradition des brechtschen Schaustücks. Welche theatral-performative Ästhetik wäre für ein Theater des Anthropozäns zu wählen? Dramatische oder postdramatisches Theater oder besser noch etwas zwischen beiden dramaturgischen Polen? Nun ist es dem Menschen, wie Antje Boetius zurecht bemerkt,[10] als einzigem Lebewesen gelungen, auf der Erde alle Naturräume zu erschließen. Das, was Alexander von Humboldt mit seinem *Kosmos* im 19. Jahrhundert, noch mit schillerschen Kategorien im Hintergrund, kartiert[11] und damit aus europäischer Perspektive sich angeeignet hat, wäre heute, so fordern einige, in einem

---

9 Karl Popper, *Logik der Forschung*, Berlin: Akademie Verlag, 2013.

10 Antje Boetius, *Überleben! – Unser Erbe. Dokureihe*, ZDF 2024.

11 Alexander von Humboldt, *Kosmos*, Berlin: Aufbau Verlag, 2013.

Theater des Anthropozäns eine Entmächtigung, Dezentrierung und Dekonstruktion menschlicher Handlungsfähigkeit entgegenzusetzen.

3 Von Galileos Ähnlichkeiten im Kosmos zu Lovelocks Einzigartigkeit der Erde

Wie begegnen wir im Theater dieser globalen Aneignung? Schon in den 1970er Jahren haben Lynn Margulis und James Lovelock und, diesen um die Jahrtausendwende nachfolgend Bruno Latour eine neue Weltsicht vorgestellt, die Gaia bezeichnet wird.[12] Die Gaia-Hypothese bezieht sich vordergründig auf Gaia (griech. ‚große Mutter' oder ‚Gebärerin'; röm. Tellus / Terra Mater) in der griechischen Mythologie, etwa in Hesiods *Theogonie* (*Entstehung der Götter*; ca. 700 v. Chr.) eine der ersten, aus dem Chaos entstehenden Göttinnen, die anthropomorphisierte Erde. Die von der Gaia-Hypothese herausgeforderte Frage lautet: Können oder sollen die Erde sowie die Biosphäre als Lebewesen verstanden werden? Leben wird als selbstorganisiert interpretiert. Auf der Basis von Charles Darwins Evolutionstheorie,[13] Alexander von Humboldts *Entwurf einer physischen Weltbeschreibung* in seinem *Kosmos*, Wladimir Wernadskis Modell der ‚Biosphäre' als Raum, in denen Leben und Lebewesen existieren,[14] George Evelyn Hutchinsons Verständnis der ‚ökologischen Nische', die nicht besetzt, sondern von der jeweiligen Art gebildet wird,[15] und Rachel Carsons Forschungen zu Auswirkungen etwa des Pestizideinsatzes auf gesamte

---

12 James Lovelock, *The Ages of Gaia*, Oxford: Oxford University Press, 1988; James Lovelock, *The Vanishing Face of Gaia. A Final Warning*, London: Allan Lane, 2009; Lynn Margulis / Dorion Sagan, *Slanted Truths: Essays On Gaia, Symbiosis And Evolution*, N.Y.: Springer, 1997; Bruno Latour, *Kampf um Gaia: Acht Vorträge über das neue Klimaregime*, aus dem Französischen von Achim Russer und Bernd Schwibs, Berlin: Suhrkamp, 2017.

13 Wieso Darwin? Es wurde erklärbar, wie Teile eines komplexen Systems auf Herausforderungen, Beeinträchtigungen oder auch Störungen auf der Basis zufälliger Mutationen und Adaptationen / Anpassungen reagieren.

14 Wladimir Wernadski stellte das Modell der ‚Biosphäre' vor; als Biosphäre (griech. Leben / Kugel) wird der Raum bezeichnet, in denen Leben und Lebewesen existieren; vgl. George S. Levit, *Biogeochemistry – biosphere – noosphere: the growth of the theoretical system of Vladimir Ivanovich Vernadsky*, Berlin: VWB, 2001.

15 George Evelyn Hutchinson gilt als Begründer der modernen Ökologie; etwa durch sein Verständnis der ‚ökologischen Nische', die nicht besetzt, sondern von der Art gebildet wird, definiert durch spezifische Umweltfaktoren wie Temperatur, Feuchtigkeit, Nahrungsangebot, Bodenbeschaffenheit etc. in einem bestimmten Bereich; George Evelyn Hutchinson, *An Introduction to Population Ecology*, New Haven: Yale University Press, 1978.

Ökosysteme[16] veröffentlicht Lovelock 1972, in dem Jahr, in dem auch die *Grenzen des Wachstums* erscheinen,[17] einen Artikel zum Thema ‚Atmospheric Environment'.[18] Die damit verbundene Frage: Warum existiert Leben auf der Erde?, diese biologische Ontologie, die das vermeintlich Selbstverständliche in Frage stellte und so eine ungewohnte Perspektive einnahm, führte zu einer völlig neuen ökologischen Vorstellungswelt einer Biosphäre als in sich zusammenhängendes, komplexes System, dessen Teile sich gegenseitig beeinflussen. Egal, ob man der ‚schwachen' Gaia-These folgt – Gaia reagiert nur passiv, um Homöostase zu erhalten – oder der ‚starken' Gaia-These – Gaia agiert aktiv, um Entwicklung in der Biosphäre zu optimieren – man erkennt nun die Gefahr der möglichen Überlastung, des ‚Overshoot'. Letztlich entziehen wir nicht nur, wie es Thomas Köck in seiner dramatischen Anklage *und alle tiere rufen: dieser titel rettet die welt auch nicht mehr* (*monkey gone to heaven*). *ein requiemmanifesto of extinction* beschreibt,[19] anderen Lebewesen die Existenzgrundlage, sondern auch uns selbst, was leider gegenwärtig immer noch nicht jede*r verstanden hat. Ob das Theater einen entscheidenden Beitrag leisten kann, der Katastrophe entgegenzuwirken, wird jetzt und nicht erst in Zukunft entschieden. Möglicherweise ist diejenige Dramaturgie und Ästhetik hilfreich, die sich dem nähert, was Latour als Kritische Zone versteht, also als einen Lebensraum, der von komplexen Interaktionen zwischen menschlichen und nicht-menschlichen Akteuren geprägt ist.

4 Ein Theater jenseits der Trennung von Natur und Kultur

Die spezielle Herausforderung liegt für das Theater in dem, was der Anthropologe Philippe Descola für eine neu einzurichtende Beziehung zwischen

---

16 Rachel Carson, *Silent Spring*, Boston: Houghton Mifflin, 1962. Carson stellte sich die Frage nach den Auswirkungen des Pestizideinsatzes, insbesondere DDT, auf die Ökosysteme. Die Publikation gilt als Ursprung der us-amerikanischen politischen Ökologiebewegung; die Dramaturgie ähnelt der von Al Gores im Wechsel der Präsentation der Fakten mit Teilen, welche sinnlich erfahrbare Erlebnisse und persönliche Erfahrungen einzelner Beteiligter bieten.

17 Donella H. Meadows / Dennis L. Meadows / Jorgen Randers / William W. Behrens III, *Limits to Growth. A Report for the Club of Rome's Project on the Predicament of Mankind*, N.Y.: Universe Books, 1972.

18 James E. Lovelock, „Gaia as Seen Through the Atmosphere. Letter to the Editors", in: *Atmospheric Environment* 6 (1972), S. 579–580, hier S. 579.

19 Thomas Köck, *und alle tiere rufen: dieser titel rettet die welt auch nicht mehr* (*monkey gone to heaven*) *ein requiemmanifesto of extinction*, Berlin: Suhrkamp, 2023.

Mensch und Natur fordert.[20] Oder anders gesagt: Wie kann die Auflösung der Dichotomie zwischen Natur und Kultur ins produktive künstlerische Werk gesetzt werden und in welcher theatralen Art und Weise sollte dem Publikum die Frage gestellt werden, wie Menschen mit ihrer Umwelt interagieren. Descola zeigt in seiner vielzitierten Publikation *Jenseits von Natur und Kultur*, dass das europäisch-abendländische Verständnis von ‚Natur' und ‚Kultur' als getrennte Sphären eine historische und global-kulturelle Ausnahme darstellt.[21] Er unterscheidet vier Ontologien, wie verschiedene Gesellschaften in der Geschichte und gegenwärtig die Welt verstehen: Animismus, Totemismus, Analogismus und Naturalismus, letzteren identifiziert er mit der westlich-europäischen Vorstellungswelt. Ein (Sprech)Theater des Anthropozän könnte als eine künstlerische Reflexion dieser Ontologien gelesen werden, insbesondere im Hinblick auf die Abkehr vom eurozentrischen Naturalismus. In Descolas Ontologien, speziell im Animismus und Totemismus, wird die Natur nicht als passiver Hintergrund betrachtet, sondern als aktiver, gleichwertiger Teil des menschlichen Lebens. Nicht-menschliche Akteur*innen – Tiere, Pflanzen, Pilze, Flüsse oder sogar Berge – müssten die zentralen Akteur*innen sein. Descolas vorgeschlagene Gleichwertigkeit von Menschen und anderen Spezies könnte auf den Bühnen in multispezieshaften Mikrokosmen, in denen verschiedene Lebensformen miteinander koexistieren, ihren Ausdruck finden. Eine solche multi- oder gar transspezieshafte Perspektive könnte sich konkretisiert an Descolas Beschreibung des Animismus orientieren, in dem Tiere und Pflanzen als Wesen mit einer Seele betrachtet werden.[22] Damit werde mit der Vorstellung gebrochen, dass die Natur der passiven Ausbeutung durch den Menschen dient. Inszenierungen könnten in diesem Sinne auf theatral-performative Weise darstellen, dass der Mensch grundsätzlich Teil eines größeren ökologischen Systems ist. Eine mehr oder weniger traditionell-dramatische Repräsentationsästhetik, die man aus dem Naturalismus Descolas ableiten könnte, wäre dann nur eine mögliche, aber nicht zwingende theatrale Perspektive auf eine ganzheitliche Welt. In der Tradition von Bert Brechts experimentellem Theater[23] könnte man mit Descola die Bühne als Produktionsort ethnografisch-ökologischer Experimente einrichten, in denen

20 Vgl. aktuell u. a. Philippe Descola, *Die Ökologie der Anderen. Die Anthropologie und die Frage der Natur*, Berlin: Matthes & Seitz, 2024.

21 Philippe Descola, *Jenseits von Natur und Kultur*, Berlin: Suhrkamp, 2013.

22 Ebd., S. 197 ff.

23 Vgl. Bertolt Brecht, „Über experimentelles Theater", in: *Gesammelte Werke in 20 Bänden*, Bd. 15, Frankfurt a. M.: Suhrkamp, 1967, S. 300–305.

alternative Ontologien – zum Beispiel animistische oder analogistische – performativ erfahrbar werden. Damit könnte die Bühne als utopischer Ort dienen, in dem alternative Modelle des Zusammenlebens mit der Umwelt erprobt werden.

5 Animistische oder analogistische Dramaturgien

An sich erinnern Descolas Vorschläge an diejenigen vom hierzulande weit mehr bekannten Latour. Letzterer dekonstruiert jedoch die Trennung von Natur und Kultur und plädiert für hybride Netzwerke, in denen Menschliches und Nicht-Menschliches miteinander verflochten werden. Nur sie wären in der Lage, den kritischen Zonen bzw. Gaia zu entsprechen. Für Latour kritisch wäre eine Zone, denn „dieser Ort weit entfernt ist von einem Gleichgewicht. Weil er zerbrechlich und umkämpft ist. Weil er die Schnittstelle zwischen der Erde unter uns und den unendlichen Weiten des Universums über uns bildet." Eine wissenschaftlich begründete Zone wäre es,

> weil es sich um weitgehend unbekanntes Territorium handelt, das sich von dem unterscheidet, was einst die ‚Natur' genannt wurde, weil sich die Geologie dieser Zone stark von dem aus dem All sichtbaren Planeten unterscheidet und vor allem, weil ihr gesamtes, vielfältiges Gefüge im Laufe von Jahrmillionen durch verschiedenste Lebensformen verändert wurde. Wie komplex die ursprüngliche Geochemie dieses Lebensraums auch gewesen sein mag: Sie ist durch diese Lebensformen noch vielschichtiger geworden. Das Ergebnis ist ein von manchen WissenschaftlerInnen als ‚Gaia' bezeichnetes, enigmatisches und idiosynkratisches Gebilde, in dem alle Lebewesen untereinander vernetzt sind.[24]

Latours Betonung hybrider Netzwerke, Vernetzungen und Verflechtungen könnte eher postdramatische oder nicht-lineare Formen von Theater unterstützen. Descola argumentiert liberaler, indem er – nicht unkritisch! – die Trennung von Natur und Kultur als eine kulturelle Variation unter vielen vorstellt, was mehr Möglichkeiten im weiten Feld des Sprechtheaters ermöglicht, insbesondere dramatischere Formen nicht ausschließt. Selbstverständlich darf nicht vergessen werden, dass Latour und Descola keine Theatermachenden sind, sie beschäftigen sich primär nicht mit dem Drama, Theatertext oder Theater. Dennoch lassen sich aus ihren jeweiligen Ansätzen interessante

---

24 Bruno Latour, *Über Critical Zones. Eine Ausstellung im ZKM Karlsruhe*, https://zkm.de/de/bruno-latour-ueber-critical-zones (Zugriff 12.01.2024).

Thesen ableiten: Latours Kritik an der modernen Trennung von Subjekten und Objekten könnte als Anstoß dienen, die klaren, kausalen Handlungsstrukturen eines aristotelischen Dramas oder dramatischen Theaters zu hinterfragen. Descolas Fokus auf kulturelle Variationen und Ontologien könnte inspirieren, das aristotelische Drama und dramatische Theater als Ausdruck einer spezifisch europäisch-abendländischen Vorstellungswelt zu verstehen. Es wäre aus seiner Perspektive spannend, wie unterschiedliche Kosmologien dramatische und performative Strukturen beeinflussen könnten (z. B. animistische oder analogistische Dramaturgien). Beide könnten daher Ästhetiken inspirieren, die den Freiraum nutzen, über die eurozentrische Tradition des Theaters hinauszugehen, wobei Latour mutmaßlich weniger Spielraum auf den Bühnen des Sprechtheaters zulässt.

Descola folgend könnte man die naturalistische Vorstellungswelt gleichberechtigt stehen lassen, sodass eine mehr oder weniger dramatische, mimetisch-ähnelnde Repräsentationsästhetik nicht ihren Wert völlig verliert. Hinzu käme dann der Gewinn theatraler oder performativer Perspektiven, die in Descolas Herausarbeitung des Animismus und Analogismus ihre Entsprechung hätten. Animistische Formen wären, weitergedacht, dramaturgische Strukturen, die von einer Vorstellungswelt geprägt sind, in der alle Wesen – Menschen, Tiere, Pflanzen, Geister, Objekte – als mit Bewusstsein und sozialer Intentionalität ausgestattet verstanden würden. Solche Dramaturgien unterscheiden sich von westlichen, anthropozentrischen u. a. durch die Auflösung einer ‚normal' auftretenden Subjekt-Objekt-Differenz, konkreter die Darstellung, dass es keine strikte Trennung zwischen Akteuren und Dingen gibt. Tiere, Pflanzen, Pilze, Flüsse, ganze Landschaften könnten handelnde Figuren mit Intentionen sein. So könnte zum Beispiel ein Fluss als bewusstes Wesen die handelnde Figur darstellen, wie wir es etwa 2022 in Thomas Köcks und Mateja Mededs Theatertext mit dem RambaZamba Theater, *the world flames like a discokugel* (*styx spricht*), oder in Frank M. Raddatz und Denise Reimanns Hörspiel *Die Konferenz der Flüsse* finden.[25] Des Weiteren wäre für eine innovative Dramaturgie des Anthropozän in der Verbindung mit Descolas Vorstellungen mehr Zirkularität und Vernetzung zu fordern, also eine Dramaturgie zyklischer Abläufe und die gegenseitige Abhängigkeit aller Elemente der Welt, statt linearer Entwicklungen mit klaren Höhepunkten.[26] Hinzu kämen,

25 Mateja Meded / Thomas Köck, *the world flames like a discokugel* (*styx spricht*), RambaZamba Theater Berlin 2022; Denise Reimann / Frank Raddatz, *Die Konferenz der Flüsse. Hörspiel*, Deutschlandfunk 2023.

26 Vgl. Descola, *Jenseits von Natur und Kultur*.

wie schon angeführt, multispezifische Perspektiven, zwischen menschlichen und nicht-menschlichen Perspektiven, sodass Zuschauer*innen oder (in einer lehrstücknahen Produktion) Mit-Performer*innen die Welt aus der Sicht eines Tieres oder eines Baumes erleben könnten. Etwas Unbehagen bereitet einigen vielleicht die mit dem Animismus von Descola verbundene spirituelle Dimension, im Sinne einer Verbindung zwischen sichtbarer und unsichtbarer Welt, wobei Geister oder Ahnen Teil der Handlung sind und die Beziehung zu ihnen gestaltet wird, wie wir sie etwa aus den Animationsfilmen von Hayao Miyazaki oder aus dem Nō-Theater, aber auch aus Shakespeares oder Calderons Stücken kennen.

Weiterführend könnten für ein Sprechtheater des Anthropozäns auch die analogistischen dramaturgischen Strukturen sein, die man aus Descolas Ontologie des Analogismus ableiten könnte.[27] Hier würde die Umwelt als Geflecht aus diskontinuierlichen, aber analog zueinander stehenden Elementen dargestellt werden. Menschen, Pflanzen, Tiere, Objekte, Geister oder Bewohner*innen anderer Planeten wären voneinander verschieden, aber über Analogien miteinander verbunden. Typische Merkmale solcher dramaturgischen Formen wären: Vielfalt und Komplexität, das Theater verschwiege die Unterschiede zwischen verschiedenen Entitäten keineswegs, stellte jedoch die Analogien und Verbindungen, die sie strukturieren, dar. So wären im folgenden Beispiel des Kindertheaters *Cengalo der Gletscherfloh* die Flöhe (die biologisch gar keine Flöhe sind), eine leibhaftige Lawine oder die untergegangenen Fidschiinseln Entitäten, die an sich unterschiedliche Eigenschaften haben, aber durch symbolische Verbindungen und Rituale, Musikmachen und so eröffnete mythische und angedeutete kosmologische Ordnungen miteinander eine dramaturgische Struktur bilden können.

6 Analogistische Dramaturgie der Kritischen Zone: Gletscherflöhe als das anthropomorphisierte Andere

In Martin Heckmanns Theatertext als Grundlage eines „Singspiels", *Etwas Besseres als den Tod finden wir überall*, reflektiert der Esel als zentrale Tierfigur seine Stellung in der latourschen Kritischen Zone:

> Dass ich zufällig hier bin und Teil eines Ganzen und spielen kann noch
> Auf der Bühne auf Erden

---

27 Ebd., S. 301 ff.

> Unter einer komisch kosmischen Perspektive plötzlich
> Knapp jenseits der Toten zwischen Wurzeln und Pilzen und Tieren und Viren
> in der kritischen Zone zwischen Lava und dünner Luft
> in einer seltsamen, seltenen Zeit, die uns bleibt noch gemeinsam.[28]

In dieser Überschreibung des Märchens *Die Bremer Stadtmusikanten* versuchen Esel Grau, Hund Schlau, Katze Schwarz und Huhn Kommun, den Entgleisungen in der Kritischen Zone zu entkommen. Die einzigartige Existenz von Gaia zwingt die Spielenden, die Hauptperspektive von einem galileischen Blick ins All zu einer Perspektive im Sinne von Lovelock auf das Wunder des Lebens auf der Erde, auf die Kritische Zone selbst zu ändern – wie Latour prägnant zusammenfasst: Galileo entdeckte die Ähnlichkeiten im Kosmos, etwa zwischen den Planeten, Lovelock entdeckte die Einzigartigkeit der Erde, die die Tiere in Heckmanns Stück am eigenen Leib erfahren und als Schauspieler*innen spielen.[29] Dabei gelingt es der klugen Dramaturgie Heckmanns über eine analogistische und zum Teil animistische Dramaturgie, die dramatische Repräsentation produktiv zu erweitern. Unübersehbar ist, dass Heckmanns in seiner Überschreibung ein dramaturgisches Mittel benutzt, dass wir vor allem aus dem Kinder- und Jugendtheater kennen: Die Anthropomorphisierung. Wie bekannt, haben Kinder viel Fantasie; ihre Welt der Objekte ist belebt, und wenn man einen Stein mit dem Fuß tritt, tut es dem Stein weh. Künstler*innen haben viel Fantasie. Ein hohes Maß an Vorstellungskraft bildet ebenfalls die Grundlage für Margulis und Lovelocks Gaia-Hypothese. Dennoch ist Anthropomorphismus im Erwachsenentheater etwas eigenartig, oder nicht? Aber wahrscheinlich benötigen wir viel mehr Anthropomorphismen im analogistischen Theater, wenn wir uns mit Klimawandel und Artensterben auseinandersetzen müssen. Oder bedeutet mehr Anthropomorphismus zu viel Anthropozentrismus? Im Kindertheater zumindest verbinden sich Anthropomorphismus und aristotelisch-dramatische Dramaturgie ohne große Probleme, etwa in Franz Hohlers *Cengalo, der Gletscherfloh.*[30]

Man verfolgt eine Handlung von Gletscherflöhen, die den Klimawandel hautnah erleben – es tropft in der Gletscherhöhle, und Fitschi-Flöhe, die von den versinkenden Fidschi-Inseln fliehen, erreichen als Migrant*innen die höher gelegene Schweiz – während die Gletscherfloh-Kinder die Erwachsenen dazu zwingen, ökologischer Vernunft zu folgen. *Cengalo* ist immens effektiv.

---

28 Martin Heckmanns, *Etwas Besseres als den Tod finden wir überall. Ein Singspiel*, Berlin: Suhrkamp, 2023, S. 47.

29 Bruno Latour, *Das terrestrische Manifest*, Berlin: Suhrkamp, 2018.

30 Franz Hohler, *Cengalo der Gletscherfloh*, Bühnen Bern 2019, R.: Meret Matter.

Abb. 8.1 Cengalina, Cengalo und Cengala erschrecken, als die Klimaflüchtenden Fidschi und Fadschi, deren Heimat untergegangen ist, unerwartet in ihrem Schweizer Zuhause ankommen.

Über die dramatische Ähnlichkeit in der Analogie, die Kinder nicht nur einfordern, sondern die, man denke nur an den semiotisch verstandenen Code, überhaupt die Welt für sie erst erschließt, verstehen die Kinder im Theater, was richtiges und was falsches Verhalten ist, wenn es um ihre eigene Zukunft geht.

7 Dramaturgie der Kritischen Zone als Ästhetik des Fremden: Die Maulwürfe Philippe Quesnes

Anthropomorphisierungen, wie wir sie etwa auch in Caren Jeß' Theatertexten *Bookpink* und – prämiert in Mülheim – *Die Katze Eleonore* finden, neigen dazu, über die Projektionen des Menschen, verstanden als Wirklichkeiten, nicht geeignet zu sein, den Anthropozentrismus zu verlassen. Vielleicht müssen wir das gar nicht. Aber viele Theatermachende sind überzeugt, dass die traditionale dramatische Rezeption, die auf einer Projektion einer dramatischen Gestalt, die uns ähnlich sein soll – auch wenn sie sich als Gletscherfloh kostümiert – genau das unterstützt, was eigentlich verabschiedet werden soll. So finden wir uns gegenwärtig wieder in der Problematik, mit den dramatischen Ästhetiken des Theaters etwas darstellen oder verwirklichen zu müssen, was sich vordergründig dem anthropozentrischen Zugriff entzieht. Es fällt tatsächlich nicht leicht, im Theater das nachzuvollziehen, was etwa Latour auf philosophischer Ebene fordert. Dennoch werden Latours Überlegungen in den Theatern erstaunlich oft rezipiert. Zuweilen kam es auch zu einer fruchtbaren Zusammenarbeit, ein konkretes Beispiel ist das Projekt zu Kritischen Zonen, das Latour gemeinsam mit Frédérique Aït-Touati entwickelt hat.[31] Auch der Theatermacher Philippe Quesne hat sich offiziell mit Latour verbunden. Bekannt wurde Quesne, der als Bühnenbildner begonnen hat, nicht allein als Leiter des Pariser Centre dramatique national Nanterre-Amandiers (2014–2021), sondern insbesondere durch seine Zusammenarbeit mit Latour. 2003 gründete er das unabhängige Theaterensemble Vivarium Studio als Kollektiv von Schauspieler*innen, bildenden Künstler*innen und Musiker*innen, für das er als Dramatiker, Bühnenbildner sowie Regisseur Aufführungen kreierte, die er als Ökosystem versteht, in die seine Performer*innen immersiv integriert werden. Weltweit wurde Quesne, der eine Menge an Festivals bespielte, für seine surrealen Bühnenwelten, in denen Mensch und Natur in ungewöhnlichen Konstellationen aufeinandertreffen, positiv besprochen, wobei er die Zuschauer*innen wie seine Performer*innen und Schauspieler*innen einlädt, über die Beziehung zwischen Mensch, Technik und Umwelt zu reflektieren. So kann man seine letzten Arbeiten durchaus als Ergebnis dieser Zusammenarbeit mit Latour verstehen, die letztlich die szenische Einrichtung einer Kritischen Zone zum Ziel hat. Quesne thematisiert beispielsweise die fragile Beziehung zwischen Menschen und ihrer Umwelt in Werken wie *La Mélancolie des dragons*, das die Mensch-Umwelt-Interaktion spielerisch und poetisch aufgreift. Diese Beziehung nimmt, wenn wunderts, bei Quesne ihren Ausgangspunkt in seiner spezifischen Gestaltung von Bühnenwelten, die ökologische und gesellschaftliche Interaktionen auf poetische, oft ironische Weise thematisieren. Man kann die These vertreten, dass Quesne Latours theoretische Konzepte theatralisiert, indem er hybride Welten schafft, in denen Mensch und Natur nicht mehr getrennt, sondern miteinander verflochten sind. Durch surreale Komik, atmosphärische Inszenierungen und posthumanistische Perspektiven macht er die philosophischen Ideen Latours sinnlich erfahrbar, und zwar für Performende wie für Zuschauende. Latours Beschreibung der Kritischen Zone als dünne, fragile Schicht auf der Erde, in der Leben möglich ist, seine Fokussierung in der Tradition von Lovelock und Margulis auf die komplexen Wechselwirkungen zwischen Menschen und ihrer Umwelt, wird von Quesne übersetzt in Bühnenräume, die wie Mikrokosmen funktionieren, und in den performativen Aktionen darin. Klar wird die Verwobenheit von kulturellen Projektionen (zu den letztlich auch der Theatertext und das Theater gehören) mit der natürlichen Umgebung, was die Fragilität und Absurdität menschlicher Eingriffe in die ‚Natur' betont. Die Bühne Quesnes wird zu einem Labor, das wie eine verkleinerte Kritische Zone die Dynamik zwischen

31 Vgl. https://www.hebbel-am-ufer.de/programm/pdetail/latour-ait-touati-inside (Zugriff 12.01.2024).

menschlicher Kreativität und der Natur aufzeigt, Menschen, Tiere, Pflanzen und Objekte treten als gleichberechtigte Figuren auf. So waren zum Beispiel in der Inszenierung *Farm Fatale* an den Münchner Kammerspielen die Figuren groteske Vogelscheuchen, die die Rolle von Menschen in einer zerstörten Umwelt übernehmen. Freilich zeigt der Theatermacher dem Philosophen die Grenzen des Darstellbaren auf, Latours Kritik am Anthropozentrismus wird bei Quesne oft ironisch gebrochen. In seinen Stücken scheitern menschliche Figuren häufig an der Überkomplexität ihrer selbst geschaffenen Systeme, so etwa in der Mars-Kolonisierung in den aktuell (2024) am Theater Basel gespielten *Chroniken vom Mars*.

2016 schuf Quesne seine Kultinszenierung *La Nuit des taupes / Welcome to Caveland*, nicht zufälligerweise zum einen in einer Kinderversion, die nachmittags gespielt wurde und zum anderen in einer Erwachsenenversion, in der es weit gewalttätiger und sexuell aufgeladener zuging. Die Inszenierung thematisiert die Koexistenz von Menschen, die letztlich die Zuschauenden als Erfahrende sind, und nicht-menschlichen Akteuren, hier menschengroße Maulwürfe und menschengemachte, zum Teil angeeignete Artefakte, in einer hybriden Welt, die weder klar anthropozentrisch noch rein naturalistisch ist. Dabei nutzt Quesne die metaphorische, analog-animistische und ästhetische Kraft der Maulwürfe in der dramatischen Auflösung eines steril wirkenden hellen euklidischen Bühnenraums in einer riesigen Höhle, in einem gewaltig erscheinenden Mikrokosmos, der den Lebensraum der Maulwürfe simuliert.

Abb. 8.2 Nachdem die Maulwürfe einer nach dem anderen in den ‚steril'-mathematisch-geordneten Raum eingebrochen sind, verändern sie diesen sukzessive – solange, bis die Grenze zur ‚Unterwelt' durchbrochen wird.

'Natur' wird im Unbehagen in der Kultur erst erspürt, liegt wie das eigentlich Unbewusste, in diesem Sinne die vierte oder fünfte Kränkung der Menschheit in der Tradition Freuds, neben, über, hinter und unter dem kulturell sichernden 'naturalistischen' Raum. Langsam, ganz langsam, aber sicher brechen die Maulwürfe in den euklidischen, klinisch sauberen, geometrisch geordneten Raum ein. So putzig sie anmuten, so fremd erscheinen uns diese Maulwürfe gerade im Vergleich mit den Gletscherflöhen aus *Gengalo*. Die Maulwürfe können bereits als deutlich posthumanistische Akteure verstanden werden, sie repräsentieren nur oberflächlich Tiere im biologischen Sinne, sind auch nur im ersten Moment wie die Monster in den Animationen Miyazakis kuscheltierähnlich; vielmehr entpuppen sie sich als groteske, überlebensgroße Wesen, die menschliche Eigenschaften aufweisen, ohne direkt Menschen zu sein. Die erdbewohnenden Tiere bauen eine unterirdische Gesellschaft, „Caveland", die gleichzeitig eine Parodie auf menschliche Kultur und eine Hommage an das Tiersein ist.

Abb. 8.3 Am Ende herrscht die 'Unterwelt' und die Maulwürfe feiern ihre eigenen dionysischen Feste.

Sie führen Musikstücke auf, interagieren miteinander und mit ihrer Umgebung, wodurch eine posthumanistische Perspektive entsteht: Menschen, Tiere und Technik sind gleichwertige Teilnehmer*innen eines gemeinsamen Netzwerks. Hierbei bleiben die sonderbaren Maulwürfe die Hauptakteur*innen, die den Raum und die Handlung bestimmen. Der Mensch tritt höchstens indirekt auf, als Zuschauer*in, als vermutete Schauspieler*in im Kostüm oder durch die kulturellen Artefakte, die die Maulwürfe nachahmen. Menschen, Tiere, Artefakte werden auf einer ähnlichen Hierarchieebenen bedeutsam. Bekanntermaßen übernimmt Latour von Michel Serres den Begriff des *Quasi*-Objekts. Serres' Konzept der *Quasi-Objekte* lässt sich ebenfalls gut mit den Inszenierungen von Quesne verbinden. Seine Idee, dass *Quasi-Objekte* keine reinen Objekte oder Subjekte sind, sondern intermediäre Elemente, die Beziehungen zwischen Akteur*innen herstellen und soziale Dynamiken ermöglichen, Dinge sind, die nicht nur materiell existieren, sondern durch ihre Vermittlerrolle soziale Beziehungen schaffen,[32] sollen nach Latour mit Serres die strikte Trennung zwischen Subjekt (menschlich) und Objekt (unbelebte Materie) hinterfragen. In Quesnes Inszenierungen der *Chroniken vom Mars* (die wir weiter unten diskutieren werden) stehen zum Beispiel Hotdogs für futuristische Raumschiffe, in *Die Nacht der Maulwürfe* sind die Maulwürfe nicht leicht verstehbare Figuren, sondern hybride Wesen, die zwischen Tier, Mensch und kulturellem Symbol oszillieren. Ihre physische Präsenz auf der Bühne schafft Beziehungen zwischen den Akteur*innen, den Figuren und der Umwelt. Ein zentraler Aspekt von Serres' *Quasi-Objekten* ist ihre Fähigkeit, Beziehungen herzustellen, die die Zuschauenden einbinden. Kaum etwas ist putziger als die Maulwürfe, und ehe es sich die Zuschauer*in versieht, ist sie auch schon gefangen in der fremden Höhlenwelt von „Caveland". Die Bühne wird bei Quesne zu einem Raum, in dem Menschen, Tiere, Objekte und Landschaften als hybride Akteur*innen agieren, die eigenartige, wenn nicht fremde oder gar unbekannte Beziehungen herstellen. Diese künstlerische Umsetzung von Serres' Theorie regt die Zuschauenden dazu an, die starren Trennlinien zwischen Subjekt und Objekt, Mensch und Umwelt, Kultur und Natur zu hinterfragen und die Welt als Netzwerk von Interaktionen zu betrachten. Am Ende übernehmen die Maulwürfe dionysisch-untergründig die Bühne und damit die Welt, sie könnten eine alternative Form von Gesellschaft, die auf Kooperation und Symbiose basiert, anstatt auf Kontrolle und Ausbeutung repräsentieren. Sie könnten aber auch zeigen, dass die Natur grausam sein kann und an sich kein Interesse hat, uns Menschen überleben zu lassen. Klar ist: Die Maulwürfe fungieren als Sinnbild für eine posthumanistische Welt, in der das Verhältnis von Mensch und Natur nicht durch Dominanz, sondern durch gegenseitige Abhängigkeit und Koexistenz geprägt ist.

---

32 Michel Serres, *Der Parasit*, Frankfurt a. M.: Suhrkamp, 1980, S. 346: „Dieses Quasi-Objekt ist kein Objekt, und es ist dennoch eines, denn es ist kein Subjekt, weil es in der Welt ist; es ist zugleich auch ein Quasi-Subjekt, weil es ein Subjekt markiert oder bezeichnet, das dies ohne es nicht wäre".

8 Die (Ent)Kolonisierung des Weltraums in einer symmetrischen Dramaturgie – Quesnes *Die Chroniken vom Mars*

In seinen *Chroniken vom Mars. Ein retrofuturistisches Theaterstück* am Theater Basel[33] kehrt Quesne 2024 die Versuchsanordnung spiegelbildlich um. Hier brechen die Menschen in die Zivilisation der Marsbewohner*innen ein, in einer offensichtlich kolonialen Eroberung. Der Mars und seine den Menschen zivilisatorisch weit überlegenden Ureinwohner*innen sind und bleiben fremd, auch weil die Menschen mit einem Virus, wie die spanischen Konquistadoren die amerikanischen Ureinwohner*innen, die Marsbewohner*innen ausrotten. Zudem bringen die Menschen mit ihrer so kapitalistisch-vulgären wie gewalttätigen Kultur – in fliegenden Hotdogs als Raumschiffe, hinter ihnen die Auslöschung der Erde durch Atombomben – ihre zerstörerische Haltung mit, was den Ort der menschlichen Katstrophe von der Erde auf den Mars verlagert. Der Mars wehrt sich jedoch wie die Erde, die fremde Natur des Planeten wird nicht vollständig vom Menschen beherrscht, sondern bleibt eine eigenständige Akteur*in mit ihrer eigenen Dynamik. In der Inszenierung wird der Mensch durch Kostüme, Masken und Gesten im offensiv eingesetzten Greenscreen selbst zu einem Teil der fremdartigen Welt, was die Auflösung traditioneller anthropozentrischer Vorstellungen symbolisiert.

Die Kolonisierung des Mars fungiert im Theater so als ein medial-filmisches Reflexionsbild der ökologischen und sozialen Probleme auf der Erde. Erfahren sollen die Zuschauenden wie in anderen Inszenierungen Quesnes, dass eine Ordnung der Dinge durch Macht und Hierarchien kein Ausweg ist, vielmehr in die Katastrophe führen muss. Der Bühnenraum Quesnes präsentiert sich dabei als Netzwerk von Akteur*innen im latourschen Sinne. In Latours Akteur-Netzwerk-Theorie ist jedes Element – sei es menschlich oder nicht-menschlich – eine potenzielle Akteur*in, die die Dynamik des Netzwerks beeinflusst.[34] Quesnes Bühnenwelten spiegeln dieses Konzept wider: In *Die Nacht der Maulwürfe* sind die Tiere keineswegs passiv, sondern zentrale Akteure, die die Handlung und den Raum gestalten. Sie interagieren mit ihrer Umwelt, bauen Strukturen und führen musikalische Rituale aus, wodurch ein

33 Vgl. https://www.theater-basel.ch/de/chronikenvommars (Zugriff 12.01.2024); ein Erzähltheater bzw. eine Imagination einer Verfilmung von Ray Bradburys *Die Mars-Chroniken. Roman in Erzählungen*, Zürich: Diogenes, 2008.

34 Bruno Latour, „Technologie ist stabilisierte Gesellschaft“, in: Andréa Belliger / David J. Krieger (Hg.): *ANThology. Ein einführendes Handbuch zur Akteur- Netzwerk-Theorie*, Bielefeld: transcript, 2006, S. 369–397, hier S. 371 f.

Abb. 8.4 Die Verfilmung der Kolonisierung des Mars reflektiert simultan die Verflechtung des Menschen mit der fremden Natur des Anderen.

Netzwerk entsteht, das Mensch, Tier, Technik und Umwelt umfasst. Latours symmetrische Anthropologie, in der Menschen und nicht-menschliche Akteur*innen gleichwertig betrachtet werden,[35] fordert nicht nur, dass Menschen und Dinge Akteur*innen sein können, sondern auch Prozesse, Ideen oder Atmosphären. Gerade diese immateriellen Akteur*innen spielen in den *Chroniken vom Mars* eine entscheidende Rolle, vertreten durch die an Andrei Tarkowskis *Solaris* erinnernden esoterischen Fähigkeiten der Mars-Bewohner*innen, die auf einer den Menschen weit überlegenen geistig-rein gedanklich-träumerischen Ebene existieren. Theatral-medial umgesetzt wird die unbegreifbare Atmosphäre des Anderen, werden Licht, Sound, Greenscreen, Raumgestaltung und Requisiten selbst zu Akteur*innen. Latours Ansatz löst den traditionellen Essentialismus auf, seine Akteur-Netzwerk-Theorie betont, dass Akteur*innen nicht durch ihre Essenz definiert werden, sondern durch ihre Beziehungen zu anderen Akteur*innen. Quesnes Theater, dass sich erkennbar einer Ästhetik und Dramaturgie der Installation annähert, ohne die dramatische Dramaturgie wirklich zu verlassen, funktioniert nach demselben Prinzip; die *Chroniken vom Mars* zeigen, wenn man Latours Überlegungen

35 Bruno Latour, *Wir sind nie modern gewesen. Versuch einer symmetrischen Anthropologie*, Berlin: Suhrkamp, 2008.

folgen mag, dass es nicht einmal auf dem Mars (im durch den Greenscreen ermöglichten Bild) einen Ausweg aus der ökologischen Katastrophe gibt, wenn essentialistische Denkmuster, die sich einer radikalen Dekolonisierung widersetzen, weiterhin zur Ausbeutung des Anderen und so letztlich zur Selbstzerstörung des Menschen führen.

9 Andere Existenzweisen in einer Dramaturgie der Kritischen Zone

Trotz aller kreativer Ansätze für eine Dramaturgie des Anthropozäns bleibt die Frage bis jetzt ungeklärt, ob es uns Theatermachenden gelingt, klüger als die Marskolonisator*innen Quesnes zu agieren, wenn es um die Darstellung und Performanz anderer Existenzweisen geht. Weit in den unbekannten Bereich ausgreifend hat Tobias Rausch mit seinem Kollektiv lunatiks produktion ein botanisches Langzeittheater, *Die Welt ohne uns*, erarbeitet. Die *Quasi*-Schauspieler*innen waren Pflanzen, und für das Theater wurden die „echten Pflanzen" als Darsteller*innen[36] zu dem, was Rosi Braidotti als posthumane Subjekte versteht, die auch dramatische Beziehungen zu nicht-menschlichen Akteur*innen wie Objekten, Pflanzen oder Tieren eingehen.[37] Latour würde hier, übernommen von Serres, *Quasi*-Objekte entdecken, anstelle von aristotelischen Charakteren in Aktion. In diesem Lehrstück mit *Quasi*-Objekten machen sich die Grenzen und Möglichkeiten eines Theaters einer Ökologie bemerkbar, wie sie Latour und Descola skizzieren. In *Die Welt ohne uns*, ließ, ausgehend von Alan Weismans Buch *Die Welt ohne uns – Reise über eine unbevölkerte Erde*[38] das Kollektiv lunatiks auf einem ehemaligen Kasernengelände ein Stück ‚Natur' über Monate und Jahre frei wachsen, dabei ausgewählte Zuschauer*innen in regelmäßigen Abständen das beobachten, u. a. mit Hilfe von verschiedenen Performer*innen und kleinen Aktionen, was passiert, wenn man der Natur die Freiheit ohne Mentscheneinfluss lässt.[39] Ziel dieser Produktion einer traditionellen Theaterinstitution, des Staatstheater Hannovers, war erstens, sich von Anthropozentrismen loszulösen, und zweitens eine grenzüberschreitende Vision der Zukunft performativ zu erproben: Eine Erde, auf der alle Menschen ohne Erklärung verschwunden sind.[40] Bühne

36 https://lunatiks.de/produktion/die-welt-ohne-uns/ (Zugriff 12.01.2024).

37 Rosi Braidotti, *The Posthuman*, Cambridge: Polity Press, 2013.

38 Alan Weisman, *Die Welt ohne uns. Reise über eine unbevölkerte Erde*, München: Piper, 2008.

39 Vgl. hierzu die Überlegungen von Theresa Spielmann zum Pflanzentheater in ihrem Beitrag *Plant Theatre / Pflanzentheater: Thinking-With Plants Towards a Post-Anthropocentric Theatre* in diesem Band.

40 Vgl. https://lunatiks.de/produktion/die-welt-ohne-uns/.

und zugleich Akteur*in einer solchen Inszenierung wäre eine natürliche Landschaft, die sich nach dem Ausfall des menschlichen Einflusses im Laufe von Jahrhunderten und Jahrtausenden endlich wieder erholt hätte.[41] Die zentrale Performance wurde über den langen Zeitraum erweitert um Hörspiele, Feste, die das Verschwinden der Menschheit feiern. Pflanzen, die an die Stelle der Schauspieler*innen treten sollten, wurden, an Objekte aus dem Figurentheater erinnernd, gespielt, den Pflanzen wurden Stimmen unterlegt, sie wurden mehr oder weniger menschlich bewegt, es wurde über sie gesprochen. Eine der Performances in der Landschaft soll nun eingehender in den Blick genommen werden. In dieser wird eine Pflanze, die unter dem Namen Stiefmütterchen bekannt ist, von einem Schauspieler auf den drehenden Teller in einem Mikrowellengerät gestellt.

Abb. 8.5 Die Pflanze kurz bevor sie in der angeschalteten Mikrowelle verdorrt.

Die Tür zum Gerät wird verschlossen und das Gerät angeschaltet. Rasch beginnt die Pflanze, wie im Zeitraffer, erst zu verwelken, dann zu verdorren. Über diese Aktion wird ein Text gesprochen, angeblich gehe es, wie man hier sehe, um die folgenreiche Inszenierung eines generellen Phänomens in der Natur, die man sich selbst überlassen würde: um die Ausbreitung von Buchen, die mutmaßlich alle anderen Pflanzen verdrängen würden. Eine ähnliche Aktion hat das Kollektiv, wie Tobias Rausch in seinem Essay über Pflanzentheater anführt,

41 Ebd.

anstatt mit einem Stiefmütterchen mit einer Basilikumspflanze durchgeführt. Eine solche Pflanze im Topf kauft man normalerweise im Lebensmittelhandel, um deren Blätter so lange etwa für die Spaghettisauce zu ernten, bis man die Reste der Pflanze in den Müll wirft. Auch die Basilikumspflanze in der Performance von lunatiks produktion verwelkt und verdorrt vor den Augen der Zuschauenden. Diese reagieren, so berichtet Rausch, tiefbewegt mit Entsetzen, das Kollektiv wird nach der Aktion mit heftigen Beschwerden konfrontiert. Offensichtlich erzeugte die Zerstörung der Pflanze Mitleid. Nur ging es hier nicht um die Tragödie einer menschlichen Held*in, gespeist aus dem Mythos oder aus der Geschichte, sondern um eine Pflanze, die in kulinarischen Zusammenhängen ohne Zögern und Mitleid als Teil der Küchenkräuter interpretiert und zur Aromatisierung benutzt wird. Inszenierung und Publikumsreaktion zeigen: Wir können für Pflanzen, also *Quasi*-Objekte, Mitleid herstellen. Geschickte Regisseur*innen könnten hier lernen, wie man die Emotionen von Zuschauenden erzeugt. Diese Lenkung verweist zumindest indirekt auf gewisse Abstufungen und Einrichtungen verschiedener Grade und vielleicht auch Qualitäten des Mitleids mit Anderen. Fritz Breithaupt geht diesbezüglich von „Kulturen der Empathie" aus.[42] Selbige garantierten überhaupt erst den Zusammenhalt in einer bürgerlichen Gesellschaft, was an sich schon Lessing im Sinn hatte. Für Breithaupt lässt sich gar eine Grammatik der Empathie ermitteln, die sich über Geschichten und Narration einrichtet. Seit einigen Jahren ist hierzu eine körperliche Instanz identifiziert worden: die der Spiegelneuronen. Wie unlängst in der Produktion *Spiegelneuronen* von Sasha Waltz & Guests und Stefan Kaegi (Rimini Protokoll) spielerisch-performativ probiert werden konnte, verdanken wir vielleicht gerade diesen speziellen Neuronen den Zusammenhalt in der Gesellschaft.[43] Übertragen auf das Theater könnte man folgende These formulieren: Wir empfinden überhaupt nur dann Mitleid mit dem Anderen, wenn dieser in Geschichten, ich ergänze, in theatrale oder performative Dramaturgien eingebunden ist, sodass unsere Spiegelneuronen angeregt werden, tätig zu werden. Die Frage, die sich anschließt, wäre dann aber, ob Pflanzen, Flüsse, Wälder, ob Gaia tatsächlich einen Subjektstatus erlangen oder ob wir Menschen nicht Mitleid mit etwas entwickeln, was wir selbst in das Andere der Natur projiziert haben. Tobias Rausch zumindest hat jahrelang versucht, den menschlichen Solipsismus im Theater zu überwinden. Er hat 2020 sogar einen ‚echten' Tornado auf die Bühne gebracht. In der Rezeption lässt sich jedoch nicht der Eindruck vermeiden, man habe es hier mit einer inszenierten Simulation eines gut ausgestatteten Technikmuseums zu

---

42 Fritz Breithaupt, *Kulturen der Empathie*, Berlin: Suhrkamp, 2009.

43 https://www.sashawaltz.de/gu9h9w5jpl (Zugriff 12.01.2024).

tun.[44] Der Theatermacher bilanziert selbst seine Bemühungen als Kette der Verfehlung einer wirklichen Annäherung. Es sei ihm nicht gelungen, Gaia auf die Bühne zu bringen, da Tiere, Pflanzen, Bäume, Tornados oder Atmosphären völlig andere Existenzweisen hätten. So hätten ein Baum oder ein Fluss Lebenszyklen, die über die des Menschen kaum vorstellbar und ebenso wenig darstellbar hinausgingen. Diese anderen Existenzweisen stehen, wenn man sie ernst nimmt, ständig Lessing Kriterien einer geforderten Ähnlichkeit im Mitleiden entgegen.[45] Oder anders gesagt: Zwar haben wir Angst vor den Katastrophen der Natur, aber diese ist, wie schon Lessing in der *Hamburgischen Dramaturgie* erkannt hat, „wiederum das auf uns selbst bezogene Mitleid".[46] Für ein nachhaltiges Theater der *Quasi*-Subjekte bzw. der Dinge in den Kritischen Zonen bedeutet dies, dass das Problem der anderen Existenzweisen noch nicht wirklich gelöst wurde. Mit Heckmanns Tierfiguren gilt weiterhin: Die „alten Geschichten, die wir uns erzählen, um Sinn zu stiften, eine Richtung zu finden, die Geschichten von Wegen, Aufbruch, Fortschritt, Befreiung und Einzelkämpfern, sie stimmen nicht mehr für die kommende Zeit. Wir müssen andere suchen."[47] Wir stehen also in unserer kritischen Zone – immer noch! – am Anfang. Aber jedem Anfang wohnt, wie bekannt, ein Zauber inne.

Literaturverzeichnis

Boenisch, Vasco / Ubenauf, Malte (Hg.), *Nahaufnahme Christopher Rüping. Gespräche, Begegnungen, Material*, Berlin: Alexander Verlag, 2024.

Boetius, Antje, *Überleben! – Unser Erbe. Dokureihe*, ZDF 2024.

Bradbury, Ray, *Die Mars-Chroniken. Roman in Erzählungen*, Zürich: Diogenes, 2008.

Braidotti, Rosi, *The Posthuman*, Cambridge: Polity Press, 2013.

Brecht, Bertolt, „Über experimentelles Theater", in: *Gesammelte Werke in 20 Bänden.* Bd. 15, Frankfurt a. M.: Suhrkamp, 1967, S. 300–305.

Breithaupt, Fritz, *Kulturen der Empathie*, Berlin: Suhrkamp, 2009.

Buchholtz, Jules, *Wem gehört die Zukunft? Wissen und Wahrheit im Szenario*, Berlin: Neofils, 2019.

---

44 Vgl. das entsprechende Video: https://www.youtube.com/watch?v=N3H4OZqI19A&t=420s (Zugriff 12.01.2024).

45 Gotthold Ephraim Lessing, „Brief an Nicolai November 1756", in: Ders. / Moses Mendelssohn / Friedrich Nicolai, *Briefwechsel über das Trauerspiel 1756/57*. Hg. von Jochen Schulte-Sasse, München: Winkler Verlag, 1972, S. 55.

46 Gotthold Ephraim Lessing, *Hamburgische Dramaturgie, Fünfundsiebzigstes Stück*, Stuttgart: Reclam, 1985, S. 383–387.

47 Heckmanns, *Etwas Besseres als den Tod finden wir überall*, S. 41.

Carson, Rachel, *Silent Spring*, Boston: Houghton Mifflin, 1962.

Descola, Philippe, *Jenseits von Natur und Kultur*, Berlin: Suhrkamp, 2013.

Descola, Philippe, *Die Ökologie der Anderen. Die Anthropologie und die Frage der Natur*, Berlin: Matthes & Seitz, 2024.

Englhart, Andreas, „Sprechtheater", in: Beate Hochholdinger-Reiterer / Christina Thurner / Julia Wehren (Hg.), *Theater und Tanz. Handbuch für Wissenschaft und Studium*, Baden-Baden: Nomos, 2023, S. 467–474.

Heckmanns, Martin, *Etwas Besseres als den Tod finden wir überall. Ein Singspiel*, Berlin: Suhrkamp, 2023.

Hohler, Franz, *Gengalo der Gletscherfloh*, Bühnen Bern, 2019.

Humboldt, Alexander von, *Kosmos*, Berlin: Aufbau Verlag, 2013.

Hutchinson, George Evelyn, *An Introduction to Population Ecology*, New Haven: Yale University Press, 1978.

Köck, Thomas, *forecast: ödipus. living on a damaged planet* (*τύφλωσίς, II*), Berlin: Suhrkamp, 2022.

Köck, Thomas, *und alle tiere rufen: dieser titel rettet die welt auch nicht mehr* (*monkey gone to heaven*) *ein requiemmanifesto of extinction*, Berlin: Suhrkamp, 2023.

Köck, Thomas: *ghost matters, poetik vorlesung an der hochschule für musik & theater hamburg*, https://nachtkritik.de/index.php?option=com_content&view=article&id=17268:die-hamburger-poetikvorlesung-des-dramatikers-thomas-koeck&catid=53&Itemid=83.

Latour, Bruno, „Technologie ist stabilisierte Gesellschaft", in: Andréa Belliger / David J. Krieger (Hg.): *ANThology. Ein einführendes Handbuch zur Akteur-Netzwerk-Theorie*, Bielefeld: transcript, 2006, S. 369–397.

Latour, Bruno, *Wir sind nie modern gewesen. Versuch einer symmetrischen Anthropologie*, Berlin: Suhrkamp, 2008.

Latour, Bruno, *Kampf um Gaia: Acht Vorträge über das neue Klimaregime*, aus dem Französischen von Achim Russer und Bernd Schwibs, Berlin: Suhrkamp, 2017.

Latour, Bruno, *Das terrestrische Manifest*, Berlin: Suhrkamp, 2018.

Lessing, Gotthold Ephraim Lessing, „Brief an Nicolai November 1756", in: Ders. / Moses Mendelssohn / Friedrich Nicolai, *Briefwechsel über das Trauerspiel 1756/57*. Hg. von Jochen Schulte-Sasse, München: Winkler Verlag, 1972, S. 55.

Lessing, Gotthold Ephraim, *Hamburgische Dramaturgie, Fünfundsiebzigstes Stück*, Stuttgart: Reclam 1985, S. 383–387.

Levit, George S., *Biogeochemistry – biosphere – noosphere: the growth of the theoretical system of Vladimir Ivanovich Vernadsky*, Berlin: VWB, 2001.

Lovelock, James, "Gaia as Seen Through the Atmosphere. Letter to the Editors", in: *Atmospheric Environment* 6 (1972), S. 579–580.

Lovelock, James E., *The Ages of Gaia*, Oxford: Oxford University Press, 1988.

Lovelock, James E., *The Vanishing Face of Gaia. A Final Warning*, London: Allan Lane, 2009.

Margulis, Lynn / Sagan, Dorion, *Slanted Truths: Essays On Gaia, Symbiosis And Evolution*, N.Y.: Springer, 1997.

Meadows, Donella H. / Meadows, Dennis L. / Randers, Jorgen / Behrens III, William W., *Limits to Growth. A Report for the Club of Rome's Project on the Predicament of Mankind*, N.Y.: Universe Books, 1972.

Meded, Mateja / Thomas Köck, *the world flames like a discokugel* (*styx spricht*), Ramba-Zamba Theater Berlin 2022.

Popper, Karl, *Alles Leben ist Problemlösen*, München: Piper, 1994.

Popper, Karl, *Logik der Forschung*, Berlin: Akademie Verlag, 2013.

Reimann, Denise / Raddatz, Frank-M., *Die Konferenz der Flüsse. Hörspiel*, Deutschlandfunk 2023.

Serres, Michel, *Der Parasit*, Frankfurt a. M.: Suhrkamp, 1980.

Tseng, Julie / Poppenk, Jordan, „Brain meta-state transitions demarcate thoughts across task contexts exposing the mental noise of trait neuroticism", in: *Nature Communications* 11 (2020), S. 1–12.

Weisman, Alan, *Die Welt ohne uns. Reise über eine unbevölkerte Erde*, München: Piper, 2008.

https://www.hebbel-am-ufer.de/programm/pdetail/latour-ait-touati-inside.

https://lunatiks.de/produktion/die-welt-ohne-uns/.

https://www.sashawaltz.de/gu9h9w5jpl.

https://www.theater-basel.ch/de/chronikenvommars.

https://www.youtube.com/watch?v=N3H4OZqI19A&t=420s.

Abbildungsverzeichnis

Abb. 8.1: Foto: N.B.; Quelle: https://www.zdf.de/3sat/kulturzeit/cengalo-102.html

Abb. 8.2: Foto: Martin Argyroglo; Quelle: https://kampnagel.de/produktionen/philippe-quesne-die-nacht-der-maulwuerfe

Abb. 8.3: Foto: Martin Argyroglo; Quelle: https://kampnagel.de/produktionen/philippe-quesne-die-nacht-der-maulwuerfe

Abb. 8.4: Foto: Martin Argyroglo; https://www.theater-basel.ch/de/chronikenvommars

Abb. 8.5: Foto: N.B.; Quelle: https://lunatiks.de/produktion/die-welt-ohne-uns/

Theater ohne Menschen?

Philosophische Reflexion zu De/Montagen anthropozentrierter Vorstellung/en im Theater des Anthropozän

Katharina Kohler

1 Hinführung: Tendenzen gegenwärtiger Anthropozändebatten

Theater und Theaterwissenschaft haben erst jüngst das Erdzeitalter des Anthropozäns thematisch für sich entdeckt.[1] Die Rezeption ökologischer Krisen, die Theaterpraxis und Forschung wichtige Impulse liefern kann, wurde insbesondere im deutschsprachigen Raum als zögerlich beschrieben.[2] Zudem wird festgestellt, dass Ökologie und Umwelt ganz grundsätzlich „auf den Bühnen der westlichen Welt" nicht nur lange „unterthematisiert", sondern auch theaterwissenschaftlich „untertheorisiert" waren.[3] Laut Frank M. Raddatz verwundere diese zögerliche Hinwendung, denn das Theater müsse zwangsläufig auf den „Beginn jener gewaltigen kulturellen Transformation [...], die mit dem Anthropozän einhergeht", reagieren.[4] Eine solche Reaktion kommt aber nicht ohne eine grundlegende Verständigung über „anthropologische

1 Frank M.-Raddatz, *Das Drama des Anthropozäns*, Berlin: TdZ, 2021, S. 7–8, 10, 15 sowie Sabine Wilke, „Theater im Anthropozän. Neue Spielformen für ein neues Zeitalter?", in: Gabriele Dürbeck u. a. (Hg.), *Anthropozän Literatur. Poetiken – Genres – Lektüren*, Berlin: J.B. Metzler, 2022, S. 243–260, hier S. 243. Sowie Steffen Richter, „Natur – Maschine – Mensch. Auf dem Weg zu einer Poetik für das Anthropozän", in: *Zeitschrift für Germanistik* 1 (2018), S. 89–101, hier S. 94.

2 Im Deutschlandfunk wird 2021 befunden, dass ökologische Themen auf dem Theater trotz ihrer „immensen Bedeutung" so „gut wie nicht vor[kommen]". Vgl. das Interview Jörg Biesler / Frank M. Raddatz, „Das Theater des Anthropozän", https://www.deutschlandfunk.de/reihe-innovationsmotor-kultur-das-theater-des-anthropozaen-100.html (Zugriff 20.09.23). Für eine allgemeine Hinführung siehe Christina Caupert, „Umweltthematik in Drama und Theater", in: Gabriele Dürbeck u. a. (Hg.), *Ecocriticism. Eine Einführung*, Köln / Wien: Böhlau, 2015, S. 219–232.

3 Wendy Arons / Theresa May, *Readings in Performance and Ecology*, New York: Palgrave Macmillan, 2012, S. 1, übers. v. K. K. Vgl. auch Gerko Egert u. a., „Bühnen des Nicht-Menschlichen", in: Milena Cairo u. a. (Hg.), *Episteme des Theaters*, Bielefeld: transcript, 2016, S. 193–218, hier S. 211. Ebenso Caupert in „Umweltthematik", S. 221: „Bis ins 21. Jahrhundert hinein blieb die ökologisch orientierte Dramen- und Theaterforschung auf vereinzelte Wortmeldungen beschränkt".

4 Raddatz, *Drama*, S. 15 sowie S. 7, 10.

© BRILL FINK, 2025 | DOI:10.30965/9783846769614_010

Fragestellungen" aus.[5] Denn Fragen kultureller Transformation sind untrennbar mit anthropologischen Fragen kultureller Praktiken und Selbstbildern verbunden: Wer hat Zugang zu institutionalisierter Kunst, welche Perspektiven kann oder muss anthropozänes Theater (v)er(un)möglichen und welche Menschenbilder sind den künstlerischen Ausdruckformen inhärent?[6] Im Rahmen dieser Debatte scheint sich der Theaterdiskurs rund um anthropozäne Spielformen aktuell verstärkt der *Dezentrierung* des Menschen in seiner Natur zu widmen – oder anders formuliert: Der Diskurs konzentriert sich tendenziell auf nicht-menschliche Bühnen.[7] Denn: Nicht in der Dauerfokussierung auf das soziale Feld, sondern gerade in dessen Erweiterung bestehe die Kernaufgabe des 21. Jahrhunderts.[8]

Die Überwindung anthropozentrierter Spielformen steht interessanterweise gegensätzlich zu einer Entwicklung, die sich jüngst im geisteswissenschaftlichen Anthropozändiskurs abzeichnet: Der Philosoph und Literaturwissenschaftler Hannes Bajohr beobachtet schon 2019 eine diskursive Wiederkehr des Menschen. Er konstatiert, dass der Mensch „just in dem Moment auf die Bühne der Geisteswissenschaften zurückgekehrt" sei, da seine „endgültige Verabschiedung schon sicher" schien und referiert damit auf einen „dominanten Antihumanismus" der „letzten vierzig [...] Jahre".[9] Tatsächlich scheint die neue Anziehungskraft „insbesondere in der Semantik des Anthropos als eines Kollektivsingulars zu liegen", die „gleichermaßen Stürme der Entrüstung als auch der Begeisterung auszulösen vermag".[10] Vielleicht brauche es gerade jetzt einen adäquaten Begriff von *dem Menschen*, „eine Anthropologie, um die Folgen, Grenzen und Möglichkeiten des Menschen in einer nach ihm benannten Erdepoche zu begreifen".[11] Selbstredend könnte es bei einem neuen Ausloten des Begriffs nicht darum gehen, den unterminierten Humanismus unter

---

5 Ebd., S. 19.

6 Universitäten wie Theater werden hier als kulturelle Institutionen verstanden, die sich in „Körpern, Denkhaltungen [...] sowie Praktiken und Emotionsrepertoires nieder[schlagen]" und sich überdies „in konkreten Gebäuden" materialisieren. Vgl. Karina Rocktäschel u. a., „Auf- und Umräumen im eigenen Haus: Beiträge zur Dezentrierung Der Theater/Wissenschaft", in: *Forum modernes Theater* 34/2 (2023), S. 197–202, hier S. 197–198.

7 Vgl. Wilke, „Theater", S. 245; Raddatz, *Drama*, S. 19–20, 24.

8 Raddatz, *Drama*, S. 19.

9 Hannes Bajohr, „Keine Quallen. Anthropozän und Negative Anthropologie", in: *Merkur* 73/840 (2019), S. 63–74, hier S. 72, 64.

10 Katharina Block, „Humandezentrierung im Anthropozän", in: Hannes Bajohr (Hg.), *Der Anthropos im Anthropozän*, Berlin / Boston: de Gruyter, 2020, S. 77–96, hier S. 78.

11 Joachim Fischer, „Zur Doppelfunktion der Philosophischen Anthropologie im ökologischen Krisendiskurs", in: *Internationales Jahrbuch für philosophische Anthropologie* 1/10, (2020), S. 13–32, hier S 13.

Ausschluss der zugehörigen kritischen Debatten einfach zu rehabilitieren. Das Augenmerk richtet sich aktuell vielmehr auf eine philosophische Diskursfigur des 20. Jahrhunderts, auf eine vielleicht unterschätze Art und Weise, *wie* über den Menschen gesprochen werden kann – es gehe um die Evokation der *Negativen Anthropologie*.[12]

Den beiden frappierend unterschiedlichen Umgangsweisen in Form von De- oder ReMontagen des Anthropozentrismus gehe ich hier weiter nach. Theater interessiert dabei vor allem im Hinblick auf anthropologische Vorstellung/en und Rollen[13] im Anthropozän, die Praxis und Theorie (implizit oder explizit) fundieren und Zeugnis menschlicher Selbstauslegungen sind. Theater wird als „Institution menschlicher Selbstauslegung" im Angesicht anthropozäner Krisen verstanden.[14] Warum Theater/Wissenschaft im Anthropozän nicht über theoretische Impulse negativanthropologischer Ansätze hinwegsehen kann, wird im Gang der Argumentation entfaltet werden.

2 Anthropozän und Anthropos als flexible Erzählungen

Das Anthropozän und sein zugehöriger Anthropos werden disziplinenübergreifend vielgestaltig erzählt und ausgedeutet. Ungeachtet der Tatsache, dass das Anthropozän zunächst als geologisches Konzept der erdgeschichtlichen Periodisierung vorgeschlagen wurde, um dem dominanten menschlichen Einfluss auf atmosphärische, geologische und biologische Erdsystemprozesse Rechnung zu tragen,[15] avanciert es in Gesellschafts- und Kulturwissenschaft mittlerweile als „hyperreflexive[r] geosoziokulturelle[r] Epochenbegriff, als Ontologie und Geschichtstheorie nicht weniger denn als Anthropologie".[16] Dem ist auch seine Erfolgsgeschichte im Kunstbetrieb hinzuzufügen, in dessen Kontext das Anthropozän als „particularly productive concept" gilt – und

12 Bajohr „Quallen", S. 72.

13 Verstanden als anthropologischer Begriff, der sowohl eine gesellschaftliche als auch eine theatrale Dimension in sich trägt. Vgl. Helmuth Plessner, *Gesammelte Schriften*. Hg. v. Günter Dux u. a., 10 Bde., Frankfurt a. M.: Suhrkamp, 1980–1985, Bd. 10 (1985): „Soziale Rolle und menschliche Natur (1960)", S. 227–240.

14 Wolfgang Iser, *Das Fiktive und das Imaginäre: Perspektiven literarischer Anthropologie*, Berlin: Suhrkamp, ^{6}2016, S. 512.

15 Vgl. Paul J. Crutzen, „Geology of Mankind", in: *Nature* 415 (2002), S. 23.

16 Bajohr, „Quallen", S. 64. Vgl. auch Hans Gebhardt, „Das ‚Anthropozän' – zur Konjunktur eines Begriffs", in: *Heidelberger Jahrbücher Online* 1 (2016), S. 28–42.

dennoch: „[I]t has also shown a tendency to devolve into a fashionable buzzword".[17] Das populäre Schlagwort sei laut Gabriele Dürbeck so wirkmächtig, dass es, selbst bei Falsifikation der geologischen Hypothese, als kulturelles Konzept „weiterexistieren wird".[18]

Eine systematisierte oder gar umfassende Darstellung der inter- und transdisziplinär geführten Debatte kann an dieser Stelle nicht geleistet werden.[19] Das Anthropozän wird hier als ein Konzept verstanden, das gesellschaftlich und wissenschaftlich narrativ unterschiedlich aufbereitet wird und dem – je nach Erzählweise – teils diametral gelagerte ethische und normative Implikationen inhärent sind. Dürbeck unterscheidet in ihrer systematischen Analyse von Anthropozän-„Narrativen" *fünf* Arten, das Erdzeitalter zu erzählen.[20] Sie kommt zu dem Ergebnis, dass die Erzählweisen vor allem im Hinblick auf menschliche Rolle/n in und zur un/belebten Umwelt differieren und teils kontroverse Interpretationen zulassen.[21] Es lässt sich erahnen, dass eine Debatte um das Anthropozän nicht von einer Verständigung darüber, was der Anthropos darin sei, separiert werden kann.

Denn das Konzept des Anthropos im Anthropozän stellt sich als variabel belegbare Leerstelle heraus. Ausgerechnet die zahlreichen anthropogenen Katastrophen scheinen ein beschleunigendes Drehmoment menschlicher Akteur*innen im diskursiven Ringen um Selbstbilder zu sein. Dies wirft sie in ihrer reziproken Beziehung zur (Um)Welt auf sich selbst zurück. Doch wie kann man sich anthropologisch adäquat dem Menschsein im Anthropozän annähern?

---

17 Eva Horn / Hannes Bergthaller, *The Anthropocene. Key Issues for the Humanities*, New York: Routledge, 2020, S. 96.

18 Gabriele Dürbeck, „Narrative des Anthropozän – Systematisierung eines interdisziplinären Diskurses", in: *Kulturwissenschaftliche Zeitschrift* 1/3 (2018), S. 1–20, hier S. 3. Ähnlich Daniel Chernilo, „Die Frage nach dem Menschen in der Anthropozändebatte", in: Hannes Bajohr (Hg.), *Der Anthropos im Anthropozän*, Berlin / Boston: de Gruyter, 2020, S. 55–76, hier S. 55.

19 Siehe hierfür bspw. bei Fabienne Will, *Evidenz für das Anthropozän*, Göttingen: Vandenhoeck & Ruprecht, 2021, S. 29. Mit einem metaperspektivischen Ansatz strebt sie eine „umfassende Systematisierung der Debatte" an, ebd.

20 Dürbeck, „Narrative", S. 6–7. Dürbeck folgend, sollen unter „Narrativen" elementare kulturelle Ausdrucksformen verstanden werden, die in historisch wandelbare Kontexte eingebettet sind und die kollektiv sowohl sinnstiftend als auch wirklichkeitserzeugend sind (nach Astrid Erll / Simone Roggendorf, „Kulturgeschichtlich Narratologie: Die Historisierung und Kontextualisierung kultureller Narrative", in: Ansgar Nünning / Vera Nünning (Hg.), *Neue Ansätze in der Erzähltheorie*, Trier: WVT, 2002, S. 73–113, hier S. 79).

21 Vgl. Dürbeck, „Narrative", vgl. S. 16 sowie S. 15–17.

Widerstreitende anthropologische Positionen werden disziplinübergreifend vorgeschlagen – teilweise sind sie lediglich implizit Teil normativer und ethischer Anthropozännarrative.[22] Das sich ergebende Spannungsfeld menschlicher Akteur*innen und divergierender Rollen wurde verschiedentlich typologisiert[23] – hier werden lediglich die diametralen Pole beleuchtet, die das Kollabieren der Mensch-Natur-Differenz entweder als das Moment der menschlichen (prometheischen) *Autorisation* zur Rettung und Verwaltung (‚stewardship') der Erde (mit geringer oder keiner Zurückhaltung gegenüber (bio-)technologischer Verfahren) lesen[24] oder aber als das Moment der *Dezentrierung* des Menschen, die die Überwindung des Dogmas vom weißen, heterosexuellen, männlichen Stadtbewohner als universalen Menschen[25] anstrebt und mit seiner Enttarnung die bestimmende Leitidee („ruling concept") des nichtmenschlichen Lebens, *zoe*, erklärt.[26] Womöglich lässt sich die Diversität und Gegensätzlichkeit dieser und weiterer Positionen gewinnbringend im reflexiven Umgang mit dem Anthropos nutzen, indem sie als rekurrenter Ausdruck für menschliche Welt- und Rollensuche verstanden werden – deren finale Beantwortung allerdings verweigert wird. Charakteristischerweise fordern die ökologischen Krisen des Erdzeitalters besonders flexible Perspektivierungen des Menschlichen, die sich bekanntlich in Skalierungen von Raum, Zeit sowie auf der Ebene von Handlungsmächten niederschlagen.[27] Statt also im anthropozänen Kontext menschliche Welt- und Rollenbilder zu popularisieren, die zwar klar aber verkürzt, zwar handlungsauffordernd aber im Dienste eines (mehr oder weniger expliziten) ideologischen Anliegens wirken, kann der offene Disput über anthropologische Fundierungen und die Verneinung einer positiven Bestimmung des Menschlichen (also ein *negativ-anthropologischer* Ansatz) hilfreich sein. Chernilo analysiert scharf:

---

22 Vgl. die Kritik von Bajohr, „Quallen", S. 65; Chernilo, „Frage", S. 58.

23 Die Typologien der Anthropozändebatte unterscheiden sich je nach angewendeter Methode und jeweiligem Ziel, bspw. existieren heuristische (Dürbeck) oder wissenssoziologische Kategorisierungen.

24 Stellvertretend für technizistische Positionen: Paul J. Crutzen, „Albedo Enhancement by stratospheric Sulfur Injections: A Contribution to Resolve a Policy Dilemma", in: *Climate Change* 77 (2006), S. 211–219. Exemplarisch für Verwalterposition: Steffen Will u. a., „The Anthropocene: From Global Change to Planetary Stewardship", in: *Ambio* 40/7 (2011), S. 739–761.

25 Rosi Braidotti, *The Posthuman*, Cambridge: Polity Press, 2013, S. 65.

26 Stellvertretend für dezentrierte Ansätze siehe dies., „Four Theses on Posthuman Feminism", in: Richard A. Grusin (ed.), *Anthropocene feminism*, Minneapolis: University of Minnesota Press, 2017, S. 21–48, hier S. 21.

27 Vgl. Timothy Clark, *Ecocriticism on the Edge. The Anthropocene as a Threshold Concept*, London: Bloomsbury Academic, 2015, S. 14–24 sowie Horn / Bergthaller, *The Anthropocene*.

> die Fähigkeit der Menschen, über ihre Verantwortung gegenüber zukünftigen Generationen nachzudenken, wird eher eingeschränkt als verstärkt durch die Art und Weise, wie Anthropozäniker blind bleiben für Akte menschlicher Dezentrierung und Verantwortung, […] statt auf ihnen aufzubauen.[28]

Nicht zuletzt in künstlerischen Formaten können Menschen als moralische Akteur*innen angesprochen werden; sie können darin egoistisch oder kooperativ gedacht werden[29] – *wie* wir Menschsein erzählen und künstlerisch anlegen, beeinflusst, ob und welche Handlungshorizonte und mögliche Zukünfte sich eröffnen. Daraus ergeben sich nicht nur Fragen des Inhalts, sondern insbesondere auch Fragen nach Formen, denen nun nachgegangen wird.

3 Anthropozäne Human(de)zentrierung in Theater und Wissenschaft

3.1 *Humandezentierung im deutschsprachigen Gegenwartstheater des Anthropozäns?*

Im November 2022 feierte unter Katie Mitchells Regie der čechovsche Kirschgarten erstmalig als Protagonist Premiere, während die menschlichen Figuren und Beziehungen, einst perspektivischer Dreh- und Angelpunkt, allenfalls als randständige Mitwirkende fungierten.[30] Den Else-Lasker-Schüler Stückepreis 2022 erhielt Ariane Koch für *Die toten Freunde*, in dem weibliche Dinosaurier einen einzelnen verbliebenen Menschen ausstellen. Den Mühlheimer-Dramatikpreis gewann Caren Jeß 2023 mit *Die Katze Eleonore*, in dem eine Immobilienmaklerin ihre wahre Natur als Katze erkennt.[31] *Nicht-menschliche Dramaturgien fühlten sich an wie ein Sauerstofftank*, heißt das Interview mit der Dramatikerin Manuela Infante im September 2023.[32]

Ergänzend zu diesen aktuellen Eindrücken zeige ich schlaglichtartig anhand der literatur- und theaterwissenschaftlichen Forschung zu anthropozänorientierten Spielformen, dass in diesem Zusammenhang zugleich normative und anthropologische Fragen aufgeworfen werden. So wird der Verbindung von

28 Daniel Chernilo, „Frage", S. 73.

29 Vgl. Michael Tomasello, *Becoming Human. A Theory of Ontogeny*, Cambridge u. a.: Harvard University Press, 2019.

30 *Der Kirschgarten*, Anton Čechov, Reg. Katie Mitchell, Deutsches SchauSpielHaus Hamburg, Premiere 26.11.2022.

31 49. Mühlheimer Theatertage https://www.stuecke.de/ (Zugriff 30.09.23).

32 Manuela Infante / Valentina Montero, „Nicht-menschliche Dramaturgien fühlten sich an wie ein Sauerstofftank", in: *TdZ spezial Chile* 78/9 (2023), S. 27–31.

Theaterpraxis und Ökologie ein „großes Interesse“ attestiert, das anthropologisch begründet wird, nämlich aufgrund der „Einsicht, dass [...] das Verhältnis von Mensch und Natur [...] die wichtigste Frage dieses Jahrhunderts sei“.[33] Gleichzeitig kritisiert Matthias Warstat an theaterwissenschaftlicher Forschung die anthropozentristische „Fixierung auf den menschlichen Körper und seine Darstellungsmöglichkeiten“. Es werde immer deutlicher, dass die „dingliche, räumliche, ‚nicht-humane‘ Dimension der Aufführung zeitweise vernachlässigt“ worden sei.[34] Sabine Wilke unterbreitet indes den Vorschlag, heterogene Spielformen des Theaters unter *einer* anthropodezentrierten Lesart zu subsumieren, in der der Mensch „als Ausgangspunkt von Weltkonstruktion deplatziert wird“[35], denn eine „spezifisch theatral[e] Auseinandersetzung mit dem Anthropozän“ lässt sich durch „Bühnen des Nicht-Menschlichen“ kennzeichnen, auf denen die „Deplatzierung inszeniert, ausgestellt und spielerisch verhandelt wird“.[36]

Das Skizzierte lässt eine Konjunktur nicht-menschlicher Perspektivierungen im deutschsprachigen Gegenwartstheater vermuten, während humanzentrierte Spielformen in Theater und -wissenschaft vermehrt in Kritik geraten.[37] Eingangs Dargelegtes sollte freilich hervorheben, dass sich inter- und transdisziplinäre Anthropozändiskurse durch die *Heterogenität der Arten & Weisen auszeichnen, wie* das Erdzeitalter und seine dominanten Akteur*innen erzählt werden. Folglich ist es nicht selbstverständlich, dass sich Diskurse im Bereich des deutschsprachigen Theaters das Anthropozän aktuell schwerpunktmäßig mit einer Humandezentrierung zu verschränken scheinen. Werden zugehörige theoretische Impulse für diese dezentrierten Diskurse im theatralen Bereich expliziert, so stammen diese vor allem von posthumanistischen, postkolonialen sowie prozessontologischen und neumaterialistischen Autor*innen (oder deren Vordenker*innen).[38] Im Kern befürworten solche Spielweisen ein Theater *nach dem Menschen*, das den

33 Daniela Hahn in Egert u. a., „Bühnen“, S. 211.

34 Matthias Warstat, „Was ist Theateranthropologie? Das Theater als eine Bühne des (neuen) Menschen“, in: *Paragrana* 29/1 (2020), S. 189–201, hier S. 198: „so sucht man weiterhin vergeblich nach theaterwissenschaftlichen Studien zu Requisiten, Objekten, Aufbauten, Beleuchtungsformen, technischen Infrastrukturen, aber auch zu Masken und Kostümen. Hier besteht ein Nachholbedarf [...]“.

35 Wilke, „Theater“, S. 243.

36 Wilke, „Theater“, S. 245.

37 Warstat, „Theateranthropologie“, S. 198.

38 Zu nennen sind bspw. Rosi Braidotti, Jane Bennett, Karen Barad, Donna Haraway, Bruno Latour, Dipesh Chakrabarty. Die oben angeführten Theaterwissenschaftler*innen beziehen sich alle direkt oder indirekt auf eine Auswahl dieser Autor*innen.

Humanismus als problematisch zurückweist[39] und seine „konzeptuelle Verkörperung der Gewalt“ hinter sich lässt.[40] Demgemäß spricht sich Karina Rocktäschel für ein posthumanistisches, dekoloniales Theater aus, das „die Probleme unserer Zeit“ auf eine universalistische Konzeption des Menschen zurückführt.[41] Theater *nach* dem Menschen bedeute hier aber gerade nicht Theater *ohne* Menschen: Den humanistischen Begriff des Menschen gelte es vielmehr als eine „historische Konfiguration“ zu deklarieren, die „es zu überwinden […] oder zu entmächtigen gilt“.[42] Auch Infante konterkariert den „humanistische[n] theoretische[n] Rahmen“ traditioneller Theaterformate in ihren Arbeiten.[43] Doch inwiefern tragen human(de)zentrierte Anlagen von Inszenierungen zur pluralen Perspektivierung des Mensch-Welt-Verhältnisses im Anthropozän bei?

3.2 *Negative Anthropologie als Ausgangspunkt einer philosophischen Theateranthropologie?*

Es existiert noch „keine überzeugende theatrale Grammatik, die [die] in Bewegung geratenen planetarischen Parameter […] in dramatische Kontexte zurückzubinden und als Folge von Handlungen bestimmter Figurengruppen darzustellen […] bzw. in einzelnen psychischen Segmenten der Conditio humana festzumachen“ vermag.[44] Gefragt sind neue, zukunftsfähige „Formen“ anthropozäner „Imagination“.[45] Manch eine mag das an Günther Anders' *„Exerzitien“* erinnern, „um die angeblich festliegende ‚proportio humana‘ seiner Vorstellung und seines Fühlens zu transzendieren“.[46] Diese „Überdehnungen“ der *„gewohnten Phantasie- und Gefühlsleistungen“*[47] entwickelt er nicht zuletzt aus der Kritik an akademischer Philosophie des 20. Jahrhunderts, der er Anthropozentrismus[48] vorwirft und der Anders, der sich als Deserteur in der Praxis

39 Karina Rocktäschel, „Zur Frage nach dem Menschlichen im zeitgenössischen Theater“, in: *Studia Germanica Posnaniensia* 42 (2022), S. 161–177, hier S. 175.

40 Infante / Montero, „Dramaturgien“, S. 28.

41 Rocktäschel, „Frage“, S. 175.

42 Ebd., S. 162.

43 Infante / Montero, „Dramaturgien“, S. 28.

44 Raddatz, *Drama*, S. 8, vgl. auch S. 10.

45 Eva Horn, „Jenseits der Kindeskinder. Nachhaltigkeit im Anthropozän“, in: *Merkur* 71 (2017), S. 5–17, hier S. 12.

46 Günther Anders, *Die Antiquiertheit des Menschen*, Bd. 1, München: C.H. Beck, [4]2018 [1956], S. 303–304.

47 Ebd.

48 Vgl. ebd., S. 211, sowie S. 365–366.

stilisiert,[49] eine formreflexive Gelegenheitsphilosophie entgegensetzt,[50] deren anthropologischer Ausgangspunkt Alltagsbeobachtungen mit und von weltlosen (nicht auf eine bestimmte Welt festgelegte) Menschen sind.[51]

Dies führt zurück zum negativ-anthropologischen Ansatz, der nun im Hinblick auf anthropozänes Theater näher ausgeführt wird. Negative Anthropologien werden hier ganz grob als systematischer Ansatz verstanden, mit dem grundlegend danach gefragt wird, *wie* (nicht mehr *was*) der Mensch ist, ohne dass sich daraus eine abschließende Definition des Menschen ergibt.[52] Sie setzen sich mit der menschlichen Konfiguration auseinander, aber nur in prekärer Weise, nämlich unter negativem Vorzeichen: Beispielsweise weil die Bestimmbarkeit des Menschen negiert wird (eine Lesart der Philosophie Helmuth Plessners) oder da die Negation in der Bestimmung selbst liegt: in der Zukunftslosigkeit, die sich aus einem Apokalypsebewusstsein ergibt (Anders).[53] Bajohr resümiert zur Anthropozändebatte: Negative Anthropologie sei der „überraschende Konvergenzpunkt der Begegnung eines geologisch[en] […] Befunds mit den Skrupeln einer spezifischen Tradition der Geisteswissenschaften. Sie bezeichnet die Bewegung einer Dezentrierung, die wieder Rezentrierung wird“.[54]

Diese Bewegung ist heikel, zumindest bei Anders: „an die Stelle der ‚Wie-Fragen‘ ist die ‚Ob-Frage‘ getreten; die *ob* die Menschheit weiterbestehen werde oder nicht“.[55] Entsprechend stilisierte Anders im Spätwerk *ex post* die eigene „Kehre“ hin zum philosophischen Hauptanliegen der *Welt ohne Menschen*, also der „Selbstvernichtung der Menschheit“ bei diagnostizierter „Apokalypseblindheit“.[56] Das oben genannte Theater *nach* dem Menschen mutet hier wie ein Weckruf an.

In ähnlichem Ton rahmt Mitchell ihre Kirschgarteninszenierung: „If we keep abusing nature it will collapse taking us with it“.[57] Hier interessiert Mitchells Inszenierung wegen der humandezentrierten Anlage: Statt den bekannten

49 Günther, *Die Antiquiertheit des Menschen*, Bd. 2, München: C.H. Beck, ⁴2018 [1980], S. 12.

50 Vgl. Anders, *Antiquiertheit*, Bd. 1, S. 20–28; Anders, *Antiquiertheit*, Bd. 2, S. 10–12.

51 Günther Anders, *Mensch ohne Welt. Schriften zur Kunst und Literatur*, München: C.H.Beck, ³2022 [1984], S. XI–XXIV.

52 Ich folge Bajohrs / Edingers Minimalkriterien. In: Hannes Bajohr / Sebastian Edinger, *Negative Anthropologie. Ideengeschichte und Systematik einer unausgeschöpften Denkfigur*, Berlin / Boston: de Gruyter, 2021, vgl. S. 1–4, sowie S. 7–64.

53 Vgl. Bajohr, „Quallen“, S. 72–73.

54 Ebd., S. 74.

55 Anders, *Antiquiertheit*, Bd. 1, S. 264.

56 Ebd. sowie Anders, *Mensch*, S. XI.

57 *Kirschgarten*, Trailer: https://www.youtube.com/watch?v=plD65SfWcuw (Zugriff 01.02.24).

schicksalhaften Figurenkonstellationen rückt der Kirschgarten als Protagonist inhaltlich und räumlich in den Mittelpunkt. Filmische Naturaufnahmen thronen zentral über den Köpfen der Mitwirkenden und Schauspielende erzeugen darunter zum Beispiel Klangteppiche zu Bildern oder zitieren die Handlung bruchstückhaft im Hörspielstil an – sie werden für die Perspektivverschiebung dienstbar gemacht. Sichtbar wird dabei, wie der Garten ‚benutzt' und achtlos behandelt wird (z. B. die Aufnahme eines weggeworfenen Zigarettenstummels) – doch die Hauptfigur bleibt passiv erduldend, liefert lediglich wortwörtlich eine Projektionsfläche für kapitalistische Menscheninteressen. Lehrhaft-didaktisch mutet da die Botschaft an, die die Inszenierung übermittelt und mit der Zuschauer*innen schon dank der Rahmung konfrontiert werden: Wir sind Herr*innen der Apokalypse,[58] denn anders „als die […] [Heils-]Offenbarungen vergangener Epochen erscheinen die in der Gegenwart aufgerufenen Untergänge nicht länger als göttliches Gericht oder als Naturkatastrophe, sondern sind menschengemacht", was „absolute Kontrolle und totalen Kontrollverlust ineinanderfallen lässt".[59] Das komplex choreographierte Rückwärtsspulen der gesamten Inszenierung vom Katastrophenpunkt (Gartenabholzung) bis zum Startpunkt des Abends dreht das drohende „If we …" zu „What if".

Zurück zur Wendung *Welt ohne Menschen*, die sich noch in einem weiteren Sinne verstehen lässt: Verschiedene Forschungsbeiträge debattieren, inwiefern man Menschen als verantwortliche Akteur*innen habhaft wird oder inwiefern sie ‚verschwinden', wenn sie in posthumanistische Netzwerke eingepflegt werden, die sich aus komplexen Wechselbeziehungen gleichberechtigter nicht-/humaner Akteur*innen zusammensetzen.[60] Denn *der Mensch* als universale Bezugseinheit werde damit obsolet; er werde als affektive Assemblage oder als relationale vitalistische Einheit imaginiert.[61] Bajohr urteilt entsprechend, dass sich die posthumanistische Reaktion auf das Anthropozän „weithin" durch die Schwierigkeit auszeichnet, „ontologische und ethische Fragen zu

58 Anders, *Antiquiertheit*, Bd. 1, S. 266–269.

59 Ulrich Bröckling, „Untergang als Argument: Politiken der Apokalypse", in: *Soziopolis: Gesellschaft beobachten* (2023), https://nbn-resolving.org/urn:nbn:de:0168-ssoar-90596-5 (Zugriff 05.02.2024).

60 Vgl. Bajohr, „Quallen"; Block, „Humandezentrierung"; Chernilo, „Frage"; Christian Dries / Marie-Helen Hägele, „Die Stellung des Menschen im Anthropozän. Ein Brückenschlag zwischen Posthumanismus und Philosophischer Anthropologie", in: Hannes Bajohr (Hg.): *Der Anthropos im Anthropozän*, Berlin / Boston: de Gruyter, 2020, S. 173–189. Verknüpft wird der Posthumanismus bei diesen Autor*innen vornehmlich mit Rosi Braidotti, Karen Barad und eingeschränkt auch Donna Haraway.

61 Dries / Hägele zu Braidotti, „Stellung", S. 176.

koordinieren".[62] Auch Christian Dries und Marie-Helen Hägele attestieren der Reaktion „Ambivalenzen und Vagheiten", die mithilfe bestimmter Bausteine negativer Anthropologien aufgefangen werden könnten.[63]

Gefragt sind daher anthropologische und ästhetische Ansätze, die anthropozäne Skalierungsprobleme sicht- und nachvollziehbar gestalten und die auch eine Verknüpfung mit ethischen Positionen erlauben. Plessner könnte solche Bausteine liefern. In der Theaterwissenschaft ist er außerdem fest etabliert. Hier interessiert er anthropologisch, da er evolutionäre, soziologische und angedeutet ethische Ansätze des Menschlichen geschickt im Strukturmerkmal der exzentrischen Positionalität, die (bis dato) einzig *homo sapiens* zukommt, fundiert.[64] Die aus der Positionalität resultierende menschliche ‚Sonderstellung' wird aber gerade mit menschlicher Verantwortung verbunden: Denn Plessner erkennt die Notwendigkeit „dem Können des Menschen, sein Schicksal zu spielen, eine Schranke zu setzen" – der Mensch liefere sich dank

> seiner eigenen durch die Fortschritte der Wissenschaft und Technik riesenhaft gewachsenen Verfügungsgewalt […] selbst ans Messer".[65] „Offensichtlich […] verlangt die ökologische Krise nach Zuordnung von Verantwortungen an den ausschlaggebenden Anthropos […] und seinen Verpflichtungen gegenüber anderen agencies.[66]

Die Pointe bei Plessner: Dem Können des Menschen wird gerade darin eine Grenze gesetzt, dass er das Wissen um menschliche Unergründlichkeit als verbindliches Prinzip anerkennt.[67] Die „Setzung des [menschlichen] Wesens

---

62 Bajohr, „Quallen", S. 69.

63 Dries / Hägele, „Stellung", S. 184.

64 Diese Struktur ermöglicht es dem Menschen (im Gegensatz zu Tieren und Pflanzen) zeitweise von sich reflexiv Abstand zu nehmen und eine objektivierende Haltung gegenüber sich und der Welt einzunehmen, vgl. Helmuth Plessner, *Gesammelte Schriften.* Hg. v. Günter Dux u. a., 10 Bde., Frankfurt a. M.: Suhrkamp, 1980 –1985, Bd. 4 ([2]2016) [1928]: *Die Stufen des Organischen und der Mensch*, S. 360–425. Vgl. auch ders., *Gesammelte Schriften.* Hg. v. Günter Dux u. a., 10 Bde., Frankfurt a. M.: Suhrkamp, 1980–1985, Bd. 8 ([1]2003): „Mensch und Tier", S. 52–65, hier S. 65. Sowie ders., *Gesammelte Schriften.* Hg. v. Günter Dux u. a., 10 Bde., Frankfurt a. M.: Suhrkamp, 1980–1985, Bd. 5 ([4]2022): „Macht und Menschliche Natur (1931)", S. 135–234.

65 Helmuth Plessner, *Gesammelte Schriften.* Hg. v. Günter Dux u. a., 10 Bde., Frankfurt a. M.: Suhrkamp, 1980–1985, Bd. 8 ([1]2003): „Die Aufgabe der Philosophischen Anthropologie (1937)", S. 33–51, hier S. 50–51.

66 Joachim Fischer, „Der Anthropos des Anthropozän: Zur positiven und negativen Doppelfunktion der Philosophischen Anthropologie", in: Hannes Bajohr (Hg.), *Der Anthropos im Anthropozän*, Berlin / Boston: de Gruyter, 2020, S. 19–40, hier S. 29.

67 Vgl. Plessner, „Macht", S. 228–230.

in ein Wie"[68] dient anders als beim späten Anders dazu, den Menschen als unbeantwortbare, „offene Frage" zu zeigen – seine „Ausgestaltung" bleibt immer „Sache historischer Entscheidungen [...], die zugleich, da sie damit immer andere Möglichkeiten abschneidet, nie endgültig sein kann".[69] Die menschliche Vielfalt soziokultureller Lebensentwürfe wird so auf variable „Modi" der exzentrischen Positionalität zurückführbar; sie entwickeln sich innerhalb und aus Entwürfen vorheriger Generationen, ohne dadurch auf eine bestimmte Zukunft festgelegt zu sein.[70]

Eine Laudatio für Thomas Köck klingt fast wie darauf zugeschnitten: Sein Werk mache nicht halt „vor den Zuständen unserer Zeit, in einer Sprache, die Speicher ist", die also im „Rückblick immer eine Zukünftigkeit unterbringt" und zur „Kenntlichkeit unserer Gegenwart" beiträgt, weil es um eine „gemeinsame Zukunft" geht.[71] Die humanzentrierte Anlage einer aktuellen Mythosüberschreibung Köcks wird hier skizziert und veranschaulicht zugleich das zu Plessner Dargelegte. In *forcast:ödipus*[72] treibt er ein Spiel mit einer theatralen Verabredung: ‚König Ödipus' wird als der ewig Ahnungslose ironisiert.[73] Altbekannte und neue Rollen (wie Ödipus / Wohlstandswutschnaubende) werden etabliert, Gegenwartsbezüge (bspw. Orakel, die auch als Wissenschaftler*innen sichtbar werden) scheinen durch eine überzeitliche Stückanlage. In ‚vertrauter' Krisensituation (verhandelt werden situativ Seuche und Klimawandel) präsentieren sich Schauspielende und Figuren als die Rolle/n, die von ihnen erwartet werden, obgleich die Welt diesmal scheinbar wirklich zugrunde geht. Und so führen Text und Inszenierung in humorvoller Demontagewut altbekannte menschliche Rollenbilder *ad absurdum*, entlarven sie als generationsübergreifend konservierte Überbleibsel einer völlig überkommenen Ordnung, bis schließlich die gesamte humanzentrierte Vorstellung und mit ihr die Tragödientradition implodieren. Der destruktive Iterationszwang zeigt Figuren und Schauspielende aber gerade als Teil der menschlichen

68 Ebd., S. 154–155.

69 Bajohr, „Negative Anthropologie", in: Bajohr / Edinger, *Negative*, S. 7–42, hier S. 19.

70 Plessner, „Macht", S. 155 und S. 182–185.

71 Kathrin Röggla, „Who owns history? Laudatio für Thomas Köck", in: *Die Rampe* 1 (2020), S. 82–82, hier S. 83.

72 Thomas Köck, *forecast:ödipus*, Reg. Stefan Pucher, Staatstheater Stuttgart, Premiere 13.05.23.

73 Ödipus war stets „Melodram, weil alle, wirklich alle [...] genau wussten, was passiert [...] – nur Ödipus selbst musste [...] so tun, als wüsste er nichts [... u]nd diese Verabredung hat mich aus guten Gründen im Angesicht unserer aktuellen Situation interessiert". Thomas Köck in: Thomas Köck / Carolin Losch, „Plateau der Erschöpfung", in: Schauspiel Stuttgart (Hg.), *forecast:ödipus. Living on a Damaged Planet*, Heft 71, Stuttgart 2023, S. 15.

Gemeinschaft. Im Angesicht der Krise werden alle zu Beteiligten: Sie werden als (historisch) abhängige Subjekte innerhalb von Machtstrukturen sichtbar, als kollektiv leidende Menschheit (obgleich je nach Klasse unterschiedlich betroffen) und als individuelle Schicksale. Die Rollen erscheinen innerhalb des Gefüges höchst fragwürdig. Und so wird das Publikum nach einer aufgebrochenen Inszenierung in die Ungewissheit entlassen – statt wie bei Mitchell zum ‚Nullpunkt' zurückzuspulen, überantwortet Köck dem Publikum die de/montierten menschlichen Rollenbilder und Vorstellungen samt Wiederholungszwang.

4 Schluss

‚Theater ohne (‚das' Narrativ vom) Menschen' bedeutet die Rolle des Anthropos auf den Bühnen und in einer Welt ökologischer Krisen als variabel belegbare Leerstelle zu zeigen. Es lädt zur Erkundung ein. Das Theater sollte im Beitrag als kulturelle Institution und Praxis anthropologischer Konfigurationserkundung sichtbar werden. Es ist entscheidend an kulturellen Transformationsprozessen beteiligt und gestaltet spielerisch menschliche Selbst- und Rollenbilder mit (gesellschaftlich / theatral, explizit / implizit). Die exemplarisch skizzierten negativ-anthropologischen Ansätze (Anders, Plessner) ermöglichen *humanzentrierte* Vorstellungen (im doppelten Sinn) entweder spielerisch zu dezentrieren und dadurch neuen Akteur*innen und Perspektiven einen Platz einzuräumen (*Kirschgarten* unter Mitchells Regie) oder zu demontieren und dennoch zum zentralen, aber prekären Anliegen zu erheben (Köcks *forecast:ödipus*).

Ganz grundlegend können negativ-anthropologische Ansätze für die Vielgestaltigkeit menschlicher Erscheinungsformen sensibilisieren, da sie aufgrund ihrer Flexibilität heterogene Perspektivierungen begünstigen. Sie vermögen die spielerische Erkundung von Mensch-Welt-Verhältnissen zu fundieren. Negative Anthropologien und anthropozäne Ästhetiken (mit ihren typischen Skalierungsproblemen) zielen nicht zuletzt beide darauf ab, form- oder methodenreflexiv darstellbar zu machen, *wie* Menschen und ihre Rollen in und zur (un)belebten Welt über große zeitliche Distanzen darstellbar sind und zukünftig bleiben. Vielleicht greifen ihre Suchbewegungen daher (zumindest in mancher Hinsicht) so gut ineinander. Die Untersuchung versteht sich als Erprobung von Ansätzen einer praxisorientierten philosophischen Theateranthropologie, die einen Aspekt anthropozäner Theaterkunst unterstreicht: Spielformen werden mit und für Menschen ersonnen und umgesetzt. Obgleich anthropozänes Theater Raum für tierische und dingliche

Akteur*innen, für Ökosysteme schafft (oder schaffen muss), gilt es, soziokulturell gewachsene menschliche Perspektiven, an die der Anthropos schon körperlich stets gebunden bleibt, ernst zu nehmen und gerade deswegen ungewohnte Gefühls- und Fantasieleistungen zu provozieren, um verantwortliche menschliche Akteur*innen in einer anthropogen überformten Welt sichtbar und belangbar zu halten.

Literaturverzeichnis

Anders, Günther, *Die Antiquiertheit des Menschen*, Bd. 1, München: C.H. Beck, ^{4}2018 [1956].

Anders, Günther, *Die Antiquiertheit des Menschen*, Bd. 2, München: C.H. Beck, ^{4}2018 [1980].

Anders, Günther, *Mensch ohne Welt. Schriften zur Kunst und Literatur*, München: C.H.Beck, ^{3}2022 [1984].

Arons, Wendy / May, Theresa, *Readings in Performance and Ecology*, New York: Palgrave Macmillan, 2012.

Bajohr, Hannes, „Keine Quallen. Anthropozän und Negative Anthropologie", in: *Merkur* 73/840 (2019), S. 63–74.

Bajohr, Hannes, *Der Anthropos im Anthropozän. Die Wiederkehr des Menschen im Moment seiner vermeintlich endgültigen Verabschiedung*, Berlin / Boston: de Gruyter, 2020.

Bajohr, Hannes / Edinger, Sebastian, *Negative Anthropologie. Ideengeschichte und Systematik einer unausgeschöpften Denkfigur*, Berlin / Boston: de Gruyter, 2021.

Bajohr, Hannes, „Negative Anthropologie", in: Bajohr, Hannes / Edinger, Sebastian (Hg.), *Negative Anthropologie. Ideengeschichte und Systematik einer unausgeschöpften Denkfigur*, Berlin / Boston: de Gruyter, 2021, S. 7–42.

Biesler, Jörg / Raddatz, Frank-M., „Das Theater des Anthropozän", in: *Deutschlandfunk. Reihe Innovationsmotor Kultur* https://www.deutschlandfunk.de/reihe-innovationsmotor-kultur-das-theater-des-anthropozaen-100.html (Zugriff 20.09.23).

Block, Katharina, „Humandezentrierung im Anthropozän", in: Hannes Bajohr (Hg.), *Der Anthropos im Anthropozän*, Berlin / Boston: de Gruyter, 2020, S. 77–96.

Braidotti, Rosi, *The Posthuman*, Cambridge: Polity Press, 2013.

Braidotti, Rosi, „Four Theses on Posthuman Feminism", in: Richard A. Grusin (Hg.), *Anthropocene feminism*, Minneapolis: University of Minnesota Press, 2017, S. 21–48.

Bröckling, Ulrich, „Untergang als Argument: Politiken der Apokalypse", in: *Soziopolis: Gesellschaft beobachten* (2023), https://nbn-resolving.org/urn:nbn:de:0168-ssoar-90596-5 (Zugriff 05.02.2024).

Caupert, Christina, „Umweltthematik in Drama und Theater", in: Gabriele Dürbeck u. a. (Hg.), *Ecocriticism. Eine Einführung*, Köln / Wien: Böhlau, 2015, S. 219–232.

Chernilo, Daniel, „Die Frage nach dem Menschen in der Anthropozändebatte", in: Hannes Bajohr (Hg.), *Der Anthropos im Anthropozän*, Berlin / Boston: de Gruyter, 2020, S. 55–76.

Clark, Timothy, *Ecocriticism on the Edge. The Anthropocene as a Threshold Concept*, London: Bloomsbury Academic, 2015.

Crutzen, Paul J., „Geology of Mankind", in: *Nature* 415 (2002), S. 23.

Crutzen, Paul J. „Albedo Enhancement by stratospheric Sulfur Injections: A Contribution to Resolve a Policy Dilemma", in: *Climate Change* 77 (2006), S. 211–219.

Dries, Christian / Hägele, Marie-Helen, „Die Stellung des Menschen im Anthropozän. Ein Brückenschlag zwischen Posthumanismus und Philosophischer Anthropologie", in: Hannes Bajohr (Hg.): *Der Anthropos im Anthropozän*, Berlin / Boston: de Gruyter, 2020, S. 173–189.

Dürbeck, Gabriele, „Narrative des Anthropozän – Systematisierung eines interdisziplinären Diskurses", in: *Kulturwissenschaftliche Zeitschrift* 1/3 (2018), S. 1–20.

Egert, Gerko u. a., „Bühnen des Nicht-Menschlichen", in: Milena Cairo u. a. (Hg.), *Episteme des Theaters. Aktuelle Kontexte von Wissenschaft, Kunst und Öffentlichkeit*, Bielefeld: transcript, 2016, S. 193–218.

Erll, Astrid / Roggendorf, Simone „Kulturgeschichtlich Narratologie: Die Historisierung und Kontextualisierung kultureller Narrative", in: Ansgar Nünning / Vera Nünning (Hg.), *Neue Ansätze in der Erzähltheorie*, Trier: WVT, 2002, S. 73–113.

Fischer, Joachim, „Zur Doppelfunktion der Philosophischen Anthropologie im ökologischen Krisendiskurs", in: *Internationales Jahrbuch für philosophische Anthropologie* 1/10, (2020), S. 13–32.

Fischer, Joachim, „Der Anthropos des Anthropozän: Zur positiven und negativen Doppelfunktion der Philosophischen Anthropologie", in: Hannes Bajohr (Hg.), *Der Anthropos im Anthropozän*, Berlin / Boston: de Gruyter, 2020, S. 19–40.

Gebhardt, Hans, „Das ‚Anthropozän' – zur Konjunktur eines Begriffs", in: *Heidelberger Jahrbücher Online* 1 (2016), S. 28–42.

Horn, Eva, „Jenseits der Kindeskinder. Nachhaltigkeit im Anthropozän", in: *Merkur* 71 (2017), S. 5–17.

Horn, Eva / Bergthaller, Hannes, *Anthropozän*, Hamburg: Junius, 2019.

Horn, Eva / Bergthaller, Hannes, *The Anthropocene. Key Issues for the Humanities*, New York: Routledge, 2020.

Iser, Wolfgang, *Das Fiktive und das Imaginäre: Perspektiven literarischer Anthropologie*, Berlin: Suhrkamp, ^{6}2016.

Köck, Thomas / Losch, Carolin, „Plateau der Erschöpfung", in: Schauspiel Stuttgart (Hg.), *forecast:ödipus. Living on a Damaged Planet*, Heft 71, Stuttgart 2023.

Plessner, Helmuth, *Gesammelte Schriften.* Hg. v. Günter Dux u. a., 10 Bde., Frankfurt a. M.: Suhrkamp, 1980–1985, Bd. 4 (^{2}2016) [1928]: *Die Stufen des Organischen und der Mensch.*

Plessner, Helmuth, *Gesammelte Schriften.* Hg. v. Günter Dux u. a., 10 Bde., Frankfurt a. M.: Suhrkamp, 1980–1985, Bd. 5 (^{4}2022): „Macht und Menschliche Natur (1931)“, S. 135–234.

Plessner, Helmuth, *Gesammelte Schriften.* Hg. v. Günter Dux u. a., 10 Bde., Frankfurt a. M.: Suhrkamp, 1980–1985, Bd. 8 (^{1}2003): „Mensch und Tier“, S. 52–65.

Plessner, Helmuth, *Gesammelte Schriften.* Hg. v. Günter Dux u. a., 10 Bde., Frankfurt a. M.: Suhrkamp, 1980–1985, Bd. 8 (^{1}2003): „Die Aufgabe der Philosophischen Anthropologie (1937)“, S. 33–51.

Plessner, Hellmuth, *Gesammelte Schriften.* Hg. v. Günter Dux u. a., 10 Bde., Frankfurt a. M.: Suhrkamp, 1980–1985, Bd. 10 (1985): „Soziale Rolle und menschliche Natur (1960)“, S. 227–240.

Raddatz, Frank-M., *Das Drama des Anthropozäns*, Berlin: TdZ, 2021.

Richter, Steffen, „Natur – Maschine – Mensch. Auf dem Weg zu einer Poetik für das Anthropozän“, in: *Zeitschrift für Germanistik* 1 (2018), S. 89–101.

Rocktäschel, Karina, „Zur Frage nach dem Menschlichen im zeitgenössischen Theater“, in: *Studia Germanica Posnaniensia* 42 (2022), S. 161–177.

Rocktäschel, Karina u. a., „Auf- und Umräumen im eigenen Haus: Beiträge zur Dezentrierung der Theater/Wissenschaft“, in: *Forum modernes Theater* 34/2 (2023), S. 197–202.

Röggla, Kathrin, „Who owns history? Laudatio für Thomas Köck“, in: *Die Rampe* 1 (2020), S. 82–82, hier S. 83.

Steffen, Will u. a., „The Anthropocene: From Global Change to Planetary Stewardship“, in: *Ambio* 40/7 (2011), p. 739–761.

Tomasello, Michael, *Becoming Human: A Theory of Ontogeny*, Cambridge u. a.: Harvard University Press, 2019.

Warstat, Matthias, „Was ist Theateranthropologie? Das Theater als eine Bühne des (neuen) Menschen“, in: *Paragrana* 29/1 (2020), S. 189–201.

Wilke, Sabine, „Theater im Anthropozän. Neue Spielformen für ein neues Zeitalter?“, in: Gabriele Dürbeck / Simon Probst / Christoph Schaub (Hg.), *Anthropozän Literatur. Poetiken – Genres – Lektüren*, Berlin: J.B. Metzler, 2022, S. 243–260.

Will, Fabienne, *Evidenz für das Anthropozän*, Göttingen: Vandenhoeck & Ruprecht, 2021.

Der Kirschgarten, Anton Čechov, Reg. Katie Mitchell, Deutsches SchauSpielHaus Hamburg, Premiere 26.11.2022.

forecast:ödipus, Thomas Köck, Reg. Stefan Pucher, Staatstheater Stuttgart, Premiere 13.05.23.

Homo sapiens nach der Klimakatastrophe in Philipp Weiss' Drama *Der letzte Mensch*

Karolina Sidowska

In der Einführung zur Lesung aus Philipp Weiss' Stück *Der letzte Mensch* an der Universität Heidelberg im Februar 2023 hat Barbara Mittler auf Verzweiflung, Wut und Schrecken als Quellen des dystopisch-utopischen Schreibens hingewiesen und bemerkt, dass aus diesen negativen Impulsen doch immer wieder eine neue Welt, sprich: neue Hoffnung, geboren wird.[1] Die Affekte Wut, Verzweiflung und Schrecken findet man leicht in düsteren Climate-Fiction-Produktionen,[2] zu denen auch der besagte Dramentext aus dem Jahr 2019 gehört, der jedoch in der Tat gewisse Chancen auf dem Fortbestand der Welt nach der Umweltkatastrophe zulässt. Dies unterminiert nicht die Rolle des Schreckens, vielleicht sogar umgekehrt. Weiss schreibt darüber explizit:

> Wir haben heute, so glaube ich, keine Sprache für die Welt. Wir haben nicht nur keine Sprache für globale komplexe Zusammenhänge, für Hyperrealitäten und die enthemmten Dynamiken der kapitalistischen Weltmaschine. Wir scheitern daran, uns das fragile Geflecht zu vergegenwärtigen, dessen Teil wir sind, diese lebendige Schicht, die sich um den verwundbaren Planeten legt. Wir verstummen im Schrecken darüber, dass das, was uns ewig und unveränderlich erscheint – dieses Gefüge aus Meeren, Bergen, Eismassen, Flüssen, Wäldern und Leben –, tatsächlich bedroht sein könnte.[3]

---

1 „(Wie) lässt sich die Schöpfung noch retten? Lesung und Dialog zu und mit Philipp Weiss: *Der letzte Mensch* (2019)" https://www.uni-heidelberg.de/de/transfer/kommunikation/ruperto-carola-ringvorlesung/wie-laesst-sich-die-schoepfung-noch-retten-lesung-und-dialog-zu-und-mit-philipp-weiss-der-letzte (Zugriff 12.02.2024).

2 Unter *climate fiction* (*cli-fi*) ist ein neues literarisches Genre gemeint, das sich seit Anfang des 21. Jahrhunderts rasant entwickelt und in dem Science Fiction mit der Dystopie-Poetik einhergeht, indem die Protagonist*innen? in einer postapokalyptischen Landschaft mit verheerenden Folgen der klimatischen Katastrophe zu kämpfen haben. Vgl. Gregers Andersen, *Climate Fiction and Cultural Analysis. A new perspective on life in the Anthropocene, New York: Routledge, 2020, S. 1–14*; Derek Woods, „Genre at Earth Magnitude. A Theory of Climate Fiction", in: *New Literary History* 2/54 (2023), S. 1143–1167.

3 Philipp Weiss, *Briefe und Metamorphosen*, https://www.logbuch-suhrkamp.de/philipp-weiss/briefe-und-metamorphosen/ (Zugriff 12.02.2024).

 | DOI:10.30965/9783846769614_011

Und doch geht es darum, „vor dem Schrecken nicht zu verstummen, sondern ihn zu verwandeln",[4] womit eine Verantwortung und eine Aufgabe für Schriftsteller*innen einhergeht, die vorliegenden wissenschaftlichen Daten und Fakten in einen Zusammenhang zu bringen, ihre möglichen Konsequenzen bildhaft darzustellen, „aus dem bloßen Zählen wieder ein Erzählen zu machen".[5] Das Narrativ, das auf diese Art und Weise zustande kommt, dient als Rüstung und Vorbereitung auf das Kommende, so schlimm es auch sein mag. Ähnliche Erkenntnisse eröffnet das Stück *Der letzte Mensch*:

> Die Notwendigkeit des vorliegenden Stücks hängt mit folgender Überlegung zusammen: Wir scheitern heute grundlegend daran, das Zukünftige vorzustellen, fühlbar zu machen und zur Sprache zu bringen. Doch nur, was wir erzählen und somit vorstellen können, können wir auch verantworten und folglich verändern.[6]

Dementsprechend entwirft der Autor in seinem „Simulationsspiel" drei Szenarien der postapokalyptischen Schicksale der Protagonistin Liv van der Meer, jedes Mal aus der futuristischen Perspektive des Jahres 2107. Die Frage, die sowohl im Drama als auch im vorliegenden Artikel gestellt wird, lautet: Welche Chancen hat die Menschheit als Gattung aufs Überleben der Klimakrise? Solche Fragestellung erzwingt dann weitere Reflexionen über das Verhältnis des Menschen zu seiner Umwelt und zu anderen irdischen Spezies, die v. a. im dritten Teil des Stücks von Relevanz sind. Auf diese Aspekte möchte ich durch das Prisma der neuesten Theorien des Neuen Materialismus und Posthumanismus, insbesondere der Schriften von Donna Haraway blicken.

Über den Verfasser des Stücks ist auf seiner Homepage eine knappe, Aphorismus-artige Beschreibung zu lesen: „Philipp Weiss, geboren 1982 in Wien, schreibt Prosa und Theaterstücke. Er studierte bis 2009 Germanistik und Philosophie, seither Menschen, Zustände und Zusammenhänge."[7] Sein Theatertext *Der letzte Mensch* entstand 2019 und wurde im Oktober dieses Jahres im Wiener Theater Nestroyhof / Hamakom in der Regie von Ingrid Lang

---

4 Ebd.

5 Ebd.

6 Philipp Weiss, *Der letzte Mensch*, Suhrkamp Theater Verlag 03.02.2020 (PDF-Datei).

7 Philipp Weiss (Homepage) http://www.philippweiss.at/leben.html (Zugriff 12.02.2024). Außer von Theatertexten (*Egon. Ein Kunst-Stück* (2008), *Blätterliebe* (2009), *Seifenblasenoper* (2009), *Allerwelt* (2011), *Ein schöner Hase ist meistens der Einzellne* (2015), *von denen manche preisgekrönt wurden, schreibt Weiss auch Prosa – hier ist v.a. der* fünfbändige Roman *Am Weltenrand sitzen die Menschen und lachen* (2018) zu nennen. Derzeit, als Stipendiat des Robert-Musil-Stipendiums, arbeitet Philipp Weiss am weiteren ‚Weltroman' *Die Unruhe der Planetenhaut.*

uraufgeführt. Es besteht aus drei Teilen, in denen mögliche Lebensabläufe der Protagonistin in der Welt nach der globalen Klimakatastrophe verfolgt werden. Im ersten Aufzug „Kollaps" treibt die fast neunzigjährige Heldin auf einem aus Müll zusammengeflickten Floß unter der glühenden Sonne, die nicht mehr untergeht. Es gibt keinen festen Boden in Sichtweite, die Landschaft erinnert ein bisschen an den US-amerikanischen SF-Film *Waterworld* (1995, Regie: Kevin Reynolds und Kevin Costner). Die Heldin paddelt Richtung Nordpol mit einer Kiste genetisch modifizierter Kakerlaken und versinkt in Erinnerungen, ehe sie endgültig im Wasser untergeht:

> Die Natur wirkt beinahe friedlich hier. *Sie denkt nach.* Natur. Ein altes Wort. Seht ihr die Wolken dort? Tun so, als wäre nichts. *Starrt auf die Wolken. Schweigt.* Die Vögel sind tot vom Himmel gefallen. [...] Kraniche. Stare. Schwalben. Ganze Schwärme. Aufgescheucht, orientierungslos. Ohne ihre Nist- und Futterplätze. Und unter ihnen die Menschenherden, die Züge der großen Wanderung, die Hungernden, mit ihren fahlen Gesichtern und traurigen Liedern. [...] Ich habe gesehen, wie Leute zu Bestien und Mördern wurden, zivilisierte, nette Menschen, mit gutem Gehalt und guten Manieren, Nachbarn. Freunde aus Kindheitstagen! *Sie lacht.* Mit dem Boden degeneriert die Moral. Die Hitze steigt zu Kopf.[8]

Die Monologe der Heldin, der einzigen Übriggebliebenen, sind verständlicherweise nostalgisch, und an manchen Stellen auch sehr pathetisch, extrem in der anfänglichen, gebetartigen Deklaration, wo Liv als Vertreterin einer terroristischen Gruppe spricht und Rache an der eigenen Gattung schwört.

Der traurige, pathetische Ton bleibt bis zum Schluss dieses Teils erhalten; die sterbende Liv freut sich zwar über das Gelingen des Attentats auf letzte Ansiedlungen der verkommenen Menschheit, doch der Sieg bedeutet in diesem Fall Selbstzerstörung. Das Ziel – die Rache und Vertilgung der menschlichen Gattung – wurde fast erreicht; das, was der Rettung wert war, der ganze Fundus menschlichen Wissens, wurde an die überlebensfähigere Spezies – Kakerlaken – mithilfe von biogenetischen Modifikationen übertragen. Für die Protagonistin und ihresgleichen kommt das jedoch kaum als Chance eines Neuanfangs in Frage. Das Szenario endet mit der verzweifelten Aufzählung von allen Dingen, die endgültig verloren scheinen: „Kein letzter Schuss. Kein Lied. Kein Leid. Kein Kind. Kein Wort. Kein Wort mehr."[9]

Der zweite Teil „Transzendenz" stellt auch eine Drift der Protagonistin dar, bloß nicht durchs Nordpolarmeer, sondern durchs All, im schützenden Kokon eines hermetischen Raumanzugs. Auch dieses Bild ruft zahlreiche

8 Weiss, *Der letzte Mensch*, S. 12f.

9 Weiss, *Der letzte Mensch*, S. 17.

filmische Assoziationen von Science-Fiction-Narrativen über Androiden bis künstliche Intelligenzen hervor. Der Verweis auf Transzendenz im Untertitel weckt die Hoffnung, dass in diesem Szenario die physischen Beschränkungen des Menschen überwunden werden, was ihm das Überleben nach dem Erdzusammenbruch ermöglichen würde. Ein Mittel zur Transzendenz wäre die fortgeschrittene Technologie: von Gehirn-Implantaten, Exoskeletten, bluetooth-artigem Informationsaustausch zwischen menschlichen Individuen bis zur Androiden-Existenz im Weltraum, nachdem der Planet Erde infolge einer Explosion im Asteroidengürtel zerstört wurde. Die Cyborg-Liv hat Erinnerungsbilder, die sie nicht richtig einordnen kann, in denen sie prahlend die Überwindung des Todes und die Befreiung des Menschen aus der Gefangenschaft der Natur verkündigt. LivTech als Androide ist unsterblich, da digitalisiert und mit der Fähigkeit ausgestattet, sich ins Unendliche multiplizieren zu können. Ihre einzelnen Exemplare haben jedoch eine beschränkte Lebensdauer: Der Life-Support-Anzug versagt irgendwann, der Androidenkörper beginnt sich zu zersetzen, zu zerfallen, zuletzt schwebt nur Livs Kopf im All, umgeben von Weltraumschrott, neben einem „Dutzend anderer beschädigter und zerbrochener Livs". Diese „Entsorgten" sind Teile bzw. Überreste des Transzendenz-Projekts:

> […] wir sind dazu
> bestimmt
> eins zu sein
> synchron dazu
> sind wir entworfen von
> Liv1
> dass wir zusammen mehr
> sind als ein bloßes Ich dass
> wir zusammen mehr
> sind also polyphon verzweigt
> komplex synchronisiert am
> Mars am
> Mond und
> auf der Erde simultan
> Liv van der Meer.[10]

Die Protagonistin bleibt unsterblich – doch nur als Weltraumschrott, Abfall im All. Diese Vorstellung vom ewigen Leben mutet wenig anlockend an und auch die finale Aufhebung der Stimme der Heldin im Chor der Noospähare, „dem

10 Ebd., S. 38 f.

kosmotechnischen Netz des Denkens“[11], was als eine Art Rückkehr zur Ur-Einheit gedeutet werden könnte, erfüllt eher nicht die Hoffnungen auf Überschreitung des Physischen – sie als Individuum hört einfach auf, zu existieren.

Zum Schluss, im „Utopie“-Szenario, präsentiert sich die Heldin als eine Chimäre – ein Hybrid aus Menschen, Maschine, Koralle und Oktopus – die vor dem Weltparlament ihre Geschichte zur Belehrung der Menschheit erzählt. Sie erinnert sich an das Jahr 2019, das Ende des parasitären Zeitalters, und an die damals herrschende Arroganz, Kurzsichtigkeit und Fantasiearmut der Menschen, die „wie artige Automaten [es] nicht fertig brachten, die Welt nur irgendwie anders zu denken als so, wie sie nun einmal war, und sich also damit abfanden, sich heiter in den Abgrund zu stürzen.“[12] Die Rettung war die ‚Transformation des Vorstellbaren', zuerst als eine anonyme, allgegenwärtige, hoffnungsbringende Idee, dann als wissenschaftliches Forschungsprojekt, das sich letztendlich am Leib der Protagonistin, dank der intimen Begegnung mit einem Kraken in der Tiefsee, verwirklicht hat. Die Chimäre will nun den Zweibeinigen ein lebender Beweis sein, dass das Fortbestehen der Menschheit einer radikalen Veränderung des Denkens und Handelns bedarf, eines Paradigmenwechsels hinsichtlich der Selbstwahrnehmung, dass

> […] die Menschheit also Symbionten schaffen müsste, hybride Wesen, Chimären aus Mensch und Fuchs, Mensch und Zitronenfalter, Mensch und Narzisse, Mensch und Auster, und dass diese Chimären Botschafter würden, Vertraute der Erde, und schließlich Repräsentanten, Stimmen in der Agora der Arten, einer großen Versammlung, einem symbiotischen Erdparlament, in dem der Mensch, als Mensch, genau eine Stimme hätte. Mehr nicht![13]

Es stellt sich die Frage, inwieweit die Produkte so weit gehender symbiotischer Verwandlungen noch als Menschen einzustufen sind: Die Protagonistin selbst besitzt nur vage, technisch vermittelte Erinnerung an das Menschliche und beschreibt sich als „ein knochenloses Tier, mit drei Herzen und acht Armen, mit Nanomaschinen im vom Kupfer blauen Blut, mit farbigen Blumentierauswüchsen auf der Haut. Ein Lebensraum.“[14] Von der Kritik wurde dem Drama vorgeworfen, dass die Identifikation mit einer solchen Figur schwerfällt, was folglich die Wirkung ihrer Aussage abschwächt.[15] Meines Erachtens kann

11 Ebd., S. 40.

12 Ebd., S. 46.

13 Ebd., S. 57.

14 Ebd., S. 59.

15 „Die Absichten sind ganz sicher die besten, nur wohnt diesem Text leider ein grundsätzlicher Denkfehler inne: Seine Welt und Figuren sind so fantastisch und futuristisch, dass es ein leichtes ist, sie von sich fernzuhalten. Was haben Cyborgs im All mit uns zu tun?

man das Surreale dieses Entwurfs im Rahmen der *Licentia poetica* akzeptieren. Daher auch der Untertitel „Utopie“, im Sinne: Wunschtraum, nicht realisierbares Ideal – als Zuspitzung einer völlig plausiblen Einsicht: Die Menschen müssen aufhören, sich als privilegierte Spezies zu betrachten und anfangen, sich als eine Art unter Arten zu sehen, ja, die Durchlässigkeit der Grenzen zwischen den Arten zur Kenntnis nehmen. Nur auf diesem Weg ist ihr Überleben, in welcher Form auch immer, vorstellbar.

Kritische Reflexionen über die menschliche Position auf der Erde, den menschlichen Einfluss auf den katastrophalen Klimawandel und damit verbundene die Notwendigkeit des Nachdenkens über unser Verhältnis zur Umwelt und zu anderen Gattungen sind seit ca. zwei Jahrzehnten das Thema wissenschaftlicher Debatten. Der deutlichste Ausdruck dieser Kritik und der Verschiebung der Akzente ist die dezidierte Infragestellung der zentralen Stelle der menschlichen Spezies im Begriff des Posthumanismus, der u. a. von Rosi Braidotti popularisiert wurde: „As a brand of vital materialism, posthuman theory contests the arrogance of anthropocentrism and the ‘exceptionalism’ of the Human as a transcendental category. It strikes instead an alliance with the productive and immanent force of *zoe*, or life in its non-human aspects.“[16] Der Mensch wird nicht mehr als Maß aller Dinge betrachtet; er wird von dem Sockel gestürzt, auf den ihn antike Tradition (Aristoteles), christliche Lehren und insbesondere die cartesianische Teilung von *res cogitans* und *res extensa* gestellt haben.[17] Die Entwicklungen der letzten Jahrhunderte, in denen unsere Gattung dank technologischem Fortschritt eine solche Dominanz erreicht hat, so dass die Zeit als eine separate Ära in geologischer Hinsicht gilt,[18] haben auch folgenschwere Schwächen des einflussreichen *Homo sapiens* bloßgestellt und ihn als ‚Krone der Schöpfung‘ kompromittiert. Posthumanistische bzw. postanthropozentrische Perspektiven wären aber keine Strafe für menschlichen Hochmut oder Ausdruck der Hoffnungslosigkeit bezüglich der Erhaltung der

---

Vom Klimawandel in irgendeiner Weise betroffen fühlen wird sich bei diesem Stück sicher niemand. Und also auch nicht drüber nachdenken, was er oder sie tun könnte oder sollte.“ Andrea Heinz, „Auf der Motto-Party mit Donna Haraway“, in: *nachtkritik.de* (08.10.2019) https://nachtkritik.de/index.php?option=com_content&view=article&id=17219:der-letzte-mensch-theater-nestroyhof-hamakom-wien-ingrid-lang-inszeniert-philipp-weiss-zukunftsvision&catid=1576:theater-nestroyhof-hamakom&Itemid=100190 (Zugriff 12.02.2024).

16 Rosi Braidotti, *The Posthuman*, Cambridge: Polity, 2013, S. 66.

17 Vgl. Tomasz Turowski, *Zmierzch antropocentryzmu w perspektywie etyki nowej Petera Singera*, Kraków: Universitas, 2019, S. 376–391.

18 „The fact that our geological era is known as the ‚anthropocene‘ stresses both the technologically mediated power acquired by *anthropos* and its potentially lethal consequences for everyone else.“ Braidotti, *The Posthuman*, S. 66.

Gattung, sondern ein Versuch, den Ausweg aus der selbstverschuldeten Krise zu finden, sozusagen: mit dem Rest der Welt mit dem Leben davonzukommen. Für Braidotti kennzeichnet ‚the politics of life itself' einen Postanthropozentrismus, es geht um das Leben selbst im breitesten, materiellen, prozessualen, nicht-individualistischen Sinne, um Zoe:

> *Zoe* as the dynamic, self-organizing structure of life itself stands for generative vitality. It is the transversal force that cuts across and reconnects previously segregated species, categories and domains. *Zoe*-centrated egalitarianism is, for me, the core of the post-anthropocentric turn [...].[19]

Was Braidotti zoe-fundierten Egalitarismus nennt, ist die Anerkennung anderer Lebewesen als gleichwertiger Agenten (Handelnde) in irdischen Ökosystemen. Dieser Ansatz grundiert Human-Animal Studies, Ökofeminismus sowie in der Philosophie den Neuen Materialismus, mit Vertreter*innen wie Bruno Latour mit seiner Akteur-Network-Theory (ANT) und Donna Haraway mit ihrem Konzept der *Companion Species*.[20] Nach diesen Auffassungen sind Tiere aktive Mitwirkende (Akteur*innen) an speziesübergreifenden Gemeinschaften, Wesen mit Agency, d. h. mit Handlungsmacht, im gleichen Rang wie die menschlichen Akteur*innen bzw. Companions – Gefährten. Zusammen mit Menschen bilden sie die sich jeweils im konkreten Moment konstituierenden Gemeinschaften, in denen alle Teilnehmer*innen Partner*innen sind, sich gegenseitig beeinflussen und voneinander abhängen: „Die Partner gehen ihrer Beziehung nicht voraus; alles, was ist, ist das Ergebnis des gemeinsam-Werdens (becoming with): das sind die Mantras der companion species."[21] Donna Haraway schreibt in dem Zusammenhang von der „Interdependenz der Arten" die auf Respons und Respekt beruht:

> Etwas mit Achtung betrachten (hold in regard), zu respondieren, reziprok den Blick zu erwidern, zu bemerken, Aufmerksamkeit zu zollen, etwas in höflicher Weise zu schätzen, wertschätzen; [...] Companion und Species zu verknoten, in der Begegnung, im Blick/ in der Beziehung (regard) und im Respekt, das ist der Eintritt in die Welt des gemeinsam-Werdens, in der auf dem Spiel steht, *wer und was* ist.[22]

---

19 Braidotti, *The Posthuman*, S. 60.

20 Roland Borgards (Hg.), *Tiere. Kulturwissenschaftliches Handbuch*, Stuttgart: Metzler, 2016, S. 2.

21 Donna Haraway, „Die Begegnung der Arten", in: Roland Borgards u. a. (Hg.), *Texte zur Tiertheorie*, Stuttgart: Reclam, 2015, S. 300 f.

22 Haraway, *Die Begegnung der Arten*, S. 305.

In *Das Manifest für Gefährten* schildert sie das Netz der Abhängigkeiten auf der grundlegenden, organischen Ebene als speziesübergreifende Symbiose und Koevolution.[23] Aus evolutionstheoretischer Sicht ist eine solche Auffassung durchaus plausibel: „Aus dieser Perspektive sind Spezies alles andere als stabile Wesenheiten, die nach ihrer einmaligen Entstehung alleine im Überlebenskampf der Arten bestehen müssen – sie schaffen sich durch ihre Verbindung zu anderen Arten gleichsam kontinuierlich neu."[24] Dass die Grenzen der Subjekte, die in einer Gemeinschaft kooperieren, fließend und labil sind, stellt am Anfang des 21. Jahrhunderts keine bahnbrechende Erkenntnis dar. Haraways Beitrag besteht in der Überwindung des Speziesismus und in der Gleichsetzung menschlicher und nicht-menschlicher Subjekte. Ihre Interaktionen sind für die Forscherin etwas Selbstverständliches, ein natürlicher *Modus vivendi*, erwartet und begrüßt werden aus solchen Begegnungen entstehende hybride Gebilde. Schon in dem mittlerweile kanonischen Text *Manifest für Cyborgs* aus dem Jahr 1984 stellt Haraway fest:

> I am making an argument for the cyborg as a fiction mapping our social and bodily reality and as an imaginative resource suggesting some very fruitful couplings. [...] By the late twentieth century, our time, a mythic time, we are all chimeras, theorized and fabricated hybrids of machine and organism; in short, we are cyborgs.[25]

Damit hat sie nicht nur die faktische Allgegenwärtigkeit der Technologie im menschlichen Alltag und sogar in menschlichen Körpern diagnostiziert, sie hat auch die Chancen bemerkt, die eine Cyborg-Identität mit sich bringt: „a cyborg world might be about lived social and bodily realities in which people are not afraid of their joint kinship with animals and machines, not afraid of permanently partial identities and contradictory standpoints."[26] Haraways Plädoyer für Cyborgs richtet sich gegen eine Dämonisierung der Technologie, aber auch gegen jede totalisierende, eventuell dualistische Theorie, ohne direkten Kontakt zur Wirklichkeit. Sie steht für Offenheit, Mehrstimmigkeit, Hybridität.

Was haben nun diese Theorien mit Philipp Weiss' Drama zu tun? Die Anspielungen sind offenkundig, eine der Rezensionen nach der Uraufführung

---

23 Donna Haraway, *Das Manifest für Gefährten*, aus dem Amerikanischen von Jennifer Sophia Theodor, Berlin: Merve 2016.

24 Fahim Amir, „Unter Anderen" (Nachwort), in: Donna Haraway, *Das Manifest für Gefährten*, S. 121.

25 Donna Haraway, „A Cyborg Manifesto: Science, Technology, and Socialist-Feminism in the Late Twentieth Century", in: Donna Haraway, *Simians, Cyborgs, and Women. The Reinvention of Nature*, London: Free Association Books, 1991, S. 149 –181, hier S. 150.

26 Haraway, *A Cyborg Manifesto*, S. 154.

hieß sogar ironisch *Auf der Motto-Party mit Donna Haraway.* Eine plakative Anknüpfung an die Schriften der amerikanischen Philosophin ist die Darstellung der Protagonistin als Android*in im All. Doch auch das dritte, utopische Szenario, in dem sie als Mischung aus Mensch, Tier und Maschine erscheint, kann als Zuspitzung der Idee der symbiontischen Companionship gelesen werden; eventuell als postanthropozentrischer Triumph der vitalen Materie, unterstützt durch die neueste Technologie.[27] Die im ersten Szenario skizzierte Klimakatastrophe fungiert als Katalysator des Denkens über notwendige Änderungen des menschlichen Handelns und über unsere Selbstwahrnehmung, falls unsere Spezies weiterhin auf (bzw. außerhalb von) diesem Planeten existieren soll.

Auch wenn das letzte, hoffnungsbringende Bild der total veränderten Liv etwas skurril anmutet, bietet es Stoff zum Nachdenken. Es wirkt bizarr und grotesk, weil es nicht mit unseren traditionellen Erwartungen und Gewohnheiten vereinbar ist: Die Hybride scheint mit der Frau Liv van der Meer und mit einem Menschen generell wenig gemeinsam zu haben. Doch eben die Veränderung der Gewohnheiten ist notwendig, wenn man der Krise zu entkommen versucht. Und wo soll die ‚Transformation des Vorstellbaren', die Arbeit der Vorstellungskraft beginnen, wenn nicht in der literarischen und theatralen Fiktion.

Literaturverzeichnis

Amir, Fahim, „Unter Anderen" (Nachwort), in: Donna Haraway, *Das Manifest für Gefährten*, Berlin: Merve 2016, S. 120–128.

Andersen, *Gregers, Climate Fiction and Cultural Analysis. A new perspective on life in the Anthropocene*, New York: Routledge, 2020.

Borgards, Roland (Hg.), *Tiere. Kulturwissenschaftliches Handbuch*, Stuttgart: Metzler, 2016.

Braidotti, Rosi, *The Posthuman*, Cambridge: Polity, 2013.

Haraway, Donna, „A Cyborg Manifesto: Science, Technology, and Socialist-Feminism in the Late Twentieth Century", in: Donna Haraway, *Simians, Cyborgs, and Women. The Reinvention of Nature*, London: Free Association Books, 1991, S. 149–181.

Haraway, Donna, „Die Begegnung der Arten", in: Roland Borgards u. a, (Hg.), *Texte zur Tiertheorie*, Stuttgart: Reclam, 2015, S. 290–325.

27 Z. B. Rosi Braidotti äußert sich positiv zum technischen Fortschritt und sieht darin „liberatory and even transgresssive potential". Vgl. Braidotti, *The Posthuman*, S. 58.

Haraway, Donna, *Das Manifest für Gefährten*, aus dem Amerikanischen von Jennifer Sophia Theodor, Berlin: Merve, 2016.

Heinz, Andrea, „Auf der Motto-Party mit Donna Haraway“, in: *nachtkritik.de* (08.10.2019) https://nachtkritik.de/index.php?option=com_content&view=article&id=17219:der-letzte-mensch-theater-nestroyhof-hamakom-wien-ingrid-lang-inszeniert-philipp-weiss-zukunftsvision&catid=1576:theater-nestroyhof-hamakom&Itemid=100190 (Zugriff 12.02.2024).

Turowski, Tomasz, *Zmierzch antropocentryzmu w perspektywie etyki nowej Petera Singera*, Kraków: Universitas, 2019.

Weiss, Philipp, *Der letzte Mensch*, Suhrkamp Theater Verlag 03.02.2020 (PDF-Datei).

Weiss, Philipp, *Briefe und Metamorphosen*, https://www.logbuch-suhrkamp.de/philipp-weiss/briefe-und-metamorphosen/ (Zugriff 12.02.2024).

Weiss, Philipp (Homepage), http://www.philippweiss.at/leben.html (Zugriff 12.02.2024).

„(Wie) lässt sich die Schöpfung noch retten? Lesung und Dialog zu und mit Philipp Weiss: *Der letzte Mensch* (2019)“ https://www.uni-heidelberg.de/de/transfer/kommunikation/ruperto-carola-ringvorlesung/wie-laesst-sich-die-schoepfung-noch-retten-lesung-und-dialog-zu-und-mit-philipp-weiss-der-letzte (Zugriff 12.02.2024).

Woods, Derek, „Genre at Earth Magnitude: A Theory of Climate Fiction“, in: *New Literary History* 2/54 (2023), S. 1143–1167.

Plant Theatre / Pflanzentheater: Thinking With Plants Towards a Post-Anthropocentric Theatre

Theresa Spielmann

Theatre 'the Last Human Venue'

The declaration of the Anthropocene provoked a reflection of many modes of thinking. For instance, different currents of posthumanism think towards less anthropocentric perspectives that aim to identify and overcome damaging notions of humanism such as nature-culture or human-non-human dichotomies.[1] In the arts theatre and performance art stand out significantly in comparison to other forms and media. Whereas visual art can more easily be understood as object-oriented, theatre can be considered the pinnacle of human(ist) and anthropocentric arts. In fact, Alan Read declares theatre to be *the last human venue* (*Theatre, Intimacy & Engagement: The Last Human Venue*). Being an anthropocentric medium, theatre is especially challenged with portraying worlds or stories that do not centre a human tragedy but multi-species entanglements in times of ecological emergencies.

The genre eco-theatre has gone through a lot of modes in the last few decades, with different concepts tackling the issue from various perspectives: site-specific performances, eco-critical stagings of classic plays, lecture performances, documentary theatre etc. Often, with site-specific performances challenging conventions the most, human performers and human stories are still front and centre. Still, theatre is a medium of world-making and a practice ground for re-rendering different modes of worlding. How can theatre practice a multispecies (re)worlding that potentially threatens the dominance of its integral part: the human? There are many examples in theatre that explore the more-than-human by route of cyborgs, robots, and more recently AI[2]. In the context of climate crisis and the issue of the nature-culture divide however, it is particularly relevant to look towards organic non-humans and 'nature'.[3]

1 Cf. Rosi Braidotti, *Posthuman Knowledge*, Cambridge: Polity, 2020.

2 i.e. *uncanny valley* (Rimini Protokoll, 2018), *ULTRAWORLD* (Susanne Kennedy and Markus Selg, 2020), *AI* (Jennifer Tang, 2021).

3 What I refer to as nature is a product humanist culture and unavoidably carries historical and cultural meanings and cannot be conclusively defined. The notion of nature is intangible, elusive, enigmatic even, but my use of the term is defined by a cultural understanding that, in many cases, binarily opposes the category of culture, and carries the association of

© BRILL FINK, 2025 | DOI:10.30965/9783846769614_012

What happens then, when one centres plants instead of humans in theatre – creates Pflanzentheater?[4] It is tempting to define Pflanzentheater as a theatre that solely features plants as actants on stage. I do not think this to be a productive way of thinking at this point as it creates a new form of hierarchies and more hindrances than solutions to the process of theatre making. Instead, I suggest Pflanzentheater as creating-with plants, theatre-making-with-plants – consciously reproducing posthumanist practices of *becoming-with*.[5] Posthumanist notions particularly fundamental to my theoretical foundation are ones of *critical* posthumanism that are a refutation to human exceptionalism, humanist ideas of nature, subject-object divides, human-non-human and nature-culture binaries and anthropocentric biases that identify humans as masters over Earth and nature.[6]

In this chapter I am thinking-with plants and the concept of Pflanzentheater and its influence on the medium of theatre as well as our modes of thinking and perceiving the world in the framework of posthumanist thought. I approach this by using lunatiks produktion's *Die Welt ohne uns* as a source of knowledge production. I will take the project's initial concepts and explorations as a guide to think through the idea of Pflanzentheater and identify hurdles and realizations resulting from this notion. Rather than looking at the narrative and plot of the project and each act, I mainly focus on the form, aesthetic, and practical execution of the project as those reveal more about theatre's weaknesses and advantages. Perhaps counterintuitively, I am not spending a lot of time on plants as performers on stage in the conventional sense of the term performer or actor. Although this is an interesting and worthwhile exercise, I am taking this opportunity to highlight the agency and performance of plants throughout the theatre practice.

Die Welt ohne uns

Die Welt ohne uns (DWOU) by the collective *lunatiks produktion* in co-production with *Schauspiel Hannover* took place from 2010 to 2015. It is termed a *botanisches Langzeittheater* (botanical long-term theatre) by the collective.

wilderness. For the lack of a better alternative, I use the term nature despite it being understood in humanist categories posthumanism is trying to deconstruct.

4 Pflanzentheater translates to plant theatre. I am using the German term throughout this chapter as this is how I first encountered it in Kevin Rittberger's article: "Vorwärts zu Natur" on *nachtkritik.de*.

5 Cf. Donna Haraway, *Staying with the Trouble: Making Kin in the Chthulucene*, Durham: Duke University Press, 2016.

6 Cf. Braidotti, *Posthuman Knowledge*.

Throughout these five years nine performances are produced. The production is based on Alan Weisman's book *The World Without Us* (2007), which is a thought experiment that imagines a world after the sudden disappearance of humanity from Earth. This thought experiment is rooted in scientific research from scholars and experts from the fields of Paleontology, Biology, Astrophysics, Art Conservation, Structural Engineering, etc. and Weisman himself. The narrative is provoked by the current state of the Earth and reflects on the impacts of anthropogenic climate change. Weisman's predictions in the form of narrative non-fiction aim to be realistic outlooks into the future of the post-human (to be understood in a chronological sense) world.

The theatre project follows Weisman's concept but is not a direct adaptation of Weisman's book. It adopts the idea of a world without humans as well as thematic inspirations such as the focus on specific phenomena (e. g., the longevity of waste) and animals (e.g. wolves and monkeys). It also takes and builds on the kinds of vegetal, climatic, and ecological developments Weisman imagines within certain timeframes after the disappearance of humanity, i. e., the spread to beech trees in central Europe 150 years after humanity's vanishing, which is central to act six of the project.[7] Within the nine acts performed in five years, *DWOU* imagines developments and changes on Earth over the span of 10.000 years post disappearance of humanity. Each act is set in a different point in time within these 10.000 years and focusses on the story and development of different non-human animals, organisms, or things. In this chapter, I am focusing on the initial two acts which are both directed by Tobias Rausch and under dramaturgical supervision by Aljoscha Begrich.

The first act *Die Welt ohne uns (I) Abschiedsfest* (Goodbye party) stages a goodbye party in anticipation of the disappearance of humanity from earth within the overarching narrative of the project. The audience is invited to participate in activities in a garden that is especially designed to resemble a conventional European garden and is situated in a site-specific location in Hannover.[8]

7 Cf. Tobias Rausch, "Schauspiele Jenseits Des Menschen: Staging Nature – Theatermacher Tobias Rausch über die Schwierigkeit, die Natur auf die Bühne zu bringen", in: *nachtkritik.de*, www.nachtkritik.de/index.php?option=com_content&view=article&id=17246:staging-nature-theatermacher-tobias-rausch-ueber-die-schwierigkeit-die-natur-auf-die-buehne-zu-bringen&catid=101&Itemid=84, (access 13.08.2022).

8 Cf. Aljoscha Begrich / Tobias Rausch, *Die Welt Ohne Uns (1): Abschiedsfest: Botanisches Lang-zeittheater*. 2010, alt.lunatiks.de/programm-dwou1.pdf. (access 07.06.2022).

The second act *Die Welt ohne uns (II): Fortpflanzen*[9] (Reproducing) is set one year after the disappearance of humanity and centres plants as performers. As such it is the product of Rausch's and Begrich's initial aim, which was to create theatre without people that exclusively features plants as protagonists.[10] However, the performance does include two human actors alongside the non-human actants. The human actors are used to voice the biocentric story and extend the range of mobility of the plant protagonists. These two acts as well as the overall setting and site-specificity are especially productive sources of knowledge production to think through the concept of Pflanzentheater within a posthumanist framework.

Plant Blindness

Just like other projects by lunatiks produktion, the theatrical practice of *DWOU* is based in research.[11] The methodology of research and theatre in this project resembles the concept of research theatre by Una Chaudhuri and Shonni Enelow, which is central to their eco-theatre project *Ecocide*. It "uses resources of theatre and performance-making – including such traditional elements as playwriting, rehearsal, design – to delve into *a set of ideas*: a theory, a critical discourse".[12] The performances of *DWOU* are not simply the result of research but a means of knowledge production and exploration. The project is created with a research question in mind, which is explored throughout the long-term project. The question that is the starting point of *DWOU* and is prevalent along the way is: Can we create theatre without humans and who performs in a theatre without humans?[13] This research question, generated by transferring Weisman's idea of a world without humans onto theatre, leads to a performative exploration of staging the vegetal and modes of perceiving it.

9 In some website entries, the second act is referred to as *Die Welt ohne uns (II): FortPflanzen* with a capital P. I am consistently using the version of the title as stated here with an uncapitalized p.

10 Aljoscha Begrich/ Tobias Rausch, *Die Welt Ohne Uns (II): Fortpflanzen: Ein Jahr nach Der Menschheit*. 2010, alt.lunatiks.de/programm-dwou2.pdf. (access 07.06.2022).

11 See *BURNT OUT – DOPE IN* (2014) or *REDEN vs. SCHWEIGEN* (2022, talking vs. keeping quiet).

12 Una Chaudhuri / Shonni Enelow, *Research Theatre, Climate Change, and the Ecocide Project: The Ecocide Theatre Casebook*, New York: Palgrave Pivot, 2014, p. 4.

13 Cf. Tobias Rausch / Aljoscha Begrich (ed.), *Die Welt Ohne Uns – Making of: Von Der Entstehung Des Gartens: Botanisches Langzeittheater*, alt.lunatiks.de/weltohneunso.htm, (access 22.06.2022).

The collective chooses plants as actants and protagonists in a medium that has a history of being anthropocentric and mainly staging human tragedies. This project thus engages with an issue that has been voiced by theatre scholars before such as theatre theorist Alan Read:

> How long might it take in the dog days of extinction for the human to succumb in the new heat? Certainly not nearly as long as the vegetal, which would long out-last organic human form. If we are to be outlived by the action of plants, which we will be then we might begin to take seriously what they might be doing in the absence of a human audience?[14]

Following the collective's initial research question, further questions are how do plants perform and how can their agency be made perceivable to humans? Especially considering that in comparison to humans and other animals, plants are traditionally considered "deficient, non-sentient, non-communicative and sessile beings."[15] Furthermore, the aim of making Pflanzentheater and avoiding anthropocentrisms leads to the issue of deconstructing conventional hierarchies in theatre that reproduce human exceptionalism and the dominance of humans over non-humans.

These research questions echo challenges voiced by scholars and theatre practitioners in the realm of eco-theatre.[16] They are concerned with decentring the human in theatre to better engage with ecology or nature in this anthropocentric medium. In their core the research questions at the centre of *DWOU* are of posthumanist nature and are the key subject discussed in the field of plant studies: "How is it possible to encounter plants? And how can we maintain and nurture, without fetishizing it, their otherness in the course of this encounter"?[17] By centering plants as protagonists, *DWOU* addresses and attempts to overcome plant blindness. Plant blindness, a term coined by plant studies scholars James Wandersee and Elisabeth E. Schussler, is "the inability

14 Alan Read, "The English Garden Effect: Phyto-Performance, Abandoned Practices, and Endangered Uses", in: Patrícia Vieira et al. (ed.), *The green thread*, Blue Ridge Summit: Lexington Books, 2015, pp. 255–280, here p. 257.

15 Vanessa Lemm, "Posthumanism and Plant Studies", in: Stefan Herbrechter et al. (ed.), *Palgrave Handbook of Critical Posthumanism*, Cham: Springer International Publishing, 2022, p. 841–858, here p. 5.

16 Cf. Wendy Arons / Theresa J. May (ed.), *Readings in Performance and Ecology*, New York: Palgrave Macmillan, 2012; Baz Kershaw, *Theatre Ecology: Environments and Performance Events*, Cambridge: University Press, 2007; Lisa Woynarski, *Ecodramaturgies: Theatre, Performance and Climate Change*. London: Palgrave Macmillan, 2020.

17 Gianni Vattimo/ Santiago Zabala, "Foreword", in: Michael Marder (ed.), *Plant-Thinking: A Philosophy of Vegetal Life*, New York: Columbia University Press, 2013, p. 3.

to see or notice plants in our own environment, leading to the inability to see the importance of plants in the biosphere and in human affairs."[18] Plant studies' effort to overcome plant blindness is about redefining the human-plant relationship, more concretely, ensuring an ethical and sustainable one that does not categorize plants as instrumentalized commodities.

While the initial question and the exploration of the same in *DWOU* are posthumanist and post-anthropocentric endeavours, their realizations are not always 'successful' (for instance by having human actors on stage) but rather portray the complexity of deconstructing the humanist tendencies of theatre and highlight the hurdles of implementing posthumanist ideas. The project highlights the nature of theatre as an art of weakness. Carl Lavery observes, "[l]ike 'nature', there is always something in the medium of theatre that refuses to serve a purpose, and which is content merely to reproduce itself again and again" and further "theatre's doing [...] is always to some extent an 'undoing', a coming to terms with weakness and inadequacy."[19] The attempt to create theatre without human actors fails. While producing a biocentric narrative, the project reproduces the convention of featuring human actors on stage despite the collective's aim to do differently. "[T]heatre's role is not to produce the real, it is to corrode it, to make the world problematic, multiple and problematic."[20] In this role, this theatre project is identifying and acknowledging its weaknesses and inadequacies in portraying the non-human, which exists in parallel to the newfound alternative possibilities in the engagement with ecology and nature. The project ultimately is a posthumanist practice to overcome and avoid anthropocentrisms and humanist ideas of nature.[21] It is a practice of "staying with the trouble", to avoid and oppose anthropocentrisms regarding ecological and theatrical thinking every step of the way, which is the framing that guides the project throughout.[22]

The Garden

The first act introduces the audience to the garden-site of the project. The garden is set up in the grounds of abandoned barracks in Hannover-Bothfeld

18 Lemm, "Posthumanism and Plant Studies", p. 3.

19 Carl Lavery, "Introduction: Performance and Ecology – What Can Theatre Do?", in: *Green Letters* 20/3 (2016), pp. 229–36, here p. 233.

20 Ibid.

21 Cf. Rausch / Begrich, (ed.), *Die Welt Ohne Uns – Making of: Von Der Entstehung Des Gartens.*

22 Haraway, *Staying with the Trouble.*

for the first four acts.[23] The garden, designed by Johannes Böttger, resembles a European suburban garden. Böttger modelled his design after conventional conceptions of gardens and structures of a computer circuit board, which in practice translates into straight lines and functional areas.[24]

The concept of gardens is a humanist one, which highlights the assumed mastery and stewardship of humanity over nature. Gardens demand biopolitical choices that manifest the assumption of humans mastering nature by humans deciding over plant deaths and plant lives. Humans decide which plants, mostly those considered a top commodity, are to live where within the garden area and which plants are considered weeds or not useful or beautiful enough and therefore, have to die (Gibson and Sandilands 12).[25] Since they are in a cultivated rather than in their natural native habitat, plants in gardens often depend on humans. In this new environment of the garden, plants are "almost entirely dependent on the aspirations of their human keepers" (Gibson and Sandilands 13).[26]

While the conventional garden is a humanist phenomenon, it also offers a possibility to deconstruct humanist nature-culture binaries as it is, more obviously than other phenomena, located in both nature *and* culture. Rausch and Begrich state that for them only a garden in its conventional appearance can be the starting point of this project as it portrays the conception humans have of nature, that is cultivated land rather than wilderness.[27]

Temporality and Site-Specificity

Locomotion of plants is a question of temporality and visibility. The movement of plants expresses itself in growth visibly above ground and invisibly in the root system underneath ground. Usually, the life and locomotion of plants is inaccessible to human senses as they cannot be recognized by smell, taste, or sound.[28] In conventional circumstances of theatre and day to day experiences the temporality of plant movements is too slow to be visible for humans.

23 Later, the project had to change locations, due to changes in land ownership. The organizers moved the garden to a fallow land in Hannover-Stöcken.

24 Rausch / Begrich (ed.), *Die Welt Ohne Uns – Making of: Von Der Entstehung Des Gartens.*

25 Gibson /Sandilands, "Introduction: Plant Performance", in: *Performance Philosophy* 6/2 (2021), pp. 1–23, here S. 12.

26 Ibid. p. 13.

27 Rausch / Begrich (ed.), *Die Welt Ohne Uns – Making of: Von der Erstehung Des Gartens.*

28 Cf. Read, "The English Garden Effect: Phyto-Performance, Abandoned Practices, and Endangered Uses".

In fact, it is rooted in European humanist thought "that plants should be an icon of stillness, rootedness and passivity."[29] Overcoming this idea forms a challenge for theatre that aims to centre plants. Due to the long-term nature of *DWOU* and the resulting gaps between acts the audience gains the opportunity to witness the agency and performativity of plants, which develop according to their own vegetal temporality. The agency of plants manifests differently from that of animals or humans. For plants action and form are tightly intertwined. In 1950 Agnes Arber, botanist, plant morphologist and biology philosopher, describes, that

> among plants, form may be held to include something corresponding to behavior in the zoological field. The animal can *do* things without inducing any essential change in its bodily structure. When a bird uses its beak to pick up food, the beak remains unchanged, but for most, though not for all plants, the only available forms of *action* are either growth, or discarding of parts, both of which involve a change in the size and form of the organism.[30]

The first act was performed from May 16 to 19, 2010, and the second from June 18 to 21, 2010. Within this month in between acts in late spring/early summer, the plants grow significantly and through that showcase agency. Since audience members are encouraged to buy a subscription for the entire long-term project rather than individual tickets for each act, this phenomenon can be witnessed by the same audience, who can refer to their memory of the previous performance in comparison.[31] This extends the typical time span of conventional theatre projects and enables the portrayal of vegetal components in a performance. Having a break from seeing and engaging with the plants on the garden stage, affects the way humans perceive them. Plants "always seem frozen, motionless. You turn your back for a few days, a week; their posture is more clearly defined, their limbs have multiplied. There's no mistaking their identity, but their form is more and more realized."[32] The audience, introduced to the garden in a participatory form in act I, is primed to be able to identify the growth and differences in individual plants and not merely the overall development of the garden.

---

29 Anna Tsing, "Moving Plants: Appreciating Koichi Watanabe", in: Line Marie Thorsen (ed.), *Moving Plants*, Rønnebæksholm, 2017, pp. 21–26, here p. 21.

30 Agnes Arber, *The Natural Philosophy of Plant Form*. Digitally printed, Cambridge: University Press, 2012, p. 2–3.

31 Cf. Begrich/ Rausch, *Die Welt Ohne Uns (II): Fortpflanzen.*

32 Vattimo/ Santiago Zabala, "Foreword", p. 10.

"To understand that time passes in many ways is to understand that life is not limited to the human", which is a phenomenon to which the long-term project is steering attention by navigating and portraying different temporalities as attributes of the central figures of the project: plants.[33] Rather than altering the temporality of plants to make the agentic forces of plants experienceable for humans, as it is being done with time-lapse sequences in films, for instance, the project adjusts to the temporality of plants.[34] The production "adjusts to the rhythm of its main characters" without altering them through technological means and thus, extends the length of the production over several years.[35] The slow dramaturgy is guided by vegetal temporalities which foreground time and steer perceptions towards a consciousness of non-human agency.[36]

The site-specificity of the project acknowledges a non-human agency as part of the production process. While the garden had been newly curated especially for the project, it evolves over time and with the continued existence of the garden makes the influence from multispecies actants more obvious. The garden is cared for by members of the project to a certain, minimal degree to ensure the survival of certain plants that are central to the storyline. However, the non-human species have (presumably the main) influence over the development of the garden stage. "[P]lants don't just grow in the garden; they make the garden."[37] Elemental actors like light, heat, water, air, and minerals all influence the aesthetic of the theatrical location and can be identified as co-producers of the performances, not only existing as a background to the narrative.[38] With the undisrupted agency of multispecies actants over time, the appearance of the garden comes close to what one would imagine it to look like after the disappearance of humanity and thus is in accordance with

33 Una Chaudhuri, *Climate Lens*, theatrewithoutborders.com/climate-lens/# (access 20.01.2022).

34 Graig Uhlin. "Plant Thinking with Film: Reed, Branch, Flower", in: Patrícia Vieira u. a. (ed.), *The green thread*, Lanham: Lexington Books, pp. 201–218, here p. 201.

35 Rausch / Begrich (ed.), *Die Welt Ohne Uns: Botanisches Langzeittheater*, translated from German T. S.

36 Cf. Peter Eckersall / Eddie Paterson, "Slow Dramaturgy: Renegotiating Politics and Staging the Everyday", in: *Australasian Drama Studies* 58 (2011), pp. 178–192; Denise Varney, "Caught in the Anthropocene: Theatres of Trees, Place and Politics", in: *Theatre Research International* 47/1 (2022), pp. 7–27.

37 Chris Bell, "Collaborating with(in) the Garden: Stewardship, Performance, and Thinking Beyond the Spatio-Temporal Formations of Institutional Legacies", in: *Performance Philosophy* 6/2 (2021), pp. 137–155, here p. 150.

38 Cf. Catriona Sandilands, "Worlds", in: Laurie Cluitmans (ed.), On the Necessity of Gardening: An ABC of Art, Botany and Cultivation, Amsterdam: Valiz, 2021, pp. 179–182, here p. 180.

the development of the project's narrative. The creative team relies on the vegetal to create a scenery that is one of wilderness rather than cultivation. In fact, the garden stage highlights the inadequacy of human visions of mastery over nature by influencing the aesthetic *intended* or hoped for by the creative team in a multispecies collaboration. The multispecies co-production necessarily entails compromises in aesthetics as it is the aim to have as little human intervention as possible. The garden stage creates a multispecies worlding that is an ongoing process of species co-creating the conditions for (eco-)theatre making.[39]

The notion of Pflanzentheater – of centering plants as protagonists and moving away from anthropocentrism in theatre aesthetics – not only affects the performance and the portrayal of posthumanist perceptions of nature (i.e. its literal form) but also the process of theatre making. It leads to exploring "theatrical ways of partnering with the more-than-human world:" engaging and co-creating with landscapes, plants, and the climate.[40]

Anthropomorphizing

The second act *Fortpflanzen* tells the tragedy of foxglove plants, which are struggling to reproduce due to the lasting human impact on Earth.[41] On stage are two human actors who are used to tell this biocentric story. By using them as tools to tell a non-human story, they are not the center of theatrical action but rather one aspect on the same level of importance as other elements of the production. This de-hierarchization is a posthumanist deconstruction of theatre comparable to Hans-Thies Lehmann's concept of de-hierarchization of theatrical elements based in his theory of postdramatic theatre. Whereas Lehmann argues for challenging the dominance of text in contemporary (postdramatic) theatre, this practice is challenging the dominance of the human actor in contemporary theatre.[42]

Separate from the creative production, temporality, and agency, Pflanzentheater brings with it the issue of anthropomorphizing when staging plants as actants. Because humans cannot recognize themselves in plants, they tend to anthropomorphize plants to acknowledge them as living organisms. *Fortpflanzen* is navigating the line between avoiding anthropomorphizing and

39 CF. Bell, „Collaborating with(in) the Garden, p. 145.
40 Chaudhuri, *Climate Lens.*
41 Rausch / Begrich (ed.), *Die Welt Ohne Uns – Akt II: FortPflanzen: Botanisches Langzeittheater.*
42 Cf. Hans-Thies Lehmann, Postdramatic Theatre, New York: Routledge, 2006.

centring plants as protagonists. In the performance the human actors describe the fox glove plants and the narrative of reproduction which is laced by anthropomorph emotions and intentions that are projected onto the plants. They are described to have human emotions like desire, affection or lust.[43] The human actors deliberately state that they are using a human perspective to tell the story of the foxglove plant: "If you look at it through human eyes".[44]

As an antidote to anthropomorphism plant studies scholar Michael Marder suggests recognizing the vegetal within us humans. Rather than projecting human attributes onto plants, humans should identify aspects of the plants within themselves, which in turn reshapes the perception of nature and breaks down the humanist binary of human vs. non-human nature.[45] The human actors in *Fortpflanzen* repeatedly mention the use of a human perspective when describing processes of reproduction and by that point out the similarities in plants and humans rather than solely ascribing anthropomorph attributes *to* the plant. The human-plant comparison breaks down assumed differences and aligns human and plant life processes, offering the audience an insight to plant organisms that resembles their own human organisms, which functions as a method to "recognize something of the plant in us [humans]".[46]

Una Chaudhuri encourages eco-theatre makers, who are in a pursuit to oppose anthropocentrism, to enact literalism rather than symbolism or portraying things in their representative form. This performance centers plants representing themselves in a literal way. They are protagonists of a story about themselves and their species and do not function as symbols for a human experience. However, the human actors are part of this literal representation as they have a function in vocalizing and performing the narrative of the plants. This again, highlights the complexity of pursuing the posthumanist intention of abolishing anthropocentrism. The anthropocentrism of centering a human tragedy is overcome by portraying the tragedy of the foxglove plant and by that showcasing the agency of plants, albeit the method of telling this story is in part anthropocentric.

43 Cf. Rausch, Tobias, "Die Welt Ohne Uns (II. Akt): Der Protagonist", (access 22.06.2022).

44 Cf. Rausch, Tobias, "Die Welt Ohne Uns (II. Akt): Der Protagonist", 3:30–3:35 translated from German T. S.

45 Cf. Reed, "The English Garden Effect", p. 262.

46 Ibid.

Towards the Post-anthropocentrisms

While lunatiks produktion did not achieve the goal of creating theatre without human actors, with plants as the sole actants, the project put methodologies into action that enable a centering of plants in theatre and with that, I argue, calling on my definition above, is Pflanzentheater nonetheless. The posthumanist practice of creating research theatre that aims for the centering of plants leads to the emergence of a theatre form that subverts anthropocentrizms and humanist ideas of nature or natural organisms. The theatre form allows for the de-hierarchization of human vs. non-human actants throughout the theatre practice and encourages the audience to experience human/non-human interactions in contrast to solely perceiving plants as commodities from a position of dominance. The partnership of co-creating with a more-than-human world allows "to expose, disrupt and replace the myopia and alienation that currently limits and lethally distorts the relationship between us humans and the countless life forms and forces" in the theatre practice.[47]

The project enables the portrayal of the agency of plants by letting their temporality define the timespan of the project rather than the other way around. The different temporality of plants in comparison to humans becomes a focal point due to the long-term nature of the project. A consciousness of differences in temporalities of species is relevant in the overall perception of ecology and a basis for understanding the concept of slow violence in the context of the climate crisis. Climate change is a slow-moving crisis, which is an accumulation of "violence of delayed destruction that is dispersed across time and space."[48] An awareness for different temporalities in plants, as showcased in *DWOU*, can translate to an awareness of slow-moving violence against plants and other species. "Although slow moving and cumulative, it is violence nonetheless, often against marginalised peoples, species, places and non-humans. Climate change needs to be understood as violence in order to understand its effects."[49]

In decentering humans and centering plants along the way, and through adopting post-anthropocentric perspectives of the world, the project develops methodologies and techniques that "dematrix" plants[50]. *DWOU* disconnects

47 Chaudhuri, *Climate Lens.*

48 Rob Nixon, *Slow Violence and the Environmentalism of the Poor*, Cambridge: Harvard University Press, 2011, p. 2.

49 Lisa Woynarski, *Ecodramaturgies: Theatre, Performance and Climate Change*. London: Palgrave Macmillan, 2020, p. 5.

50 Michael Kirby (ed.), The New Theatre: Performance Documentation, New York: University Press, 1974, p. 26.

plants from the usual associations, humans relate to them. It intervenes in "the tendency to ignore plant-life as boring, unremarkable" others.[51] Plants are attributed with agency and movement in this project rather than being portrayed as sessile and viewed as instrumentalized commodities. Pflanzentheater, creating-with plants, holds the potential to overcome "plant blindness" by acknowledging plants as "active co-performers".[52]

Posthumanism is inherently nuanced and inevitably complex, often leading to practical explorations that are contradictory. Wanting Pflanzentheater to be theatre without people and having only plants as actants on stage, is falling back into humanist tendencies, that is to categorize in binaries and dichotomies – 'all or nothing, this or that'. Staying with the trouble of creating-with plants or to put it more broadly staying with the non-human and more-than-human will inevitably manifest in imperfect but less anthropocentric practices.

References

Arber, Agnes, *The Natural Philosophy of Plant Form*. Digitally printed, Cambridge: University Press, 2012.

Arons, Wendy / May, Theresa J. (ed.), *Readings in Performance and Ecology*, New York: Palgrave Macmillan, 2012.

Begrich, Aljoscha / Rausch, Tobias, *Die Welt Ohne Uns (1): Abschiedsfest: Botanisches Langzeittheater*. 2010, alt.lunatiks.de/programm-dwou1.pdf. (access 07.06.2022).

Begrich, Aljoscha / Rausch, Tobias, *Die Welt Ohne Uns (II): Fortpflanzen: Ein Jahr Nach Der Menschheit*. 2010, alt.lunatiks.de/programm-dwou2.pdf. (access 07.06.2022).

Bell, Chris, "Collaborating with(in) the Garden: Stewardship, Performance, and Thinking Beyond the Spatio-Temporal Formations of Institutional Legacies", in: *Performance Philosophy* 6/2 (2021), pp. 137–155.

Braidotti, Rosi, *Posthuman Knowledge*, Cambridge: Polity, 2020.

Brisini, Travis, "Phytomorphizing Performance: Plant Performance in an Expanded Field", in: *Text and Performance Quarterly* 39/1 (2019), pp. 3–21.

Chaudhuri, Una / Enelow, Shonni, *Research Theatre, Climate Change, and the Ecocide Project: The Ecocide Theatre Casebook*. New York: Palgrave Pivot, 2014.

Chaudhuri, Una, *Climate Lens*, theatrewithoutborders.com/climate-lens/# (access 20.01.2022).

---

51 Travis Brisini, "Phytomorphizing Performance: Plant Performance in an Expanded Field", in: *Text and Performance Quarterly* 39/1 (2019), pp. 3–21, here S. 6.

52 Brisini, "Phytomorphizing Performance: Plant Performance in an Expanded Field", p. 17.

Eckersall, Peter / Paterson, Eddie, "Slow Dramaturgy: Renegotiating Politics and Staging the Everyday", in: *Australasian Drama Studies* 58 (2011), pp. 78–192.

Gibson, Prudence / Sandilands, Catriona, "Introduction: Plant Performance", in: *Performance Philosophy* 6/2 (2021), pp. 1–23.

Haraway, Donna, *Staying with the Trouble: Making Kin in the Chthulucene*, Durham: Duke University Press, 2016.

Kershaw, Baz, *Theatre Ecology: Environments and Performance Events*, Cambridge: University Press, 2007.

Kirby, Michael (ed.), *The New Theatre: Performance Documentation*, New York: University Press, 1974.

Lavery, Carl, "Introduction: Performance and Ecology – What Can Theatre Do?", in: *Green Letters* 20/3 (2016), pp. 229–236.

Lehmann, Hans-Thies. *Postdramatic Theatre*, New York: Routledge, 2006.

Lemm, Vanessa, "Posthumanism and Plant Studies", in: Stefan Herbrechter u. a. (ed.), *Palgrave Handbook of Critical Posthumanism*, Cham: Springer International Publishing, 2022, p. 841–858.

Marder, Michael, "For a Phytocentrism to Come", in: *Environmental Philosophy* 11/2 (2014), pp. 237–252.

Nixon, Rob, *Slow Violence and the Environmentalism of the Poor*, Cambridge: Harvard University Press, 2011.

Rausch, Tobias, "Die Welt Ohne Uns (II. Akt): Der Protagonist", www.youtube.com/watch?v=zahCWOiIwPc, (access 22.06.2022).

Rausch, Tobias, "Schauspiele Jenseits Des Menschen: Staging Nature – Theatermacher Tobias Rausch über die Schwierigkeit, die Natur auf die Bühne zu bringen", in: *nachtkritik.de*, www.nachtkritik.de/index.php?option=com_content&view=article&id=17246:staging-nature-theatermacher-tobias-rausch-ueber-die-schwierigkeit-die-natur-auf-die-buehne-zu-bringen&catid=101&Itemid=84 (access 13.08.2022)

Rausch, Tobias / Begrich, Aljoscha (ed.), *Die Welt Ohne Uns: Botanisches Langzeittheater*, alt.lunatiks.de/weltohneuns.htm. (access 22.06.2022).

Rausch, Tobias / Begrich, Aljoscha (ed.), *Die Welt Ohne Uns – Akt II: FortPflanzen: Botanisches Langzeittheater*, alt.lunatiks.de/weltohneuns2.htm. (access 22.06.2022).

Rausch, Tobias / Begrich, Aljoscha (ed.), *Die Welt Ohne Uns – Making of: Von Der Entstehung Des Gartens: Botanisches Langzeittheater*, alt.lunatiks.de/weltohneuns0.htm (access 22.06.2022).

Read, Alan, *Theatre, Intimacy & Engagement: The Last Human Venue*, Basingstoke: Palgrave Macmillan, 2009.

Read, Alan, "The English Garden Effect: Phyto-Performance, Abandoned Practices, and Endangered Uses", in: Patrícia Vieira u. a. (ed.), *The green thread*, Blue Ridge Summit: Lexington Books, 2015, pp. 255–280.

Rittberger, Kevin, "Vorwärts Zur Natur? Ein Plädoyer Für Eine Welt Ohne Uns, Mit Uns!", Debatte, in: *nachtkritik.de*, www.nachtkritik.de/index.php?option=com_content&view=article&id=17306:at-vorwaerts-zur-natur-ein-plaedoyer-fuer-eine-welt-ohne-uns-mit-uns-kevin-rittberger&catid=101&Itemid=84, (access 12.04.2024).

Sandilands, Catriona, "Worlds", in: Laurie Cluitmans (ed.), *On the Necessity of Gardening: An ABC of Art, Botany and Cultivation*, Amsterdam: Valiz, 2021, pp. 179–182.

Tsing, Anna, "Moving Plants: Appreciating Koichi Watanabe", in: Line Marie Thorsen (ed.), *Moving Plants*, Rønnebæksholm, 2017, pp. 21–26.

Uhlin, Graig. "Plant Thinking with Film: Reed, Branch, Flower", in: Patrícia Vieira u. a. (ed.), *The green thread*, Lanham: Lexington Books, pp. 201–218.

Varney, Denise. "Caught in the Anthropocene: Theatres of Trees, Place and Politics", in: *Theatre Research International* 47/1 (2022), pp. 7–27.

Vattimo, Gianni / Zabala, Santiago, "Foreword", in: Michael Marder (ed.), *Plant-Thinking: A Philosophy of Vegetal Life*, New York: Columbia University Press, 2013.

Weisman, Alan, *The World Without Us*, London: Virgin Books, 2007.

Woynarski, Lisa, *Ecodramaturgies: Theatre, Performance and Climate Change*. London: Palgrave Macmillan, 2020.

TEIL IV

Biosphären

Dramatische Hydrologien

Fluten und Dürren im Gegenwartstheater

Artur Pełka

Der berühmte, 1977 entstandene Theatertext *Die Hamletmaschine* von Heiner Müller besitzt gleichsam eine *quasi*-hydrologische Klammer. Das Stück beginnt bekanntlich mit der Reminiszenz an eine „Küste", wo Hamlet „mit der Brandung [redete]", und mündet in eine Szene, die „in der Tiefsee" angesiedelt ist.[1] Wasser- bzw. Küstenlandschaften gehören zum festen Repertoire in Müllers Theatertexten und markieren als Räume der Liminalität und Entgrenzung deutlich den Übergang vom Leben zum Tod.[2] So befindet sich auch die eingeschnürte Ophelia/Elektra im Finale des Stücks in einem liminalen Zustand zwischen Sein und Nicht-Sein, einem Zustand der misogyn motivierten Verbannung bzw. Entmündigung wie der latenten revolutionären Stärke, weil sie als „femme révoltée für die gängige Herrschaftsordnung potentiell bedrohlich [bleibt]."[3] Dieses pessimistische Bild besitzt zugleich eine ausgesprochen katastrophische Dimension. Die in den Bühnenanweisungen genannten „Fische Trümmer Leichen und Leichenteile",[4] welche neben der im Rollstuhl gefesselten Ophelia vorbeitreiben, evozieren die Vorstellung eines totalen Desasters als Folge eines militärischen Konflikts oder aber einer Naturkatastrophe. Letztere Deutung mag auf den ersten Blick weit hergeholt erscheinen.[5] Analysiert man aber diese Szene durch das Prisma der zehn Jahre später von Müller verfassten Aufzeichnungen, die seine Reflexionen über die Vereinigten Staaten festhalten, geht diese ökologische Interpretationsperspektive durchaus auf. In dem auf den 7. Juli 1987 datierten Text *New York oder das eiserne Gesicht der Freiheit* schreibt Müller nämlich: „Wenn als Folge der Klimaverschiebung, ein Triumph der Technik, Nord- und Südpol schmelzen, holt der

1 Heiner Müller, „Die Hamletmaschine", in: Heiner Müller, *Texte*, Teil 6: *Mauser*, Berlin: Rotbuch, 1978, S. 89–97, hier S. 89 und 97.

2 Vgl. Till Nitschmann, „Das, unentdeckte Land'. Grenzgänge(r) des Todes in Heiner Müllers Textlandschaften", in: Till Nitschmann / Florian Vaßen (Hg.), *Heiner Müllers KüstenLANDSCHAFTEN. Grenzen – Tod – Störung*, Bielefeld: transcript, 2021, S. 289–310, hier S. 292.

3 Ebd., S. 293.

4 Müller, „Die Hamletmaschine", S. 97.

5 Auch wenn es zur Zeit der Entstehung von *Die Hamletmaschine* das Bewusstsein der Naturzerstörung durch die Menschen bereits groß war, thematisiert Müllers Text diese Problematik keineswegs direkt.

 | DOI:10.30965/9783846769614_013

Atlantik vielleicht seine Hauptstadt heim, das Wasser den Beton, schwimmen die Haie durch die Banken."[6]

Bereits in den 1980er Jahren scheint Müller sich der nahenden Klimakatastrophe nicht nur allzu gut bewusst zu sein, sondern verbindet sie deutlich mit der kapitalistischen Profitgier. Liest man seine Reflexionen ökofeministisch, bekommt die Klimazerstörung eine ausgesprochen patriarchale Signatur, oder mit anderen Worten, es sind nach Müller „die Tambourmajore der Welt", die „den Planeten verwüsten"[7] – wie es in seiner Büchnerpreisrede *Die Wunde Woyzeck* von 1985 heißt.

Die Wasser bzw. Flutbilder, deren sich Heiner Müller bediente, werden in Gegenwartstheatertexten, die die Klimakrise reflektieren, zwangsläufig zum gängigen Motiv. Dabei wird das Element Wasser, das in seinem massiven Überfluss oder Mangel zu einem der spürbarsten Symptome der Klimakrise geworden ist, in den zeitgenössischen Theatertexten sehr differenziert in Szene gesetzt: Mal dominiert es die dramatische Landschaft, mal taucht es peripher auf, ohne dabei jedoch an Ausdruckskraft zu büßen. Im Folgenden möchte ich exemplarisch einige Darstellungsmodi solcher – wie ich es nenne – dramatischer Hydrologien präsentieren.

1 Marius von Mayenburg *Mars*

Eine Flut bzw. Sintflut krönt das dystopische Szenario, welches Marius von Mayenburg in seinem 2018 in Frankfurt uraufgeführtem Bühnenstück *Mars* entwirft, das eine bereits stattgefundene global-ökologische Katastrophe und den mit ihr verbundenen Überlebenskampf von zwei familiären Paaren vorführt.

Die Radikalität der dargestellten Katastrophe ist enorm: Auf der Erde erschöpfen sich Naturbestände und die Reichen lassen für sich in Neuseeland und Nevada unterirdische Bunker bauen, wo sie ihre Vorräte – darunter Trinkwasser – anlegen. Auf anderen Planeten entstehen Kolonien, wohin nur Auserwählte, die bestimmte Tests positiv bestehen, umziehen sollen. Einem solchen Test werden der gealterte Achim und seine Tochter Johanna sowie Edgar und sein psychisch gestörter Zwillingsbruder Oskar unterzogen. Die

6 Heiner Müller, „New York oder das eiserne Gesicht der Freiheit Schriften", in: Heiner Müller, *Werke*, Teil 8: *Schriften*, Hg. von Frank Hörnigk / Kristin Schulz / Ludwig Haugk, Frankfurt a. M.: Suhrkamp, 2005, S. 327–331, hier S. 230.

7 Heiner Müller, „Die Wunde Woyzeck", in: Heiner Müller, *Shakespeare Factory 2*, Berlin: Rotbuch, 1989, S. 261–263, hier S. 261.

Figurenkonstellation ergänzt Yannik, ein Halb-Geist, Halb-Roboter, der diese ganze Probe gleichsam koordiniert. In dieser unheilvollen, düsteren Szenerie verbindet Mayenburg Elemente des Familiendramas mit der Konvention der Katastrophenfilme sowie mit einer *Escape Room*-Strategie in einem *Survival Game*-Modus. Der titelspendende, von der Sonne aus gezählt, vierte Planet fungiert als Symbol einer Hoffnung auf Erlösung und ein neues Leben, zugleich aber gilt er als Signatur des tatsächlich stattfindenden Krieges, den die Figuren im Grunde genommen auch gegeneinander und mit sich selbst führen. Diese Ambivalenz fasst Oskar wie folgt zusammen: „Wir sind das Experiment. Wir sind das Problem und die Lösung."[8]

Vor dem Hintergrund der Klimakatastrophe stellt das Stück primär Fragen nach der Natur des Menschen, nach seiner Reaktionsfähigkeit in extremen Bedingungen, letztlich nach seiner Fähigkeit zum Töten. In diesem Sinne sinniert Yannick:

> Die Menschen sind schön. In ihrem Sadismus steckt eine Freude, die dem kalten Töten eines Raubtiers überlegen ist. [...] Nichts übertrifft an Schönheit die nukleare Detonation einer Atombombe, in der Tod, Wissenschaft und Kunst zu apokalyptischer Vollendung verschmelzen.[9]

Im gewissen Sinne ist *Mars* ein Stück über das endgültige Weltende, das *hier und jetzt* unauffällig stattfindet, wie es im Gedicht *Lied vom Weltende* von Czesław Miłosz heißt: „Und die auf Zeichen und Posaunen der Erzengel gewartet haben / Begreifen nicht, dass es bereits geschieht. / Solange Sonne und Mond sich oben drehen / [...] Glaubt niemand, dass es bereits geschieht."[10]

In der letzten Szene von *Mars* beobachten die Figuren eine Menschengruppe, die ein Picknick „als ob nichts wäre" veranstaltet, während „*Das Wasser steigt, bis die gesamte Landschaft unter Wasser ist.*"[11] Vor dem Hintergrund dieser Sintflut trägt Yannick seinen letzten höhnischen Monolog vor: „Die Sterne

8 Marius von Mayenburg, *Mars* (Bühnenmanuskript), Berlin: henschel SCHAUSPIEL, 2018, S 26. Der ganze Test besteht aus drei Aufgaben, die Probanden müssen ein geheimnisvolles Haus verteidigen, sich einem wissenschaftlichen Experiment im Bunker unterziehen und schließlich ein Bungalow angreifen, um Waffen und Proviant zu gewinnen.

9 Mayenburg, *Mars*, S. 21.

10 Czesław Miłosz, „Lied vom Weltende", in: Czesław Miłosz, *Lied vom Weltende*, Hg. und übersetzt von Carl Dedecius, Köln: Kiepenheuer & Witsch, 1966, S. 12. Das von dem polnischen Nobelpreisträger Miłosz 1945 verfasste Gedicht bezieht sich zwar nicht direkt auf die Zerstörung der Natur durch die Menschen, aber es beschwört eine Banalität der Apokalypse herauf, die sehr gut auf die Klimakatastrophe zutrifft.

11 Mayenburg, *Mars*, S. 56.

sind noch immer oben, weit weg von euch, gut aufgehoben, ihr werdet sie niemals erreichen, sie sind bewohnt von meinesgleichen."[12]

Die zerstörende Wirkung des Wassers im Finale des Stücks antizipiert nicht nur eine Klimakatastrophe, sondern versinnbildlicht die Erosion der zwischenmenschlichen und insbesondere familiären Beziehungen, die andererseits mit der totalen gesellschaftlichen Krise korrespondiert.

2 Teresa Dopler: *Monte Rosa*

Eine Interdependenz zwischen Erosionsphänomenen auf der Mikro- und Makroebene zeichnet auch den 2020 uraufgeführten Theatertext *Monte Rosa*[13] von Teresa Dopler, dessen Handlung im mächtigsten Gebirgsmassiv der Alpen verortet ist. In der dramatischen Struktur findet eine starke Reduzierung statt, denn in insgesamt 17 kurzen Szenen agieren nur drei anonyme Bergsteiger*innen,[14] die lediglich mit den drei ersten Buchstaben des Alphabets gekennzeichnet werden. Da zudem jeweils nur zwei von ihnen dialogisieren, handelt es sich hierbei eigentlich um ein kammerspielartiges Zweipersonenstück,[15] mit dem die überdimensionale Alpenkulisse mit dem massiven *Monte Rosa*-Gipfel auffallend stark kontrastiert.

Der Theatertext besteht aus Momentaufnahmen, die zufällige Begegnungen der drei Figuren beim Bergsteigen fixieren. Auf den ersten Blick führen sie typische Alpinist*innen-Smalltalks, in denen es um Wetterverhältnisse und zurückgelegte Routen geht. Dabei werden konkrete Strecken und Berge

12 Ebd.

13 Für den Text bekam Dopler 2019 vom Land Niederösterreich den Peter-Turrini-Dramatiker*innenpreis. Uraufgeführt wurde er am 19.05.2020 in der Theaterwerkstatt des Landestheaters Niederösterreich in St. Pölten von Daniel Hoevels. Der Text wurde in: *Theater heute* 3 (2022) abgedruckt.

14 Die Figuren A, B und C wirken wie ominöse menschenähnliche Spezies, die Hybriden aus Kunst- und Naturmenschen ähneln, welche fast symbiotisch mit dem Hochgebirge verwachsen sind. Dabei wird den Figuren absichtlich kein Geschlecht zugeschrieben. Über die Geschlechtslosigkeit sagt Dopler: „Beim Schreiben hat das Geschlecht der Figuren irgendwann tatsächlich keine Rolle mehr für mich gespielt […]. Am Anfang gab es noch Zuordnungen, die haben die Entstehung der Figuren aber eher behindert – je mehr ich mich mit diesen Bergsteigern beschäftigt habe, desto uninteressanter wurde für mich die Frage, ob die nun männlich oder weiblich sind. Das sind so seltsame Wesen, die kennen solche Kriterien gar nicht." Interview mit Teresa Dopler, https://www.landestheater.net/de/spielplan-alt/spielzeit-2020-21/2020-21/monte-rosa (Zugriff am 1.03.2003).

15 Vgl. Wolfgang Kralicek, „Mach mal langsam", in: *Theater heute* 3 (2022), S. 26.

genannt, aber die Distanzen schrumpfen bzw. die Berglandschaften überlappen sich,[16] weswegen die Berglandschaft in ihrer Konkretheit eine irreale Dimension bekommt. Vor dieser unheimlichen Kulisse scheinen auch die Figuren nicht ganz real zu sein.[17]

Darüber hinaus zeichnet alle drei ein selektives Gedächtnis bzw. eine Art Gedächtnisschwund aus,[18] vergessen werden vor allem Gesichter von Menschen, denen sie bereits begegnet sind. Diese Gedächtnisschwäche steht im krassen Kontrast zu der Vitalität, mit der sie protzen. Darüber hinaus hat ihre eigenartige (Seilschafts-)Partnersuche wenig mit dem Knüpfen einer zwischenmenschlichen Beziehung zu tun, sondern verfolgt einen rein pragmatischen Zweck. Im Grunde genommen sind alle drei Figuren selbstsüchtige Einzelgänger*innen, die kein richtiges Interesse aneinander bzw. Solidarität füreinander haben („außerdem kenne ich dich nicht, es kümmert mich nicht, ob du es schaffst oder nicht", M 6), und wenn sie (Seilschafts-)Partner*innen werden, dann „einmal vorübergehend, zumindest bis zum nächsten Gipfel" (M 17). Überdies sind sie nicht nur eigennützig, sondern auch skrupellos. Beispielsweise bekennt die Figur C, dass ihr Partner durch einen Steinschlag verunglückt ist und im Stich gelassen wurde, was die Figur A nicht als moralisch verwerflich kritisiert („A: der Steinschlag hat ihn erwischt / C: ja / A: bist du umgekehrt / C: nein, hätte ich umkehren sollen / A: nicht unbedingt"; M 31–32).

Doplers Theatertext thematisiert eine versteckte Selbstsuche der Figuren, die – wie die Autorin selbst betont – durch „die Aushöhlung des Einzelnen durch den Glauben an Leistung und Optimierung, das Verinnerlichen von zwanghaftem Optimismus und Selbstdarstellung"[19] gehindert wird. Präsentiert wird ein pessimistisches Krisenszenario, bei dem eine menschliche Dystopie verblüffenderweise mit der Klimakatastrophe gekoppelt wird, deren Folge die massive Gletscherschmelze ist: „die Gletscher tauen und die Alpen bröckeln"

16 „nein, das sieht nur so ähnlich aus, wir sind immer noch in den Dolomiten [*lacht*]". Teresa Dopler, *Monte Rosa* (Bühnenmanuskript), Berlin: Kiepenheuer, 2020, S. 43. In der Folge unter der Sigle M und einfacher Seitenzahl zitiert.

17 „B: etwas an diesem Leben ist eigenartig, findest du nicht / A: nein, warum / B: nur so, so als wären wir nicht wirklich am Leben / A: wir sind jung und gesund und noch dazu an der frischen Luft, sehr lebendig (*lacht*) / B: ja, aber nicht wirklich (*lacht*)" (M 43).

18 „es gibt wenige Momente, an die ich mich erinnern kann", „es waren viele Touren, aber ich erinnere mich nur an wenige Momente" (M 51); „ich erinnere mich nur an ein paar wenige Momente, in denen ich stehen geblieben bin, um in die Landschaft zu schauen, oder einen Stein aufzuheben, das ist alles" (M 52).

19 Interview mit Teresa Dopler, https://www.landestheater.net/de/spielplan-alt/spielzeit-2020-21/2020-21/monte-rosa (Zugriff 1.10.2023).

(M 40), „außerdem gibt es keine Gletscherspalten mehr, die Gletscher sind fast abgeschmolzen" (M 46).

Die klimawechselbedingte Erosion des Hochgebirges korrespondiert nicht nur mit der ‚Aushöhlung' der Figuren, sondern sie bringt verborgene Gegenstände – wie Fossilien oder Stahlhelme – ans Tageslicht, die zu signifikanten Requisiten werden. Diese Gegenstände beschwören subtil die Geschichte des Planeten Erde herauf, und zwar nicht nur als Naturgeschichte, sondern auch als Historie der menschlichen Barbarei. Im Kontext der gefundenen „Stahlhelme" bekommt der sich durch den gesamten Text hindurchziehende, scheinbar harmlose Bergsteigergruß „Berg Heil" eine beunruhigende Dimension. Auch „viele Seilschaften", die von A, B und C aus der Ferne beobachtet werden, stiften zusätzlich eine unheilvolle Atmosphäre, zumal die Einzelgängerei der Figuren nur eine Etappe vor einer bevorstehenden Vermassung zu sein scheint.

Die drei an (Geschichts-)Amnesie leidenden Bergpopanzen, die sich im Grunde genommen wie Doppelgänger präsentieren, mutieren letztlich zu ominösen ‚Übermenschen'. Dabei fungiert das majestätische, mächtige Hochgebirge wie eine Seelenlandschaft, die ihren ‚Willen zur Macht' versinnbildlicht.

3 Elfriede Jelinek *Schwarzwasser*

Das Element Wasser gehört von Anbeginn an zum Leitmotiv im Oeuvre von Elfriede Jelinek, wobei die Autorin eine politisch motivierte, großangelegte ästhetische Hydrologie in motivisch-tropischer, poetologischer sowie philosophischer Hinsicht betreibt.[20] Diese Affinität zum Wasser wird in ihren letzten Theatertexten zunehmend mit dem Themenkomplex der Klimakrise verschränkt. In dem im Februar 2020 am Wiener Akademietheater uraufgeführten Text *Schwarzwasser*[21] wird das Element sogar zur titelspendenden Signatur erhoben. Die Überschrift erscheint in diesem Falle polysem wie das Fluidum selbst. Zunächst ruft der *quasi*-oxymoronartig düster stimmende Titel deutlich das Abwasser aus Toiletten mit fäkalen Feststoffen in den Sinn, und in dieser Dimension fungiert es als Metapher der österreichischen Politik im Kontext der sogenannten Ibiza- und Schredder-Affäre, auf die

20 Vgl. auch Artur Pełka, „Jelineks Wasserlandschaften. Eine Hydrologie.", in: Pia Janke / Agnieszka Jezierska / Monika Szczepaniak (Hg.), *Jelineks Räume*, Wien: Praesens 2017, S. 15–24.

21 Elfriede Jelinek, „Schwarzwasser", in: Elfriede Jelinek, *Schwarzwasser. Am Königsweg. Zwei* Theaterstücke, Hamburg: Rowohlt, 2020, S. 149–240. Zitiert im Folgenden mit der Sigle SW.

die Schriftstellerin mit diesem Text *de facto* interventionistisch reagierte.[22] Angespielt wird ferner auf die bei dem skandalösen Treffen österreichischer Politiker der Rechten mit einer angeblichen Nichte eines russischen Oligarchen von Heinz-Christian Strache geäußerte Korruptionsidee, das Trinkwasser in Österreich zu privatisieren.

Im gewissen Sinne haben wir es hier mit einem literarischen Politdrama zu tun, das sich einer Attraktionsmontage,[23] die harmlose und drastische Bilder kurzschließt, bedient, wodurch das scheinbar Banale in der österreichischen Politik als brutale Gewalt zum Vorschein kommt. Als Anklage gegen den permanenten Rechtsruck in Österreich begleitet den gesamten Text ein deutlich pessimistischer, resignativer Ton. Signifikanterweise werden in dieses schwarze Szenario, das sich um aktuelle österreichische Politik dreht, immer wieder apokalyptische Bilder der Umweltkatastrophen mit einem grotesken Gestus hineinprojiziert: „Seen sehe ich gehen, sie kippen, Wege werfen Biker ab, Meer gibt's keins, das Große fehlt uns einfach, dafür werden die Gletscher klein." (SW 154)

Straches Wahnidee, das Trinkwasser in Österreich zu privatisieren, wird hyperbolisch auf die gesamte (Wasser-)Natur („Seen, Flüsse, Quellen" SW 177) übertragen, einschließlich der „Luft" (SW 173), was ein besonders erschreckendes Moment generiert, zumal dies mit den im Text inszenierten Klimaschutzprotesten in Verbindung gebracht wird. So führt der Text auch die Niederlage der Klimaschutzaktivist*innen angesichts der absoluten Herrschaft der Hochfinanz in der Liaison mit der Politik vor: „Neue Häuser entstanden an der Stelle des Bodens, wo vor kurzem noch wütend ums Klima gekämpft wurde. Wir lassen fürs liebe Klima sogar unsere Polizei über uns drüberfahren." (SW 156)

Dem titelspendenden Wasser wird mit der im Text auftauchenden Phrase „Wasser marschiert" (SW 169) eine verblüffende Bedeutung verliehen, die mit dem Prozess der Zunahme des Rechtspopulismus zusammenhängt. Jelinek rekurriert dabei offensichtlich auf Canettis *Masse und Macht*, indem sie auf den „marschierende[n] Wald"[24] anspielt, den Canetti zum Massensymbol der

---

22 Darüber hinaus spielt das Schwarz auf die Österreichische Volkspartei an, die bis 2017 durch diese Farbe politisch repräsentiert wurde.

23 Etwa im Sinne von Sergej M. Eisenstein, „Montage der Filmattraktionen.", in: Sergej M. Eisenstein, *Das Dynamische Quadrat. Schriften zum Film*, Leipzig/Köln: Röderberg, 1988 [1924], S. 17–45.

24 „Das Massensymbol der Deutschen war das Heer. Aber das Heer war mehr als das Heer: Es war der marschierende Wald. In keinem modernen Lande der Welt ist das Waldgefühl so lebendig geblieben wie in Deutschland. Das Rigide und Parallele der aufrechtstehenden Bäume, ihre Dichte und ihre Zahl erfüllt das Herz des Deutschen mit tiefer

militanten Deutschen erhob. Das Phänomen der Masse ist bei Canetti bekanntlich mit nationalen Identifikationssymbolen verbunden, die aus der Natur stammen und der Masse ihre Form und Sinn verleihen. Vor diesem Hintergrund fungiert das ‚marschierende Wasser' bei Jelinek auf eine sarkastische Art und Weise als Massensymbol der Österreicher*innen und gilt so zugleich als eine Chiffre für Gewalt, die sich vor allem gegen die Fremden wendet, die, so der xenophobe Diskurs, die Natur bzw. die natürliche Ordnung zerstören wollten:

> Wir sind immer ganz darin aufgegangen, Natur zu sein, wir haben versucht, der Natur mit uns einen Sinn zu geben, und der langen Rede kurzer Sinn ist, daß diese Leute alles zerstören wollen. Nur dazu sind sie gekommen, die Fremden. Wir werden die Natur wieder ganz machen, nach ihnen werden wir sie wieder reparieren […]. (SW 187 f.)

Wie in anderen Texten Jelineks wird auch in *Schwarzwasser* das Hier-und-Jetzt mit der Vergangenheit gekoppelt und damit eine Reflexion über historische Parallelen erzwungen. So impliziert der Theatertext permanent eine Koinzidenz zwischen dem aktuellen Fremdenhass und dem menschenvernichtenden Nationalsozialismus, dessen Parolen verfremdet heraufbeschworen werden. Auf diese Weise erinnert der Text deutlich an Heiner Müllers Einsicht über das omnipotente Prinzip Selektion (Auschwitz) in der kapitalistischen Demokratie:[25]

> Wir werden mit unserer Firma, mit unserer korporierten Identität, Siedlungen errichten, damit die Menschen übersiedeln können, uns aus den Augen, aber natürlich nicht alle. Die Menschen müssen geschützt werden, aber nicht alle. Die Natur muß geschützt werden, aber nicht die ganze. Tiere müssen geschützt werden, aber nicht alle. (SW 187 f.)

Wenn der Text von „übersiedeln" oder an einer anderen Stelle von „konzentrierte[n] Bauten für Menschen" (SW 165) spricht, womit die skandalöse

---

und geheimnisvoller Freude." Elias Canetti, *Masse und Macht*, Frankfurt a. M.: Fischer, [29]2014 [1960], S. 202.

25 In einem Gespräch mit Kluge formulierte dies Müller wie folgt: „Das Problem unserer Zivilisation ist eine Alternative zu Auschwitz zu entwickeln, und es gibt keine. […] Also wenn du mal Auschwitz nimmst als die Metapher – ja, Metapher ist ein sehr barbarisches Wort –, aber als die Realität der Selektion. Und Selektion ist global das Problem der Politik. Es gibt noch keine Alternative zu Auschwitz." Alexander Kluge, Heiner Müller, *Ich schulde der Welt einen Toten. Gespräche*, Hamburg: Rotbuch, 1996, S. 61.

Aussage des FPÖ-Innenministers Kickl indirekt zitiert wird,[26] evoziert er eine Koinzidenz von Umweltzerstörung und Massenvernichtung. Dies hat Jelinek bereits in früheren Texten vorwiegend in der Polemik mit Martin Heidegger aufgegriffen,[27] um auf finanzielle Gewinne aufmerksam zu machen, was gleichermaßen die menschenent- und verwertende NS-Maschinerie wie die modernen Konzerne in der Liaison mit der Politik betrifft.

Das titelspendende Urelement Wasser mutiert in Jelineks Text letztlich zum Signum der Verletzbarkeit des menschlichen Lebens, das von den Politik-Göttern determiniert wird. Gleichzeitig stehen die Fließgewässer metatextuell für den aus aufeinandertreffenden konträren Diskursen bestehenden Redefluss, der wie eine Wasserströmung den gesamten Theatertext konstituiert. In den Textfluten stößt die Stimme der Autorin-Instanz ununterbrochen auf verschiedene Ich- und Wir-Stimmen, was einen sprachlichen Strudel verursacht. So wird Wasser auch zum poetologisch-formalen Prinzip, das im Übrigen mit dem Duktus schwellender rechtspopulistischer Reden korrespondiert.

4 Elfriede Jelinek *Sonne/Luft*

In dem im Dezember 2022 am Schauspielhaus Zürich uraufgeführten Theatertext *Sonne/Luft*, welcher zum Teil als „der bislang theatereigenste Beitrag zur Klimafrage"[28] gefeiert und derzeit an vielen Bühnen gespielt wird, entwirft Jelinek eine eigenartige *quasi*-philosophische Theaterabhandlung, die Kosmogonie und Elementenlehre vereint. Der Text gliedert sich in zwei Teile: *Sonne, los jetzt!* Und *Luft*, wobei der erste Teil eine Art Monolog des titelspendenden Sterns darstellt, der ganz untypisch für Jelinek nicht mit der auktorialen Stimme konterkariert wird, während im zweiten Teil ein vielstimmiges Traktat über das Element Luft in Szene gesetzt wird.

26 Herbert Kickl hat sich bei einer Pressekonferenz im Jänner 2018 dafür ausgesprochen, Asylbewerber zukünftig „konzentriert" unterzubringen, was wegen des Anklangs an NS-Konzentrationslager einen Skandal hervorrief.

27 Jelinek setzte sich unter anderem mehrmals mit Heideggers skandalöser Gleichsetzung von Motorisierung der Industrie und „Fabrikation von Leichen in Gaskammern und Vernichtungslagern" (Martin Heidegger, „Das Ge-Stell", in: Martin Heidegger, *Gesamtausgabe*, Bd. 79, Hg. von Petra Jaeger, Frankfurt a. M.: Klostermann, 1994 [1949], S. 24–45, hier S. 27), auseinander.

28 Janis El-Bira, *Ihr Himmelszelt bleibt alleine die Kunst*, in: https://www.nachtkritik.de/nachtkritiken/schweiz/zuerich-region/zuerich/schauspielhaus-zuerich/sonne-los-jetzt-schauspielhaus-zuerich-weite-hallraeume-schafft-nicolas-stemann-in-seiner-urauffuehrung-fuer-den-klimakrisen-text-von-elfriede-jelinek (Zugriff 1.10.2023).

Im ersten Teil erscheint die Sonne gleichsam als eine Rachegöttin. Zum Leitmotiv ihres Monologs werden verheerende Waldbrände, die Griechenland und andere südliche Länder verwüsten. Dabei tritt die Sonne in Konkurrenz mit dem Wasser: „Ich stürze nach vorn, die Sträucher fallen hinter mir zusammen zu Haufen, mein alter Feind, das Wasser, das wie üblich zu spät kommt und zu schwach ist […]. Ich hole mir das Land. Wasser marschiert. Wasser marsch, verschwinde, verschwinde in mir […].“[29]

Im zweiten Teil wird die gesamte Natur personifiziert. Die Sonne samt den Elementen bilden diesmal eine Art Komplizenschaft. Vereinigt gegen die Menschen schlagen sie mal mit der Flut, mal mit der Dürre zurück. In die Bilder der durch den Klimawandel verursachten Naturkatastrophen werden immer wieder Sequenzen von Protestaktionen der Jugend eingeflochten:

> Die Luft trifft irgendwann auch auf uns, sie schafft zur rechten Zeit Trockenheit und zu andrer Zeit schreckliche Dürre, wo bleiben die baumernährenden Ströme, wo sind die jetzt wieder hin? Also die Luft ist schon irgendwie gut, außer sie ist schlecht geworden und treibt die Jugend auf die Straße, damit sie wenigstens draußen besser wird. (SL 9)

Das Element Wasser fungiert als ein wichtiges Agens in dem Makrokosmos des gesamten Theatertextes: Immer wieder „sprudelt das Wasser über und überflutet und ertränkt alles, was sich zuvor noch bewegt hat“ (SL 14) und kündigt eine Apokalypse an, die an die letzte Szene in *Die Hamletmaschine* erinnert: „Der Meeresspiegel wird ansteigen, irgendwann kommt er dann raus, und dann kommt alles raus.“ (SL 12). Trotz einer deutlichen Präsenz von Wasser liefert der Text eine paradoxe auktoriale Erklärung: „Aus den Elementen – das Wasser ist immer mitgemeint, ich habe mich diesmal aber für die Luft entschieden, sonst tut es ja keiner, die Luft ist immer ein Stiefkind […].“ (SL 13) Dabei geht es weniger um das dramatische Sichtbarmachen des lebensspendenden, obgleich unsichtbaren Elements Luft, sondern um die Verdeutlichung des Weiblichen in der Natur, wofür die zwei titelspendenden Feminina DIE Sonne und DIE Luft stehen, womit auch die Dekonstruktion bzw. Demythologisierung des männlichen Helios und Äolus einhergeht. Mit einem dezidiert ökofeministischen Gestus re-feminisiert Jelinek und nobilitiert zugleich die gesamte Natur, was wiederum mit Greta Thunberg korrespondiert: „Nichts bewegt sich einfach so, es muß immer ein Bewegendes vorhanden sein, das uns anschubst […]. So wie Greta, die unseren kommenden Untergang so bewegend und einleuchtend schildert, danke dafür. Etwas wird von Natur bewegt […];“ (SL 25)

---

29 Elfriede Jelinek, „Sonne/Luft“, in: *Theater heute* 2 (2023), S. 3. Zitiert im Folgenden mit der Sigle SL.

Die schwedische Klimaschutzaktivistin, deren Name übrigens in allen neusten Texten Jelineks auftaucht, wird als eine revolutionäre Trägerin der Utopie, als eng mit der Natur verbundenes Subjekt gefeiert – und zwar ganz im Sinne von Heiner Müller, der in *Der Auftrag* (1979) folgendermaßen über die Zukunft der Revolte sinnierte: „Der Aufstand der Toten wird der Krieg der Landschaft sein, unsre Waffen die Wälder, die Berge, die Meere, die Wüsten der Welt."[30]

Trotz einer gewissen Hoffnung dominieren in *Sonne/Luft* apokalyptische Bilder und den gesamten Theatertext krönt ein pessimistisches Fazit: „Wir werden mit der Welt gemeinsam untergehen, denn man stößt uns aus. Und ausgestoßen zu werden, das ist der Untergang der Welt. Bis dahin wälzen wir wie Mistkäfer unsere Schuld, am Leben zu sein. Doch auch das führt zu gar nichts. Zu nichts." (SL 27)[31] In der gezielten Polysemie impliziert das Ausstoßen im Finale von *Sonne/Luft* sowohl die CO2-Emission als auch das heideggersche Ausgestoßen-Sein „aus der Wahrheit des Seins", vor allem aber bezieht es sich auf den Ausschluss der Fremden, der „Flüchtigen" (SL 16), die den gesamten Text bevölkern und denen stets Hass entgegengebracht wird.

Wenn in diesem Kontext von „Nachkommen der Propheten aus südlichen Wüsten" und „Afrika" (SL 14) die Rede ist, kommt einem zwangsläufig die im Vorfeld genannte Rede Heiner Müllers in den Sinn. Während *Die Wunde Woyzeck* den „Kreuzweg in die Geschichte"[32] des aus dem Süden kommenden Woyzeck als Wolf prophezeite, so dokumentiert Jelinek gewissermaßen genau den Moment, in dem „die Sonne im Zenith steht"; und damit verkündet sie auch den tatsächlichen Beginn der von Müller antizipierten „Stunde der Weißglut".[33]

Die Sorge um das Klima in der deutschsprachigen Gegenwartsdramatik geht – was aus den besprochenen Beispielen resultieren dürfte – mit einer ästhetischen Hydrologie einher, deren Gestalt und Intensität sehr unterschiedlich sind. Unabhängig davon, ob das Element Wasser als Flut, Schmelze oder

---

30 Heiner Müller, „Der Auftrag. Erinnerung an eine Revolution", in: Heiner Müller, *Revolutionsstücke*, hg. von Uwe Wittstock, Stuttgart: Reclam, 1995, S. 48–76, hier S. 74.

31 Mit einem „nichts" endet zufälligerweise auch das Stück von Kathrin Röggla u. d. T. *Das Wasser*, welches die Überschwemmung in Sachsen thematisiert: „2: nichts mehr/ 1: auf dieser Welt/ 2: nichts." Kathrin Röggla, *Das Wasser*, Dizingen: Reclam, 2023, S. 102.

32 Müller bezeichnet in seiner Rede die Unterdrückten aus der sog. Dritten Welt antonomasisch als Woyzeck, wobei seine Beschreibung angesichts des Flüchtlingsdramas an Aktualität gewinnt: „Noch geht er in Afrika seinen Kreuzweg in die Geschichte, die Zeit arbeitet nicht mehr für ihn, auch sein Hunger ist vielleicht kein revolutionäres Element mehr, seit er mit Bomben gestillt werden kann, während die Tambourmajore der Welt den Planeten verwüsten." Müller, „Die Wunde Woyzeck", S. 261.

33 „Wenn die Sonne im Zenith steht, ist er eins mit unserm Schatten, beginnt, in der Stunde der Weißglut, Geschichte." Müller, „Die Wunde Woyzeck", S. 263.

auch *ex negativo* als Dürre in Szene gesetzt wird, fungiert es in seiner Ambivalenz als Urgrund des Seins und als Abgrund des Todes als eine Großmetapher, die nicht nur den Zustand der Natur, sondern auch den Zustand des Anthropozän, das letztlich selbst „seinem Wesen nach wäßriger […] Natur [ist]" (SL 24), wie es bei Jelinek heißt, reflektiert.

Literaturverzeichnis

Canetti, Elias, *Masse und Macht*, Frankfurt a. M.: Fischer, ^{29}2014 [1960], S. 202.

Dopler, Teresa, *Monte Rosa* (Bühnenmanuskript), Berlin: Kiepenheuer, 2020.

Eisenstein, Sergej M., „Montage der Filmattraktionen.", in: Sergej M. Eisenstein, *Das Dynamische Quadrat. Schriften zum Film*, Leipzig/Köln: Röderberg, 1988 [1924], S. 17–45.

El-Bira, Janis, *Ihr Himmelszelt bleibt alleine die Kunst*, in: https://www.nachtkritik.de/nachtkritiken/schweiz/zuerich-region/zuerich/schauspielhaus-zuerich/sonne-los-jetzt-schauspielhaus-zuerich-weite-hallraeume-schafft-nicolas-stemann-in-seiner-urauffuehrung-fuer-den-klimakrisen-text-von-elfriede-jelinek (Zugriff 1.10.2023).

Heidegger, Martin, „Das Ge-Stell", in: Martin Heidegger, *Gesamtausgabe*, Bd. 79, Hg. von Petra Jaeger, Frankfurt a. M.: Klostermann, 1994 [1949], S. 24–45.

Interview mit Teresa Dopler, https://www.landestheater.net/de/spielplan-alt/spielzeit-2020-21/2020-21/monte-rosa (Zugriff 1.10.2023).

Jelinek, Elfriede, „Schwarzwasser", in: Elfriede Jelinek, *Schwarzwasser. Am Königsweg. Zwei* Theaterstücke, Hamburg: Rowohlt, 2020, S. 149–240.

Jelinek, Elfriede, „Sonne/Luft", in: *Theater heute* 2 (2023).

Kluge, Alexander / Müller, Heiner, *Ich schulde der Welt einen Toten. Gespräche*, Hamburg: Rotbuch, 1996, S. 61.

Kralicek, Wolfgang, „Mach mal langsam", in: *Theater heute* 3 (2022), S. 26.

Mayenburg, Marius von, *Mars* (Bühnenmanuskript), Berlin: henschel SCHAUSPIEL, 2018.

Miłosz, Czesław, „Lied vom Weltende", in: Czesław Miłosz, *Lied vom Weltende*, Hg. und übersetzt von Carl Dedecius, Köln: Kiepenheuer & Witsch, 1966, S. 12.

Müller, Heiner, „Die Hamletmaschine", in: Heiner Müller, *Texte*, Teil 6: *Mauser*, Berlin: Rotbuch 1978, S. 89–97.

Müller, Heiner, „Die Wunde Woyzeck", in: Heiner Müller, *Shakespeare Factory* 2, Berlin: Rotbuch, 1989, S. 261–263.

Müller, Heiner, „Der Auftrag. Erinnerung an eine Revolution", in: Heiner Müller, *Revolutionsstücke*, Hg. von Uwe Wittstock, Stuttgart: Reclam, 1995, S. 48–76.

Müller, Heiner, „New York oder das eiserne Gesicht der Freiheit Schriften“, in: Heiner Müller, *Werke*, Teil 8: *Schriften*, Hg. von Frank Hörnigk, Kristin Schulz und Ludwig Haugk, Frankfurt a. M.: Suhrkamp, 2005, S. 327–331.

Nitschmann, Till, „Das ‚unentdeckte Land‘. Grenzgänge(r) des Todes in Heiner Müllers Textlandschaften“, in: Till Nitschmann / Florian Vaßen (Hg.), *Heiner Müllers KüstenLANDSCHAFTEN. Grenzen – Tod – Störung*, Bielefeld: transcript, 2021, S. 289–310.

Pełka, Artur, „Jelineks Wasserlandschaften. Eine Hydrologie.“, in: Pia Janke / Agnieszka Jezierska / Monika Szczepaniak (Hg.), *Jelineks Räume*, Wien: Praesens 2017, S. 15–24.

Röggla, Kathrin, *Das Wasser*, Dizingen: Reclam, 2023.

Lingua arborum

Worüber Bäume in zeitgenössischen Opern-Installationen sprechen

Monika Wąsik-Linder

„Zarte und schöne Blätter
meiner geliebten Platane,
euch möge das Schicksal leuchten.
Donner, Blitze und Unwetter
mögen nie den teuren Frieden euch stören
noch komme ein gieriger Südwind, euch zu entweihen.

Nie war der Schatten
eines Gewächses
teurer, lieblicher
und süßer."
Georg Friedrich Händel, *Xerxes, Akt 1* Szene *1*

Im April 1738 inszenierte Georg Friedrich Händel am Londoner King's Theatre *Xerxes* seine einzige reine komische Oper. Dieses innovative Werk, in dem Händel musikalische Meisterschaft mit einem etwas leichteren Stoff verband, fand jedoch keinen Anklang beim Publikum und verschwand nach nur fünf Aufführungen von der Bühne. Händels spätere Kritiker wiesen darauf hin, dass die Oper so weit von den gewohnten Mustern des Publikums abwich,[1] dass sie von ihnen wahrscheinlich als „buntscheckiges"[2] und einfach zu innovatives Werk angesehen wurde. Schon die erste Szene des *Xerxes* mag beim Publikum Befremden ausgelöst haben. Hier schlendert der persische König, statt einen Feldzug zu führen, durch den Palastgarten und singt der dort wachsenden Platane ein Liebesgeständnis. Seine berühmte Arie „Ombra mai fui" („Nie war ein Schatten"), die, anders als die Oper selbst, zu einer der bekanntesten Melodien in Händels Werk wurde, stellt Xerxes also entgegen der landläufigen Meinung dar. Nicht als Politiker und Reichserbauer, auch nicht als berühmter Krieger, der Athen niederbrannte, sondern als Romantiker, der für die Schönheit der Natur empfänglich ist, eine starke Bindung zu ihr hat und in ihr Trost sucht, indem er seine Liebe zu einem Baum bekennt.

1 Winton Dean, „Handel's Serse", in: Thomas Bauman (Hg.), *Opera and the Enlightenment*, Cambridge: University Press, 1995, S. 135.
2 Friedrich Chrysander, *G. F. Händel*, 2 Bd., Leipzig: Breitkopf & Härtel, 1860, S. 448.

 | DOI:10.30965/9783846769614_014

Obwohl die Natur seit jeher eine Konstante im Operntheater war, wurde sie kaum einmal zu einem Gegenstand so ausdrücklicher Verehrung oder gar zu einem potenziellen Gesprächspartner. In Barockopern hatte die Natur in der Regel eine dekorative Funktion – Bühnenbilder, die bestimmte Elemente der Natur darstellten, sollten das Publikum visuell ansprechen und möglicherweise einen größeren Kontext für die Handlungen der Figuren schaffen. Manchmal wurde auch versucht, der Natur eine allegorische Bedeutung zu geben und sie zum Teil der emotionalen Erzählung zu machen. In Arien und Rezitativen wurden Naturgeräusche heraufbeschworen (z. B. Vogelgezwitscher oder das Rauschen des Wassers), und dank einer ausgeklügelten Theatermaschinerie konnten atmosphärische und sogar tektonische Phänomene (z. B. Erdbeben und Vulkanausbrüche) mit großem Erfolg inszeniert werden, was zu spektakulären visuellen und akustischen Effekten führte. Diese Spezialeffekte steigerten die Dramatik und zogen das Publikum emotional in ihren Bann – umso mehr, als sie oft Attribute der Gött*innen waren, die das Schicksal der Protagonist*innen gerade durch plötzliche Naturereignisse beeinflussten. Ebenso unsubjektiv wurde die Oper von den Künstler*innen der Aufklärung behandelt, für die die Natur als Veranschaulichung philosophischer Ideen im Sinne des Zeitgeistes gedacht war. Die Landschaft war somit Teil einer umfassenderen Erzählung von Tugenden und Lastern und regte das Publikum zum Nachdenken über ethische Dilemmata an. Außerdem tauchten auf den Bühnen der Aufklärung zwei neue Landschaftstypen auf: die heimische und die exotische Landschaft, denen spezifische didaktische und patriotische Funktionen zugewiesen wurden. Erst mit der von den deutschen Romantikern initiierten Natur- und Identitätsphilosophie, die auf einem subjektiven und einfühlsamen Zugang zur Natur beruht, wurde ihre neue Funktionalität ins Theater eingeführt. In der romantischen Oper wurde die Natur ausdrucksstärker dargestellt und ihr transzendentaler Charakter herausgestellt, was im Übrigen beim Publikum eine Reihe widersprüchlicher Gefühle hervorrief. Einerseits wurde die Natur von Kräften beherrscht, die für den Menschen unkontrollierbar und unverständlich waren, was ihm Angst und Ehrfurcht einflößte, andererseits war die Kraft der Natur, ihre Vitalität und Schönheit eine Quelle der Bewunderung und damit auch des Vergnügens. Vor allem aber wurde in der romantischen Oper die Natur selbst zu einer Figur, zu einem autonomen Wesen mit eigener Persönlichkeit, das wie in Wagners *Der Ring des Nibelungen* die Rolle der Heldin spielte.[3]

---

3 Mehr über die Inszenierung von Natur in der Theatergeschichte: Claus Bockmaier, Entfesselte Natur in der Musik des achtzehnten Jahrhunderts, Tutzing: Schneider 1992; Christine Fischer, „Tier und Macht. Oper im Spannungsfeld von Natur und Zivilisation", in: *Basler*

Ich habe nicht die Absicht, über einen philosophischen Diskurs zu berichten, der dem romantischen Naturverständnis gewidmet ist, das durchaus vertraut erscheint.[4] Wenn ich mich heute auf die romantische Oper als diejenige berufe, in der sich das von den deutschen Romantiker*innen eingeführte neue ökologische Paradigma widerspiegelt, dann als Beitrag zur Reflexion über zeitgenössische Opern, die ein öko-empathisches Modell der Welt zeigen. Denn es ist schwer zu übersehen, dass der zeitgenössische Wechsel zu einem tiefgreifenden ökologischen Paradigma ein romantisches Element in sich trägt. Was mich jedoch interessiert, ist nicht so sehr die Suche nach romantischen Tropen in der zeitgenössischen Oper, sondern die Reflexion darüber, wie sich die theatralen Welten der Natur in ihr verändern. Mich beschäftigen vor allem künstlerische Projekte im Grenzbereich zwischen Theater und Installation, deren Schöpfer*innen sich auf die Tradition der Gattung Oper beziehen. Auch wenn die Gattungszuordnung dieser Projekte in vielen Fällen eher lose erscheint, ist die Wahl eines solchen Gattungsrahmens doch eine bewusste Geste. Umso interessanter erscheint die Frage: Warum beziehen sich Künstler*innen, die zumeist aus progressiven, engagierten Kunstkreisen stammen und in ihren Werken mehr oder weniger direkt das Problem der zeitgenössischen Ökokatastrophe ansprechen, auf ein Genre, das zuweilen als eher konservativ oder gar altmodisch gilt?

Opern-Installationen

In den letzten Jahren hat sich die Oper zunehmend mit ökologischen Fragen und Naturerfahrungen im weitesten Sinne beschäftigt. Dies ändert jedoch nichts an der Tatsache, dass das Operntheater vom Publikum nicht als Ort der Reflexion über moderne ökologische Diskurse (oder andere drängende zeitgenössische Fragen) assoziiert wird. Die Beziehung zur Opernkonvention ist für die einen ein Garant der Gattung ist, für die anderen ein Ausdruck ihrer Verknöcherung, was zumindest innerhalb der Repertoirearbeit der Operntheater oft schwer vereinbar zu sein scheint.

Jahrbuch für historische Musikpraxis: eine Veröffentlichung der Schola Cantorum Basiliensis, Lehr- und Forschungsinstitut für Alte Musik an der Musik-Akademie der Stadt Basel, 33 (2009), S. 67; Helena Langewitz, *Oper – Garten – Lustschloss. Natur im Musiktheater und die Gartenanlage der kurfürstlichen Sommerresidenz Schwetzingen im 18. Jahrhundert*, Bern: Chronos Verlag, 2023.

4 Vgl. Nina Amstutz u. a. (Hg.), *Das Bild der Natur in der Romantik. Kunst als Philosophie und Wissenschaft*, Leiden: Brill/Fink, 2021; Jenns E. Howoldt u. a. (Hg.), *Expedition Kunst. Die Entdeckung der Natur von C. D. Friedrich bis Humboldt*, Hamburg: Kunsthalle, 2002.

Viel häufiger wird der Opernrahmen von Künstler*innen, die aus freien Theaterkollektiven oder aus Kreisen von Musiker*innen und Komponist*innen stammen, die eher mit experimentellen Klanginstallationen als mit reinen Opernwerken verbunden sind, genutzt, um über die Probleme der Ökologie im weitesten Sinne des Begriffs zu „sprechen". Sie betrachten die Gattungszuweisung nicht in einem historischen Sinne, obwohl sie, wie Peter Ablinger anmerkt, an der historischen Offenheit der Gattung interessiert sind, in der andere Gattungen, Künste und Medien miteinander verwoben sind:

> aus dieser Perspektive eröffnet sich ein weites Feld: ein Horizont der Möglichkeiten, der Wahrnehmungs- und Handlungsweisen, in dem allein die Vielfalt und Unabschließbarkeit von Begriffen wie Klanginstallation, Klangkunst, Konzertinstallation, Instrumentaltheater, Visuelle Musik, Textmusik, Musikaktionen im öffentlichen Raum, interaktive Musikformen, Netzmusik, […] beweist, wie weit die Entwicklungen auf diesem Terrain unterwegs waren und sind.[5]

Für den österreichischen Komponisten, der für seine experimentelle und konzeptionelle Herangehensweise an das Komponieren bekannt ist, bei der es oft um die Untersuchung von Klang, Wahrnehmung und die Beziehung zwischen Musik und Umwelt geht, kann die Oper die Voraussetzungen für die Erforschung der „Grundbedingungen des Hörens" bieten. Diese erforschte Ablinger bereits in den frühen 1990er Jahren, als er Klangproben von 18 Pflanzenarten aufnahm, die von anderen Klängen unberührt blieben. Die Erforschung der klanglichen Umwelt im Rahmen der Serie „Weiss/Weisslich" verschaffte dem Künstler Kenntnisse über die Klang-eigenschaften einzelner Bäume und machte ihn auf die Möglichkeit aufmerksam, die Geräusche der Natur zu komponieren. Daraufhin begann Ablinger mit der Planung sogenannter dendrologischer Gärten, deren Geräusche *live* zu hören sind. Die im Rahmen des „Weiss/Weisslich-Zyklus" aufgenommenen Geräusche und die später entstandenen „Skizzen für ein Arboretum" sind als Vorstufe zu späteren Projekten wie der „Landschaftsoper Urlichberg" zu sehen.

Ablinger begann mit der Realisierung seiner Oper im April 2008, als er auf einem Feld zwischen zwei Dörfern in der österreichischen Gemeinde Ulrichberg 20 Bäume verschiedener Arten pflanzte, die zu lebenden Instrumenten werden sollten, die nach der Partitur des Künstlers summten. Die Bäume wurden nach den Eigenschaften ihres Gesummes ausgewählt und nach musikalischen Kriterien in einem Raum angeordnet, der von den Geräuschen des menschlichen Lebens ungestört ist.

---

5 Peter Ablinger, „Art and Culture", https://ablinger.mur.at/txt_art-and-culture.html (Zugriff 09.10.2023).

> Die Aufstellung der 20 Bäume des Arboretums berücksichtigt praktische, außerkünstlerische Kriterien wie Bodenbeschaffenheit (nicht jede Baumart gedeiht auf den dortigen kalkarmen Böden), Ökologie (nur ortsübliche Bäume wurden verwendet), Landschaftsschutz (die landschaftstypische Pflanzung auf Raingrenzen), Wurzeltyp (ausgesprochene Flachwurzler würden sich nicht mit der landwirtschaftlichen Nutzung vertragen) und rein klangliche Kriterien wie vor allem Lautstärke und Klangfarbe des Rauschens. Laute Bäume (z. B. Pappel) stehen weiter weg vom Güterweg – welcher die dominierende Hörerposition darstellt – als leise (z. B. Weißdorn). Bäume mit auffallend hellen Klanganteilen kontrastieren mit dunkleren, etc.[6]

Der Autor hat „Das Arboretum Setelschlag", den ersten Akt der siebenteiligen Oper, als prozessuale Komposition konzipiert, die sich im Laufe der Zeit mit dem Wachstum der Bäume, dem Wechsel der Jahreszeiten oder atmosphärischen Faktoren verändert.[7] Letztere werden als die eigentlichen Ausführenden des Werkes erkannt, die nicht nur seinen Klang, sondern auch buchstäblich seine Existenz bestimmen. In der Tat geht Ablinger davon aus, dass es die atmosphärischen Bedingungen sind, die den Klang einer Komposition prägen, aber auch dazu führen können, dass sie nicht mehr existiert. Die Niederschlagsmenge, die Stärke des Windes, die Temperatur und schließlich die Dauer der einzelnen Jahreszeiten sind allesamt objektive Faktoren, die die Instrumentierung eines Stückes beeinflussen und dauerhaft verändern. Die Aussicht auf das Fortbestehen der Oper, die nach den Intentionen des Komponisten erst in 20–30 Jahren, wenn die Bäume eine angemessene Größe erreicht haben, voll zum Klingen gebracht werden soll, erscheint faszinierend, aber auch beunruhigend. Bis dahin kann über die weitere Entwicklung nur spekuliert werden. Wir wissen nicht, ob sich das Werk gemäß den Erwartungen seines Autors entwickeln oder ob es einem langsamen (oder plötzlichen) Verfall ausgesetzt sein wird, der durch den Klimawandel oder andere unmittelbarere, zerstörerische menschliche Aktivitäten verursacht wird.

Eine ähnliche Perspektive nimmt Wojciech Blecharz ein, ein polnischer Komponist und Performer, der wie Ablinger nach neuen Wahrnehmungsmodellen sucht, die den Erwartungen des heutigen Publikums entsprechen. Blecharz bezeichnet seine genreübergreifenden Kompositionen gelegentlich als Opern, da er der Meinung ist, dass diese Gattung des Musiktheaters den hybriden Charakter seiner Werke am besten widerspiegelt und es ihm ermöglicht, formale Muster zu vermeiden, die von anderen Musikgattungen

---

6 Peter Ablinger, „Due Pratiche", https://ablinger.mur.at/docs/2pratiche.pdf (Zugriff 10.10.2023).

7 Peter Ablinger, „Das Arboretum Seitelschlag. Ulrichsberg, Oberösterreich", https://ablinger.mur.at/ww26ulrichsberg.html (Zugriff 10.10.2023).

vorgegeben werden.[8] Blecharz ist auch daran interessiert, den historischen und sozialen Kontext, in dem die Oper funktioniert, in die Gegenwart zu übersetzen. In der Installation *Park-Opera*, die 2016 für das Teatr Powszechny in Warschau entstand, nutzt er das Genre der Oper als Rahmen für eine Installation, die den Betrachter*innen/Teilnehmer*innen nicht nur dazu bringen soll, tiefer in seine Umgebung hineinzuhören, sondern die auch zum Handeln anregen soll – sowohl im ästhetischen als auch im sozialen Sinne. Blecharz erinnert an den Entstehungskontext der Oper: „Das Wort Oper bedeutet im Italienischen ‚Arbeit'. *Park-Opera* ist eine Arbeit am Klang, eine Arbeit über den Klang und durch den Klang, eine Oper über das Hören, das Hören auf die Umwelt, die Musik des Parks und der Stadt."[9] Diese Arbeit wird sowohl von den Schöpfern der Installation als auch vom Publikum geleistet, das der Komponist und der Regisseur als Mitgestalter der Installation betrachten. Denn es ist ihre Beteiligung, aber auch die Entscheidungen, die sie in jeder Phase ihrer Teilnahme an der Installation treffen, die bestimmen, was sie im Warschauer Skaryszewski-Park sehen und hören werden. So wird er zur Bühne, auf der sich insgesamt neun Akte der Oper abspielen: das Foyer, die Klangspione, die Ouvertüre, das Ballett, die lebenden Tiere, die Arie der Meerjungfrau, der Chor der Blauen Vögel, das Rezitativ, der Gong. Die Teilnehmer*innen an der Installation können sich zwischen den Akten gleichsam frei im Raum des Parks bewegen und über die Reihenfolge und den Zeitpunkt ihrer Teilnahme entscheiden.

Die Macher*innen der Installation komponieren die Struktur des Stücks aus typischen Elementen der Oper – die Installation umfasst, wie sie schreiben: „eine Sängerin, einen Chor, ein Ballett, ein Orchester, ein Bühnenbild, eine Arie, ein Rezitativ, Ferngläser zum Gaffen, lebende Tiere auf der Bühne und sogar ein Klavierkonzert […]."[10] Wie wichtig Blecharz der opernhafte Rahmen erscheint, wird schon im ersten Akt deutlich, wenn er die Teilnehmer*innen zu einem kurzen Vortrag über die Geschichte der Oper einlädt. Der Vortrag über die Genealogie des Genres ist aber auch einer über die Geschichte der Inszenierung von Natur in der Oper, ihre Funktionen, die Bedeutung des Geräusches von Bäumen und fließendem Wasser. In den folgenden Akten wird diese Art von ökologischem Thema aufgegriffen. Die Teilnehmer*innen lauschen den Klängen des Parks und entdecken ihre Musikalität (Akt 2, Fernglas), nehmen den Klang von Bäumen und Vogelgesang auf (Akt 7, Bluebird

8 Ewa Szczecińska, „Wojciech Blecharz – wywiad", https://glissando.pl/wywiady/wojtek-blecharz-wywiad/ (Zugriff 08.09.2023).

9 Park Opera, https://www.powszechny.com/park-opera.html (Zugriff 10.09.2023).

10 Ebd.

Chorus) oder beteiligen sich an der Erschaffung neuer Klänge (Akt 4, Ballett, Akt 9, Gong).

Die vielleicht wichtigste Komponente in Blecharz' Projekt ist die soziale – die Oper selbst scheint ein Vorwand für die Begegnung, das Zusammensein von Menschen zu sein, die einander fremd sind und die während des Spaziergangs mit anderen Teilnehmer*innen interagieren. Die Gespräche, die sie während der Installation führen, erinnern wiederum an die Situation des Zusammentreffens von Zuschauer*innen in der Oper – denn diese behandelten die Oper oft nicht als Ort für ästhetische Erfahrungen, sondern als Vorwand für Begegnung und Zusammensein. Der zutiefst soziale Charakter der *Park-Oper* liegt auch darin, dass sie für alle, auch für zufällige Zuschauer*innen/Teilnehmer*innen, offen ist und zu einer Begegnung zwischen verschiedenen Menschen führt, was einen unvorhersehbareren Verlauf des Stücks und eine Vielzahl von Interpretationen zur Folge haben kann. Dies gilt umso mehr als die verschiedenen Teile (Arie, Rezitativ, Ballett, Chor) in unterschiedlicher Reihenfolge wahrgenommen werden, da sich die Teilnehmer*innen ungehindert zwischen den Akten bewegen. So ist beispielsweise die Struktur des dritten Aktes, einer Ouvertüre, die von Musikern*innen gespielt wird, die an verschiedenen Orten rund um den See positioniert sind, davon abhängig, wo sich das Publikum gerade befindet. Keiner von ihnen kann das Stück in seiner Gesamtheit hören – vielmehr interagieren sie mit Fragmenten der Komposition. Das Wesentliche an Blecharz' Projekt ist gerade der fragmentarische Charakter und eine gewisse Unbestimmtheit des Gesamtwerks. Diese Besonderheit des Werks ergibt sich aus der Art und Weise, wie das Libretto gedacht wird, nämlich als der Park und sein natürlicher Klang. In der Tat kann man von mehreren Libretti sprechen – was Teilnehmer*innen hören, hängt davon ab, wie sie sich im Park bewegen, wo und wie lange sie sich aufhalten,[11] und schließlich hängt es von ihrer Beteiligung ab, von ihrer Bereitschaft, nicht nur mit der Natur, sondern auch (oder vielleicht vor allem) mit anderen Menschen zu interagieren. Auf diese Weise wird die Oper über den Park zu einem Vorwand, nicht so sehr über die Natur, sondern über soziale Beziehungen zu sprechen, nicht vordergründig den Pflanzen, sondern den Menschen Raum zu geben, sie zum Reden zu bringen (nicht unbedingt über die Natur).

In den Installationen von Ablinger und Blecharz wird das Hinausgehen in die Natur, das hautnahe Erleben im Kontakt mit anderen Menschen, trotz des bedrückenden ökologischen Kontextes zu einer Erfahrung, die bei den Teilnehmer*innen eher positive Gefühle hervorruft. Vermutlich funktioniert

11 Vgl. Magdalena Fizgał-Janikowska, „Między ciałem a dźwiękiem: teatr Wojtka Blecharza", in: *Didaskalia* 166 (2020), S. 37–56.

die Klimakatastrophe für viele von ihnen in diesen Projekten nur als entfernter Kontext, der für ihre Interpretation der Installation wenig Bedeutung hat. Bei der Rezeption der jüngsten, von Blecharz mitkomponierten Oper *FIASKO*, die 2018 am Stadttheater Darmstadt aufgeführt wurde, wäre dieser ökologische Kontext schwerlich auszuschließen. Diese von der Gruppe K.A.U. und Małgorzata Wdowik erarbeitete Opern-Installation oder Filmoper hat dezidiert katastrophale Züge. Tatsächlich lässt schon der Titel der Oper – *FIASKO* (d. h. Desaster oder ein Scheitern) – keine Illusionen über den Epilog der dargestellten Geschichte aufkommen. Zumal der Titel eine direkte Anspielung auf Stanisław Lems letzten Roman ist, dessen Protagonisten beim Versuch, mit dem Kosmos und außerirdischer Intelligenz zu kommunizieren, das gleichnamige Fiasko erleiden. In der Oper von Wdowik und K.A.U. wird ein solches Fiasko nicht nur von allen Figuren, sondern auch vom Publikum getragen. Im Verständnis der Schöpfer*innen hat die ökologische Katastrophe (die wir vielleicht noch gar nicht richtig spüren können) bereits begonnen, sie findet hier und jetzt statt:

> Die Ursache für das Desaster lässt sich nicht ohne Weiteres zurückverfolgen – es ereignet sich vielmehr ein Prozess des Scheiterns. Für uns war dieser prozesshafte Moment spannend. Es ist sehr wahrscheinlich, dass sich eine Katastrophe bereits ereignet hat, ohne dass sie als solche wahrnehmbar wird.[12]

Die Menschheit befindet sich also in einer ausweglosen Situation – wie die Protagonisten in Lems Roman können wir eine Katastrophe nicht verhindern, weil sie bereits im Gange ist. Man könnte also sagen, dass diese Oper schon per Definition eine Art nostalgischer Abschied von der Welt ist, wie wir sie kennen, die langsam aufhört zu existieren.

Die Handlung der Oper spielt sich an zwei Schauplätzen ab, die manchmal recht lose miteinander verbunden sind. Der erste ist der auf die Leinwände projizierte Film, der das Libretto von *FIASKO* darstellt. Die Hauptfigur ist eine stumme Sopranistin, die sich nach dem Verlust ihrer Stimme auf eine Reise von Deutschland über Polen nach Kaliningrad begibt. Auf dieser Reise besucht sie Orte und Menschen, die mit dem Leben des Waldes verbunden sind: Holzfäller, lokale Künstler*innen, Menschen, die sich von der Natur inspirieren lassen, und schließlich deren Verteidiger*innen und Forscher*innen. Vor allem Volkskünstler*innen spielen im Libretto eine besondere Rolle (z. B. deutsche Trompeter aus dem Harz oder polnische Dudelsackspieler) – sie werden

12 „Fracking der Gefühle. Interview mit der Gruppe K.A.U.&Wdowik zu ihrer Oper FIASKO", in: *Programmheft*, S. 9, https://www.staatstheater-darmstadt.de/veranstaltungen/fiasko.165/ (Zugriff 17.10.2023).

als naturverbundene Menschen dargestellt und sind die eigentliche Stimme des Librettos. In gewisser Weise werden der Wald und die Volkskultur zu einer Metapher für diese verschwindende Welt – sowohl die Natur als auch die Volkskultur sind vom Aussterben bedroht. Der zweite Teil der Oper findet *live* inmitten des Publikums statt, das sich um die Musiker*innen versammelt hat, die sich an verschiedenen Orten im Aufführungsraum befinden. Das Publikum kann sich je nach Bedarf zwischen ihnen bewegen und den Raum frei betreten oder verlassen. Die Musiker*innen spielen Ausschnitte aus Opern, in der Regel in einer neu abgemischten Version, sowie Volkslieder, die eigentlich eine Art Selbstkommentar zum Filmlibretto sind.

Die Filmemacher*innen lassen also wenig Raum für eine direkte Aktion des Publikums. Man hat den Eindruck, dass die Oper deshalb eine Feier der Ohnmacht ist – das würde sie von den Projekten von Ablinger und Blecharz unterscheiden. Die Figuren und das Publikum begeben sich auf diese etwas nostalgische Reise, um sich von einer verschwindenden Welt zu verabschieden: einem sterbenden Wald, aussterbenden Volkskulturen, aber auch früheren Formen des Zusammenlebens mit der Natur und schließlich Formen des Zusammenseins, des Musizierens und Hörens. Dieser etwas nostalgische Kitsch wird jedoch hin und wieder durch eine ironische Pointe aufgelockert. Für eine solche Pointe sorgen unter anderem Zitate aus den Opern von Wagner, Verdi und Mozart. Die zitierten Opernausschnitte wirken vielmehr als eine Art „Verfremdungseffekt", der die Ohnmacht der Zuschauer*innen untergräbt.

Denn es besteht kein Zweifel, dass *FIASKO* eine politische Bedeutung hat. Auch wenn die Katastrophe bereits eingetreten und unser Schicksal entschieden ist, können wir uns nicht von der Verantwortung für sie freisprechen. Das *FIASKO* soll die Zuschauer*innen gerade dazu bringen, über ihre eigene Verantwortung für mehr als nur eine ökologische Katastrophe nachzudenken. Zugleich soll es das Bewusstsein für die Notwendigkeit wecken, tiefere soziale Bindungen, Kontakte und Zusammenarbeit zu schaffen. In einem Interview stellten die Macher*innen[13] fest, dass in Europa die ständige Erfahrung des Scheiterns „kein singuläres Ereignis, sondern etwas Systemisches in der Gesellschaft" ist. Als Europäer*innen neigen wir dazu, alle anderen für unsere eigenen individuellen Katastrophen verantwortlich zu machen, und noch dazu machen wir uns einen Spaß daraus. Es ist also kein Zufall, dass *FIASKO* als Oper angelegt ist. Die Autor*innen sehen in der Oper das Genre, das ihnen die Möglichkeit gibt, über die gemeinsame Erfahrung von Katastrophen und

13 „Fracking der Gefühle", S. 14.

die Möglichkeiten der Zusammenarbeit zwischen den Menschen zu sprechen. Immerhin:

> Die Oper ist, auch wenn sie vom Scheitern erzählt, eine Form, für deren Umsetzung es höchste Präzision und das Zusammenspiel einer Vielzahl sehr unterschiedlicher Individuen bedarf. Vielleicht kann Europa durch die Oper neue Möglichkeiten der gelungenen Kooperation erfahren, einer Kooperation, deren elementarer Bestandteil das Scheitern ist.[14]

Fazit

Als Musiktheatergenre ist die Oper einem ständigen Wandel und einer kreativen Neudefinition unterworfen. Entgegen allem Anschein kann sie daher ein sehr modernes, demokratisches und integratives Genre sein. Zumindest wird sie von progressiven Künstlern*innen, die mit dem Genre arbeiten (oft außerhalb des institutionellen Theaters), so gesehen. In den Interpretationen von Ablinger, Blecharz oder Wdowik ist

> die Oper als Form für uns wie ein Bus: Jede/r kann einsteigen und mitfahren. Sie erlaubt es mit einer Vielzahl von Medien zu arbeiten, die Fahrgäste, um bei dem Bild zu bleiben, sind divers zusammengestellt. Wenn man sich einmal frei gemacht hat von der starren monolithischen Form, dann ist plötzlich sehr viel möglich und umsetzbar.[15]

Wenn man auf diese Weise über die Oper nachdenkt, eröffnen sich viele Möglichkeiten, um die Erzählform zu erweitern, u. a. durch eine multiperspektivische Erzählweise. Es scheint bezeichnend, dass in ökologischen Operninstallationen die Stimme oft buchstäblich der Natur gegeben wird. In Albliners Werk prallen die Bäume an einem von den atmosphärischen Bedingungen geschriebenen Libretto ab, in Blecharz' Werk ist das Libretto ein Park, während im Projekt von Wdowik und KAU eine Aufnahme von Waldgeräuschen und Volksmelodien gemacht wurde. In diesen Opern sprechen, singen und „rezitieren" die Bäume – mit einem Wort: Sie spielen die Partitur, der der Mensch aufmerksam zuhört. Der Glaube, dass die Partitur tatsächlich ein Werk der Natur ist, scheint heute nicht mehr abwegig zu sein. Die moderne Mykorrhiza-Forschung, die sich mit der Symbiose von Pilzen und Pflanzen

---

14 Ebd.

15 Ebd., S. 13.

beschäftigt, bestätigt schließlich, dass Pilze und Bäume nicht nur miteinander kommunizieren, um Mineralsalze auszutauschen, sondern auch, um sich gegenseitig vor Bedrohungen wie Dürre oder Krankheiten zu warnen.[16]

Es fällt schwer, Mateusz Chaberski nicht zuzustimmen, dass „die darstellenden Künste nicht nur neue, nachhaltige Arten ökologischer Beziehungen an der Schnittstelle von Natur, Kultur und Technologie hervorbringen können, sondern es den Menschen auch ermöglichen, diese sowohl intellektuell als auch multisensorisch oder affektiv zu erleben."[17] Durch die Erfahrung, den Bäumen zuzuhören und vielleicht sogar mit ihnen zu kommunizieren, beginnt die Betrachter*in der Operninstallation, die Natur subjektiv wahrzunehmen, mit der sie in eine enge und kreative Beziehung treten kann. Gleichzeitig kann man sich des Eindrucks nicht erwehren, dass bei diesen Projekten immer noch der Mensch als Rezipient*in – als Zuhörer*in und Interpret*in der Komposition – im Mittelpunkt steht. Auch wenn die Natur die Partitur spielt, ist das handelnde Subjekt zumeist ohnehin der Mensch, auch wenn sich dieses Handeln auf die aktive Wahrnehmung reduziert. Es scheint bezeichnend, dass das primäre Ziel aller oben analysierten Opern-Installationen darin besteht, einen sozialen Raum zu schaffen. Ja, der Gedanke der Zusammenarbeit zwischen den Arten ist in den Operninstallationen in unterschiedlichem Maße enthalten, doch letztlich zielen sie darauf ab, verschiedene Formen sozialer Aktivität zu erzeugen. Diese Art von ökologischer Sensibilisierung soll nicht nur zur Arbeit an den eigenen Gefühlen und Interpretationen anregen, sondern auch zum gemeinschaftlichen Erleben und Handeln. Im Fall von Alblinger kann man natürlich beim Hören des ersten Aktes der Oper individuell stehen bleiben, aber die folgenden Teile sind bereits streng gemeinschaftliche Aktivitäten. Eine solche Gemeinschaftlichkeit ist auch erforderlich, um die Instrumente, die die Partitur spielen, am Leben zu erhalten. In *Park-Oper* und *FIASKO* ist es ebenfalls möglich, bei der individuellen Wahrnehmung des Werks stehen zu bleiben, aber wir werden dennoch aufgefordert, mit den anderen Teilnehmer*innen zu interagieren.

Es ist also mehr als nur eine Geste der Romantisierung der Natur. Sie spielt natürlich eine wichtige Rolle und wird nicht nur zum Subjekt, sondern vor allem zum interagierenden Subjekt. Nur dass diese Interaktion, egal wie sie

---

16 Vgl. Erika Kothe u. a. (Hg.), Mycorrhizosphere Communication. Mycorrhizal Fungi and Endophytic Fungus-Plant Interactions. Frontiers in Microbiology, 2018.

17 Mateusz Chaberski, „Grzyby, technokulturowe hybrydy i nieorganiczni nieludzie. Ekologie spekulatywne w polskich sztukach performatywnych ostatnich lat", in: *Didaskalia* 162 (2021), S. 10.

stattfindet, immer in erster Linie zu einer Verständigung zwischen Menschen führen soll. Nicht mit den Bäumen, sondern mit uns selbst müssen wir lernen, zu kommunizieren. Das ist eine triviale Erkenntnis, aber – wie Xerxes' Arie beweist – gar nicht so selbstverständlich. Die Platane ist nur ein Ersatzobjekt für seinen Bewunderer. Die Liebe und der Sinn des Lebens, die Xerxes sucht, liegen schließlich woanders.

Literaturverzeichnis

Ablinger, Peter, „Art and Culture", https://ablinger.mur.at/txt_art-and-culture.html (Zugriff 09.10.2023).

Ablinger, Peter, „Due Pratiche", https://ablinger.mur.at/docs/2pratiche.pdf (Zugriff 10.10.2023).

Ablinger, Peter, „Das Arboretum Seitelschlag. Ulrichsberg, Oberösterreich", https://ablinger.mur.at/ww26ulrichsberg.html (Zugriff 10.10.2023).

Amstutz, Nina, (Hg.) *Das Bild der Natur in der Romantik. Kunst als Philosophie und Wissenschaft*, Leiden: Brill/Fink, 2021.

Bockmaier, Claus, Entfesselte Natur in der Musik des achtzehnten Jahrhunderts, Tutzing: Schneider, 1992.

Chaberski, Mateusz, „Grzyby, technokulturowe hybrydy i nieorganiczni nieludzie. Ekologie spekulatywne w polskich sztukach performatywnych ostatnich lat", in: *Didaskalia* 162 (2021), S. 10.

Chrysander, Friedrich, *G. F. Händel*, 2 Bd., Leipzig: Breitkopf & Härtel, 860, S. 448.

Dean, Winton, „Handel's *Serse*", in: Thomas Bauman (Hg.), *Opera and the Enlightenment*, Cambridge: University Press, 1995, S. 135.

Fischer, Christine, „Tier und Macht. Oper im Spannungsfeld von Natur und Zivilisation", in: *Basler Jahrbuch für historische Musikpraxis: eine Veröffentlichung der Schola Cantorum Basiliensis, Lehr- und Forschungsinstitut für Alte Musik an der Musik-Akademie der Stadt Basel*, 33 (2009), S. 67.

„Fracking der Gefühle. Interview mit der Gruppe K.A.U.&Wdowik zu ihrer Oper FIASKO", in: *Programmheft*, S. 9, https://www.staatstheater-darmstadt.de/veranstaltungen/fiasko.165/ (Zugriff 17.10.2023).

Fizgał-Janikowska, Magdalena, „Między ciałem a dźwiękiem: teatr Wojtka Blecharza", in: *Didaskalia* 166 (2020), S. 37–56.

Howoldt, Jenns E. (Hg.), *Expedition Kunst. Die Entdeckung der Natur von C. D. Friedrich bis Humboldt*, Hamburg: Kunsthalle, 2002.

Kothe, Erika, u. a. (Hg.), Mycorrhizosphere Communication. Mycorrhizal Fungi and Endophytic Fungus-Plant Interactions. Frontiers in Microbiology, 2018.

Langewitz, Helena, *Oper – Garten – Lustschloss. Natur im Musiktheater und die Gartenanlage der kurfürstlichen Sommerresidenz Schwetzingen im 18. Jahrhundert*, Bern: Chronos Verlag, 2023.

„Park Opera“, https://www.powszechny.com/park-opera.html (Zugriff 10.09.2023).

Szczecińska, Ewa, „Wojciech Blecharz – wywiad“, https://glissando.pl/wywiady/wojtek-blecharz-wywiad/ (Zugriff 08.09.2023).

„Die Erde ist schon so krank, daß sie Fieber hat“: Ökologische Krisen im Kinderdrama am Beispiel der Umwelt-Trilogie des GRIPS Theaters (1977–1990)

Felix Lempp

Dass der Klimawandel, „eines der starken Merkmale des neuen Zeitalters des Anthropozän“,[1] seit spätestens den 2010er Jahren auch in der deutschsprachigen Literatur vielfältige Bearbeitung findet, ist keine Neuigkeit.[2] Doch gilt diese Beobachtung nicht für alle literarischen Gattungen gleichermaßen: Während in der Forschung zu Erzähltexten bereits Untergattungen wie der Klimawandelroman bestimmt wurden[3] und nach Adeline Johns-Putra seit einem Jahrzehnt Kanonisierungstendenzen von Klimawandelprosa zu beobachten sind,[4] lässt sich gleiches über Lyrik und Drama nicht sagen: Johns-Putras Feststellung, „that climate change fiction far outstrips poetic and dramatic engagements with climate change“,[5] ist für die Lyrik inzwischen korrigiert worden[6] – doch hinsichtlich Drama und Theater erscheint ihre Einschätzung bis in die jüngste Vergangenheit weitgehend als Forschungskonsens. So hält Frank M. Raddatz in seinem Essay *Das Drama des Anthropozäns* (2021) fest, dass „momentan noch keine überzeugende theatrale Grammatik [existiere], die in

---

1 Sabine Wilke, „Theater im Anthropozän. Neue Spielformen für ein neues Zeitalter?“, in: Gabriele Dürbeck u. a. (Hg.), *Anthropozäne Literatur. Poetiken – Themen – Lektüren*, Berlin: Springer, 2022, S. 243–259, hier S. 252.

2 Vgl. z. B. das häufige Auftreten des Schlagworts ‚Klimawandel‘ in den Einzelbeiträgen von Gabriele Dürbeck / Urte Stobbe (Hg.), *Ecocriticism. Eine Einführung*, Köln u. a.: Böhlau, 2015 sowie den grundlegenden, auch auf deutsche Publikationen eingehenden Literatur- und Forschungsüberblick von Adeline Johns-Putra, „Climate change in literature and literary studies: From cli-fi, climate change theater and ecopoetry to ecocriticism and climate change criticism“, in: *WIREs Climate Change* 7 (2016), Issue 2, S. 266–288.

3 Vgl. Sylvia Mayer, „Klimawandelroman“, in: Gabriele Dürbeck / Urte Stobbe (Hg.), *Ecocriticism. Eine Einführung*, Köln u. a.: Böhlau 2015, S. 233–244.

4 Vgl. Johns-Putra, „Climate change“, S. 267.

5 Ebd.

6 Im gleichen Jahr wie Johns-Putras Literatur- und Forschungsbericht erschien mit Anja Bayer / Daniela Seel (Hg.), *all dies hier, Majestät, ist deins. Lyrik im Anthropozän*, Berlin: kookbooks, 2016 eine Lyrikanthologie, die auch Texte zum Klimawandel sammelt (vgl. das Kapitel GIB MIR WASSER DREHE DAS EIS, S. 87–111).

 | DOI:10.30965/9783846769614_015

Bewegung geratenen planetarischen Parameter – wie die Erderwärmung, den anhaltenden Verlust von Biodiversität, die schmelzenden Polkappen – in dramatische Kontexte zurückzubinden".[7] Dass diese Überzeugung die Literaturwissenschaft schon länger bestimmt, geht auch aus Christina Cauperts Einführungsartikel zur „Umweltthematik in Drama und Theater" (2015) hervor, wenn sie beobachtet, dass „Ökologie und Theater bzw. Drama wiederholt als wenig kompatibel bezeichnet worden sind".[8] Und Sabine Wilke erklärt noch 2022: „Das Anthropozänkonzept als kritisches Konzept und analytische Idee [...] kommt im Kontext von Theater und Theaterwissenschaft eher zögerlich in den Blick."[9]

Zur Skepsis von Teilen der Forschung, ob Drama und Theater fähig sind, den Klimawandel als momentan dominanten Themenkomplex des Anthropozändiskurses zu bearbeiten, lässt sich feststellen, dass die genannten Forscher*innen viel dazu beigetragen haben, entsprechende eben doch in größerem Umfang existierende Texte und Produktionen zu erschließen. Zwar scheint nach Caupert „die Zahl deutschsprachiger Theaterproduktionen zum Klimawandel [...] [2015] noch gering",[10] doch deutet sie selbst an, dass dieses Desiderat eher eines der wissenschaftlichen Aufarbeitung als der dramatischen und theatralen Produktion darstellt.[11] Inzwischen ist diese Aufarbeitung fortgeschritten, wie die Tatsache zeigt, dass Wilke für entsprechende Stücke und ihre theatralen Inszenierungen den Begriff des *Klimatheaters* geprägt hat.[12] Sie versteht darunter ein Theater, „das Umweltperspektiven bewusst thematisiert und politisch und ästhetisch gestaltet".[13] Die Befürchtung, die in Raddatz' Warnung mitschwingt, das Theater dürfe nicht „den Beginn jener gewaltigen kulturellen Transformation [...] verschlafen, die mit dem Anthropozän einhergeht",[14] scheint also unbegründet: Anthropozäne Diskurse, als deren prominentester der Klimawandel gelten kann, sind auf den Bühnen des deutschsprachigen Theaters angekommen.

---

7 Frank M. Raddatz, *Das Drama des Anthropozäns*, Berlin: Theater der Zeit, 2021, S. 8.

8 Christina Caupert, „Umweltthematik in Drama und Theater", in: Gabriele Dürbeck / Urte Stobbe (Hg.), *Ecocriticism. Eine Einführung*, Köln u. a.: Böhlau 2015, S. 219–232, hier S. 231.

9 Wilke, „Theater im Anthropozän", S. 243.

10 Caupert, „Umweltthematik", S. 225.

11 Vgl. ebd., S. 231.

12 Vgl. Sabine Wilke, „Steigende Pegel und unruhige Materialfluten: Klimatheater im Anthropozän", in: *Gegenwartsliteratur. Ein germanistisches Jahrbuch* 17 (2018), S. 331–348.

13 Ebd., S. 333.

14 Raddatz, *Drama des Anthropozäns*, S. 15.

Statt abermals den Nachweis zu erbringen, dass der Klimawandel auch in deutschsprachigen Stücktexten Thema ist, möchte ich mich im Folgenden auf einen anderen Aspekt der Forschungsdiskussion konzentrieren: Denn wenn aktuelle Publikationen auch immer deutlicher darlegen, wie weitgehend Drama und Theater Umweltkrisen aufgreifen, zeigt der Blick auf die meisten der analysierten Stücktexte, dass ein ökologische Perspektiven bearbeitendes Theater als Theater des letzten Jahrzehnts, höchstens aber des neuen Jahrtausends aufgefasst wird.[15] Es ist kein Zufall, dass die Konstitution des Klimatheaters im Sinne Wilkes damit in den Zeitraum fällt, den Gabriele Dürbeck, Simon Probst und Christoph Schaub für den Beginn „eines sich seiner selbst bewussten Anthropozän“ und seiner Reflexion in der Literatur vorschlagen.[16] Die sich hier abzeichnende Verknüpfung des Anthropozändiskurses mit Fragen der Bearbeitung von ökologischen Herausforderungen in Drama und Theater zeigt zweierlei: Sie ist, erstens, Beleg für die Vehemenz, mit der Diskussionen über das Erdzeitalter des Menschen Phänomene und Themen in den Forschungsfokus rücken, die zuvor nicht im Zentrum standen. Gleichzeitig ist damit jedoch, zweitens, die Gefahr verbunden, derartige Themen und Phänomene ausschließlich aus der Perspektive des „sich seiner selbst bewussten Anthropozän“ zu betrachten und historische Traditionslinien zu übersehen.

Bei der Suche nach solchen Traditionslinien bietet sich das Kinderdrama und -theater an. Denn der Blick auf seine Stücke verrät, dass die vom Klimatheater bearbeiteten „neue[n] Themenkomplexe“[17] wie „der Klimawandel, das Artensterben, die Vermüllung der Weltmeere“[18] nicht erst seit der Jahrtausendwende auf den Bühnen zu finden sind: Wolfgang Schneider verweist bereits 1995 auf eine Traditionslinie entsprechender erfolgreich gespielter Dramen im Kindertheater.[19] Mit Blick auf die aktuelle Forschung ist es deshalb überraschend, dass „die Auseinandersetzung mit Umweltthemen im Kinder- und Jugendtheater bislang selbst von Seiten der kulturökologischen Forschung

---

15 So stammen z. B. die von Wilke in „Steigende Pegel“ und „Theater im Anthropozän“ vertieft analysierten Stücke und Theaterproduktionen aus der Zeit nach der Jahrtausendwende.

16 Gabriele Dürbeck u. a., „Was heißt es, von ‚anthropozäner Literatur‘ zu sprechen? Einleitung“, in: Dies. (Hg.), *Anthropozäne Literatur. Poetiken – Themen – Lektüren*, Berlin: Springer, 2022, S. 1–24, hier S. 6.

17 Wilke, „Steigende Pegel“, S. 331.

18 Wilke, „Theater im Anthropozän“, S. 244.

19 Vgl. Wolfgang Schneider, „Die Erwachsenen bringen die Kinder um. Umweltutopien in der dramatischen Kinderliteratur“, in: Ulrich Nassen (Hg.), *Naturkind, Landkind, Stadtkind. Literarische Bilderwelten kindlicher Umwelt*, München: Fink, 1995, S. 153–161, hier S. 153.

kaum beachtet wurde",[20] wie Elisabeth Hollerweger feststellt. Im Folgenden steht mit der am Berliner *GRIPS Theater* zwischen 1977 und 1990 produzierten Umwelt-Trilogie *Wasser im Eimer*, *Dicke Luft* und *Himmel Erde Luft und Meer* eine solche theatrale Auseinandersetzung im Zentrum. Ich interessiere mich in den Textanalysen zunächst dafür, welche Umweltproblematiken die Theaterarbeiten thematisieren, und gehe darauf aufbauend einer Frage nach, die auch im Zentrum gegenwärtiger dramaturgischer Diskussionen des Klimatheaters steht, nämlich „auf welche Weisen uns Theater und Performance gegenüber den Veränderungen der Umwelt und der Komplexität ökologischer Zusammenhänge sensibel machen können".[21]

1 Historische Wurzeln: Ökologische Krise und emanzipatorisches Kindertheater

Die Bearbeitung ökologischer Themenkomplexe durch das *GRIPS Theater* lässt sich in ihrer Spezifik nur im Kontext der Entwicklung der ökologischen Kinder- und Jugendliteratur (KJL)[22] einerseits und des emanzipatorischen Kindertheaters andererseits verstehen. Voraussetzung für das Aufkommen der ersteren waren die ökologischen Debatten der 1970er Jahre, in denen Umweltprobleme wie saurer Regen und Smog in den westlichen Industrienationen ein gesellschaftliches Nachdenken über Grenzen des Wachstums anregten. Überlegungen, wie Umweltzerstörung künftig zu verhindern wäre, führten zur Entdeckung von „KJL als potentielle[m] Medium ökologischer Bildung"[23] – eine

---

20 Elisabeth Hollerweger, „Tanzen gegen die Planetenexplosion. Didaktische Potenziale der Kriseninszenierung im Kindertheater", in: *kjl & m* 72 (2020), H. 4, S. 64–69, hier S. 64. Auch Hollerweger analysiert in der Folge nur nach der Jahrtausendwende entstandene Dramentexte.

21 Gerko Egert u. a., „Bühnen des Nicht-Menschlichen", in: Milena Cairo u. a. (Hg.), *Episteme des Theaters. Aktuelle Kontexte von Wissenschaft, Kunst und Öffentlichkeit*, Bielefeld: transcript, 2016, S. 193–215, hier S. 211.

22 Vgl. zur Begriffsbestimmung Dagmar Lindenpütz, „Natur und Umwelt als Thema der Kinder- und Jugendliteratur", in: Günter Lange (Hg.), *Taschenbuch der Kinder- und Jugendliteratur*, Bd. 2: *Medien und Sachbuch – Ausgewählte thematische Aspekte – Ausgewählte poetologische Aspekte – Produktion und Rezeption – KJL im Unterricht*, 2. korr. Aufl., Baltmannsweiler: Schneider-Verl. Hohengehren, 2002, S. 727–745, hier S. 727–731; sowie Jana Mikota, „Umweltbewusstsein mit Kinder- und Jugendliteratur vermitteln", in: Jochen Heins / Christoph Jantzen (Hg.), *Kinderliteratur unterrichten. Vielfältige Perspektiven auf den Literaturunterricht in der Grundschule*, München: kopaed, 2019, S. 199–215, hier S. 199.

23 Lindenpütz, „Natur und Umwelt", S. 728.

Bildung in „gesellschaftspolitischer Ausprägung"[24], die mit einer Problem- und Lebensweltorientierung entsprechender Literatur für Kinder und Jugendliche einherging.

Diese Entwicklung hin zur ökologischen KJL lässt sich mit einem Paradigmenwechsel auf dem Feld des westdeutschen Kindertheaters parallelisieren. Im Zuge der Studierendenproteste sahen Theaterpraktiker*innen die Möglichkeit, die Bühne für politische Zwecke in Dienst zu nehmen: „Mit den Mitteln des Theaters sollten kulturelle und gesellschaftliche Veränderungen durchgesetzt werden und die Theaterbühne sollte ein Ort der Revolution gegen gesellschaftliche Missstände sein"[25] – das emanzipatorische Kindertheater war geboren.[26] Die Radikalität dieses Paradigmenwechsels wird ersichtlich, wenn man bedenkt, dass zuvor „Weihnachtsmärchen für fast einhundert Jahre das in den Spielplänen dokumentierte Zugeständnis an die jungen ZuschauerInnen"[27] waren. Für viele Theaterfreund*innen „war Kindertheater identisch [...] mit heiler Welt, die durch nichts Realistisches gestört werden darf".[28]

Einer der Vorreiter bei der Popularisierung des neuen Verständnisses von Kindertheater war das *GRIPS Theater*, das sich 1972 aus dem 1965 begründeten *Theater für Kinder* im Westberliner *Reichskabarett* entwickelte.[29] Schon der Name spielt auf die aktivistische Zielsetzung an, wie sein Begründer Volker Ludwig erläutert: „Kinder machen permanent die Erfahrung, daß sie die Schwächeren sind. Deswegen können sie nur mit List und Witz – eben mit

---

24 Jana Mikota / Claudia Maria Pecher, „Klima-, Umwelt- und Naturschutz in der aktuellen Kinder- und Jugendliteratur", in: *kjl & m* 72 (2020), H. 4, S. 8–18, hier S. 9.

25 Johannes Mayer / Franca Kretzschmar, „Revolution auf der Bühne. Einblicke in Bedingungen, Entwicklungen und Wirkungen des emanzipatorischen Kindertheaters", in: *Jahrbuch der GKJF* (2018): *1968*, S. 71–87, hier S. 71.

26 Vgl. zum Begriff Gerd Taube, „Kinder- und Jugendtheater der Gegenwart", in: Günter Lange (Hg.), *Kinder- und Jugendliteratur der Gegenwart. Ein Handbuch*, 2., korr. u. erg. Aufl., Baltmannsweiler: Schneider-Verl. Hohengehren, 2012, S. 290–306, hier S. 294; sowie ausführlich zur Entwicklung der Theaterform, ihrer Themen und Funktionen Mayer / Kretzschmar, „Revolution auf der Bühne". Vgl. allgemein zur Geschichte des westdeutschen Kindertheaters von den 1970er Jahren bis zur Wiedervereinigung auch Taube, „Kinder- und Jugendtheater der Gegenwart", S. 293–295.

27 Mayer / Kretzschmar, „Revolution auf der Bühne", S. 73.

28 Ellen Brandt / Stefan Fischer-Fels, „Volker Ludwig. Kinder- und Jugendtheater aus dem Geist des Kabaretts", in: Gerd Taube (Hg.), *Stück-Werk* 2: *Deutschsprachige Autoren des Kinder- und Jugendtheaters. Arbeitsbuch*, Berlin: Theater der Zeit, 1998, S. 104–108, hier. S. 106.

29 Vgl. Mayer / Kretzschmar, „Revolution auf der Bühne", S. 74; Gerhard Fischer, „GRIPS als Community Theater", in: Florian Vaßen (Hg.), *Korrespondenzen. Theater – Ästhetik – Pädagogik*, Berlin u. a.: Schibri-Verl., 2010, S. 197–211, hier S. 198 f.

Grips – vorgehen und sich zusammentun".[30] Dabei setzte das *GRIPS* nicht auf die Aktivierung der Kinder als Schauspieler*innen, sondern wurde zum Hauptvertreter einer Art des emanzipatorischen Kindertheaters, die Johannes Mayer und Franca Kretzschmar als „Vorführtheater" charakterisieren, in dem professionelle Schauspieler*innen vor den Kindern agieren.[31] Ziel war es nach Ludwig, „Überlebensstrategien [aufzuzeigen], wir führen vor, daß es sich lohnt, sich zu wehren, sich anzustrengen, daß man nicht verzweifeln darf, daß die Verhältnisse grundsätzlich änderbar sind".[32] Dieses Ziel verfolgte das *GRIPS* durch sein *Mutmachtheater*, „das lustvoll und spaßig die Geschichte erzählt, typisiert, aber mit den Mitteln des Kabaretts […] realistisch".[33] Die Stücke mussten dafür „der Erfahrungswelt der Kinder" entsprechen und waren „durch eine Parteilichkeit zu [deren] Gunsten […] bestimmt".[34]

Als eine der „Traditionslinien", die die verschiedenen theatralen Darstellungen dieser zu verändernden kindlichen Alltagswelt am *GRIPS* verbindet, identifiziert Gerhard Fischer die Vorführung eines „ökologische[n] Denken[s]" der Figuren,[35] das mit dem zeitgenössischen „veränderte[n] ökologische[n] Bewusstsein"[36] korrespondierte.[37] Prominentestes Beispiel dafür, wie sich das *GRIPS* dieses Themas angenommen hat, ist eine Abfolge von drei Produktionen, die ich wegen ihrer personellen, thematischen und formalen Verflechtung trotz des zeitlichen Abstands der Uraufführungen als Umwelt-Trilogie bezeichne: *Wasser im Eimer* (UA: 1977), *Dicke Luft* (UA: 1982) und *Himmel Erde Luft und Meer* (UA: 1990).[38]

30 Brandt / Fischer-Fels, „Volker Ludwig", S. 105.
31 Vgl. Mayer / Kretzschmar, „Revolution auf der Bühne", S. 79 f.
32 Brandt / Fischer-Fels, „Volker Ludwig", S. 107.
33 Schneider: Umweltutopien, S. 159; für das Begriffsverständnis von Volker Ludwig vgl. Brandt / Fischer-Fels, „Volker Ludwig", S. 106 f.
34 Schneider, „Umweltutopien", S. 155.
35 Fischer, „GRIPS als Community Theater", S. 211.
36 Ebd., S. 203.
37 In dieser ökologischen Schwerpunktsetzung erweist sich das GRIPS Theater abermals als Repräsentant des emanzipatorischen Kindertheaters, zu dessen „neue[n] Themen und Tabubrüche[n]" Mayer / Kretzschmar, „Revolution auf der Bühne", S. 76 – neben Fragen der „Emanzipation von Frauen und Mädchen" oder des „Umgang[s] mit ArbeitsimmigrantInnen" – auch „Umweltprobleme" zählen.
38 Vgl. zu dieser Trilogie insgesamt auch Schneider, „Umweltutopien".

2 Banden-Bildung: *Wasser im Eimer* (UA: 1977) und *Dicke Luft* (UA: 1982) als Mutmachtheater

Das erste Stück der Trilogie wurde 1977 und damit zu einer Zeit uraufgeführt, „als die ökologische Bewegung in der Bundesrepublik noch in den Kinderschuhen steckte“.[39] *Wasser im Eimer*, eine revueartige Theaterproduktion über Wasser- und Luftverschmutzung für Kinder ab sechs Jahren, entstand auf Bitten von Lehrkräften, um Schüler*innen „diese Stoffe, die nicht im Rahmenplan standen“, näherzubringen.[40] Verfasst wurde es von Reiner Lücker und Stefan Reisner, die Liedtexte schrieb Volker Ludwig. Mit 118 Aufführungen war das Stück für das *GRIPS* ein großer Erfolg.[41] Es verhandelt verschiedene ökologische Problemlagen, im Zentrum steht aber das Sterben von Fluss und Wald wegen der Abgase und Abwässer einer Papierfabrik. Eine Besonderheit der theatralen Darstellung ist, dass die Szenen und Songs verschiedene nichtmenschliche Leidtragende, aber auch ‚Profiteure‘ ökologischen Fehlverhaltens wie Fische, den Fluss, die Kloake oder einen Apfelbaum zu Wort kommen lassen.[42] Die Handlung wird durch die Abenteuer der beiden Kinder Hacki und Tom zusammengehalten, die sich – wie ihre Namensvorbilder Huckleberry Finn und Tom Sawyer – auf eine Floßfahrt begeben und dabei die Umweltsünden der Erwachsenen aufdecken.

Schon der Beginn des Stücks, bei dem die Bühne überschwemmt wird,[43] weist auf die Motivik des Klimatheaters im neuen Jahrtausend voraus[44] und auch der dem Text beigegebene Materialteil wirkt ausgesprochen heutig. Er stellt nicht nur die Funktionsweise einer Wärmepumpe (vgl. W 97 f.) vor, sondern es werden ebenso Vorzüge von „Sonnenkollektoren“ (W 99 f.), „Windmühlen“ (W 100 f.) und „Biogas“ (W 101 f.) erläutert. Im Stücktext selbst deuten sich neben einer Kritik an verantwortungsloser Abwasserentsorgung und

---

39 Fischer, „GRIPS als Community Theater“, S. 203.

40 Volker Ludwig, „‚Die Geschichte des GRIPS Theaters sind seine Stücke‘. Chronik Teil 3“, in: Philipp Harpain / GRIPS Theater (Hg.), *Für die Zukunft. 50 Jahre GRIPS Theater*, Berlin: Alexander, 2019, S. 94–95, hier S. 95. Zur engen Zusammenarbeit des *GRIPS Theaters* mit Lehrer*innen vgl. auch Fischer, „GRIPS als Community Theater“, S. 201 f.

41 Vgl. zu den Aufführungs- und Inszenierungsdaten Wolfgang Kolneder / Stefan Fischer-Fels (Hg.), *Das GRIPS Buch. Theater Geschichten*, Berlin: Hentrich, 1994, S. 129.

42 Vgl. auch Schneider, „Umweltutopien“, S. 158.

43 Vgl. Reiner Lücker / Stefan Reisner, *Wasser im Eimer. Umwelt-Theater für Menschen ab 6*, München: Weismann Verlag, 1978, S. 3 f. Zitate aus diesem Text werden im Folgenden direkt im Fließtext unter Angabe der Sigle W und der Seitenzahlen nachgewiesen.

44 So spielt Peter Kapps Stück *Nimskys Taube* (2009) an der überfluteten Ostseeküste und in Ulrich Grebs Stückentwicklung *Futur II* am Schlosstheater Moers (2013) sickert das Wasser bis in den Publikumsraum. Vgl. Wilke, „Steigende Pegel“, S. 334–339.

intensivierter Landwirtschaft Probleme eines übermäßigen CO2-Ausstoßes an, wenn in einem Song die Fabrikbesitzer*innen Püppi und Schlumpi aus dem Flugzeug von ihrem Eigentum „vor lauter Qualm" (W 36) nichts sehen. In diesen als gewissenlose Kapitalist*innen gezeichneten Figuren, die im Ort Pizza am Mittelmeer in der Sonne liegen und für die Umweltzerstörung rund um ihre Fabrik nur Spott übrig haben (vgl. W 41 f.), offenbart sich die sozialkritische Stoßrichtung von *Wasser im Eimer*: Als Mittel gegen Menschen, „die die Welt verstänkern" und dabei „stinkend reich" werden (W 45), hilft nur Kollektivbildung und gemeinsamer Kampf, wie das Ende des letzten Lieds ausführt: „Wir werden sie bekämpfen / bis sie sich nicht mehr trau'n / uns Wasser, Luft und Erde / noch weiter zu versau'n!" (W 45)

Doch wird dieser kämpferische „gute[] Schluß" relativiert, indem das Stück ihn als Theaterschluss ausweist: „Weil Theater ja Spaß machen soll" (W 43), endet die Handlung nicht mit dem zuvor gespielten „Schluß wie im Leben" (W 43), also der Bestrafung der renitenten, ökologisch sensiblen Kinder durch die Erwachsenen, sondern der kämpferischen Kollektivbildung. An diesem brechtisch anmutenden doppelten Schluss lässt sich eine Regel ablesen, der die Stücke im *GRIPS Theater* folgen: „Unmögliche Lösungen, deren gesellschaftliche Umsetzung unwahrscheinlich ist, wurden [...] nicht mehr ins Feld geführt"[45] oder wie im Fall von *Wasser im Eimer* als Theaterschluss ausgestellt. Die Zeit der (Weihnachts-)Märchen ist vorbei, im emanzipatorischen Kindertheater soll auf der Bühne die Realität herrschen – ein Anspruch, der hinsichtlich der Zielsetzung, die Kinder zur aktiven Veränderung dieser Welt anzuregen, in dramaturgische Aporien führen muss, wie die folgenden Stücke der Umwelt-Trilogie zeigen.

Fortgesetzt wurde die Trilogie ab dem 23.04.1982 mit *Dicke Luft*, verfasst von Reiner Lücker, einem der Co-Autoren von *Wasser im Eimer*, und Volker Ludwig.[46] Auch diese Produktion für Kinder ab acht Jahren war mit 116 Aufführungen ein großer Erfolg.[47] Schon beim ersten Blick auf den Text fällt eine realistischere Schreibweise auf als bei *Wasser im Eimer*, sprechende Bäume und Flüsse sucht man in der Berliner Hausgemeinschaft, dem Handlungsort von *Dicke Luft*, vergebens. Auslöser der Geschehnisse ist ein Smogalarm, der die beiden Kinder Mai und Alex daran hindert, draußen zu spielen: „Man soll nicht mehr Radfahren und keinen Sport treiben im Freien. [...] Die Luft ist

45 Mayer / Kretzschmar, „Revolution auf der Bühne", S. 79.

46 Vgl. zu diesem Stück auch die Analyse von Fischer, „GRIPS als Community Theater", insbes. S. 203–208.

47 Vgl. zu den Aufführungs- und Inszenierungsdaten Kolneder / Fischer-Fels, *GRIPS Buch*, S. 191.

giftig, versteht ihr?“,[48] erklärt ihnen ihre Mutter. Wie bekannt dem Publikum diese Problematik war, belegt der Materialanhang des Stücktextes, in dem u. a. Zeitungsausschnitte über Smogalarm im Berlin der frühen 1980er Jahre abgedruckt und erläutert sind (vgl. D 53–55).[49] Doch anders als noch *Wasser im Eimer*, das viel Mühe darauf verwendet, seinem Publikum mögliche Auswirkungen der Umweltverschmutzung näherzubringen, richtet *Dicke Luft* den Fokus schnell auf die Frage, wie Smog und Abfall *bekämpft* werden sollen: „Die Schüler brauchten keine bildreiche Aufklärung mehr, sie wußten inzwischen mehr als genug von den Gefahren der Umweltzerstörung und wollten von uns nur eins: Ideen, was man dagegen tun kann“,[50] beschreibt Volker Ludwig die veränderten Publikumserwartungen.

Dicke Luft reflektiert die Frage nach Handlungsoptionen in Zeiten der Umweltkrisen auch für die Kunst. Das Stück tut das am Beispiel des neu in den Wohnblock gezogenen Mieters Kaspar Sonnenschein, eines Autors, der sein Publikum „in das wundersame Reich der Phantasie [entführt]“ (D 5). Die tierlichen Protagonist*innen seiner Bücher tragen Namen wie „Wupsi […] Pieps und Pups“ (D 5), was Fischer „als erbarmungslose Parodie auf die Produktion von eskapistischer, realitätsferner Märchen- und Phantasieliteratur“[51] deutet. Als die Idee an Sonnenschein herangetragen wird, stattdessen Bücher über den Alltag der Kinder zu schreiben, reagiert er zunächst empört: „Ich schreibe kein Buch über Umweltverschmutzung! Das ist nichts für Kinder! Wenn ich den Kindern erzähle, daß sie eines Tages ersticken, verbrennen, vergiften – dann können die sich ja gleich aufhängen“ (D 5). Doch muss der Autor die Erfahrung machen, dass Mai und Alex kein Interesse haben an seinen Geschichten „[v]on Wupsi und Schnupsi und Hupsi und Pupsi … und wir vergiften inzwischen an Kohlrabi und ersticken im Smog“ (D 17). Immer wieder wird an Sonnenschein vorgeführt, dass die Realität ökologischer Krisen eine realistische künstlerische Behandlung erfordert. So fruchtet sein Versuch, den Hausmeister Pingel davon abzuhalten, einen Baum im Innenhof zu fällen, indem er mit der Rache von „Waldgeist“, „Baumriese“ und „Luftgespenst“ droht, wenig. Erst, als er warnt, „das Gartenbauamt, das Amtsgericht“ und „die Polizei“ einzuschalten, lässt der Hausmeister eingeschüchtert von seinem Vorhaben ab (D 15). Schließlich ist Sonnenschein überzeugt und stellt sein literarisches Talent in den Dienst der

48 Volker Ludwig / Reiner Lücker, *Dicke Luft. Theaterstück für Menschen ab 8*, Berlin o. J., S. 4. Zitate aus diesem Text werden im Folgenden direkt im Fließtext unter Angabe der Sigle D und der Seitenzahlen nachgewiesen.

49 Vgl. auch Fischer, „GRIPS als Community Theater“, S. 205.

50 Kolneder / Fischer-Fels, *GRIPS Buch*, S. 190.

51 Fischer, „GRIPS als Community Theater“, S. 205.

ökologischen Sache. „Hupsi, Pupsi und Wupsi“ (D 38) tauchen am Stückende zwar wieder auf – doch nicht mehr als Wohlfühlfantasiefiguren, sondern als sehr reale Hühner, die zur Versorgung des Wohnhauses beitragen und den Menschen dabei helfen sollen, „wieder [zu] lernen, mit der Natur zu leben“ (D 44).

Das Beispiel der Hühner zeigt, dass sich die von *Dicke Luft* skizzierten Handlungsoptionen gegen Smog und andere Umweltverschmutzung nicht in einem Plädoyer für aktivistische Kunst erschöpfen. Angesichts von „Luftverpestern“, „Wasservergiftern“ und „Autostinkern“ (D 35) empfiehlt auch das zweite Stück der Umwelt-Trilogie „ne Bande [zu] gründen, gegen die Dreckmacher“ (D 31).[52] Diese Bande besteht nicht nur aus den Kindern und Sonnenschein – auch die alte Nachbarin Frau Klemm beteiligt sich, sodass die Vereinigung zur intergenerationalen Front wird. Anders als im Falle von *Wasser im Eimer*, wo die konkrete Ausgestaltung des Kampfes gegen die kapitalistischen Umweltsünder*innen noch unkonkret bleibt, bemüht sich *Dicke Luft* um die Präsentation von ermutigenden, aber gleichzeitig realistischen Handlungsoptionen. Sonnenschein erklärt, dass man zunächst „den Grund wissen“ müsse, „[w]arum die Menschen die Welt vergiften. […] Dann könnte man vielleicht etwas dagegen tun“ (D 18) – Alex' Vermutung, dass die Gegner ihrer Bande „eben alles Dreckschweine sind“ (D 18), reicht nicht mehr aus. Damit taucht hier aber ein Problem auf, dass die Umwelt-Trilogie nicht mehr verlassen wird: Denn wenn man zugesteht, dass die Verursacher*innen ökologischer Krisen nicht einfach karikatureske in Italien sonnenbadende Kapitalist*innen sind, sondern Umweltprobleme in komplexeren Ursache-Wirkungs-Zusammenhängen stehen – wo könnten Kinder beim Wunsch der Weltverbesserung dann ansetzen? Typisch für das emanzipatorische Kindertheater und seine Mutmachstücke bricht auch *Dicke Luft* das Problem herunter. So schlägt Sonnenschein vor: „Wir fangen besser da an, wo wir wirklich was machen können. Hier in unserem Haus“ (D 36). Also werden Recyclingtonnen angeschafft, die Wassererwärmung auf Solarbetrieb umgestellt und Hennen in der Garage einquartiert: „Man muß eben ganz klein anfangen“ (D 44), fasst Frau Klemm das Bandenprogramm am Stückende zusammen. Doch deutet sich in dieser Konzentration der geplanten Aktivitäten auf die Hausgemeinschaft an, „dass die Aktivität […] [der] Bande nichts gegen die Betreiber der Industrieinstallationen, die die Luft verpesten, ausrichten wird“.[53]

52 Vgl. zum Motiv der die Handlung oft abschließenden Kollektivbildung in den Stücken des *GRIPS* auch Schneider, „Umweltutopien“, S. 158.

53 Fischer, „GRIPS als Community Theater“, S. 210.

3 Rückzug auf den Baum: *Himmel Erde Luft und Meer* (UA: 1990) und die Grenzen kindlicher Handlungsmacht

Den letzten Teil der Umwelt-Trilogie am *GRIPS* bildet *Himmel Erde Luft und Meer*. Das Theaterstück für Kinder ab neun Jahren wurde am 8.12.1990 uraufgeführt und von Volker Ludwig verfasst.[54] Ludwig selbst bezeichnet *Himmel Erde Luft und Meer* als „drittes und endgültiges Umweltstück“[55] – eine Einschätzung, die in mehr als einer Hinsicht zutrifft, wie die folgende Analyse zeigt.

Im Zentrum der Handlung steht Anna, ein „wundersam klug[es] Kind“[56], das fähig ist, Umweltgifte in seiner Umgebung wahrzunehmen – schadstoffbelastete Lebensmittel schmecken für sie „[s]techich, kratzich und kotzich“ (H 2). Sie wohnt in Krätze, einem verseuchten Dorf in der ehemaligen DDR, ihre „beste Freundin“ (H 5) ist der Baum Asta. Im Rahmen einer „Ferienkind-Aktion“ (H 4) hat Anna die Möglichkeit, bei Julia und Andi in Berlin zu leben. Die Handlung wird durch eine von Julia vorgeschlagene Wette zwischen den beiden Mädchen strukturiert: Die gegen ihren Willen zum Austausch angemeldete Anna kommt mit Julia und Andi in die Großstadt „und wenn du nach zwei Wochen immer noch glaubst, daß die Erde nicht mehr zu retten und alles sinnlos ist – dann zieh ich zu dir, für immer“ (H 10).

Verantwortlich für Annas Skepsis ist die fortschreitende Umweltzerstörung. Sie wird in *Himmel Erde Luft und Meer* vor allem im Motiv der Giftstoffe manifest, die Lebensmittel, aber auch Lebensräume verpesten. Doch gibt es weiterhin bereits Hinweise auf ein Bewusstsein für die Gefahren der Klimakrise im engeren Sinne. So erklärt Anna ihren Gastgeschwistern: „Die Erde ist schon so krank, daß sie Fieber hat und immer wärmer wird und um sich haut, und Schüttelfrost kriegt, das sind die Erdbeben, und Husten, das sind die Orkane – bis wir Menschen endlich mal alle weg sind. Sonst wird sie nie wieder gesund.“ (H 9) Anna beschreibt den Planeten damit als ökologisches Gesamtsystem, Umweltkatastrophen wie Orkane führt sie direkt auf die Verhaltensweisen der Menschen zurück. Angesichts des ökologischen Wissens der nächsten Generation sticht die Indifferenz der Erwachsenen umso drastischer hervor,[57] die in

---

54 Vgl. zu den Aufführungs- und Inszenierungsdaten Kolneder / Fischer-Fels, *GRIPS Buch*, S. 257.

55 Ebd., S. 254.

56 Volker Ludwig, *Himmel Erde Luft und Meer. Theaterstück für Menschen ab 9*. Berlin o. J., S. 22. Zitate aus diesem Text werden im Folgenden direkt im Fließtext unter Angabe der Sigle H und der Seitenzahlen nachgewiesen.

57 Die Argumente der Erwachsenen klingen dabei auch heute sehr vertraut, wenn etwa Julias und Andis Vater angesichts der Bedrohung der menschlichen Lebenswelt durch

Himmel Erde Luft und Meer zu einem Slogan zugespitzt wird: „Die Erwachsenen bringen die Kinder um." (H 7 u. ö.) Stärker als in *Wasser im Eimer* und *Dicke Luft* ist das letzte Stück der Trilogie von einem kindlichen Fatalismus geprägt: „[M]an [kann] nichts machen. Das Gift wird immer mehr, denn den Erwachsenen macht es ja nichts aus! Bis alles vergiftet ist, sind die ja längst tot ..." (H 10)

Deutlicher als in den anderen beiden Stücken wird in *Himmel Erde Luft und Meer* auch „de[r] Grundkonflikt von Ökonomie und Ökologie als Ausgangspunkt aller Umweltzerstörung"[58] in den Blick genommen. Besonders thematisiert diesen Konflikt die Vermittlerfigur Otto, ein alter Mann, der den Kindern die tieferliegenden Gründe der Umweltverschmutzung näherbringt. Er erklärt, dass die Erwachsenen nicht „alle böse", sondern „[e]infach krank" seien: „Sie wollen plötzlich immer mehr. Mehr Geld, mehr Sachen, mehr Geschwindigkeit, mehr Bequemlichkeit, mehr zum Angeben, mehr zum Verschwenden – sie verwandeln sich in Mehr-Ungeheuer. In Mehr-Schweine." (H 19) Am Ende des Stücks wird Otto in seinen Erläuterungen noch konkreter. Durch die Parallelisierung der Situation eines Rauchers beim Arzt mit der Situation des Planeten erläutert er Probleme von Umweltpolitik: „Du rauchst jedes Jahr zwei Zigaretten weniger, dann rauchst du im Jahr 2040 nur noch die Hälfte" (H 40). Auf den Hinweis Julias hin, dass sie dann ja bereits tot sei, erklärt der alte Mann in der Rolle des Politiker-Arztes: „Aber denk doch mal an die Zigarettenfabrikanten. Die Autohersteller. Die Rindermäster. Die Chemieproduzenten. Das sind auch meine Patienten. Von denen lebe ich! Und zwar ganz prächtig! Aber doch nicht von dir!" (H 41)

Diese verglichen mit *Dicke Luft* nochmals pessimistischere Einschätzung nicht nur kindlicher, sondern auch politischer Gestaltungsmacht korrespondiert mit einer kritischen Reflexion der künstlerischen Strategien des emanzipatorischen Kindertheaters. Um Anna zu beweisen, dass Aktivismus zur Verbesserung der ökologischen Situation beitragen kann, nimmt Julia sie mit auf die Probe ihrer Theatergruppe. Diese übt eine „Umweltshow" (H 27) ein, mit der die Erwachsenen dazu gebracht werden sollen, umweltbewusster zu leben. Die Kinder greifen dabei auf „Lied[er] aus dem GRIPS Theater" (H 27) zurück, die aus dem ersten Teil der Umwelt-Trilogie, *Wasser im Eimer*, stammen – doch Anna findet die Performance „[d]oof" (H 27). Sie kritisiert zum einen den fast zwanzig Jahre alten Text als unterkomplex. Wenn die Theatergruppe singt:

---

den Einfluss der Umweltgifte darauf vertraut, man werde rechtzeitig „irgendwas Neues erfinden" (H 25).

58 Schneider, „Umweltutopien", S. 159.

Bei uns da steht'n Eimer
Da kommt der Abfall rein
Wer alles in den Fluß kippt
Der ist ein altes Schwein (H 26),

erläutert das Mädchen: „Der Abfall vom Eimer wird genauso weggekippt.“ (H 27) Doch zum anderen bezweifelt Anna auch grundsätzlich die Erfolgsaussichten des Projekts, denn „die Erwachsenen kann man nicht überzeugen“ (H 31). Mit ihrer Mutlosigkeit steckt das Mädchen die anderen an. Selbst Julia ist schließlich desillusioniert. Sie fühlt sich von den Erwachsenen getäuscht und unzureichend informiert, „[d]amit wir [d. h. die Kinder – F.L.] denken, wenn wir immer schön Altpapier sammeln und Bäume pflegen und Froschteiche anlegen, wird alles wieder gut! Und ja nicht drauf kommen, daß alles zehntausend mal schlimmer ist!“ (H 35)

Angesichts dieser fundamentalen Hinterfragung von kindlichen Handlungsoptionen und künstlerisch vermitteltem Aktivismus überrascht es, dass *Himmel Erde Luft und Meer* am Ende wieder auf die alten Strategien des Mutmachtheaters zurückgreift. So beschließen die Kinder die Gründung einer „Anna-Bande“ (H 41) und der alte Otto versichert: „Ich war auch ein Mehrschwein. Und was für eins! Aber auch Erwachsene sind heilbar.“ (H 39) So soll die Umweltshow, wenn auch in abgewandelter Form, nun doch vor den Eltern gespielt werden – „dann knallen wir denen was vor den Latz, daß sie vor Schreck ohnmächtig werden! Überschrift: ‚Die Erwachsenen bringen die Kinder um!‘“ (H 39) Allerdings bleibt unklar, warum dieser Rückgriff auf zuvor verworfene Mittel des Theaters jetzt erfolgreich sein sollte – der neue Slogan wurde im Stückverlauf mehrmals Erwachsenen gegenüber ohne größere Wirkung geäußert. Auch der Vorschlag, wie Kinder dem Problem ökologisch-ökonomischer Verflechtungen begegnen können, erscheint utopisch: „Also eigentlich haben wir ja die Macht! Die größten Giftmixer der Welt machen wir zu traurigen kleinen Würstchen! Wir brauchen bloß ihren Dreck nicht mehr zu kaufen!“ (H 41) *Himmel Erde Luft und Meer* propagiert hier gerade die gesamtsystemisch-abstrakte Lösung für die ökologische Krise, die *Dicke Luft* mit dem auf den eigenen Innenhof gerichteten, aber unmittelbar umsetzbaren Ansatz als unrealistisch zurückweist.

Dass in diesen Lösungsansätzen mehr Wunsch als Wirklichkeit steckt, deutet das ambivalente Stückende an. Anna, überzeugt von der Sinnlosigkeit eines kindlichen Umweltaktivismus, ist auf ihren Baum Asta zurückgekehrt (vgl. H 43). Dort wird sie unter anderem von Julia, Andi und deren Mutter besucht. Das Familienauto haben sie inzwischen abgeschafft, weshalb die Berliner*innen mit dem Fahrrad nach Krätze kommen. Angesichts der im Stück vorgestellten grundlegenden Umweltprobleme und ihrer globalen sozioökonomischen

Ursachen wirkt diese ökologisch positive Entwicklung am Stückende jedoch wie der Tropfen auf dem heißen Stein. Und so ist Anna auch nach wie vor nicht von der Veränderbarkeit der Zukunft überzeugt, obwohl sie eine neue Wette mit Julia abschließt:

> JULIA: Dann machen wir'ne neue Wette?
> ANNA: Alle Erwachsenen machen mit.
> JULIA: Alles Gift verschwindet.
> ANNA: Und dann würde ich zu euch kommen [.] [...] Aber ich glaube nicht dran. (H 46)

Dass die in den Stücken des *GRIPS Theaters* propagierte lokale „Strategie von unten" als „einzige Strategie, die Kindern als Praxis überhaupt möglich ist",[59] angesichts der komplexen Ursachen ökologischer Krisen an Grenzen stößt, überschattet schon das Ende von *Dicke Luft*. Weil *Himmel Erde Luft und Meer* diesen Ursachen noch breiteren Raum einräumt, drohen nun die Mittel des emanzipatorischen Kindertheaters endgültig zu versagen. Dies wird bereits von der zeitgenössischen Kritik bemerkt, wie eine Rezension von Gerhard Hartmann am 27.04.1991 im *Berliner Volksblatt* zeigt:

> Heutzutage klare Perspektiven zu vermitteln, ist schwer, das weiß auch das Grips. So ironisiert man denn die eigenen Rezepte aus der Vergangenheit. Ein Lied aus einem früheren Umweltstück wird zitiert und von Anna für doof befunden. Die Frage, was man überhaupt noch tun kann gegen die wachsende Umweltzerstörung, nimmt breiten Raum ein. Aber Ratlosigkeit stehen zu lassen, die ja auch Ansatz für die Suche nach Lösungen sein kann, hat man sich dann doch nicht getraut. Das Lehrtheater steht sich selbst im Weg.[60]

Volker Ludwig hat mit *Himmel Erde Luft und Meer* also tatsächlich das „endgültige[ ] Umweltstück"[61] nach dem Muster des emanzipatorischen Kindertheaters geschrieben: nicht nur das letzte der Trilogie, sondern auch einen Text, der die optimistische Pädagogik der vorhergehenden Theaterproduktionen problematisiert, ohne sich von ihr doch in letzter Konsequenz lösen zu können. Dabei ist das *GRIPS* mit dem Problem, eine Form für die kindergerechte Aufbereitung der ökologischen Krise zu finden, in den 1990er Jahren nicht allein. Dagmar Lindenpütz beobachtet für die ökologische KJL insgesamt, dass „[d]ie aufklärerischen Ansätze, wie sie in den siebziger und den frühen

59 Fischer, „GRIPS als Community Theater", S. 210.
60 Zit. nach Schneider, „Umweltutopien", S. 160.
61 Kolneder / Fischer-Fels, *GRIPS Buch*, S. 254.

achtziger Jahren vorherrschen, […] je mehr wir uns dem Jahrtausendwechsel nähern, [von] einer zunehmend skeptischen Haltung“[62] abgelöst werden: „[I]n der neueren KJL treten Umweltgefährdungen als gewichtiges Dauerproblem auf, für das keine schnellen und einfachen Lösungen mehr zu erhoffen sind“.[63]

Aus Perspektive des aktuellen Klimatheaters ergeben sich beim Blick auf die Umwelt-Trilogie des *GRIPS* neben thematischen auch formale Traditionslinien: Wenn heute das Problem diskutiert wird, welche „theatrale Grammatik […] die in Bewegung geratenen planetarischen Parameter […] in dramatische Kontexte“[64] rückbinden könnte, stellt sich diese Frage auch als Formproblem, wie der Regisseur Tobias Rausch ausführt:

> Was ich auf der Bühne zeigen kann (und die Betonung liegt auf zeigen), sind Situationen. Situationen zeichnen sich dadurch aus, dass sie einen räumlichen und zeitlichen Horizont darstellen, innerhalb dessen etwas geschieht. Wenn die Ursachen und die Folgen von Handlungen tausende Kilometer voneinander entfernt liegen, innerhalb eines jahrzehntelangen Prozesses geschehen und in ihrem Konnex nur durch wissenschaftliche Abstraktion herzustellen sind, dann unterläuft das die Möglichkeiten von theatralen Situationen.[65]

Auch das zeitgenössische Theater steht damit vor der Herausforderung, komplexe ökologische Verflechtungen in die konkrete Raumzeit der Bühne zu übersetzen. Heutige Experimente des anthropozänen Theaters, die angesichts dieser abstrakten ökologischen Verflechtungen die Möglichkeiten einer theatralen „Dezentrierung menschlicher Handlungsmacht“[66] erproben, stehen dem emanzipatorischen Kindertheater nicht offen: Die exemplarische Handlungsmacht der kindlichen Protagonist*innen ist seine konstituierende Voraussetzung. Dass die Rettung dieser Handlungsmacht in einem realistischen Setting dramatisch kaum mehr zu bewerkstelligen ist, weist auf aktuelle Fragen nach den Möglichkeiten des Menschen voraus, die selbstgeschaffene ökologische Krise politisch, technisch und eben nicht zuletzt ästhetisch zu bewältigen. So zeigt die Umwelt-Trilogie des *GRIPS Theaters*: Ein formales wie inhaltliches Abarbeiten an der Erkenntnis, „dass die Menschheit als Ganzes

62 Lindenpütz, „Natur und Umwelt“, S. 730.

63 Ebd., S. 731.

64 Raddatz, *Drama des Anthropozäns*, S. 8.

65 Tobias Rausch, „Schauspiele jenseits des Menschen“, in: *nachtkritik.de* am 16.10.2019 https://nachtkritik.de/index.php?opti%20on=com_content&view=article&id=17246 (Zugriff: 28.05.2024).

66 Wilke, „Theater im Anthropozän“, S. 250.

und die Erde vollkommen verändert, verstrahlt, überflutet und im Großteil ausgelöscht werden kann",[67] ist keinesfalls ein Alleinstellungsmerkmal des Klimatheaters seit der Jahrtausendwende.

Literaturverzeichnis

Bayer, Anja / Daniela Seel (Hg.), *all dies hier, Majestät, ist deins. Lyrik im Anthropozän*, Berlin: kookbooks, 2016.

Brandt, Ellen / Fischer-Fels, Stefan, „Volker Ludwig. Kinder- und Jugendtheater aus dem Geist des Kabaretts", in: Gerd Taube (Hg.), *Stück-Werk 2: Deutschsprachige Autoren des Kinder- und Jugendtheaters. Arbeitsbuch*, Berlin: Theater der Zeit, 1998, S. 104–108.

Caupert, Christina, „Umweltthematik in Drama und Theater", in: Gabriele Dürbeck / Urte Stobbe (Hg.), *Ecocriticism. Eine Einführung*, Köln u. a.: Böhlau, 2015, S. 219–232.

Dürbeck, Gabriele / Stobbe, Urte (Hg.), *Ecocriticism. Eine Einführung*, Köln u. a.: Böhlau, 2015.

Dürbeck, Gabriele u. a., „Was heißt es, von ‚anthropozäner Literatur' zu sprechen? Einleitung", in: dies. (Hg.), *Anthropozäne Literatur. Poetiken – Themen – Lektüren*, Berlin: Springer, 2022, S. 1–24.

Egert, Gerko u. a., „Bühnen des Nicht-Menschlichen", in: Milena Cairo u. a. (Hg.), *Episteme des Theaters. Aktuelle Kontexte von Wissenschaft, Kunst und Öffentlichkeit*, Bielefeld: transcript, 2016, S. 193–215.

Fischer, Gerhard, „GRIPS als Community Theater", in: Florian Vaßen (Hg.), *Korrespondenzen. Theater – Ästhetik – Pädagogik*, Berlin u. a.: Schibri-Verl., 2010, S. 197–211.

Hollerweger, Elisabeth, „Tanzen gegen die Planetenexplosion. Didaktische Potenziale der Kriseninszenierung im Kindertheater", in: *kjl & m* 72 (2020), H. 4, S. 64–69.

Johns-Putra, Adeline, „Climate change in literature and literary studies: From cli-fi, climate change theater and ecopoetry to ecocriticism and climate change criticism", in: *WIREs Climate Change* 7 (2016), Issue 2, S. 266–288.

Kolneder, Wolfgang / Fischer-Fels, Stefan (Hg.), *Das GRIPS Buch. Theater Geschichten*, Berlin: Hentrich, 1994.

Lindenpütz, Dagmar, „Natur und Umwelt als Thema der Kinder- und Jugendliteratur", in: Günter Lange (Hg.), *Taschenbuch der Kinder- und Jugendliteratur*, Bd. 2: *Medien und Sachbuch – Ausgewählte thematische Aspekte – Ausgewählte poetologische Aspekte – Produktion und Rezeption – KJL im Unterricht*, 2. Korr. Aufl., Baltmannsweiler: Schneider-Verl. Hohengehren, 2002, S. 727–745.

67 Ebd., S. 257.

Ludwig, Volker, „‚Die Geschichte des GRIPS Theaters sind seine Stücke‘. Chronik Teil 3“, in: Philipp Harpain / GRIPS Theater (Hg.), *Für die Zukunft. 50 Jahre GRIPS Theater*, Berlin: Alexander, 2019, S. 94–95.

Ludwig, Volker, *Himmel Erde Luft und Meer. Theaterstück für Menschen ab 9*, Berlin o. J.

Ludwig, Volker / Lücker, Reiner, *Dicke Luft. Theaterstück für Menschen ab 8*, Berlin o. J.

Lücker, Reiner / Reisner, Stefan, *Wasser im Eimer. Umwelt-Theater für Menschen ab 6*, München: Weismann Verlag, 1978.

Mayer, Johannes / Kretzschmar, Franca, „Revolution auf der Bühne. Einblicke in Bedingungen, Entwicklungen und Wirkungen des emanzipatorischen Kindertheaters“, in: *Jahrbuch der GKJF* (2018): *1968*, S. 71–87.

Mayer, Sylvia, „Klimawandelroman“, in: Gabriele Dürbeck / Urte Stobbe (Hg.), *Ecocriticism. Eine Einführung*, Köln u. a.: Böhlau 2015, S. 233–244.

Mikota, Jana, „Umweltbewusstsein mit Kinder- und Jugendliteratur vermitteln“, in: Jochen Heins / Christoph Jantzen (Hg.), *Kinderliteratur unterrichten. Vielfältige Perspektiven auf den Literaturunterricht in der Grundschule*, München: kopaed, 2019, S. 199–215.

Mikota, Jana / Pecher, Claudia Maria, „Klima-, Umwelt- und Naturschutz in der aktuellen Kinder- und Jugendliteratur“, in: *kjl & m* 72 (2020), H. 4, S. 8–18.

Raddatz, Frank-M., *Das Drama des Anthropozäns*, Berlin: Theater der Zeit, 2021.

Rausch, Tobias, „Schauspiele jenseits des Menschen“, in: nachtkritik.de am 16.10.2019 https://nachtkritik.de/index.php?opti%20on=com_content&view=article&id=17246 (Zugriff: 28.05.2024).

Schneider, Wolfgang, „Die Erwachsenen bringen die Kinder um. Umweltutopien in der dramatischen Kinderliteratur“, in: Ulrich Nassen (Hg.), *Naturkind, Landkind, Stadtkind. Literarische Bilderwelten kindlicher Umwelt*, München: Fink, 1995, S. 153–161.

Taube, Gerd, „Kinder- und Jugendtheater der Gegenwart“, in: Günter Lange (Hg.), *Kinder- und Jugendliteratur der Gegenwart. Ein Handbuch*, 2., korr. U. erg. Aufl., Baltmannsweiler: Schneider-Verl. Hohengehren, 2012, S. 290–306.

Wilke, Sabine, „Steigende Pegel und unruhige Materialfluten: Klimatheater im Anthropozän“, in: *Gegenwartsliteratur. Ein germanistisches Jahrbuch* 17 (2018), S. 331–348.

Wilke, Sabine, „Theater im Anthropozän. Neue Spielformen für ein neues Zeitalter?“, in: Gabriele Dürbeck u. a. (Hg.), *Anthropozäne Literatur. Poetiken – Themen – Lektüren*, Berlin: Springer, 2022, S. 243–259.

TEIL V

Neue Dramaturgien

Dramaturgien nach dem Anthropozän: Über die performative Kraft des Trauerns und das Artensterben im Theater

Theresa Schlesinger

Was heißt es Theater zu machen in einem Zeitalter, in dem der Mensch seinen Einfluss auf die Erde so ausgeweitet hat, dass er zum größten geologischen und biologischen Faktor des Planeten geworden ist? Wie kann ein postanthropozentrisches Theater aussehen? Was sind Praktiken und Narrative, die weg von einer menschlich zentrierten und hin zu einer verflochtenen, verbundenen, mehr-als-menschlichen Dramaturgie führen?

„Am Leben zu sein bedeutet, Verluste zu erfahren",[1] schreibt die Autorin Judith Schalansky. Unsere heutige Zeit ist geprägt von Tod und Trauer, jeder Moment durchzogen von verlorener Zukunft, verlorenem Leben, verlorenen Chancen, verlorener Hoffnung, verlorenen Jahreszeiten und Landschaften, sowie vom Verlust von schätzungsweise bis zu 150 Arten täglich weltweit. Die belgische Philosophin Vinciane Despret begreift Artensterben als Verlusterfahrung, die einen Einschnitt in der Welt bedeutet, wie wir sie kennen. Jeder Verlust verändert das Gefüge, in dem wir uns befinden: „When a being is no more, the world narrows all of a sudden, and a part of reality collapses. Each time an existence disappears, it is a piece of the universe of sensations that fades away."[2]

Der Gedanke eines veränderten Gefüges von Empfindungen ist höchst theatral, geht er doch von einem Davor und Danach unserer Wahrnehmung aus, wie es auch bei der Erfahrung einer Theateraufführung gegeben ist. Ich möchte Desprets Gedanken aufnehmen in meinem Versuch der Skizzierung einer Dramaturgie nach dem Anthropozän, die sich ausgehend von der Trauererfahrung und Transformation nach Verlust damit auseinandersetzt, wie wir uns anders zur nicht-menschlichen Welt ins Verhältnis setzen können. Nähern will ich mich dieser Skizze schließlich anhand der eigenen dramaturgischen Arbeit an der Produktion *REVUE. Über das Sterben der Arten*, die unter der

1 Judith Schalansky, *Verzeichnis einiger Verluste*, Berlin: Suhrkamp Verlag, 2018, S. 14.

2 Vinciane Despret, „It Is an Entire World That Has Disappeared", in: Deobrah Bird Rose / Thom van Dooren / Matthew Chrulew, (Hg.), *Extinction studies: stories of time, death, and generations*, New York: Columbia University Press, 2017, S. 219.

 | DOI:10.30965/9783846769614_016

Regie von Felix Rothenhäusler im Herbst 2021 am Theater Bremen zur Uraufführung kam.

1 Was heißt Artensterben?

Artensterben ist kein unnatürliches Phänomen – im Gegenteil. Der Begriff bezeichnet das Verschwinden ganzer Arten durch Aussterben. Artensterben war schon immer Teil des Lebens auf unserem Planeten, doch übersteigt die Aussterberate in den letzten Jahrzehnten alles bisher Dagewesene. So wird auch vom sechsten Massensterben gesprochen. Anders als die Massensterben vorheriger Zeiten können wir heute nachweislich sagen, dass es sich um ein menschengemachtes Artensterben handelt. Hintergrundsterben, also Aussterben von einzelnen Arten über die Dauer des Lebens auf dem Planeten, ist üblich, doch die Beschleunigung und Anhäufung der Todesfälle innerhalb weniger Jahrzehnte ist es lange nicht mehr. Die menschengemachten Veränderungen der Natur, der Anbau von Monokulturen, der Einsatz von Pestiziden, die Rodung von Wäldern, die Verschmutzung der Luft durch Abgase und die Bebauung von Brachflächen sind nur Beispiele für einige der Ursachen für das weltweite Aussterben der Arten.

Timothy Morton schreibt in dem Essay mit dem passenden Titel *Und dann lebst du vielleicht in einem Zeitalter des Massenaussterbens* über die Reflexion der eigenen individuellen Existenz in Zeiten des Massenaussterbens, über all die Ängste und Herausforderungen und was für Erkenntnisse sich aus der Analyse derselben gewinnen lassen. Dabei wird zwischen dem Erleben von Katastrophe und Desaster unterschieden: „Es ist viel besser, sich in einer Katastrophe zu glauben, als zu denken, man erlebe ein Desaster. Desaster erlebt man von außen. Bei Katastrophen ist man mittendrin, also kann man auch eingreifen.“[3] Morton geht es um das Bewusstsein der Innenperspektive im Katastrophenzustand, um die Realisation der eigenen, mit der Welt verwobenen Position und der daraus hervorgehenden Verantwortung. Was heißt das für ein Theatererlebnis?

Eine andere Zukunft ist möglich, wenn wir lernen, uns anders ins Verhältnis zu setzen. Theater als Kunstform, in der sonst der Mensch im Zentrum steht, trägt das Potenzial in sich, den Vorgang des Neu-Verknüpfens erfahrbar zu machen. In der genauen Betrachtung und empathischen Zuwendung zu nicht-menschlichen Welten öffnet sich ein Möglichkeitsraum, der mehr-

3 Timothy Morton, *Ökologisch Sein*, aus dem Englischen von Dirk Höfer, Berlin: Matthes & Seitz, 2019 [2018], S. 72.

als-menschliche Verbindungen offenbart. Unsere Verbindung zum Außen bekommt einen ganz neuen Stellenwert. Wir nehmen eine andere Position in dem Netzwerk des Lebens ein, sind nicht mehr Mittelpunkt und stellen statt der Darstellung die gemeinsame Erfahrung ins Zentrum. Das Theatererlebnis wird hier dann in dem Sinne immersiv, als dass es uns Zuschauende für einen Moment in eine andere Realität versetzt, die aus einer mehr-als-menschlichen Perspektive gespeist ist und eine alternative Erfahrung bietet zur uns gewohnten. Wir erkennen und erfahren, dass es mehr gibt als die uns geläufigen Narrative, Blickwinkel und Zuordnungen. Und mehr als uns allein. Wir begreifen vielleicht unsere Verbundenheit miteinander und mit den anderen Lebewesen auf dem Planeten. Wie könnte eine künstlerische Praxis aussehen, die sich mit dem Zustand des Menschen, unserem Zustand, innerhalb einer kollabierenden Welt kritisch und affektiv auseinandersetzt?

2 Das Anthropozän. Problem und Ausgangspunkt: Der Mensch im Zentrum

Der gesellschaftliche und persönliche Umgang mit Klimakrise und Artensterben ist eine Herausforderung. „Wir können die Geschichte der modernen Gesellschaften lesen als eine Geschichte der Vermeidung des Ausgesetzt-Seins"[4] schreibt der Soziologe Frank Adloff und bezieht sich dabei auf Bruno Latour, der die Trennung von Natur und Gesellschaft in seiner Analyse der Moderne benennt und kritisiert. Lässt sich dieser Mechanismus der Vermeidung und das Missverständnis der Trennung von Natur und Gesellschaft durch ein Theatererlebnis aufheben?

Die Erfahrung des Selbst in Verbindung mit anderen und der Umwelt ist eine der Grundprinzipien von Theater. Anders aber als in der klassischen Setzung, wo eine Spiegelung oder Einfühlung durch Identifikation Antriebskraft für eine affektive Erfahrung ist, möchte ich hier der These nachgehen, dass ein post-anthropozentrisches Theater über eine Verschiebung der Perspektive, die immersiv wird, funktionieren könnte. Die Philosophin und Posthumanistin Rosi Braidotti steht für eine Neu-Positionierung des Menschen – heraus aus dem Zentrum und überhaupt die Entfernung der Vorstellung eines Zentrums. Stattdessen ist alles in Bewegung, schöpferisch und vital. So werden auch

4 Frank Adloff, „Exposure to Mass Extinction. Für eine Ontologie und Soziologie gemeinsamen Lebens und wechselseitigen Gebens", in: Christine Hentschel / Susanne Krasmann, *Exposure – Verletzlichkeit und das Politische in Zeiten radikaler Ungewissheit* (215–230). Bielefeld: transcript, 2020, S. 216.

nichtmenschliche Wesen als gesellschaftliche Akteur*innen anerkannt. Sie fragt: „Welche Begriffe von heutiger Subjektivität und Subjektbildung werden durch ein postanthropozentrisches Denken ermöglicht? Was kommt nach dem anthropozentrischen Subjekt?"[5] Diese Fragen in eine Darstellung und Aktivierung zu übertragen, könnte eine der Pfeiler der mehr-als-menschlichen Dramaturgie sein und die Auseinandersetzung mit der eigenen Position innerhalb des Netzes von Leben auf unserem Planeten aktivieren. Wenn die Prämisse des sogenannten Anthropozäns der Mensch im Mittelpunkt ist, dann ist der Schritt heraus vielleicht der, diese Stellung und deren Auswirkungen zu erkennen und etwas daran zu verändern: „Post-Anthropozentrismus beseitigt den Gedanken einer Artenhierarchie und einer besonderen allgemeinen Norm ‚des Menschen' als dem Maß aller Dinge."[6]

Im Theater lernen wir uns anders ins Verhältnis zu setzen zu uns selbst und unserer Umwelt. Nirgends sonst geht es so sehr darum, durch Imagination, Behauptung und theatrale Mittel für die gemeinsam geteilte Zeit andere Welten zu erschaffen und spielerisch Perspektivwechsel einzuüben. Dabei stehen keine rein wissenschaftlichen Fakten im Zentrum, sondern vor allem Perspektiven, Narrative, Betrachtungen, die unsere Vorstellung von der Kategorie Mensch hinterfragen und gespeist sind aus feministischen, antirassistischen, postkolonialen sowie posthumanen Diskursen. Wenn es nicht mehr um Selbsterhaltung, um das eigene (menschliche) Ego geht, sondern um unsere Verbindung miteinander, mit unserer Umwelt, verändern sich Narrative, verändern sich Räume und Atmosphären.

3 Narrative zum Artensterben

Die Literaturwissenschaftlerin Ursula K. Heise analysiert, wie Artensterben in Literatur und Kultur der Gegenwart behandelt wird und stellt fest: Eine Möglichkeit das Artensterben ins öffentliche Bewusstsein zu rücken, sind Berichte über Einzelarten.

> [D]as Aussterben symbolisch wichtiger Arten [wird] zum Anlass, ein Unbehagen oder gar eine ausdrückliche Kritik an der Moderne und den Veränderungen im Verhältnis zwischen Mensch und Natur zum Ausdruck zu bringen, die sie bewirkt hat. Die Schicksale nichtmenschlicher Arten werden auf diese Weise integriert

---

5 Rosi Braidotti, *Posthumanismus, Leben jenseits des Menschen*, aus dem Englischen von Thomas Laugstien, Frankfurt a. M.: Campus Verlag, 2014, S. 63.

6 Ebd., S 72.

> in kritische Reflexionen über den Verlauf der menschlichen Geschichte und ihre entscheidenden Wendepunkte.[7]

Hier liegt der Schwerpunkt also in der Kritik, die womöglich eine Art Aktivierung des Verantwortungsgefühls hervorrufen soll. Gleichzeitig bleibt die Perspektive eine menschliche und eine hierarchische, die die nicht-menschlichen Wesen der eigenen unterordnet. Eine weitere Möglichkeit ist die statistische Erfassung in Form von Listen. Die Rote Liste gefährdeter Arten ist ein Indikator für den Zustand der Biodiversität. Herausgegeben wird sie in regelmäßigen Abständen von der Weltnaturschutzunion IUCN (International Union for Conservation of Nature and Natural Resources). Eine Narration, die sich an der Listenform orientiert, ist interessant, weil sie der Dokumentation der Lage entspricht und vor allem deshalb, weil sie eine neue Zeitlichkeit öffnet. Statt in einem limitierten Zeitrahmen auf das Aussterben einzelner Arten zu blicken, eröffnet die Liste eine Dimension, die weit über unser individuelles Leben hinausgeht und verdeutlicht auch die Dynamik des Artensterbens über einen größeren Zeitraum. Wie aber lässt sich diese Dynamik des Artensterbens und ein Entwurf für eine post-anthropozentrische Erzählung miteinander verbinden? Die reine Aufzählung der Arten entspricht eher einer Benennung, einem Mahnmal vielleicht, aber was fehlt, ist der Zusammenhang mit unserem Leben und der Raum für Emotionen. Das Gefühl der Unverbundenheit mit der Natur wird durch die Distanz der reinen Statistik womöglich sogar noch verstärkt, die Menge an Zahlen und Fakten wirkt erst einmal abschreckend. Lassen sich beide Formen vielleicht verbinden?

4 Trauer als Modus der Transformation

Der Ruf nach öffentlicher Aufmerksamkeit und Verbundenheit mit den ausgestorbenen Arten und der nicht-menschlichen Welt wird immer lauter und so auch die Aufforderung zum Trauern:

> What does it mean that, in this time of incredible loss, there is so little public (and perhaps also private) mourning for extinctions? Why do the last expressions of so many species leave this world unnoticed and unmourned?[8]

7 Ursula K. Heise, *Nach der Natur. Das Artensterben und die moderne Kultur*, Berlin: Suhrkamp, 2010, S. 47.

8 Thom van Dooren, „Mourning crows: Grief and extinction in a shared world", in Garry Marvin / Susan McHugh (Hg.), *Routledge Handbook of Human-Animal Studies*, 2014, S. 283.

Das Trauern wird hier als politischer Akt des Sichtbarmachens verstanden. Es geht also um das Anerkennen eines Verlusts und damit eben auch um die Anerkennung der Existenz und die Verbindung zum eigenen (menschlichen) Leben. Durch das (öffentliche) Trauern wird das verlorene Wesen noch einmal präsent, zugleich wird der Verlust deutlich und damit stellt sich die Frage, wie es dazu überhaupt erst kommen konnte. Judith Butler sieht in der Betrauerbarkeit ein Indiz für die Relevanz eines Lebewesens in der heutigen Gesellschaft.

> Betrauerbar sein heißt angesprochen sein auf eine Weise, die mich wissen lässt, dass mein Leben zählt, dass sein Verlust nicht bedeutungslos ist, dass mein Körper als einer behandelt wird, der zu leben und zu gedeihen imstande sein sollte und dessen Prekarität so gering wir nur möglich sein sollte, wofür auch förderliche Bedingungen gegeben sein sollten.[9]

Der Akt des Trauerns ist zum einen also politisch und dadurch auch für das Theater relevant. Denn dort können wir einen Raum zum Trauern geben, der sonst gesellschaftlich oder kulturell nicht vorhanden ist. Zum anderen ist das Trauern aber auch sehr persönlich und emotional. Verlusterfahrungen verbinden alle lebendigen Wesen und sind nur schwer in Worte zu fassen. „Weil wir sterblich sind, müssen wir „abschiedlich“ existieren, verbunden mit der Trauer, mit dem Schmerz und der Möglichkeit, unsere Situation immer wieder neu zu gestalten, auch angesichts unserer Abschiede immer neu uns aufzufalten.“[10] Wie fühlt es sich an „abschiedlich“ zu existieren?

Wir unterscheiden zwischen Trauer (im englischen „Grief“) als verinnerlichtem Zustand und Trauer (im englischen „Mourning“) als notwendigem Prozess der Exteriorisierung.[11] Dieser Prozess interessiert mich als Umriss für eine postanthropozentrische Dramaturgie. Trauern ist an und für sich schon performativ. Damit meine ich vor allem die Absicht, mit der der Vorgang des Trauerns begangen wird. Der Theaterwissenschaftler und Tanzdramaturg Guy Cools erforscht in seiner Arbeit die performative Kraft des Trauerns und betont die Relevanz der theatralen Bearbeitung von Trauer und Verlust:

---

9 Judith Butler, *Die Macht der Gewaltlosigkeit. Über das Ethische im Politischen*, Berlin: Suhrkamp, 2023, S. 80.

10 Verena Kast, *Trauern. Phasen und Chancen des psychischen Prozesses*, Stuttgart: Kreuz Verlag, 1982, S. 8.

11 Vgl. Julia Samuel, *Grief Works. Stories of Life, Death & Surviving*, S. 15: „Grief is the emotional response to loss, in this case death, while mourning is the process we have to go through to adapt to the world in which the person has died.“

> Like grief itself, the performance of mourning is unique to every person. Sometimes it takes a whole lifetime or an entire artistic oeuvre to complete it. Performing your mourning does not diminish or resolve your grief, but it allows you to fully live it.[12]

Durch die Performance der Trauer entsteht keine Heilung und das ist auch nicht der Sinn, denn beim Trauern sollte es nicht darum gehen, zu einem vorherigen Zustand zurückzukehren, sondern den Verlust anzuerkennen, mit der Trauer zu leben, die Veränderung zu sehen und zu spüren, die der Verlust bedeutet und den Umstand der Veränderung zu akzeptieren:

> Mourning is a process of learning and transformation to accommodate a changed reality. [...] In this context, genuine mourning should open us into an awareness of our dependence on and relationships with those countless others being driven over the edge of extinction.[13]

So können wir den Trauerprozess auch als Moment der Transformation begreifen, als Moment, in dem wir so sehr auf uns selbst zurückgeworfen sind wie niemals zuvor und gleichzeitig dadurch begreifen, wie verbunden wir eigentlich sind.

5 Eine „Revue“ als Trauerfeier

Wie also all diese Gedanken und Gefühle künstlerisch umsetzen? Ein solcher Versuch entstand mit der Arbeit *REVUE. Über das Sterben der Arten* am Theater Bremen. Das sonst abstrakte und scheinbar unbegreifliche Artensterben sollte hier durch die künstlerische Auseinandersetzung affektiv erfahrbar und durch eine Art Übung der Transformation in ein Bühnengeschehen übersetzt werden. Betonen möchte ich, dass das Zusammenspiel aller Elemente und Disziplinen sowie auch der beteiligten Personen hier ausschlaggebend war, doch eingehen möchte ich in diesem Beitrag vor allem auf die dramaturgische Grundkonzeption und die Verwebung von Text und Bewegung. Hieraus lässt sich für mich eine Idee für eine postanthropozentrische künstlerische Praxis ableiten, die sowohl inhaltlich als auch arbeitspraktisch agiert.

---

12 Guy Cools, *Performing Mourning. Laments in Contemporary Art*, Amsterdam: Valiz, 2021, S. 4.

13 Deborah Rose, *Keeping faith with death: mourning and de-extinction* https://www.thomvandooren.org/2013/11/02/keeping-faith-with-death-mourning-and-de-extinction/ (Zugriff 20.02.2024).

Die Grundfrage, die der Arbeit *REVUE* voranging, lautete „Wie lässt sich das Verschwinden der Arten erfahrbar machen?" Und noch konkreter: „Wie fühlt sich vermissen an?" Anders als eine reine Darstellung von ausgestorbenen Arten, sollte der Fokus auf dem Versuch liegen, bei sich selbst – auf der Performer*innenebene – im Abgleich mit dem geschriebenen Text über ausgestorbene Arten eine Verbindung zu entdecken und schließlich mit dem Publikum zu teilen. Was haben wir gemeinsam mit den verlorenen Arten?

Grundlegend für den Versuch war eine Art von Öffnung der Form, die gleichzeitig mit einer Konsequenz und Einfachheit einhergeht: Es braucht Raum für die Performer*innen, im Moment der Aufführung selbst über ihre Körper und Bewegungen zu entscheiden, aber auch Raum für die Zuschauenden, sich in der Aufführung wieder zu erkennen, nämlich die eigenen Projektionen und Ängste bezüglich des Artensterbens und der Rolle des Menschen auf dem Planeten. Beide Öffnungsprozesse laufen zusammen und erst durch den Kontakt von Performer*innen und Publikum entsteht vielleicht die gewünschte Verbindung, entsteht der Versuch zu verstehen, was es auf sich hat mit unserer Existenz und der Verflechtung unseres Lebens mit denen vor uns, mit denen nach uns und mit den Leben, die wir oft nicht als Teil unseres Lebens begreifen.

Die Setzung: Ein Laufsteg, auf dem sieben Performer*innen auf- und abtreten. Das Publikum auf beiden Seiten hat die Möglichkeit sich ebenfalls frei zu bewegen und aus allen Richtungen den laufenden Performer*innen zuzuschauen. Sie laufen konstant in eine Richtung. Sobald sie den Laufsteg verlassen, gehen sie hintereinander wieder zurück zum Anfang, um wieder von vorne zu beginnen. Auf zwei Seiten des Stegs befinden sich Mikrofone, die in dem Weg miteinbegriffen sind. So bleiben die Performer*innen dann und wann an den Mikros stehen, um die Texte zu sprechen. Wir haben es mit einer Art Übung im Tier-Werden und Verschwinden zu tun. Der Abend hat durch seine Setzungen mehr Trainingscharakter, es gibt kein Ziel, keine vollständige Auflösung in einen Zustand, da die Prämisse bereits das Verschwinden ist. Als Material stehen den Performenden für diese Transformation Text, Kostüm und ihr eigener Körper zur Verfügung. Außerdem Teil des Gefüges ist die Musik, komponiert von Jo Flüeler und Moritz Widrig, der auch bei jeder Aufführung das Geschehen live begleitet. Festgelegt ist die Reihenfolge der Texte und ein choreographischer Score, der die Entwicklung in Abschnitte unterteilt und grobe Bewegungsabfolgen vorgibt, die sich wiederum an der Dramaturgie des Texts orientieren. Einzelne Momente sind verabredet und als Solo im Score gekennzeichnet.

Die Dramaturgie funktioniert über das Aufrufen der Arten und das stetige Auf- und Abtreten. Das Grundkonstrukt des Texts ist eine Liste. Wir haben es mit einer Auswahl zu tun, die exemplarisch für ein größeres Verschwinden, eine größere Bewegung, steht. Um die Dimensionen zu verdeutlichen, beginnt die Aufzählung vor ca. 10.000 Jahren, um sich dann erst in großen, gröberen und schließlich immer kleineren Schritten dem Heute zu nähern. Je weiter die Zeit voranschreitet, desto komplexer wird auch das Aussterben. Die Zeitabschnitte werden kleiner, die Zahl der sterbenden Arten erhöht sich drastisch und spürbar. „Die Große Beschleunigung",[14] die den Übergang zum Anthropozän markiert, ist für den Text richtungsweisend und soll spürbar werden. Gleichzeitig wird im Text die Evolution des Menschen nacherzählt, aber aus Sicht der ausgestorbenen Arten, die dafür ihr Leben lassen mussten. Wie hat sich die Landschaft durch das Eingreifen des Menschen über die Jahrhunderte verändert? Von detailreichen Beschreibungen der unberührten Natur zu knappen Benennungen der brennenden Wälder der Gegenwart, bewegt sich die Sprache. Wo der Text anfangs noch ausschweifend und poetisch ist, bleiben am Ende nur noch wenige Sätze und Schlagwörter, die die katastrophale Entwicklung zu fassen versuchen.

Beschleunigung und Reduktion prägen also die Liste und somit den Text. Das Zusammenspiel der Chronologie des Texts inklusive der Verknappung der Zeitsprünge in Zusammenspiel mit der Echtzeit der Aufführung provoziert schließlich noch einmal eine andere Erfahrung von Zeitlichkeit. So rückt das menschliche Selbst noch ein Stück weiter aus dem Zentrum, die zeitliche Dimension erweitert sich, das Bewusstsein für alles, was vor uns war und was nach uns kommt, setzt ein.[15]

Das Grundkonstrukt des Abends basiert aber neben dem Text auch auf Wiederholung in verschiedenen Formen. Was präsent wird durch die ständige Wiederholung in *REVUE* ist zum einen der Umstand des Verschwindens, denn ständig taucht etwas auf, was kurz darauf wieder verschwindet und zum anderen die ausgestorbenen Arten, die verlorenen Welten und Ökosysteme. Was aber vor allem wahrgenommen wird, sind die Körper und Persönlichkeiten der Performer*innen, die immer und immer wieder den Laufsteg betreten und sich zur Verfügung stellen, um in ihren Bewegungen zu erforschen, was es heißt, nichtmenschlich zu werden.

---

14 Great Accelaration: Die Große Beschleunigung kann als Schwelle ins Anthropozän – das menschliche Zeitalter – verstanden werden. 24 Kurvendiagramme wurden 2004 erstmals veröffentlicht und veranschaulichen sozioökonomische Trends und Erdsystem-Trends von 1750 bis 2000. Sie werden seitdem kontinuierlich aktualisiert und zeigen die zunehmende Belastung des Erdsystems durch den Menschen. https://www.bpb.de/themen/umwelt/anthropozaen/216918/texte-und-grafiken-zur-grossen-beschleunigung-the-great-acceleration/ (Zugriff 20.02.2024).

15 Vgl. Morton, *Ökologisch Sein*, S. 75: „Wir wissen mittlerweile, dass ökologisches Bewusstsein heißt, ethisch und politisch nicht nur in einer zeitlichen Größenordnung, sondern in einer ganzen Reihe von Zeitskalen zu denken und zu handeln."

Wie verbindet man sich über eine gemeinsame Bewegung? Die Armbewegung, die gerade noch klein und schnell war, hat sich verändert. Als wäre das Flattern einmal durch alle Körper hindurch gewandert, um sich weiter auszubilden, ist es nun ein Gleiten, ein Fliegen vielleicht. Wie fühlt es sich an, wenn der eigene Arm plötzlich zum Flügel wird? Ausgestreckt geht er nach oben und unten, verdrängt die Luft und versetzt den ganzen Körper in eine neuartige Bewegung. Was verbindet unsere Gliedmaßen mit denen des 1918 ausgestorbenen Karolina Sittichs? Wie würde er seine Flügel ausbreiten, abheben und über die Südspitze Floridas hinweg kreisen? Was vermag ein Körper? Und was heißt es schließlich seinen Verlust zu erfahren?

Am Ende der Aufführung sind wir als Publikum auf einmal auf uns allein zurückgeworfen. Nach 55 Minuten kontinuierlichen Auf- und Abtretens bleibt der Laufsteg leer. Wie fühlt sich das an? Wir landen bei einem tief menschlichen Phänomen: Der Emotionalisierung durch Verbindung. Die Schlussfolgerung, die ich ziehen möchte, bezieht sich auf diesen spezifischen Punkt. Das postanthropozentrische, mehr-als-menschliche Theater, bezieht meiner Ansicht nach seine Kraft aus der Einfachheit und der Anerkennung menschlicher Emotionen. Das Mitfühlen wird dabei umgelenkt auf Wesen, die wir sonst nicht als Teil von uns begreifen würden oder sonst in unsere Trauer miteinbeziehen. Erst begreifen wir unsere Verbindung zu ihnen und werden schließlich daran erinnert, was es heißt sie zu verlieren. Wir setzen uns neu ins Verhältnis zur nicht-menschlichen Welt, durch eine tiefe menschliche Erfahrung. Dabei bleiben wir jedoch nicht in der Traurigkeit des Trauer-Moments stehen, sondern begreifen den Abschied auch als Feier – als Feier des Lebens und des Tods. Auch das ist ein Modus des abschiedlichen Lebens: Die Abschiede feiern und als etwas dem Leben Inhärentes begreifen. Das Dagewesene würdigen und durch das Ritual des Abschiednehmens einen Neuanfang lostreten. Wir blicken zurück, um die Zukunft anders gestalten zu können.

Die Angst vor Vergänglichkeit kann auch verstanden werden als menschlicher Motor der Zerstörung des Planeten. Wenn wir nun Theater als Ort für unsere Ängste und unsere Trauer anerkennen, entstehen neue oder andere Räume, um der Angst zu begegnen. Die Trauer wird erweitert auf nichtmenschliche Wesen und Landschaften. So öffnen sich weitere Perspektiven und es bieten sich performative Modi an, die andere Formen künstlerischen Arbeitens evozieren und sowohl in der Prozessualität als auch im Aufführungsmoment mehr-als-menschliche Erfahrungen ermöglichen. Wenn wir das Trauerritual ausweiten auf die nicht-menschliche Welt, entsteht in dem performativen Akt des Trauerns eine Verbindung und somit Raum für neue und andere Zusammenhänge von Leben (und Sterben) auf unserem Planeten.

Narrative hören auf, wenn wir einen Verlust erfahren. Das Erleben ist nicht mehr in eine Erzählung einzuordnen, denn für Verlust haben wir keine. Wir können uns auch nicht mehr an eine Erzählung der Zukunft halten, denn durch die Verlusterfahrung sieht diese Zukunft nun ganz anders aus. Kein Halt mehr, keine Orientierung. Dieser Zustand ist in unserer heutigen Zeit durch die ökologische Krisensituation allgegenwärtig. Gerade deswegen brauchen wir gemeinsame Trauerrituale. Eine postanthropozentrische Dramaturgie begreift Tod und Verlust als Teil der Narration und der Theatererfahrung und geht aus von anderen Welten als nur der gegenwärtigen, von vergangenen und zukünftigen. Sie erzählt aus nichtmenschlicher Perspektive und wird dadurch mehr-als-menschlich, denn sie erkennt an, dass Theater immer menschlich ist, wenn es von Menschen gemacht und erlebt wird. Es ist eigentlich ganz einfach: Wir wissen, was am Anfang steht und was am Ende kommt. Aber was dazwischen passiert, liegt an uns.

Literaturverzeichnis

Adloff, Frank, „Exposure to Mass Extinction. Für eine Ontologie und Soziologie gemeinsamen Lebens und wechselseitigen Gebens“, in: Christine Hentschel / Susanne Krasmann, *‚Exposure' – Verletzlichkeit und das Politische in Zeiten radikaler Ungewissheit*,. Bielefeld: transcript Verlag, 2020, S. 215–228.

Braidotti, Rosi, *Posthumanismus. Leben jenseits des Menschen*, aus dem Englischen von Thomas Laugstien, Frankfurt a. M.: Campus Verlag, 2014.

Bundeszentrale für politische Bildung, „Texte und Grafiken zur Großen Beschleunigung– ‚The Great Acceleration'“, https://www.bpb.de/themen/umwelt/anthropozaen/216918/texte-und-grafiken-zur-grossen-beschleunigung-the-great-acceleration/ (Zugriff 20.02.2024).

Butler, Judith, *Die Macht der Gewaltlosigkeit. Über das Ethische im Politischen*, aus dem Englischen von Reiner Ansén, Berlin: Suhrkamp Verlag, 2023 [2020].

Cools, Guy, *Performing Mourning. Laments in Contemporary Art*, Amsterdam: Valiz, 2021.

Despret, Vinciane, „It Is an Entire World That Has Disappeared“, in: Deborah Rose Bird / Thom van Dooren / Matthew Chrulew / Cary Wolfe (Hg.), *Extinction studies: stories of time, death, and generations*, New York: Columbia University Press, 2017, S. 217–222.

Despret, Vinciane, *Our Grateful Dead. Stories of those left behind*, aus dem Französischen von Stephen Muecke, Minneapolis: University of Minnesota Press, 2021 [2015].

Heise, Ursula K., *Nach der Natur. Das Artensterben und die moderne Kultur*, Berlin: Suhrkamp, 2010.
Kast, Verena, *Trauern. Phasen und Chancen des psychischen Prozesses*, Stuttgart: Kreuz Verlag, 1982.
Morton, Timothy, *Ökologisch Sein*, aus dem Englischen von Dirk Höfer, Berlin: Matthes & Seitz, 2019 [2018].
Rose, Deborah, *Keeping faith with death: mourning and de-extinction* https://www.thomvandooren.org/2013/11/02/keeping-faith-with-death-mourning-and-de-extinction/ (Zugriff 20.02.2024).
Schalansky, Judith, *Verzeichnis einiger Verluste*, Berlin: Suhrkamp Verlag, 2018.
van Dooren, Thom, „Mourning crows: Grief and extinction in a shared world“ in: Garry Marvin / Susan McHugh (Hg.), *Routledge Handbook of Human-Animal Studies*, 2014, S. 275–289.

Kontingente Räume

Theater und Ökologie

Johann Otten

„Ecology is the logic of the house (greek οἶκος: house and λόγος: logic).
The house could be the biosphere, your neighborhood, a habitat
or all three of those, overlapping."
Timothy Morton[1]

„The theatre is in the city
and the city is in the world
and its walls are of skin."
Marianne van Kerkhoven[2]

Alles – gleichzeitig: Das schmelzende Eis vor Grönland, das Ergrünen der Sahara, der tauende Permafrost in Sibirien, der chaotische Rhythmus des Monsuns im indischen Meer, das Ahrtal, die Bienen, die Weißweinfelder auf Rügen. Die Krise ist nicht mehr zu übersehen, wir müssen sie nicht einmal beim Namen nennen. So leben wir.

Die Auseinandersetzung mit dem Versuch, *wirklich* zu begreifen, was eine sich erhitzende Welt für die Möglichkeiten menschlichen Lebens bedeutet, ist vielfach schmerzhaft: Durch die Brutalität der Fakten, vor allem aber durch die Konsistenz ihrer Negation. 1994 fasst Felix Guattari zusammen, was auch vierzig Jahre später noch überwältigend aktuell ist: „Die politischen Gebilde und ihre ausführenden Instanzen scheinen völlig unfähig zu sein, sich mit diesen Problemstellungen in der Vollständigkeit ihrer Implikationen zu befassen."[3] Diese Unfähigkeit hat maßgebliche Konsequenzen für die Zukunft, vielmehr für die Verhinderung pluraler Zukünfte, also die Möglichkeit, dass aus einem gegenwärtigen Punkt der Geschichte indefinite Möglichkeiten von Zukunft entspringen können. Stattdessen gilt es anzuerkennen, dass Zerstörung und Verlust von Lebensräumen jetzt schon unvermeidlich sind, sofortige, tiefgreifende

1 Timothy Morton, *Spacecraft*, London: Bloomsbury, 2021, S. 16.

2 Marianne van Kerkhoven, „State of the Union Speech", 1994, http://sarma.be/docs/3229 (Zugriff 18.05.2023).

3 Felix Guattari, *Die drei Ökologien*, aus dem Französischen von Alec A. Schaerer, Wien: Passagen, 1994, S. 12.

 | DOI:10.30965/9783846769614_017

Veränderungen im Konsum von Ressourcen und in der Emissionsreduktion jedoch den destruktiven Grad beeinflussen können, wie es im IPCC-Bericht zusammengefasst steht: „Some future changes are unavoidable and/or irreversible but can be limited by deep, rapid and sustained global greenhouse gas emissions reduction. The likelihood of abrupt and/or irreversible changes increases with higher global warming levels."[4]

Wenn jedoch, wie Rahel Süß argumentiert, eine Voraussetzung demokratischer Gesellschaften ist, Zukünfte offen und ihre mögliche Gestaltung diskursiv transparent zu verhandeln, ist dieser Verlust an Zukunftspotenzen ein zusätzliches, gesellschaftliches Dilemma.[5] Im klimawandelbedingten Verlust von Lebensräumen steht nicht nur das Überleben selbst, sondern die Glaubhaftigkeit der Instanzen auf dem Spiel, die dies Überleben überhaupt noch ermöglichen könnten. Dieses Dilemma ist auch eine dramaturgische Herausforderung, im Sinne einer Dramaturgie der Kontingenz. Kontingenz meint hier ein Denkbild des potenziell Offenen: Etwas, das weder notwendig noch unmöglich ist – und dramaturgisch übersetzt eine Suche nach Erzählweisen des (noch) Möglichen, mit notwendigerweise intersektionalem Zugriff, der Komplexität der Gegenwart gerecht werdend. Scheint bei der Analyse Guattaris doch der Hinweis auf die *Vollständigkeit der Implikationen* zentral, deren Fehlen seinen Unmut auslösen. Zwar mögen 1994 wie 2024 diskursiv eine zerstörte Natur, ein sich erhitzender Planet oder Extremwettereignisse sichtbar gewesen sein, die daraus geschlussfolgerten Konsequenzen sind aber so kurzschlüssig wie das Nachhaltigkeitskonzept des italienischen Sportwagenherstellers Lamborghini: Die Elektrifizierung des Antriebsstranges verhindert keinen Stau und Sportwägen, auch batteriebetriebene, bringen keine gesellschaftlich inklusive Verkehrswende.

Was wäre, wenn es an erzählerischen Methoden mangelt, die es mit der Allumfänglichkeit der Konsequenzen aufnehmen können, die aus der Klimakatastrophe entspringen? Und vielmehr: Was wäre, wenn wiederum mit geeigneten Erzählverfahren überhaupt erst ein adäquates Verständnis entstünde, um gesellschaftliche Akzeptanz für die Tragweite notwendiger Transformation zu schaffen? Und kann es sein, dass es dafür an Orten fehlt, die sich einer Suche nach solchen Erzählweisen widmen?

Diesen Fragen liegt das Verständnis zugrunde, das Erzählen immer auch das Potenzial der Gegenwartsbewältigung und des Trosts aufweist: Stehen

---

4 IPCC 2023, „Summary for Policymakers", S. 15, www.ipcc.ch/report/ar6/syr/ (Zugriff 26.03.2024).

5 Vgl. Rahel Sophia Süß, *Demokratie und Zukunft: Was auf dem Spiel steht*, Wien: Edition Konturen, 2020.

spezifische Erzählformen doch in direktem Zusammenhang mit den strukturellen Bedürfnissen einer Gesellschaft, entwickeln sich parallel zu diesen, wie Christine Lang betont: „Die griechische Tragödie [...] entstand im Zusammenhang mit der Athener Demokratie und deren Anforderungen an die freien männlichen Bürger".[6] Die Dreiaktstruktur wiederum als Möglichkeit zur Erfahrung individueller Handlungsfähigkeit mit der Lehre der tragischen Ironie, um zu lernen, sich gegen etwas entscheiden zu müssen, um ein Ziel zu erreichen.[7]

Dramaturgische Verfahren entsprechen gesellschaftlichen Bedürfnissen und entwickeln sich mit ihnen. Doch ist es die Form des Erzählens, die sich gesellschaftlichen Entwicklungen anpasst oder hat sie selbst einen Einfluss auf den gesellschaftlichen Zusammenhang? David Graeber folgend, liegt die Antwort auf der Hand: „[T]he ultimate, hidden truth of the world is[,] that it is something that we *make*, and could just as easily *make* differently. In this sense [...] all power to the imagination [...]".[8] Mit diesem *Machen* soll hier das Erzählen gemeint sein, schafft Sprache doch Wirklichkeit und verändern dementsprechend spezifische Formen des Erzählens dieselbe.[9] So ergibt sich eine dramaturgische Herausforderung, bei der Dramaturgie als Methode des Vermittelns zwischen Form und Inhalt – zwischen Erzählen und Welt – keiner geringeren Aufgabe gegenübersteht, als das Überleben auf der Welt selbst zu sichern: Braucht es doch innerhalb der skizzierten Logik neue Formen des Begreifens von Gegenwart, um die nötigen Schritte ihrer Veränderung anzugehen.

Doch geschieht dies nicht im luftleeren Raum: Es braucht künstlerische Institutionen, die sich ihrer Funktion als Ort des körperlichen und kollektiven Erlebens von Geschichten, als Ort gesellschaftlicher Auseinandersetzung, als einer *agora*, in der diskutiert und vermittelt wird, bewusst sind. Theater können solche Orte sein und ihr Potenzial gerade darin entfalten, mit dieser Verantwortung bewusst umzugehen. Über die Kunst als Vermittlerin von Geschichten, genauso aber auch in der Bereitstellung einer Diskursplattform, als Begegnungsort, als Schnittstelle zwischen Stadtpolitik und Künsten – als

6 Christine Lang, „Modernes europäisches Storytelling: Dramaturgie in *Titane* und *Happy End*" https://blog.zhdk.ch/zfiction/files/2022/06/ZFICTION22_Christine-Lang_-Dramaturgie-in-Titane-und-Happy-End-von-C.Lang_.pdf/ (Zugriff 26.03.2024).

7 Vgl. Joachim Fiebach, *Welt Theater Geschichte. Eine Kulturgeschichte des Theatralen*, Berlin: Theater der Zeit, 2015, S. 51.

8 David Graeber, *The utopia of rules: on technology, stupidity, and the secret joys of bureaucracy*, New York: Melville House, 2015, S. 89, eigene Kursivstellung.

9 Zur Sprechakttheorie vgl. z. B.: John Langshaw Austin, *How to Do Things with Words*, Oxford: University Press, 1962.

ein Bindeglied zwischen Diskurs und Gesellschaft. Um diese Funktion zu erfüllen, bedarf es in erster Linie Glaubwürdigkeit, die vor allem mit dem Grad der Synchronisierung von Arbeitsrealitäten innerhalb einer Institution, der Lebenswirklichkeit aller am künstlerischen Prozess beteiligten Menschen und der gesellschaftlichen Absicht zusammenhängt. Ein bedenkenlos ressourcenverbrauchender Betrieb kann schlecht für eine ökologisch gerechte Zukunft werben – gleichermaßen ist die alleinige Reflexion betriebsökologischer Kriterien nicht genug für die Ausrichtung einer künstlerischen Institution. Das Theater gedacht als *agora*, als Marktplatz für den Austausch von Erfahrung und Wissen einer gerechten Zukunft klingt zwar verheißungsvoll, doch was wäre faktisch nötig, um einen Theaterbetrieb zu einem Baustein in einem ökologischen Beziehungsgefüge zu machen? Und was bedeutet dies für die Aufgaben der Dramaturgie, die im Kontext eines Theaters nicht mehr Theorie, sondern konkrete, alltägliche Arbeit sind? Welche konkreten Aufgaben, Veränderungen und Prozesse dafür nötig sind, soll Inhalt der folgenden Überlegungen sein.

Ökologisch soll dabei im Sinne seines griechischen Ursprungs verwendet werden, wie es im einleitenden Zitat von Timothy Morton anklingt, als *Logik* des *Hauses*. Und das *Haus* sei hier das Theater und dessen relationales Gefüge. Eine ökologische Betrachtung eines Theaterbetriebs meint dementsprechend mehr als nur die Revision seiner Klimabilanz oder die Auseinandersetzung mit dem, was gemeinhin als „Nachhaltigkeitsziele“ bekannt ist: Die Umstellung auf Ökostrom, das Verbot von Flugreisen oder die Wiederverwendung von Bühnenbildern. All dies geht zwar in einer ökologischen Betrachtung auf, ist aber dennoch nur Teil davon. Gleichermaßen gilt es, auch die inneren Prozesse einer Institution zu beachten: Das Beziehungsgeflecht von Künstler*innen, Hausreinigung, technischen Gewerken und Assistierenden, die für den Betrieb notwendig sind. Die Auseinandersetzung mit der Ökologie eines Theaters zielt auf einen ganzheitlichen, möglichst holistischen Blick auf die Gesamtheit der miteinander in Verbindung stehenden Teile, statt allein auf ihre singulären Einheiten.

1 Überall Probleme, nur nicht im Moment

‚Hauptsache, der Lappen geht rauf!‘: Ein nicht selten zu hörender Ausruf zur Züchtigung allzu vorschnell geäußerter Bedenken, zur Beschwichtigung überbordenden Idealismus' und oft maßgeblicher Grundsatz des Spielbetriebs im Theateralltag. Ginge es allein nach dieser Prämisse, alle Theaterdebatten wären im Keim erstickt. Wo ist also das Problem? Der anfangs geäußerte Imperativ hat weitreichende Konsequenzen: „Ein Theater ist kein autonomes ‚Haus', es ist ein operativer Knoten in einem ausgedehnten Netzwerk von Material-, Energie- und Diskursströmen, eine gesellschaftliche Infrastruktur", wie Sandra Umathum und Maximilian Haas feststellen.[10] Ihre Beschreibung räumt nicht nur mit der Vorstellung *freischwebender* Künste auf, mit der Idee von einem Kunstbetrieb, dessen Betrieb auf materieller Ebene alle Mittel heiligt, in dem anerkannt wird, dass für ein Bühnenbild kostbare Ressourcen verbraucht, für ein Gastspiel CO2 ausgestoßen und für den Bühnenbetrieb Energiekosten anfallen, die mess- und sichtbare, planetare Konsequenzen haben. Sondern sie unterstreicht auch die Bedeutung des Theaters als diskursiven Knotenpunkt, in dem Verhaltensweisen große Strahlkraft besitzen und Vorbildcharakter haben, beziehungsweise unter besonders kritischer Beobachtung stehen. Der Grund dieser kritischen Beobachtung ist schnell ausgemacht, er lässt sich auf eine simple Formel reduzieren: „Das Produktionssystem […] ist auf die Überproduktion von Wegwerfprodukten ausgelegt: Inszenierungen werden unter hohem Ressourcenaufwand (bei Menschen und Nichtmenschen) erarbeitet, um nach wenigen Vorstellungen bereits entsorgt zu werden."[11] Auch wenn sich Haas und Umathum in ihrer Analyse auf die freie Szene beziehen, ist die Aussage ebenso für einen Stadttheaterbetrieb korrekt, wenngleich einzelne Inszenierungen oft eine längere Haltbarkeit haben. Der Widerspruch einer im Kern nicht auf Kreisläufen, sondern linearen Produktionsprozessen aufbauenden Institution, die gleichzeitig Geschichten langfristiger Verbundenheit vermitteln will, bleibt – damit ist das Grundparadox beschrieben. Was auf materieller Ebene bedeutet – völlig undenkbar in jeder anderen Industrie – Experimente seriell zu betreiben: Für jede Premiere wird im Grunde ein neues Bühnenbild-Produkt oder sogar eine Maschine erfunden, die ohne wirkliche Testphase direkt in die Marktreife des Repertoirebetriebs überführt wird – sowohl auf die Vorteile industrieller Skalierung als auch Erkenntnisse einer Revisionsperiode verzichtend. Natürlich erfindet nicht jede Produktion das Rad neu, sondern baut auf dem Wissen erprobter Techniker*innen auf, doch, um im Bild zu bleiben, wird mit dem bekannten Rad zumindest jedes Mal aufs Neue versucht, eine Ausfahrt von der Autobahn zu nehmen, auch wenn dort noch Leitplanken stehen. Ähnlicher Innovationsdruck herrscht auf sozialer Ebene: Zwar speist sich der deutschsprachige Theaterbetrieb zu

10 Maximilian Haas / Sandra Umathum, „Performing Climate Action(s)", in: Wolfgang Schneider, Fonds Darstellende Künste e.V. (Hg.), *Transformation der Theaterlandschaft: Zur Fördersituation der Freien Darstellenden Künste in Deutschland*. Bielefeld: transcript, 2022, S. 313–371, hier S. 314.

11 Haas / Umathum, *Performing Climate Action(s)*, S. 322.

einem Großteil aus einem überlieferten, dramatischen Kanon, also aus bereits vorhandenen Texten – dennoch gilt die soziale Plastik aus dem Beziehungsgefüge derer, die sich für einen festgelegten Probenzeitraum zur Erfindung der zur Wiederholung angelegten Situation zusammentun, im Grunde erst dann als geglückt, wenn es sich dabei um eine gänzlich innovative Zusammenkunft handelt: Um etwas *Neues*. Hierin stecken Fluch und Potenzial zugleich: Wie lassen sich der Wunsch nach stetiger Innovation und einer Produktionsweise als Kreislauf verbinden? Könnte ein Betrieb, dessen Kernkompetenz das Neue ist, nicht genau damit die besten Voraussetzungen bieten, sich auch selbst neu zu erfinden und zukunftsfähig zu sein?

2 Überall Freiheit, vor allem in der Zukunft

Die Herausforderung für diese Neuerfindung liegt vermutlich in einer Uminterpretation dessen, was als neu gilt und dass dieses Neue eben nicht auf einer Vorstellung von Innovation als Expansion basiert, sondern auch durch Verzicht möglich ist. Der Kreislauf muss gewissermaßen als Innovation verstanden werden und nicht als Rückschritt. Was im konkreten Alltag eines Betriebs beispielsweise bedeuten würde, Bühnenbildteile einer abgespielten Produktion nicht in den Sondermüll zu überführen, sondern zu katalogisieren und anderen Künstler*innen und Betrieben zur Verfügung zu stellen. Modulare Elemente müssten als zentraler Bestandteil konstruktiver Praxis etabliert werden, die sich wiederverwerten lassen und die nicht nur betriebsspezifisch sind, sondern auch bei einem Gastspiel im gastgebenden Haus verfügbar sind und nicht transportiert werden müssen. Nicht selten rufen derlei Forderungen nach Wiederverwendung und Serialität jedoch Widerwillen hervor, gelten manchen diese doch als Einschränkung einer über alle Zwänge erhabenen Kunstfreiheit. Zwangsläufig entstehen so kaum haltbare Hierarchien unterschiedlicher Dringlichkeit: Gilt es nun die Kunst oder das planetare Überleben zu schützen? Haas und Umathum kontern derlei elegant:

> Ganz abgesehen von der Beschränktheit eines solchen Begriffs von Kunstfreiheit, der Klimagerechtigkeit als ein zentrales politisches Problemfeld der Gegenwart schlicht externalisiert, sowie der Ignoranz gegenüber den immer schon bestehenden Einschränkungen der Künste, etwa finanziellen, wird Kunstfreiheit hier als fossile Konsumfreiheit interpretiert.[12]

12 Ebd., S. 314.

Zu vermitteln ist also in erster Linie, dass Beschränkungen innerhalb der Kunstproduktion schon immer bestanden und keine Erfindung von Klimaaktivist*innen sind – dass also die explizite Abwehr, ‚auch noch' die Regularien für nachhaltige Produktionsweisen befolgen zu müssen, einen anderen Hintergrund hat und politisch beantwortet werden muss. Was, woran auch Haas und Umathum erinnern, nicht zuletzt das Bundesverfassungsgericht getan hat, als es darauf hinwies, dass jetzige Emissionen nicht zulasten zukünftiger Generationen gehen dürften.[13] Hier stehen sich schließlich zwei unterschiedliche Freiheiten gegenüber: Eine derzeitige Konsumfreiheit, in diesem Fall für die Kunstproduktion, und die Freiheit zukünftiger Generationen, die umso stärker beschnitten werden wird, wenn nicht zeitnah maßgebliche Veränderungen eintreten. Der zu vermittelnde Konflikt ist also ein temporaler: „Das politische Gegenüber der heutigen Kunstfreiheit ist nicht die hypostasierte ‚Klimaadministration', sondern die zukünftige Kunstfreiheit, die sie proaktiv beschneidet."[14]

Eine Transformation des Produzierens, also auch der Auswahl von Materialien, der Reformation von Abläufen beinhaltet Punkte unterschiedlicher Tragweite. Die Umstellung eines Theaters auf Ökostrom ist für die darin arbeitenden Künstler*innen unsichtbar und in erster Linie eine administrative Aufgabe. Doch bereits die mögliche Einschränkung auszuwählenden Materials oder das Gebot der Wiederverwendung sind kaum umsetzbar ohne eine gleichzeitig einhergehende Reflexion der Paradigmen, unter denen produziert wird. Dramaturgischer Arbeitsalltag muss also unbedingt die Reflexion und Diskussion künstlerischer Freiheit berücksichtigen, um sie jetzt mitzugestalten, solange dies noch möglich ist:

> Nachhaltige Innovation bedeutet stets auch Exnovation, d.h. etwas loszulassen, etwas zu vergessen, etwas zu verlernen. […] [I]n den kommenden Jahren und Jahrzehnten wird die anthropogene Klimaerhitzung eine entscheidende Rolle spielen. Diese Transformationen gilt es aktiv zu gestalten und nicht passiv zu erleiden […].[15]

Ein zusätzlicher Imperativ ergibt sich zudem aus der öffentlichen Förderung, welche die Theaterlandschaft überhaupt erst ermöglicht – eine durch die Steuergelder aller Bürger*innen eines Landes finanzierte Institution kann nur schwer argumentieren, zum eigenen Zweck eine aktuelle Konsumfreiheit

13 Vgl. Bundesverfassungsgericht, „Beschluss des Ersten Senats vom 24. März 2021, 1 BvR 2656/18 -, Rn. 1-270", http://www.bverfg.de/e/rs20210324_1bvr265618.html (Zugriff 26.03.2024).

14 Haas / Umathum, *Performing Climate Action(s)*, S. 325.

15 Ebd., S. 327.

auszuüben und zukünftig ebenso die Freiheit all derer einzuschränken, die überhaupt nicht am Angebot des Theaters interessiert sind.

3 Sprechen und Scheitern

Jede Veränderung braucht Vermittlung, die sich nach außen und innen richtet, aufbauend auf einem guten Konzept, und zwar möglichst transparent und die Teilhabe aller Beteiligten fördernd. Wenngleich allerorten schon viel versucht wird, geht es bei einer ökologischen Transformation der Künste um Neuland, dessen Karte erst bei der Wanderung entsteht. Zu behaupten, die genaue Lösung zu kennen – abgesehen vom Wissen über die Notwendigkeit sofortiger Emissionsminderung, ist wenig hilfreich und führt nicht selten zu Widerstand, es „gilt, wie bei Nachhaltigkeitskommunikation überhaupt, das Gebot der Transparenz: Es geht nicht darum, die Organisation möglichst gut dastehen zu lassen, sondern die eigenen Bemühungen und Widerstände offen zu kommunizieren."[16] Das ist eine Herausforderung für oftmals sehr hierarchisch organisierte Institutionen. Hierarchien verlangen klare Verantwortungsübernahme und funktionieren selten über ein hohes Maß an Eigeninitiative – doch genau die ist gefragt: Evaluation und Anpassungen sind nur möglich durch und mit dem spezifischen Wissen aller Abteilungen eines Hauses, deren Partizipation auch eine gewisse Überzeugung verlangt. Das funktioniert ausschließlich mit der Vermittlung einer ernst gemeinten, gemeinsamen Suche nach Lösungen und dem Verständnis, das ‚der höhere Zweck' der Reduktion auch allen Einzelnen einen Vorteil bietet. Nicht jede Veränderung bedeutet Mehraufwand oder Nachteil, mitunter führt die Umstellung auf ein ökologisches Waschmittel in der Kostümabteilung zu neuen olfaktorischen Freuden oder die Übereinkunft, auf Spontankäufe im Internet zu verzichten, generell zu besserer Planbarkeit. Ist vorrausschauende Organisation doch ohnehin ein Schlüssel der Transformation, da beispielweise die Arbeit mit nachhaltigen Materialien mitunter mehr Zeit benötigt. Solche Veränderungen können nicht nur individuell durch Künstler*innen aufgefangen werden, sondern brauchen zusätzlich die Anpassung von Produktionszeiträumen und beweglichere Abrechnungsvorgänge. Dafür ist viel Vermittlungsarbeit nötig, um gegenseitige Ansprüche und Machbarkeiten zu moderieren. Und darin liegt großes Potenzial, verbinden sich doch auch in der Reflexion zeitkritischen Arbeitens sowohl materielle als auch soziale Nachhaltigkeit. Künstlerische Prozesse brauchen Spontanität

16 Ebd., S. 332.

und die Möglichkeit, am nächsten Tag auch das Gegenteil tun zu können, doch nicht auf Kosten menschlicher oder materieller Ressourcen. Es ist ein Umdenken nötig, das nur mit einer anderen Kultur des Scheiterns funktionieren wird: Die bekannte Geschwindigkeit der Abläufe ist womöglich nicht mehr denkbar, nicht alle künstlerischen Wünsche sind über Nacht erfüllbar, nicht alle Farbtöne sind mehr chemisch vertretbar, auch auf sozialer Ebene ist nicht jeder Termin in letzter Minute noch verschiebbar. Nur in einem kommunikativen Umfeld, in dem es möglich ist, über Nichterfüllung zu sprechen, kann das Potenzial entstehen, aus dem Vorhandenen etwas Drittes und wieder Neues zu schaffen.

In der aktuellen Phase von Evaluation und Methodenimplementierung darf das Ziel also nicht sein, mit größter Bravour oder als erste Institution bestimmte Reduktionsziele zu erreichen – der angesprochene Kulturwandel muss hier bedeuten, dass ein intensiver und solidarischer Wissensaustausch komplementär gedacht wird. Das Ziel sollte nicht das perfekte Instrument sein, sondern die gemeinsame Übereinkunft, branchenübergreifend Ressourcen zu sparen. Kulturwandel bedeutet daher auch eine Reflexion der mehr oder weniger aktiv ausgelebten Konkurrenz zwischen ähnlichen Kulturinstitutionen – auch hier gehen materielle und ideelle Veränderung Hand in Hand. Ein paneuropäischer Zusammenschluss wie die European Theatre Convention leistet mit der Erprobung des leicht anwendbaren Transformationshandbuchs Theatre Green Book wichtige Arbeit – auch zur Implementierung verbindlicher Standards.[17]

Ist die Einführung solch allgemeiner Regeln doch doppelt sinnvoll: Um sie mit dem Wissen aus der Praxis zu gestalten, bevor sie womöglich extern festgelegt werden und schlicht, weil so doppelte Arbeit erspart wird, die individuell oft kaum leistbar ist. Schließlich sind es häufig gerade Künstler*innen, die einen Wunsch nach klar formulierten Vorgaben fordern – um neben der künstlerischen Arbeit nicht zusätzliche Recherche zu betreiben. Netzwerkarbeit und organisierter Erfahrungsaustausch sind also notwendiger Teil transformativer Arbeit.

4 Verwalten und Ausschließen

Bislang unbeachtet blieb hier der Anlass, weshalb ein Theaterbetrieb überhaupt existiert: sein Publikum. Wenn Haas und Umathum von einem nötigen Kulturwandel sprechen, um Veränderungen nicht nur als verwalterischen

---

17 Vgl. European Theatre Convention, „Green Theatre Committee“, www.europeantheatre.eu/page/key-themes/sustainability/green-theatre-committee (Zugriff 26.03.2024).

Akt zu vollziehen, dann gehört dazu auch die Frage, wer überhaupt in den Genuss dessen kommt, was es hier zu reformieren gilt. 2022 waren es in Deutschland 2,49 Millionen Menschen, die regelmäßig in ein Theater, eine Oper oder ein Schauspielhaus gehen, also gerade einmal drei Prozent der Bevölkerung.[18] Gelegentlich tun es immerhin etwas mehr als 30 Prozent – allerdings immer noch problematische Werte für Institutionen, die öffentlich finanziert, also von 100 Prozent der Gesellschaft getragen werden. Auch hier herrscht ein Gerechtigkeitsproblem, das Anlass gibt, diesen Abstand zu verringern. Die soziale Nachhaltigkeit eines Theaters endet also nicht bei der Sorge um die eigene Belegschaft, sondern hat sehr viel mit der Umwerbung eines neuen Publikums zu tun – das sich in erster Linie in einem Theater repräsentiert fühlen muss. Liegt doch hier ein augenscheinliches Problem: „Seit der deutschen Romantik wird das Denken des Theaters mit [der] Idee einer lebendigen Gemeinschaft in Verbindung gebracht", wie Jacques Rancière feststellt, zu selten wurde sich aber daran gestört, dass diese Gemeinschaft nur einen sehr spezifischen Einzugsbereich hat und unverhältnismäßig oft ein Sakko trägt.[19] Vielfach teilnehmende Beobachtung zeigt, dass es selten ein gesellschaftlicher Querschnitt ist, der die Zuschauer*innenschaft bildet, sondern ein älteres, bildungsbürgerliches Publikum, das sich nicht von den institutionellen Repräsentationsansprüchen abschrecken lässt, sondern angesprochen fühlt. Da die häufig historischen Theatergebäude doch selbst oftmals den Geist bürgerlicher Selbstvergewisserung widerspiegeln, ist dies auch nicht weiter verwunderlich. Umso wichtiger allerdings ist hier das Verständnis von Dramaturgie, das Marianne van Kerkhovens vorschlägt, wenn sie dramaturgische Arbeit konkret als Beziehungsarbeit zur Stadt denkt. Übersetzt für einen Berufsalltag bedeutet das ein radikales Infragestellen des Repräsentationsanspruchs und vielmehr eine aktive, institutionelle Suche: Was für spezifische, gesellschaftliche Bedürfnisse stehen lokal an? Was und wer sind autochthone Themen und Akteur*innen? Dafür braucht es pädagogische Vermittlungsangebote und ein Denken der eigenen Infrastruktur als wirklich öffentlich und nicht durch soziale Codes und Erwartungen nur vorgetäuscht zugänglich. Feudale Säle verlangen nicht mehr nach feudaler Mode und doch

18 IfD Allensbach, „Anzahl der Personen in Deutschland, die ins Theater, die Oper oder in ein Schauspielhaus gehen, nach Häufigkeit von 2018 bis 2022 (in Millionen)", https://de.statista.com/statistik/daten/studie/171174/umfrage/haeufigkeit-des-besuchs-von-theater-oper-schauspielhaus/ (Zugriff 02.04.2024).

19 Jacques Rancière, *Der emanzipierte Zuschauer*, aus dem Französischen von Richard Steurer-Boulard, Wien: Passagen, 2009, S. 16.

erscheint die Unsicherheit über oder Besitzlosigkeit von einer korrekten Bekleidung vielfach ein Grund, einer Kulturveranstaltung fernzubleiben.[20] Auch Stadtteilprojekte sind keine Neuerfindung, schon vor über 20 Jahren zog die Berliner Volksbühne projekthaft in die Peripherie. Doch eine Selbstverständlichkeit sind sie im landesweiten Spielplan noch nicht. Der Diskurs um Repräsentation ist, wie der um ‚Nachhaltigkeit', äußerst agil. Auch wenn die Auseinandersetzung mit Klassismus und Diversität bereits Bestandteil von Spielplänen und Besetzungsentscheidungen ist, scheint die institutionelle Selbstreflexion über unsichtbare Ausschlüsse noch immer recht am Anfang zu stehen.[21] Wenn es darum geht, Narrative der Transformation vermittels Theater in die Gesellschaft zu bringen, so braucht es noch viel dramaturgische Arbeit an der Aushandlung der richtigen Form, um auch eine diverse Gesellschaft zu erreichen – als ein Theater der 99 Prozent.[22]

Wohl wie kaum eine andere Kunstform ist Theater abhängig von Kommunikation. Ist doch eine Aufführung als Ereignis selbst ephemer und nur möglich dank der unzähligen, vorher getroffenen Absprachen: Zwischen einem Ensemble, mit der Vielzahl an technischen Gewerken, als Ergebnis eines wochen-, mitunter sogar monatelangen kommunikativen Aushandlungsprozesses. Dieser lässt sich in Form einer Fassung zwar notieren und sogar archivieren, doch wird diese nie die zwischenmenschliche Aushandlung abbilden können, die den Kern einer Aufführungspraxis ausmacht (und darin ist die gesamte institutionelle Praxis mitgemeint). So ergibt sich ein hoher Grad an gegenseitiger Abhängigkeit, der im Grunde schon eine ideale Voraussetzung ökologischer Praxis ist, wenn diese die Suche nach Verbundenheit meint. Doch damit jene Dependenz als fruchtbar und nicht als Last empfunden wird, braucht es eine aktive Moderation partizipativer Räume. Was sich als dramaturgischer Auftrag verstehen lässt, der den institutionsinternen Rahmen, aber genauso die Bereitstellung solcher Orte innerhalb einer (Stadt-)Gesellschaft meint. Theater eignen sich also womöglich ideal, mit einigem Zutun selbstverständlich, für einen interdisziplinären Austausch, der im Kern dieser Kunstform angelegt ist. Auch für Haas und Umathum sind solche Räume als Teil der ökologischen Transformation zentral:

---

20 Vgl. Francis Seeck, *Zugang verwehrt: keine Chance in der Klassengesellschaft: wie Klassismus soziale Ungleichheit fördert*, Zürich: Atrium, 2022.

21 Vgl. den Begriff *Institutional Whiteness*, in: Sara Ahmed: *On being included: racism and diversity in institutional life*, Durham: Duke University Press, 2012, S. 33 ff.

22 Vgl. Milo Probst, *Für einen Umweltschutz der 99%: Eine historische Spurensuche*, Hamburg: Edition Nautilus, 2021, S. 11 ff.

> Es braucht Foren, in denen anders zusammen gedacht wird. Es braucht Orte eines kollektiven Probehandelns, das nicht minder real ist. Es braucht neue Kontaktzonen zwischen den Künsten, den Wissenschaften und gesellschaftlichen Bewegungen. [...] Eine Schule des Lernens und Verlernens im Sinne der Erfindung und Einübung ressourcenextensiver Lebensweisen und ökologischer Sozialität.[23]

Theater als solch eine Schule des Lernens und Verlernens zu begreifen, mag fordernd klingen, ist doch aber im Grunde nur die logische Konsequenz, wenn sich aus öffentlicher Förderung auch das Motiv ‚Gesellschaft als Auftrag' ableitet. Sich in den Dienst einer demokratischen und ökologischen Transformation zu stellen, mit allen vorhandenen Kompetenzen, antwortet so nicht nur auf die so oft beschworene Legitimationskrise, sondern reagiert auch auf die Verantwortung, die Kulturinstitutionen in der Klimakrise tragen. Eine Schule des Lernens und Verlernens ist schließlich ein Ort des Geschichtenerzählens: Geht es um Held*innen und Individualität, vermitteln sie allerdings weniger ökologisches Wissen, als wenn sie sich als Institutionen begreifen, in denen Solidarität gelebt und Geschichten der Suffizienz vermittelt würden. Die Möglichkeit, einen Austausch zwischen Diskurs und Gesellschaft zu ermöglichen, qualifiziert das Theater auch als interdisziplinären Raum im Sinne Guattaris:

> Es wird auf die ökologische Krise erst [...] eine wirkliche Antwort geben, [wenn] [...] sich eine authentische politische, soziale und kulturelle Revolution vollzieht, welche die Ziele der Produktion materieller wie immaterieller Güter neu ausrichtet. Diese Revolution [...] muß auch die Mikrobereiche der Empfindsamkeit, der Intelligenz und der Wunschvorstellungen umfassen.[24]

Zu einer Dramaturgie der Kontingenz gehören daher Diskursformate und Vermittlungsprogramme, die von transformativem Geist getragen sind, in denen sich schließlich die Aspekte ökologischer, sozialer und kultureller Nachhaltigkeit verbinden.

Bei aller Euphorie muss der Beginn von Veränderungen jedoch simpel gedacht sein, inklusiv, um nicht alle Kraft an aufkommende Blockadehaltung zu verspielen, die trotz all des beschriebenen Potenzials in den noch immer oft männlich dominierten Gewerken und wenig diversen und oft konservativen Leitungspositionen aufkommt. Für die Transformation von Theaterinstitutionen ist somit also eine Art Quadratur des Kreises nötig: Sensible

---

23 Haas / Umathum, *Performing Climate Action(s)*, S. 342.

24 Guattari, *Die drei Ökologien*, S. 13.

Anpassungen im Inneren mit dafür notwendigerweise sachte formulierten Zielen bei gleichzeitigem Versuch eindeutiger öffentlicher Positionierung, dem Bedürfnis nach Radikalität und Dringlichkeit einer wohl auch deshalb oft institutionskritischen und diverseren Theatergeneration entsprechend. Doch das bedeutet keineswegs Zögern, sondern vielmehr den sofortigen Beginn, Veränderungen aktiv zu gestalten und nicht durch die Katastrophe geschehen zu lassen.

Ökologie und Theater bedeutet mindestens eine Transformation in alle Richtungen, diesseits und jenseits der Bühne, auf materieller, programmatischer, ästhetischer und produktionstechnischer Ebene. Die damit verbundenen Veränderungen funktionieren nur, wenn sie als Prozess erdacht werden, der bereits begonnen hat und noch lange nicht abgeschlossen ist. Als gemeinsame Suche nach sozialen, ästhetischen und betrieblichen Formen von Nachhaltigkeit: Als Auseinandersetzung mit Material, Produktionsweisen und schließlich den Geschichten, die wir erzählen. Als Verlernen starrer und linearer Produktionsweisen, als Verständnis von Materialkreisläufen anstatt Ressourceneinbahnstraßen. Dann kann Theater einen Teil zu einem *wirklichen* Verständnis davon beitragen, was es bedeutet, in einer erhitzten Welt zu überleben.

Literaturverzeichnis

Ahmed, Sara, *On being included: racism and diversity in institutional life*, Durham: Duke University Press, 2012.

Austin, John Langshaw, *How to Do Things with Words*, Oxford: University Press, 1962.

Bundesverfassungsgericht, „Beschluss des Ersten Senats vom 24. März 2021, 1 BvR 2656/18 -, Rn. 1-270", http://www.bverfg.de/e/rs20210324_1bvr265618.html (Zugriff 26.03.2024).

European Theatre Convention, „Green Theatre Committee", www.europeantheatre.eu/page/key-themes/sustainability/green-theatre-committee (Zugriff 26.03.2024).

Fiebach, Joachim, *Welt Theater Geschichte. Eine Kulturgeschichte des Theatralen*, Berlin: Theater der Zeit, 2015.

Graeber, David, *The utopia of rules: on technology, stupidity, and the secret joys of bureaucracy*, New York: Melville House, 2015.

Guattari, Felix, *Die drei Ökologien*, Wien: Passagen, 1994.

Haas, Maximilian / Umathum, Sandra, „Performing Climate Action(s)", in: Wolfgang Schneider / Fonds Darstellende Künste e.V. (Hg.), *Transformation der Theaterlandschaft: Zur Fördersituation der Freien Darstellenden Künste in Deutschland*, Bielefeld: transcript, 2022, S. 313–371.

IfD Allenbach, „Anzahl der Personen in Deutschland, die ins Theater, die Oper oder in ein Schauspielhaus gehen, nach Häufigkeit von 2018 bis 2022 (in Millionen)", https://de.statista.com/statistik/daten/studie/171174/umfrage/haeufigkeit-des-besuchs-von-theater-oper-schauspielhaus/ (Zugriff 02.04.2024).

IPCC 2023, Summary for Policymakers, www.ipcc.ch/report/ar6/syr/ (Zugriff 26.03.2024).

Kerkhoven, Marianne van, „State of the Union Speech 1994", http://sarma.be/docs/3229 (Zugriff 18.05.2023).

Lang, Christine „Modernes europäisches Storytelling: Dramaturgie in *Titane* und *Happy End*", https://blog.zhdk.ch/zfiction/files/2022/06/ZFICTION22_Christine-Lang_-Dramaturgie-in-Titane-und-Happy-End-von-C.Lang_.pdf/ (Zugriff 26.03.2024).

Morton, Timothy, *Spacecraft*, London: Bloomsbury, 2021.

Probst, Milo, *Für einen Umweltschutz der 99%: Eine historische Spurensuche*, Hamburg: Edition Nautilus, 2021.

Rancière, Jacques, *Der emanzipierte Zuschauer*, Wien: Passagen, 2009.

Seeck, Franics, *Zugang verwehrt: keine Chance in der Klassengesellschaft: wie Klassismus soziale Ungleichheit fördert*, Zürich: Atrium, 2022.

Süß, Rahel Sophia, *Demokratie und Zukunft: Was auf dem Spiel steht*, Wien: Edition Konturen, 2020.

Der Chor als ökologische Klasse in Theatertexten zur Klimakrise

Tae-Eun An

1 Wo das Orakel allein nicht ausreicht, kommt der Chor

„Warnend nur, ach kalten Schweißes gefaßt / Naht sich bekanntlich der Chor, / Ohnmächtig-wachsam, mitbürgerlich, / Bis es zum Löschen zu spät ist, / Feuerwehrgleich",[1] so schätzt der Chor in Max Frischs *Biedermann und die Brandstifter* (1957) seine ohnmächtig-warnende Rolle ein. Auch wenn seine Wirkungskraft gattungshistorisch differenziert ist, mahnt der Chor trotz seines nicht vollständigen Zukunftswissens schon in der antiken Tragödie die Protagonist*innen im Hinblick auf die Krise und Katastrophen. Dies könnte auch für das in den letzten Jahren in der deutschen Gegenwartsdramatik immer beliebter werdende Thema Klimakrise von besonderer Relevanz sein, da bei diesem Thema die bevorstehende Katastrophe – wie der Brand in *Biedermann und die Brandstifter* – so offensichtlich ist, dass Ausblicke und Warnungen für die Zukunft unerlässlich erscheinen.

In den Theatertexten, die sich mit der Klimakrise befassen, scheint diese Rolle jedoch von Prophet*innen übernommen zu werden, die in der antiken Tragödie den Protagonist*innen ihr Schicksal vorhersagen, indem sie ihnen ein genaues Bild des späteren dramatischen Verlaufs beschreiben. Dementsprechend spielt das Orakel zum Beispiel in John von Düffels *Nach Delphi* (UA: 2021) als Ausgangspunkt des Dramas eine wichtige Rolle und in Texten wie *paradies fluten* (*verirrte sinfonie*) (UA: 2015) oder *eure paläste sind leer* (*all we ever wanted*) (UA: 2021) von Thomas Köck treten warnende Prophet*innen auf, die die kommende Apokalypse bereits kennen oder die Katastrophe selbst erleben. In Alexander Eisenachs *Anthropos. Tyrann* (*Ödipus*) (UA: 2021) präsentiert die Pythia sogar selbst naturwissenschaftliche Fakten zur Klimakatastrophe, indem die Texte der Meeresbiologin Antje Boetius für ihre Replik verwendet werden. Interessanterweise gelingt es den Orakeln in diesen Stücken nicht, die anderen Figuren von den Möglichkeiten zur Vermeidung der Katastrophe zu überzeugen. Wenn als ‚Laboratorium sozialer Fantasie' im

1 Max Frisch, *Biedermann und die Brandstifter. Ein Lehrstück ohne Lehre*, in: Hans Mayer (Hg.), *Gesammelte Werke in zeitlicher Folge*, Bd. IV.2, Frankfurt a. M.: Suhrkamp, 1976, S. 325–389, hier S. 357.

 | DOI:10.30965/9783846769614_018

Theater selbst das Scheitern der überzeugendsten Stimme zur Krise dominiert, welche Möglichkeiten verbleiben dann noch den warnenden Chören?

Einen Ansatzpunkt für die Funktionen des Chors in Theatertexten zur Klimakrise bietet die Diagnose von Bruno Latour und Nikolaj Schultz. Im Memorandum *Zur Entstehung einer ökologischen Klasse* diagnostizieren sie, dass die Mitteilung der Fakten über die Krise und die Gewissheit einer bevorstehenden Katastrophe allein nicht ausreiche, um das notwendige kollektive Handeln gegen die Klimakrise zu stimulieren.[2] Je gewisser die Katastrophe ist, desto stärker scheint die Lähmung der Handelnden zu sein. Gegen diese Resignation fordern Latour und Schultz ein neues Klassenbewusstsein in Form einer ökologischen Klasse, deren Aufgabe es sein soll, „die Quelle dieser Lähmung zu diagnostizieren und die Ängste, das kollektive Handeln, die Ideale und den Sinn der Geschichte neu miteinander in Einklang zu bringen".[3] Es bräuchte einen „Kampf um die Ideen"[4] und ein Bewusstsein darüber, dass die Klimakrise ein gemeinsames Problem für alle Erdbewohner*innen ist. Es bedarf also einer neuen Weltanschauung als Gegenentwurf zur bisherigen Wachstums- und Produktivitätsorientierung, die sowohl politisch Rechts- als auch Linksorientierten als ideologische Grundlage dient. In diesem Sinne könnte die Hypothese aufgestellt werden, dass in Theatertexten zur Klimakrise der Chor als künstlerische Repräsentation der ökologischen Klasse angesehen werden kann, um einen kollektiven Horizont gegen die Krise zu konstituieren, den eine Prophet*in als Individuum nicht erreicht.

Eine kurze Skizzierung der Chöre in Theatertexten zur Klimakrise stützt diese Hypothese und eröffnet eine weitere Untersuchung. So findet sich zuerst in *Der letzte Mensch* von Philipp Weiss (UA: 2019) ein chorisches Sprechen von Menschen, Maschinen, Pflanzen und Tieren, das in der Traditionslinie des tierischen Satyrchors ein utopisches Moment für die Symbiose aller Wesen auf der Erde signalisiert. Sieht man die Chöre als menschliche Akteur*innen an, so kann man sie in verschiedene Kollektivdarstellungen unterteilen, abhängig davon, wie sie auf den Klimawandel reagieren: Der antike Tragödienchor in Eisenachs *Anthropos, Tyrann (Ödipus)* spiegelt die Masse, die zwar den Klimawandel als ein Problem erkennt, aber nicht weiß, was sie dagegen tun soll. In *Volksfeind for Future* von Lothar Kittstein (UA: 2020) stellt der Chor der jungen Generation ein Sprachrohr dar, das die politische Parole der Umweltaktivist*innen abbildet. Das kollektive Sprachsubjekt oder die Sprachfläche

2 Vgl. Bruno Latour / Nikolaj Schultz, *Zur Entstehung einer ökologischen Klasse. Ein Memorandum* (2022), aus dem Französischen von Bernd Schwibs, Berlin: Suhrkamp, 2022, S. 24.

3 Ebd.

4 Latour / Schultz, *Zur Entstehung einer ökologischen Klasse*, S. 59.

‚Wir' in Elfriede Jelineks *Schwarzwasser* (UA: 2021) zeigt einen antagonistischen Gegensatz, indem dieses ‚Wir' die Klimakrise mit der Logik des Rechtpopulismus leugnet. Neben den konkreten Kollektivbildern kommentiert der Chor auch die Ausbeutungs- und Gewaltgeschichte der Menschheit, wie in Thomas Köcks *paradies fluten* und *paradies spielen* (UA: 2018). Daraus lässt sich ableiten, dass der Chor über die Vermittlung von Fakten der Krise oder reine Warnung hinausgeht und versucht, einen gemeinsamen Sprechraum von Menschen und nicht-menschlichen Akteur*innen zu eröffnen, Gruppenidentität zu stärken oder einen Rückblick über die bisherige anthropozentrische Geschichte zu bieten.

Ausgehend von diesen Beobachtungen soll in dem vorliegenden Beitrag untersucht werden, welchen konkreten Beitrag der Chor als ökologische Klasse zur Darstellung des neuen Kampfes gegen die Klimakrise leistet. Dafür werden zunächst zwei Theatertexte, in denen der Chor eindeutig ein kollektives Bewusstsein artikuliert, nämlich Kittsteins *Volksfeind for Futur* und Eisenachs *Anthropos, Tyrann (Ödipus)*, im Vergleich zu den politischen Verwendungen des Chors analysiert. Dabei wird gezeigt, wie sich der Chor in Theatertexten zur Klimakrise von früheren politischen Chören unterscheidet. Anschließend wird Köcks *paradies fluten* herangezogen, um die Art und Weise, wie der Chor einen kollektiven Horizont zur Klimakrise bildet, darzustellen.

2 Ökologisches Klassenbewusstsein. Lehrstück Reloaded

Ein anschauliches Beispiel für das ökologische Klassenbewusstsein des Chors liefert Kittsteins *Volksfeind for Future*. In Zusammenarbeit mit dem Regisseur Völker Lösch, der den Laienchor als Signatur seiner Regiearbeit immer wieder einsetzt, fügt Kittstein zwischen die dramatischen Szenen, die Henrik Ibsens *Ein Volksfeind* (1882) zeitgemäß aktualisieren, die direkten Problemstellungen und Forderungen des „Chor[s] der Umweltaktivist*innen"[5] ein. Wie das vergiftete Quellwasser des Kurbads in Ibsens Stück, so ist die Elektroautofabrik in *Volksfeind for Future* das Problem. Die Oberbürgermeisterin will eine Tesla-Fabrik in der Stadt ansiedeln, mit dem Argument, das schaffe zahlreiche Arbeitsplätze und trage zum Umweltschutz bei; ihre Tochter dagegen versucht zu beweisen, dass Elektroautos keine Rettung vor der Klimakatastrophe sind. Von diesem dramatischen Konflikt ist der Chor in den meisten Szenen unabhängig und fordert allgemeine Fakten zur Umweltverschmutzung mit

5 Lothar Kittstein, *Volksfeind for Future*, Frankfurt a. M.: Fischer, 2020, S. 3.

konkret belegten Zahlen sowie einen sofortigen Stopp des bisherigen Verhaltens: „Ihr sagt, dass es Hoffnung gibt. Ihr sagt, dass es wieder aufwärts, / dass es weitergehen muss. Aber wir wollen euer Aufwärts nicht."[6] Manchmal appelliert er aber auch direkt an die dramatische Situation des Stücks („alle: TESLA raus"[7]) und diskutiert mit den Protagonist*innen über die Legitimität der Perspektiven der älteren Generation zum Klimaschutz.

Auffällig ist, dass der Chor sowohl im Text als auch in der Aufführung selten im Unisono spricht und die Chorzeilen in Einzelstimmen mit eigenen Figurennamen verteilt werden. Dies mag für den Chor in *Volksfeind for Future*, der bereits ein festes Kollektivbewusstsein besitzt, ein wenig ungewohnt sein, da dieses Vorgehen die Individualität und Vielfalt der Chormitglieder noch stärker betont. Überlegt man jedoch, dass für die Chorzeilen Interviews mit realen Klimaaktivist*innen aus Düsseldorf aufgearbeitet wurden[8] und dass die Äußerungen aller Chormitglieder inhaltlich übereinstimmen, dient diese Form vielmehr dazu, die eigentlichen Stimmen der Aktivist*innen hervorzuheben.

Während der Chor in *Volksfeind for Future* also eindeutig einer ökologischen Klasse zugeordnet werden kann, tritt in *Anthropos, Tyrann* (*Ödipus*) ein Chor auf, der keine feste politische Stellung bezieht. Im Dialog mit Theresias oder der Sphinx beklagt er jedoch die menschliche Hybris, die die Natur nur als Instrument für die Entwicklung betrachtet. Durch das Gespräch mit dem Orakel Pythia will er eine legitime Sprache lernen, um das Anthropozän, die Geschichte der menschlichen Herrschaft über die Natur, wirkungsvoll zu erzählen. Diese Suche nach seiner Sprache stellt den Versuch dar, eine neue Epistemologie über das Verhältnis von Natur und Mensch durch den Dialog mit den Einzelfiguren zu formen.

Bemerkenswert ist dabei das Konzept des Rollenwechsels in diesem Stück, indem der Chor als die Summe aller Figuren aufgefasst wird und die Figuren sich vom Chor lösen, um ihre eigenen Rollen zu spielen.

> Der Chor im vorliegenden Stück versteht sich als die Gesamtheit der Spielenden auf der Bühne. Der Chor erschafft aus sich immer wieder die einzelnen Figuren. Dieser Vorgang ist nicht illusionistisch, sondern zeigend und als das

6 Ebd., S. 6.

7 Ebd., S. 32.

8 Vgl. Düsseldorfer Schauspielhaus, Janine Ortiz im Gespräch mit Volker Lösch, „Einführung zu ‚Volksfeind for Future' nach Henrik Ibsen von Lothar Kittstein", https://soundcloud.com/d-schauspielhaus/einfuhrung-zu-volksfeind-for-future-nach-henrik-ibsen-von-lothar-kittstein (Zugriff 27.09.2024).

Ausprobieren verschiedener Positionen gemeint. Die Rolle des Ödipus wird dabei immer wieder an verschiedene Personen vergeben.[9]

Da dieses Stück auf einer freien Bearbeitung der Thebanischen Trilogie von Sophokles basiert, könnte die Trennung der Einzelfiguren aus dem Chor auf den ersten Blick als Hinweis auf die Entwicklungsstufe der antiken Tragödie interpretiert werden. Doch verdeutlichen die Modellhaftigkeit der Einzelfigur Ödipus sowie der ständige Rollenwechsel zwischen den Chorspieler*innen vielmehr den Einfluss des Lehrstücks: Beispielsweise spielt in Bertolt Brechts *Die Maßnahme* die von dem Kontrollchor getrennte Untergruppe der vier Agitatoren nacheinander abwechselnd die Nebenfiguren als auch den jungen Genossen,[10] sodass die Spielteilnehmer*innen unterschiedliche politische Positionen auszuführen und dadurch eine geschichtsphilosophisch richtige Haltung lernen können. Da der Kontrollchor unter den geschichtlichen Entwicklungsstufen im marxistischen Sinne ein Ideenträger der kommenden Revolution darstellt, bleibt er vom Rollenwechsel als eine rein homogene Instanz getrennt. Im Gegensatz dazu variiert Heiner Müller diese Form in *Mauser*, einer Überarbeitung zur *Maßnahme*, indem er die vermittelnde Untergruppe absetzt und Darsteller*innen aus dem Chor direkt für Einzelfiguren A, B und drei Bauern einsetzt, sodass der Chor in eine Zirkulation von Trennung und Wiederintegrierung der Einzelfiguren aus dem und in den Chor gerät.[11] In einer solchen Konstellation erlangt der Chor kein besseres Wissen über die Revolution und Zukunft als die Einzelfiguren selbst und gerade dies spiegelt den Zweifel am Fortschritt der Geschichte wider, welcher mit der Krise des Realsozialismus bereits in der Entstehungszeit dieses Stücks stark in Frage gestellt wurde.[12] Man kann also eine gewisse Abstufung erkennen, indem man *Anthropos, Tyrann (Ödipus)* an das Ende einer Reihe von Lehrstücken stellt. Analog zum brechtschen Lehrstück – aber mit umgekehrtem Verhältnis von Kollektiv zu Individuum – lernt der Chor in *Anthropos, Tyrann (Ödipus)* auch nach dem Gespräch mit Pythia am Ende des Stücks eine Haltung, um in unserer unumkehrbaren Katastrophe des Anthropozäns zu überleben. Verwandt mit Müllers Zweifel an einer linearen Geschichtsvorstellung heißt diese

9 Alexander Eisenach, „Anthropos, Tyrann (Ödipus)", in: *Theater heute*, H. 6, Stückabdruck, 2021, S. 2.

10 Vgl. Bertolt Brecht, „Die Maßnahme. Lehrstück" [Fassung 1931], in: Werner Hecht u. a. (Hg.), *Bertolt Brecht Werke*, Bd. 3, Große kommentierte Berliner und Frankfurter Ausgabe, Berlin u. a.: Suhrkamp, 1988, S. 99–125, hier S. 100.

11 Vgl. Heiner Müller, „Mauser", in: Frank Hörnigk (Hg.), *Heiner Müller Werke*, Bd. 4, Frankfurt a. M.: Suhrkamp, 2001, S. 243–260, hier S. 259 f.

12 Vgl. Norbert Otto Eke, *Heiner Müller*, Stuttgart: Reclam, 1999, S. 132 ff.

Haltung die „Trauer“, die die „Formen einer naiven Fortschrittsgläubigkeit“ ablehnt.[13] Dabei verzweifelt der Chor keineswegs am unabänderlichen Verlust unseres Planeten, sondern bietet im Gegenteil eine neue Orientierung jenseits der linearen Geschichte an. Seine Trauer, die auf die Vergangenheit und auf das vom Menschen zerstörte Andere zurückblickt, erlaubt ihm, seinen Blick auf die anderen Lebewesen der Erde zu richten: „Indem wir trauern um das Verlorene, erkennen wir uns als mit diesem Verlorenen verwandt.“[14]

In beiden Beispielen bildet der Chor die Formen des linken Agitproptheaters oder des Lehrstücks ab, wodurch er eine gemeinsame Parole und ökologisches Bewusstsein gestaltet und demonstriert. Sein Bewusstsein beruht jedoch auf einem anderen Geschichtsbild im Vergleich zum brechtschen Lehrstück. Mit anderen Worten, es basiert nicht auf der Konvergenz der gesamten Geschichte mit einer marxistisch-kommunistischen Revolution, sondern auf einer „Vervielfachung der Art und Weise, zu *wohnen* und *sich um* die Erzeugungspraktiken *zu sorgen*“, auf der „Zerstreuung in alle Richtungen“ der Geschichte.[15] Diese Neuorientierung der Geschichte, die nicht auf ihre Entwicklung, sondern auf eine dringende Unterbrechung (*Volksfeind for Future*) sowie einen Rückblick auf die Vergangenheit (*Anthropos, Tyrann*) abzielt, macht deutlich, dass das Problem nun die Rekonstruktion der Geschichte auf der Basis der aktuellen Weltanschauung der Ökologie betrifft. In der Theaterpraxis und -theorie betont beispielsweise Frank Raddatz, der nicht nur als Dramaturg, sondern auch als Leiter vom *Theater des Anthropozän* selbst an der konzeptionellen Arbeit für *Anthropos, Tyrann* (*Ödipus*) beteiligt war, die Notwendigkeit eines kosmologischen Geschichtsbegriffs in Dramen des Anthropozäns.[16] Daraufhin stellt sich folgende Frage: Auf welche Weise trägt der Chor zur theatralen Erzählung der Geschichte angesichts der neuen Weltanschauung bei?

3 Zurück zu einer möglichen Großgeschichte. Thomas Köcks *paradies fluten*

Bei der Untersuchung der Dramatiker*innen, die sich mit der Rekonstruktion der Geschichte beschäftigen, um eine effektive Theaterform zur Darstellung der Klimakrise zu entwickeln, fällt der österreichische Dramatiker Thomas Köck ins Auge. In vielen seiner Stücke benutzt er das Konzept des Rückblicks

13 Eisenach, *Anthropos, Tyrann (Ödipus)*, S. 11.
14 Ebd.
15 Latour / Schultz, *Zur Entstehung einer ökologischen Klasse*, S. 47.
16 Vgl. Frank M. Raddatz, *Das Drama des Anthropozäns*, Berlin: Theater der Zeit, 2021, S. 21 ff.

auf die Vergangenheit aus der Perspektive der Zukunft, um dem gemeinsamen roten Faden in der menschlichen Geschichte nachzuforschen, der die gegenwärtige Krise verursacht:

> Man muss im historischen Sediment wühlen, sich durch Dokumente arbeiten, vergessene Geschichten ausgraben, alles umgraben, wenn man verstehen will, woher das, was heute als alternativlos gilt, kommt. Im Sediment sind diese vergessenen Optionen alle noch ablesbar. In den Gesteinsschichten sind die vergessenen Utopien gespeichert.[17]

In seinen Texten spielt der Chor eine zentrale Rolle, denn der chorische Kollektivkörper, so Köck, ermöglicht es, über das subjektive Individuum hinauszugehen und in einem breiteren Zusammenhang der Menschheitsgeschichte zu entdecken, wie der Mensch in die gegenwärtige Situation gekommen ist.[18] Solche Konzeptionen, die mittels des Chors das Sediment der Geschichte aufwühlen, zeigen sich in der *Klimatrilogie* (2015–2018), insbesondere in deren erstem Teil *paradies fluten* (*verirrte sinfonie*).

Das Stück *paradies fluten* ist nicht nur strukturell vielschichtig, sondern auch stilistisch ein komplexer Text, der die Vermischung der drei literarischen Gattungen – epische Erzählung, lyrisch-rhythmische Textteile, dramatischer Dialog – zeigt.[19] Es wird auf der äußersten Ebene von der ‚overtüre' am Anfang und der ‚coda' am Ende des Stücks, in denen die zwei „postparzen"[20] ein postapokalyptisches Weltbild nach der Sintflut illustrieren, umfasst. Zwischen dieser Rahmung befinden sich auf der zweiten Ebene die ‚materialflut'-Szenen, die chronologisch vor der Overtüre und der Coda liegen und selbst die Ursache für ihren postapokalyptischen Zustand sind. Auf der innersten Ebene werden zwei unterschiedliche Handlungsstränge dargestellt, die das inhaltliche Zentrum des Stücks bilden: Der erste Handlungsstrang heißt ‚european homecare', in dem die Geschichte einer Kleinfamilie im Zeitraum vom

---

17 Thomas Köck / Nina Peters, „Chöre sind unsterblich. Nina Peters im Gespräch mit Thomas Köck über seine Klimatrilogie", in: *Klimatrilogie. paradies fluten / paradies hungern / paradies spielen*, Berlin: Suhrkamp, 2018, S. 295–312, hier S. 298.

18 Vgl. Thomas Köck / Corinne Orlowski, „Thomas Köck über das Schreiben für einen Chor und die Funktion des Chors in seinen Stücken, das historische Bewusstsein, die Tragik heute und die Zukunft des Chors", in: Corinne Orlowski (Hg.), *Vor dem Palast. Gespräche über Einar Schleef*, Berlin: Suhrkamp, 2017, S. 294–313, hier S. 302 f.

19 Vgl. Pola Groß, „‚Die Sätze müssen lyrisch gebaut sein, sonst finde ich die nicht gut.' Rhetorik und Stil in der Gegenwartsdramatik von Thomas Köck, Eins Maci und Wolfram Höll", in: Eva Geulen / Melanie Möller (Hg.), *Stil und Rhetorik. Ein prekäres Paar und seine Geschichten*, Interjekte 14 (2022), S. 78–95, hier S. 84.

20 Thomas Köck, *paradies fluten*, in: *Klimatrilogie. paradies fluten / paradies hungern / paradies spielen*, Berlin: Suhrkamp, 2018, S. 9–85, hier S. 11.

Startup-Boom der 1990er Jahre bis zum Jahr 2017 erzählt wird. Hier handelt es sich um die Selbstausbeutung eines Vaters, der selbstständig sein möchte und seine eigene Autowerkstatt gegründet hat. Bei der Arbeit dort gerät er jedoch in eine Finanzkrise und erleidet zusätzlich einen Hirnschlag. Zudem geht es auch um die Selbstausbeutung der Tochter, die „den schwindenden wert des vaters" überprüft und einen unsicheren Job auf „honorarbasis"[21] nicht ablehnen kann, um das nötige Geld zu verdienen. Der andere Handlungsstrang heißt ‚manaus brasilien', in der eine Geschichte der Natur- und Menschenausbeutung im Zeitraum der ‚Kautschuk Faszination' in den 1890er Jahren dargestellt wird. In Anlehnung an Werner Herzogs Film *Fitzcarraldo* (1982) wird hier die gescheiterte Revolutionsgeschichte des deutschen Architekten Felix Nachtigal dargestellt, der den Auftrag hatte, in Manaus ein Opernhaus zu bauen. Trotz Frühkapitalismus und Kolonialismus will er die Urbevölkerung aus der Gummi-Sklaverei befreien, er scheitert jedoch mit seinem Versuch, kann den eurozentrischem Blick nicht hinter sich lassen und richtet seine eigenen Gummi-Fabrik in Brasilien für einen vermeintlichen Binnenmarkt für die Urbevölkerung ein.

Da die beiden Handlungsstränge durch die ‚materialflut'-Szenen, in denen „ein ertrinkendes symphonieorchester" als Chor fungiert,[22] zusammengefügt werden, werden diese Szenen als das vermittelnde Kommunikationssystem[23] oder die „Erzählinstanz"[24] – die mittlerweile eine verallgemeinerte episierende Tendenz des Dramas seit seiner Krise markiert –, betrachtet. Dagegen ist es jedoch auffällig, dass die ‚materialflut'-Szenen durchaus über den ganzen Text dem wohlbekannten fünf-Akt-Schema der Tragödie mit den entsprechenden Szenentiteln folgen: „unruhige materialflut" (S. 20; Exposition), „jetzt eine sich aufbäumende materialflut" (S. 32; Steigerung), „ungebremst jetzt die materialflut" (S. 43; Peripetie), „die materialflut jetzt am ausufern" (S. 58; Retardation), „vorübergezogen jetzt die fluten" (S. 75; Katastrophe). Damit stellt sich heraus,

21 Ebd., S. 71.

22 Ebd., S. 11. Die Passagen der ‚materialflut'-Szene haben eigentlich keine Sprecherangabe, sodass in der Aufführungspraxis das Spektrum der Möglichkeiten von einem einzelnen Sprecher über den Chor bis zur Off-Stimme vollständig geöffnet ist. Fokussiert man jedoch auf die Indizien im Text, ergibt sich sofort, dass der Sprecher hier ein Chor ist: Zum Beispiel ist das Hauptsubjekt der Passagen meistens das ‚wir' und an verschiedenen Stellen werden direkte Anweisungen wie „chor", „chöre" und „im chor" (S. 21, 24, 32, 33, 34) oder „unisono" (S. 32) gegeben.

23 Vgl. Manfred Pfister, *Das Drama*, Paderborn: Wilhelm Fink, [11]2001 [1977], S. 103 ff.

24 Anna Brod, „‚die unsichtbare […] hand des autors' in Thomas Köcks ‚paradies fluten (verirrte sinfonie)' – Erzählen und zeitgenössische Dramenautorschaft", in: Gabriela Paule / Anne Steiner (Hg.), *Erzähltheater*, Berlin: LIT-Verlag, 2020, S. 127–149, hier S. 136.

dass Köcks *paradies fluten* trotz aller ‚postdramatischen' (Ent)Züge – etwa der Enthierarchisierung von Haupttext und Nebentext oder der stilistischen Vermischung – ansatzweise eine Dramenstruktur aufweist.[25]

In diesem Kontext scheint das Stück sogar das Konzept des analytischen Dramas zu übernehmen, nach dem die Katastrophe bereits geschieht und die Erklärung ihrer Ursache das Ziel ist. Die Vielfalt und Heterogenität dessen, was in der Materialflut mitgeschwemmt wird, ist ein Indiz dafür. Episoden von verschiedenen Toten in der spätkapitalistischen Gesellschaft, versprochene Befreiung durch den freien Markt und im Kontrast dazu kriegserinnernde Orte wie Sarajevo oder Bagdad, die Legenden zahlreicher Entdecker als Ausgangspunkt des Kolonialismus und Landschaften nach dem Verschwinden der Menschen fließen ohne direkten Zusammenhang ineinander. In diesen unterschiedlichen Bildern von Vergangenheit und Zukunft hebt der Chor die beiden Handlungsstränge ‚european homecare' und ‚manaus brasilien' als Episoden der analytischen Tragödie hervor, um die Ursachen der Flutkatastrophe überzeugend zu beleuchten: „das goldene zeitalter oder / alles begann mit dem kautschuk / der aus den bäumen herausgeschnitten wurde / und den autos um die räder gespannt wurde / nach den segeln kamen die reifen".[26] So wird die konfliktauslösende Autowerkstatt in ‚european homecare' durch die Assoziation von Autoreifen auf die europäische Ausbeutungsgeschichte des Kautschukbaum-Dschungels und der brasilianischen Ureinwohner*innen zurückgeführt. Mit dieser Nebeneinandersetzung und Kollision der beiden Handlungen macht der Chor im Sinne der „Idee der Montage"[27] neue Zusammenhänge zwischen den bisher nicht untersuchten Ursachen der Katastrophe sichtbar.

---

25 Andreas Englhart bezeichnet auch Köcks Theatertexte „keineswegs einen reinen nicht mehr dramatischen Theatertext", nicht nur wegen ihrer positivistischen Faktentreue, sondern auch wegen der dramatischen Kausalität, der Identität der Figuren und der bewahrenden Strukturen. Andreas Englhart, „Theater in der Krise oder Krisentheater? Klimawandel und Engagement in Thomas Köcks Klimatrilogie", in: Krzysztof Tkaczyk (Hg.), *Das moderne Theater in Österreich. Trends – Ideen – Fragestellungen*, Berlin u. a.: Peter Lang, 2021, S. 61–74, hier S. 67. Darüber hinaus wäre es noch produktiver, das Zusammenspiel dessen, was er vom Drama und vom postdramatischen Theater übernimmt, zu untersuchen, statt ihre bloßen Gegenüberstellungen. Zur theoretischen Begründung dafür vgl. Theresia Birkenhauer, *Schauplatz der Sprache – das Theater als Ort der Literatur. Maeterlinck, Čechov, Genet, Beckett, Müller*, Berlin: Vorwerk 8, 2005, hier S. 12 ff.; vgl. auch S. 20.

26 Köck, *paradies fluten*, S. 32.

27 Vgl. Köck / Peters, „Chöre sind unsterblich", S. 309.

4 „wir erzählen trotzdem / auch wenn es gelogen ist"

Der Chor des ertrinkenden Symphonieorchesters, der beim Vorübertreiben in der Materialflut die Vergangenheit und Erinnerungen zu retten versucht, weist auf Engelbilder hin, zunächst auf den benjaminschen Engel der Geschichte und dann auf dessen Variation *Der Glücklose Engel* von Heiner Müller, geht aber noch einen Schritt weiter. Für den glücklosen Engel ist weder die Vergangenheit noch die Zukunft fassbar, denn „Hinter ihm schwemmt Vergangenheit an, [...] während vor ihm sich die Zukunft staut". Er muss also „wartend auf Geschichte in der Versteinerung von Flug Blick Atem" bleiben.[28] Im Kontrast dazu hat der Chor in *paradies fluten* trotz seines Ertrinkens in der wegschwemmenden Vergangenheit noch einen starken Willen zur Geschichtserzählung, denn er sieht darin seine einzige Waffe gegen die liberale Marktwirtschaft, die die Krise verursacht:

> falsch erzählte geschichten und / längst vergessene möglichkeiten / das einzige kraut / das gegen den markt und seine vorstellungskraft gewachsen ist // [...] // nein nein nein / wir erinnern uns trotzdem / auch wenn es falsch ist / wir erzählen trotzdem / auch wenn es gelogen ist[29]

Sein Wille zur neuen Darstellung der ‚falsch erzählten' Geschichte zeigt sowohl die menschliche Verantwortung als auch die Möglichkeit, die Krisengeschichte zu ändern und die vorliegende Katastrophe zu vermeiden. Um nicht wie Müllers Engel in die Versteinerung der ewigen Gegenwart zu geraten, gräbt der Chor inmitten der Sintflut die hinter ihm schwemmenden Materialien weiter aus, erzählt die gemeinsame Geschichte der westlichen Ausbeutung und warnt vor der daraus resultierenden Katastrophe.

Dieses „trotzdem" vom Chor lässt sich zusammenfassend auch mit den beiden oben analysierten Beispielen – *Volksfeind for Future* und *Anthropos, Tyrann (Ödipus)* – in Verbindung bringen. Als ökologische Klasse kennen die Chöre in den Theatertexten zur Klimakrise keine versöhnende Utopie oder die Vollendung der Geschichte. Sie verweigern sich dem ökonomischen Aufwärts, der technischen Entwicklung und der Ausweitung der Produktion und blicken stattdessen auf das Verlorene, um aus der Vergangenheit neue Perspektiven für die Wahrnehmung der Gegenwart und neue Orientierung für die Zukunft zu gewinnen. Hier liegt vielleicht die schwache, dennoch heller schimmernde Hoffnung des Chors, indem er ein neues Narrativ über und

---

28 Heiner Müller, *Glücksgott*, in: Frank Hörnigk (Hg.), *Heiner Müller Werke*, Bd. 3, Frankfurt a. M.: Suhrkamp, 2000, S. 163–180, hier S. 180.

29 Köck, *paradies fluten*, S. 24 f.

gegen die Klimakrise findet und darauf basierend den gemeinsamen Horizont für ein kollektives Handeln herstellt.

Literaturverzeichnis

Birkenhauer, Theresia, *Schauplatz der Sprache – das Theater als Ort der Literatur. Maeterlinck, Čechov, Genet, Beckett, Müller*, Berlin: Vorwerk 8, 2005.

Brecht, Bertolt, *Die Maßnahme. Lehrstück* [Fassung 1931], in: Werner Hecht u. a. (Hg.), *Bertolt Brecht Werke*, Bd. 3, Große kommentierte Berliner und Frankfurter Ausgabe, Berlin u. a.: Suhrkamp, 1988, S. 99–125.

Brod, Anna, „„die unsichtbare […] hand des autors" in Thomas Köcks paradies fluten (verirrte sinfonie) – Erzählen und zeitgenössische Dramenautorschaft", in: Gabriela Paule / Anne Steiner (Hg.), *Erzähltheater*, Berlin: LIT-Verlag, 2020, S. 127–149.

Düsseldorfer Schauspielhaus, „Einführung zu ‚Volksfeind for Future' nach Henrik Ibsen von Lothar Kittstein", https://soundcloud.com/d-schauspielhaus/einfuhrung-zu-volksfeind-for-future-nach-henrik-ibsen-von-lothar-kittstein (Zugriff 27.09.2024).

Eisenach, Alexander, *Anthropos, Tyrann (Ödipus)*, in: *Theater heute*, H. 6, Stückabdruck, 2021.

Eke, Norbert Otto, *Heiner Müller*, Stuttgart: Reclam, 1999.

Englhart, Andreas, „Theater in der Krise oder Krisentheater? Klimawandel und Engagement in Thomas Köcks Klimatrilogie", in: Krzysztof Tkaczyk (Hg.), *Das moderne Theater in Österreich. Trends – Ideen – Fragestellungen*, Berlin u. a.: Peter Lang, 2021, S. 61–74.

Frisch, Max, *Biedermann und die Brandstifter. Ein Lehrstück ohne Lehre*, in: Hans Mayer (Hg.), *Gesammelte Werke in zeitlicher Folge*, Bd. IV.2, Frankfurt a. M.: Suhrkamp, 1976, S. 325–389.

Groß, Pola, „‚Die Sätze müssen lyrisch gebaut sein, sonst finde ich die nicht gut.' Rhetorik und Stil in der Gegenwartsdramatik von Thomas Köck, Eins Maci und Wolfram Höll", in: Eva Geulen / Melanie Möller (Hg.), *Stil und Rhetorik. Ein prekäres Paar und seine Geschichten*, Interjekte 14 (2022), S. 78–95.

Kittstein, Lothar, *Volksfeind for Future*, Frankfurt a. M.: Fischer, 2020.

Köck, Thomas / Orlowski, Corinne, „Thomas Köck über das Schreiben für einen Chor und die Funktion des Chors in seinen Stücken, das historische Bewusstsein, die Tragik heute und die Zukunft des Chors", in: Corinne Orlowski (Hg.), *Vor dem Palast. Gespräche über Einar Schleef*, Berlin: Suhrkamp, 2017, S. 294–313.

Köck, Thomas / Peters, Nina, „Chöre sind unsterblich. Nina Peters im Gespräch mit Thomas Köck über seine Klimatrilogie", in: *Klimatrilogie. paradies fluten / paradies hungern / paradies spielen*, Berlin: Suhrkamp, 2018, S. 295–312.

Köck, Thomas, *paradies fluten*, in: *Klimatrilogie. paradies fluten / paradies hungern / paradies spielen*, Berlin: Suhrkamp, 2018, S. 9–85.

Latour, Bruno / Schultz, Nikolaj, *Zur Entstehung einer ökologischen Klasse. Ein Memorandum* (2022), übers. von Bernd Schwibs, Berlin: Suhrkamp, 2022.

Müller, Heiner, *Glücksgott*, in: Frank Hörnigk (Hg.), *Heiner Müller Werke*, Bd. 3, Frankfurt a. M.: Suhrkamp, 2000, S. 163–180.

Müller, Heiner, *Mauser*, in: Frank Hörnigk (Hg.), *Heiner Müller Werke*, Bd. 4, Frankfurt a. M.: Suhrkamp, 2001, S. 243–260.

Pfister, Manfred, *Das Drama*, Paderborn: Wilhelm Fink, ^{11}2001 [1977].

Raddatz, Frank-M., *Das Drama des Anthropozäns*, Berlin: Theater der Zeit, 2021.

Klimakrise, Pandemie, Krieg und das fehlende Du

Krisenerfahrungen und -reaktionen in René Polleschs GEHT ES DIR GUT?

Anton Bröll

In René Polleschs *GEHT ES DIR GUT?* beschreibt die Figur F ihre aktuelle Lage als von vier Krisen geprägt: der Klimakrise, der Pandemie, dem Angriffskrieg Russlands auf die Ukraine und der Absenz eines unbestimmt bleibenden Du. In welcher Grundsituation sich F befindet, wie er die Krisen-Nachrichten aufnimmt und wie er das Verhältnis der Krisen zueinander erlebt, wird im Folgenden analysiert. Daraufhin werden seine Reaktionen untersucht und wie sie textimmanent problematisiert werden. Mit F stehen das Verhältnis des Individuums zu den globalen wie privaten Krisen und dessen Umgang damit im Zentrum des Dramas. Gleichzeitig erweist sich das Stück als mehrdimensionale Satire, in der F auch für bestimmte Personen(gruppen) steht und eine Ästhetik im Kontext der Krisen vertritt und verhandelt.

GEHT ES DIR GUT? wurde 2022 in der Volksbühne Berlin von Pollesch zusammen mit Fabian Hinrichs inszeniert, der die Figur F spielte. Mit der so auf Hinrichs verweisenden Figur im Drama und seinem Solo-Auftritt plus Chor in der Inszenierung knüpft das Stück zehn Jahre später an den von Kritik und Forschung vielbeachteten Pollesch-Klassiker *Kill your Darlings! Streets of Berladelphia* (UA 2012) an, in dem Hinrichs ebenfalls eine weitestgehend monologisierende Figur F spielte, der ein Chor gegenübersteht. Die Inszenierung von *GEHT ES DIR GUT?* wurde von der Kritik sehr positiv aufgenommen und zu den Mülheimer Theatertagen 2023 eingeladen, konnte dort jedoch wegen der erforderlichen Bühnengröße nicht gezeigt werden. Im Zuge der Mülheimer Theatertage wurde das Drama als PDF-Datei öffentlich zugänglich gemacht und ist im vorliegenden Beitrag Hauptgegenstand der Analyse; die Überlegungen sind jedoch nicht auf den Text begrenzt und beziehen seinen Produktionskontext mit ein.

Damit wird der Ansatz verfolgt, Polleschs Dramen (als Dramen)[1] neben den Inszenierungen ebenfalls als Kunstwerke zu verstehen. Das ist im Falle

1 Dieser Beitrag legt einen weiten Dramenbegriff zugrunde, der Dramen nicht auf die Einhaltung bestimmter Kriterien wie einer klaren Handlung oder eindeutig identifizierbaren Figuren beschränkt. Dramen, die diese Merkmale nicht aufweisen, können als Ausdifferenzierung der Gattung betrachtet werden und müssen nicht einer neuen Gattung wie dem ‚Theatertext' zugeordnet werden. Damit wird die Bezeichnung eines Dramas als

 | DOI:10.30965/9783846769614_019

Polleschs etwas zu erläutern, denn wegen seiner Arbeitsweise und aufgrund von Aussagen des Dramatikers und Regisseurs hat die Forschung seine Dramen zugunsten der Inszenierungen vielfach marginalisiert.[2] Für seine Arbeitsweise gilt es als zentral, dass die Dramen erst während der Proben und ,in Zusammenarbeit' mit den Schauspieler*innen entstehen.[3] Inwiefern das im Einzelfall zutrifft, ist nicht eindeutig zu rekonstruieren.[4] Obwohl eine kollektive Autor*innenschaft nicht gegen den Status als Drama spräche, dürfte es zumeist fehlgehen, die Schauspieler*innen als ,Koautor*innen' zu charakterisieren: „Die Schauspieler schreiben nicht den Text und wollen ihn auch nicht schreiben", so Pollesch.[5] Wie aber geht man damit um, dass Pollesch

---

Drama weniger von einer voraussetzungsreichen Interpretation – welche Merkmale sind tatsächlich gattungskonstituierend und werden diese eingehalten? – abhängig. Vgl. Jürgen Schröder, „,Postdramatisches Theater' oder ,neuer Realismus'? Drama und Theater der neunziger Jahre", in: Wilfried Barner (Hg.), *Geschichte der deutschen Literatur von 1945 bis zur Gegenwart*, aktual. und erw. Aufl. München: Beck, ²2006 [1994], S. 1080–1120, 1162–1164, hier S. 1104; Kai Bremer, *Postskriptum Peter Szondi. Theorie des Dramas seit 1956*, Bielefeld: transcript, 2017, S. 29 f., 128.

2 Dem Marginalisierungstrend entgegen haben sich auch Muriel Ernestus und Mascha Vollhardt gestellt. Vgl. Muriel Ernestus, *Von politischem Theater und flexiblen Arbeitswelten. Überlegungen zu Theatertexten von Widmer, Richter und Pollesch*, Berlin: sine causa, 2012, S. 27; Mascha Vollhardt: „(Feministische) Theorie und Alltag. Theorie als theatrale Praxis in *Sex. Nach Mae West* und *Die Welt zu Gast bei reichen Eltern* von René Pollesch", in: Dies. / Astrid Hackel (Hg.), *Theorie und Theater. Zum Verhältnis von wissenschaftlichem Diskurs und theatraler Praxis*, Wiesbaden: Springer VS, 2014, S. 69–84, hier S. 71.

3 Vgl. etwa Ulrich Fischer, „René Pollesch", in: *Kritisches Lexikon zur deutschsprachigen Gegenwartsliteratur* http://www.nachschlage.NET/document/16000000768 (Zugriff 22.02.2024).

4 Die Vorstellung, dass Polleschs Dramen während des Probenprozesses und in einer Art Zusammenarbeit mit den Schauspieler*innen entstehen, wurde durch Bemerkungen am Prozess Beteiligter oder diesen Beobachtenden zum Teil in Frage gestellt. Vgl. Claudia Splitt / Jens Roselt, „Fliegende Texte. Claudia Splitt im Gespräch mit Jens Roselt", in: Jens Roselt / Christel Weiler (Hg.), *Schauspielen heute. Die Bildung des Menschen in den performativen Künsten*, Bielefeld: transcript, 2011, S. 177–184, hier S. 177; Karen Knoll, *Unordnung im Sinnlichen. Zum politischen Theater René Polleschs*, Frankfurt a. M.: Universitätsbibliothek Johann Christian Senckenberg, 2013, S. 100.

5 René Pollesch u. a., „Publikumsgespräch mit Claus Cäsar, René Pollesch, Sophie Rois und Martin Wuttke", in: Karin Nissen-Rizvani, *Autorenregie. Theater und Texte von Sabine Harbeke, Armin Petras/Fritz Kater, Christoph Schlingensief und René Pollesch*, Bielefeld: transcript, 2011, S. 285 ff., hier S. 285. In der Forschung ist trotzdem immer wieder von ,kollektiv' erarbeiteten Texten oder von Schauspieler*innen als ,Koautor*innen' die Rede. Vgl. z. B. Patrick Primavesi, „Schauspielen (das gab es doch mal) bei René Pollesch", in: Jens Roselt / Christel Weiler (Hg.), *Schauspielen heute. Die Bildung des Menschen in den performativen Künsten*, Bielefeld: transcript, 2011, S. 157–176, hier S. 158; Beatrix Kricsfalusi, *Vom Metadrama zum postdramatischen Theater. Intertextuelle Schreibverfahren und dramatische Selbstreflexion in zeitgenössischen deutschsprachigen Theatertexten*, Wien: Praesens, 2019, S. 142 f., 177. Wenn Pollesch selbst

die Bezeichnung sowohl als ‚Dramatiker' als auch als ‚Regisseur' für sich abgelehnt und angegeben hat, keine ‚Stücke' und generell keine ‚Literatur' zu schreiben?[6] Diese Termini ließen sich auch unabhängig von seinem professionellen Selbstverständnis plausibilisieren, wird dieses jedoch eingehender betrachtet, erweist sich für ihre Ablehnung entscheidend, was Pollesch mit ihnen verbindet. Denn er negiert sie aus der Perspektive der Theaterpraxis und insbesondere mit Blick auf sog. Klassiker-Inszenierungen. Dramen sind für ihn vor allem kanonisierte Dramen, die keinen ausreichenden Bezug zu den im Theater Anwesenden aufweisen und mit denen im Theater hierarchische Strukturen fortgeführt werden, die von der Machtposition von Dramen, Dramatiker*innen und Regisseur*innen gegenüber den Schauspieler*innen geprägt sind.[7] Das Nachspielverbot, mit dem er seine Dramen versieht, ist aus Polleschs Sicht insofern durchaus konsequent, könnten seine Dramen im weiteren Verlauf sonst von anderen Regisseur*innen für eine Theaterpraxis verwendet werden, die er ablehnt. Dass nach den Aufführungen eine Auswahl der entstandenen Dramen in bislang drei Sammelbänden im Rowohlt-Verlag erschienen sind, weist trotzdem darauf hin, dass die Texte auch von Pollesch zumindest als *ein* künstlerisches Endprodukt neben den Aufführungen angesehen werden. Eine bloß dokumentarische Funktion der Texte wie bei Inszenierungsprotokollen liegt nicht nahe, weil die verschiedenen Theaterzeichen dafür nicht ausreichend wiedergegeben werden. Polleschs Dramen können, solange die Sperrung ihrer erneuten Inszenierung aufrechterhalten bleibt, nach der Dernière sogar als Lesedramen verstanden werden.[8] Die

---

von der Autorschaft der Schauspieler*innen spricht, liegt dem ein bestimmtes Verständnis der Autorschaft zugrunde: „Ich stelle die Texte her. Was die Spieler zu Autoren macht, ist, daß sie die Texte ablehnen können." René Pollesch / Frank M. Raddatz, „Der Pollesch-Code. Im Jenseits der Repräsentation oder jenseits des Repräsentationstheaters. René Pollesch im Gespräch mit Frank M. Raddatz", in: *Lettre international* (2015), H. 108, S. 119–122, hier S. 119.

6 Vgl. dazu etwa Nissen-Rizvani, *Autorenregie*, 2011, S. 188. Dabei ist anzumerken, dass Pollesch den Terminus ‚Stücke' gelegentlich trotzdem für seine Dramen verwendet und er auch den letzten beiden Sammelbänden im Rowohlt-Verlag vorangestellt ist.

7 Vgl. z. B. René Pollesch / Carl Hegemann, „Neues und gebrauchtes Theater. Ein Gespräch zwischen Carl Hegemann und René Pollesch", in: Jutta Wangemann / Michael Höppner (Hg.), *Gnade. Überschreitung und Zurechtweisung*, Berlin: Alexander, 2005, S. 47–83, hier S. 48 f., 77; Pollesch u. a., „Wie kann man darstellen, was uns ausmacht?", S. 327; vgl. auch Nissen-Rizvani, *Autorenregie*, S. 188, 222 f.

8 Die diskutierte Einordnung als Lesedrama basiert demnach nicht auf textimmanenten Faktoren, sondern auf einer unter Umständen in Zukunft nicht mehr gültigen Verfügung Polleschs. Vgl. dazu grundsätzlich Peter W. Marx, „Lesedrama", in: Ders. (Hg.), *Handbuch Drama. Theorie, Analyse, Geschichte*, Stuttgart / Weimar: Metzler, 2012, S. 293–295; Holger Korthals,

Lektüre des Dramas stellt dann vorerst die letzte oder, sofern zuvor keine Aufführung besucht wurde, sogar die einzige Stufe der öffentlichen Rezeption dar. Der Kunstwerkcharakter der Dramen kann angenommen werden, ohne dass die Aufführungen abgewertet oder ihre zu untersuchende Verbindung zu den Aufführungen geleugnet werden müsste.

Krisenerfahrungen

Mit dem von Chören und Breakdancern begleiteten Auftritt von F wird in *GEHT ES DIR GUT?* der Fokus auf die Perspektive eines Einzelnen und seine Emotionen gelegt, die im Zusammenhang mit dessen weitestgehender Isolation auftreten. Anfangs befindet sich F noch inmitten des Chores, wird von ihm umschlossen und gemeinsam singen sie von ihrer pandemiebedingten Zurückgezogenheit (3).[9] Im Gesang wird eine Gemeinschaft performativ hergestellt, schon währenddessen widerspricht F dem Chor jedoch und wird im Verlauf des Dramas von ihm alleingelassen. Die Vereinzelung im Bühnengeschehen entspricht dem Empfinden Fs, allein oder zurückgelassen worden zu sein. Anders als in *Kill your Darlings!* kommt keine Gemeinschaftsbildung von F und Chor zustande,[10] die Bewegung ist vielmehr umgekehrt, insofern stellt *GEHT ES DIR GUT?* ein Gegenstück zu *Kill your Darlings!* dar. Zwar wendet sich F die meiste Zeit an ein Du, dieses ist allerdings nicht anwesend und von ihm entsteht kein einheitliches Bild. Über weite Teile des Dramas scheint eine geliebte Person angesprochen zu werden, deren Beziehung mit F beendet ist und die vielleicht verstorben ist: „Ich war in der Nacht bei dir, als du gestorben bist." (17) Verunsichert wird dieser Eindruck, wenn das Du Fs Kind oder andersherum ein Elternteil von ihm zu sein scheint (17). Insgesamt legt

---

Zwischen Drama und Erzählung. Ein Beitrag zur Theorie geschehensdarstellender Literatur, Berlin: Erich Schmidt, 2003, S. 59.

9 René Pollesch / Fabian Hinrichs, *GEHT ES DIR GUT? Text: René Pollesch*, Hamburg: Rowohlt 2022 [unpublizierte Verlagsausgabe]. Zitate aus dem Drama werden mit der Seitenzahl in Klammern im Fließtext nachgewiesen.

10 Vgl. dazu Tim Schuster, „Pizza essen mit Fatzer. René Polleschs *Kill your Darlings! Streets of Berladelphia*", in: Matthias Naumann / Michael Wehren (Hg.), *Räume, Orte, Kollektive*, Berlin: Neofelis, 2013, S. 174–189, hier S. 187; Felix Lempp / Kerstin Mertenskötter, „‚Es war nie für euch! Es war immer für uns.' Strategien der chorischen Gemeinschaftsbildung in René Polleschs Brecht-Aktualisierung *Kill your Darlings! Streets of Berladelphia*", in: Paul Martin Langner / Joanna Gospodarczyk (Hg.), *Zur Funktion und Bedeutung des Chors im zeitgenössischen Drama und Theater*, Berlin u. a.: Peter Lang, 2019, S. 27–57.

das eine mentale Konstruiertheit des Du nahe, dessen Diskrepanzen für ein inkonsistentes Imaginieren sprechen.

Von seinem zurückgezogenen Standpunkt aus beschreibt F sein Verhältnis zu den Krisen dem Du gegenüber folgendermaßen:

> Was? Was? Wo ich war?
> Ich war zu Hause. Ich war einfach zu Hause.
> Vor dem Fernseher. Ich sitze die ganze Zeit vor dem Fernseher.
> Und hab Nachrichten geschaut.
> Was draußen vor der Tür passiert.
> Es gibt seit drei Jahren drei Nachrichten.
> Erst Klimakrise.
> Dann Corona.
> Und jetzt -
> Nein, nein, vier Nachrichten! Nummer vier hab ich vergessen.
> Nachricht Nummer vier ist, dass du weg bist.(7 f.)

F befindet sich scheinbar permanent allein in seiner Wohnung und spricht mit dem Du, als ob es vor seiner Tür stünde, einem Zwischenraum aus Nähe und Distanz. Die in ausgebauter Form wörtlichen Wiederholungen „Ich war zu Hause. / Ich war einfach zu Hause. / Vor dem Fernseher. / Ich sitze die ganze Zeit vor dem Fernseher." in Reaktion auf die selbst gestellte Frage können als Bewusstwerdung der Situation verstanden werden und zeigen das Repetitive seiner Gedanken. Über den Fernseher verfolgt er die Geschehnisse außerhalb, nimmt sie in seiner Zurückgezogenheit stets aus der Distanz wahr und bleibt gedanklich in seinen Monologen eher bei sich selbst. Er reduziert die Ereignisse auf vier Krisen, die als ‚Dauerkrisen' Bestand haben; das Empfinden von Krisen ist hier eine permanente Erfahrung.[11] Der Krieg gegen die Ukraine ist die neueste Nachricht, die im Zitat unausgesprochen bleibt, vielleicht wegen emotionaler Involviertheit, die die Sprache verschlägt, vielleicht weil das fehlende Du plötzlich ins Bewusstsein rückt und dadurch die Passung von drei Nachrichten seit drei Jahren sprengt. So häufen sich die Krisen und ziehen dabei unterschiedlich viel Aufmerksamkeit auf sich. Die Klimakrise ist eine unter mehreren und zwar die, die F am wenigsten thematisiert. Das zeigt, wie sie

11 Zur Permanenz der Krise mit Bezug auf *Kill your Darlings!* vgl. Joanna Gospodarczyk, „Die Herausforderung des Zuschauers angesichts der Vermittlung von Krisen. Eine Skizze zur Position des Zuschauers anhand von René Polleschs *Kill your Darlings! Streets of Berladelphia* und Martin Crimps *Alles Weitere kennen Sie aus dem Kino*", in: Marta Famula / Verena Witschel (Hg.), *Theater und Krise. Paradigmen der Störung in Dramentexten und Bühnenkonzepten nach 2000*, Paderborn: Brill, Fink, 2022, S. 254–264, hier S. 264.

angesichts jüngerer politisch-gesellschaftlicher Krisen sowie angesichts einer privaten Krise im Bewusstsein des Einzelnen in den Hintergrund treten kann.

Die Krisen und deren Nachrichten folgen jedoch nicht nur aufeinander, in Fs Wahrnehmung entsteht vielmehr eine sie verbindende Krisen-Kumulation, die Fs empfundene Distanz zum Geschehen und zu den Mitmenschen immer weiter steigert. In dem anfänglichen gemeinsamen Auftritt mit dem Chor heißt es:

> F: Lichtjahre von dir entfernt
> C[hor]: Plus eins Komma fünf Meter / F: Millionen Lichtjahre von dir entfernt
> C: Plus eins Komma fünf Meter / Alle: Milliarden Lichtjahre von dir entfernt
> C: Plus eins Komma fünf Meter / F: Tausend Kilometer von Kyiv entfernt
> C: Plus eins Komma fünf Meter
> F: Und drei Atomkoffer (4)

Der Abstand zum Du nimmt immer weiter zu, obwohl er mit den Lichtjahren bereits kaum zu ermessen war. Kiew erscheint vergleichsweise nah, was eine erschreckende Nähe zum Kriegsgebiet in Europa bedeutet. Hinzu kommt immer wieder der während der Pandemie empfohlene Mindestabstand zwischen Personen von anderthalb Metern und die gedankliche Verbindung zur Gefahr einer atomaren Eskalation. Die Addition der Zahlen, bei der immer weiter etwas hinzugerechnet werden muss, deren Summe aber letztlich gar nicht gezogen wird oder werden kann, fungiert als mehrfache Metapher: für die Krisenanhäufung von der Klimakrise zur ‚Polykrise', die Wahrnehmung, dass immer noch etwas hinzukommt, das ansteigende Distanzempfinden und die zunehmende emotionale Belastung.

Krisenreaktionen

Es geht F nicht um eine möglichst objektive Beschreibung oder Erörterung der Geschehnisse, im Mittelpunkt stehen seine persönlichen Erfahrungen, Empfindungen und Reaktionen. Die titelgebende Frage – Geht es dir gut? – rückt im Selbstgespräch das eigene Gefühlsleben ins Zentrum. F relativiert zwar die eigene Bedeutung: „Ich halt das kaum noch aus, und dann kommt noch was, und das hält man noch weniger aus. / Aber damit will ich überhaupt nicht sagen, dass es um mich geht, das stimmt nicht." (8) Tatsächlich spricht F hauptsächlich von seinen Eindrücken, Gefühlen und Vorstellungen. Sein subjektzentrierter und gefühlsbetonter Blickwinkel ist nicht frei von einer Egozentrik, die er selbst der Gesellschaft und dem Publikum vorwirft (20). Insofern vollzieht sich die Kritik im Gewand dessen, was sie kritisiert: Die Ich-Bezogenheit wird ich-bezogen kritisiert.[12] F reflektiert sein Monologisieren außerdem, indem er es als ‚Spekulation' (8, 11) bezeichnet. Dadurch werden seine Überlegungen mit einer Suchbewegung gerahmt, deren Ergebnis offen ist. An einem Potential des Monologs zu neuer Erkenntnis oder Erfahrung wird festgehalten, wodurch das Monologisieren legitimiert wird (10 f.). Dem liegt Fs Intention zugrunde, den richtigen Umgang mit den Krisen zu finden und damit sich selbst und dem Publikum etwas „anzubieten" (15) – metaphorisch wiederzufinden im Wunsch, ein Esszimmer einzurichten und dorthin Freunde einzuladen (11, 13).

Als das zentrale Verfahren im Dienst dieser Intention oder Sehnsucht kann die Imagination gelten, die tatsächlich auf ‚spekulative', d. h. ausprobierende Weise funktioniert. Über die sprachlich entworfenen Reaktionsweisen auf die Krisen hinaus kann die Imagination teilweise als ‚Wirklichkeit' erprobt werden. Das Taxi wird zuerst als Möglichkeit zur Flucht genannt (14) und erscheint später auf der Bühne (16 f.). Bei den Begegnungen mit der Rakete und den Breakdancern handelt es sich noch um fantastischere Ereignisse, die der Nebentext – anders als das Du – als tatsächlich anwesend ausweist. Zu den imaginierten Reaktionsmöglichkeiten auf die Krisen, die getestet werden, zählen das gemeinsame Singen und die Flucht mit der Rakete. Das Singen ist für F mit dem Wunsch versehen, „über[zu]sprudeln" und „auf[zu]blühen" (12), und wird dem Wissen gegenübergestellt, das er abwertet: „Wir wollten doch auch nie so super schlau sein wie alle, die immer was zu meckern, immer was zu mosern, aber selbst nichts anzubieten haben. / Wir wollten doch so sein wie jemand, der wie ein Vöglein singt." (15) Der offensichtlichen Konventionalität des Vogelvergleichs entsprechend, handelt der gemeinsame Gesang mit dem Chor zum Teil von Banalem, z. B. davon, dass der Krieg für nichts gut sei (13). Er führt für F anschließend weder zu einer Veränderung des Gefühls noch der Situation, insofern ist das Singen als Reaktion erfolglos und eine Form des Eskapismus. Das real gewordene Imaginierte in Form der Rakete entgleitet F: Etwas funktioniert nicht, sie fährt hoch und runter und fliegt letztlich ohne ihn weg. Insofern gelingt weder das Singen noch die kosmonautische Weltflucht und beides wird als Reaktionsmöglichkeit ironisiert. Die Imagination ist zwar eine Strategie, Veränderungsmöglichkeiten zu entwerfen, aber die Veränderung ist auf den Einzelnen gerichtet, wie seine Situation etwa durch Weltflucht erleichtert werden könnte, nicht darauf, wie mit der Situation in einem größeren Kontext verantwortungsvoll umgegangen werden könnte.

12 Zu diesem Motiv bei Pollesch vgl. Christian Rakow, „René Pollesch", in: Moritz Baßler / Eckhard Schumacher (Hg.), Handbuch Literatur & Pop, Berlin: de Gruyter, 2019, S. 591–607, hier S. 597.

F kritisiert selbst, dass er sich keine gesellschaftlichen Alternativen vorzustellen vermag: „Weißt du, diese Ödnis, diese Dürre, dieses karge Leben. Dieser Krieg. / Ich kann mir gar kein aufregendes, gesellschaftliches Leben mehr vorstellen. / Ich kann es mir nicht mehr vorstellen! / Das ist doch wichtig, dass man sich das vorstellen kann!" (11) Die Krise Fs ist auch die Krise eines gesellschaftlichen Vorstellungsvermögens. Der beschriebene Fokus auf das eigene Gefühlsleben wird zudem problematisch, wenn er mit einer Übersteigerung und Labilität gekoppelt ist, die schnell von der Sehnsucht nach zwischenmenschlicher Nähe und Liebe in Gewaltfantasien kippt: „Es vergeht kaum eine Nacht, in der ich nicht von uns träume. [...] Ja, aber heute, heute hab ich dich im Traum total zusammengeschlagen." (12) Das Du wird ebenfalls teilweise als zurückweisend oder beängstigend imaginiert, indem es als verschlossen, ‚seelisch gelähmt' dastehend (5 f., 8) und mit „eisigen Augen" (9) beschrieben wird. Vielleicht rücken Fs Vorstellungen stellenweise in die Nähe von Wahnvorstellungen, eine Einordnung, die er selbst einbringt (14 f.). Die Sehnsucht birgt außerdem die Gefahr des Fehlgeleitet-Werdens. So hört F nach Ankunft der Rakete eine *„Mao-Stimme"* (16) aus ihrem Innern, deren Aussagen nicht mitgeteilt werden, F resümiert allerdings: „Wir fliegen weg! Hat es gesagt." (16) Insofern wird mit dem von der Sehnsucht Produzierten die Gefahr einer propagandistischen Vereinnahmung verbunden, der die Chöre erliegen.

Die Verhandlung von Imagination und traumartigen Elementen verdeutlichen zudem die Fiktionalität des Stücks: Das Theater versucht in diesem Sinne keine andere Welt darzustellen, sondern ist eben Theater. Die Welt, in der F seinen Gefühlen und Vorstellungen nachhängt, mit den Chören singt, eine Rakete landet und er Breakdancern begegnet, ist eine Theaterwelt, die nicht verschleiert, dass sie das ist. In den Aufführungen gehören dazu neben den Signalen, die er für Licht und Musik gibt, vor allem Hinrichs bereitwilliges Aus-der-Rolle-Fallen, etwa wenn er nach dem Text fragt oder (mit einer Gitarre in der Walnuss sitzend) über die eigene Situation als Schauspieler lacht. Es liegt ein Bewusstsein vom Theaterrahmen vor, der eine permanente Publikumsadressierung und einen Vorführcharakter von Fs Bewusstseinsstrom nahelegt. Die beispielhaft angeführten Ironisierungen durch Exaltiertheit sowie Stilwechsel zwischen pathetisch-gestelzt und kalauernd unterstützen diesen Eindruck. Durch die Betonung der Künstlichkeit des Gezeigten tritt eine Reflexionsdistanz dazu ein. Zwar bergen Teile des Stücks durch den Eindruck sprachlicher Unmittelbarkeit und von Rezipierenden geteilte Erfahrungen Identifikationspotential z. B. in Bezug auf die Wahrnehmung einer Krisen-Kumulation, Ratlosigkeit in Hinblick auf die richtige Krisenreaktion, ansteigende emotionale Belastung etc. Gleichzeitig kann die

Distanzierung zum ausgestellt *theatralen* Geschehen Mechanismen wie die Ich- und Gefühlszentrierung vielfach implizit problematisieren, ohne auf explizite Weise belehrend zu sein.

GEHT ES DIR GUT? als mehrfachkodierte Satire

Durch die Repräsentativität Fs für verschieden spezifische Personengruppen und Individuen handelt es sich bei *GEHT ES DIR GUT?* um eine Satire mit mehreren Ebenen. In dieser steht F allgemein für ein Individuum, für eine Generation, eine Ästhetik und verweist außerdem andauernd auf den Schauspieler Hinrichs. Als exemplarisches Individuum führt Fs Fokussierung auf die eigene Gefühlswelt und seine Sehnsucht zu einer larmoyanten Egozentrik und Eskapismus. Nachdem er zum Ende hin noch einmal äußert, dass Weltflucht keine Lösung ist, hat er am Schluss die Idee einer Taxifahrt ans Meer: „Was? Was hast du gesagt? Dass wir ans Meer fahren? (Mit Taxi?) / Das ist eine schöne Idee. / Ciao!“ (20). Die Verwirklichung der Taxifahrt ans Meer bleibt unwahrscheinlich, es handelt sich tatsächlich eher um eine „schöne Idee“, mit der F im Sehnsuchtsbereich bleibt, in dem das eigene Wohlbefinden sowie die Nähe zum Du priorisiert wird. Die Klimakrise ebenso wie die anderen globalen Krisen spielen hier – satirisch zugespitzt – keine Rolle. Wird die ‚Krise‘ als Moment der Entscheidung verstanden, nach der eine Entwicklung zum Guten oder zum Schlechten ihren Lauf nimmt,[13] findet hier eine gegen die Krisenbewältigung gerichtete Entwicklung ihre Fortführung. F entscheidet sich am Ende weiterhin für die Imagination einer Flucht. In diesem Sinne wird am Handeln wider besseres Wissen festgehalten, das die tragische Dimension des Dramenendes darstellt.

Verschiedene Aussagen Fs fügen sich, seine Repräsentativität konkretisierend, zu einem Bild zusammen, in dem F Klischees gegenüber einer älteren Generation in sich vereint. Er betont immer wieder sein Alter, sei früher nur betrunken gewesen, kommentiert den Auftritt der Breakdancer u. a. mit „Das war echt dufte, das fetzt“ (18), hat eine verklärend-nostalgische Sicht auf die Vergangenheit (12, 14) und hört gerne den Oldiesender Radio Gold: „Ist das die Musik meines Lebens? / Radio Gold? / Was heißt das, das ist für Senioren? /

13 Vgl. etwa Matthias Warstat, *Krise und Heilung. Wirkungsästhetiken des Theaters*, München, Paderborn: Fink, 2011, S. 16 ff.; Marta Famula / Verena Witschel, „Einleitung“, in: Dies. (Hg.), *Theater und Krise. Paradigmen der Störung in Dramentexten und Bühnenkonzepten nach 2000*, Paderborn: Brill, Fink, 2022, S. IX–XX, hier S. IX f.; XII f.

Halt's Maul!" (9). Es entsteht somit auch ein satirisches Generationenporträt, in dem diese den Krisen selbstbezogen ausweicht und aus der Zeit gefallen wirkt. Teile der Rezipierenden könnten sich darin zugespitzt wiederfinden.

Die Konzentration auf Fs Gedanken und Gefühle erweist sich im Kunstkontext zudem als Satire romantisierender Weltsicht und Ästhetik, die in der Gegenwart nicht zu einer vertretbaren Krisenreaktion führen. Fs Betonung von Sehnsucht und Imagination, seine Ablehnung einer rationalen Haltung, traumartige Elemente wie die Rakete und Breakdancer – all das knüpft an romantische Topoi an und führt sie vor. Auch formal kann das Drama durch die Aufnahme von epischen Elementen, Gesang und Lyrik als an eine ‚progressive Universalpoesie' angelehnt verstanden werden. F hält trotz der facettenreichen Problematisierung und für ihn unbefriedigender Resultate an diesem Programm fest. Daher ist das Handeln wider besseres Wissen nicht nur gesellschaftlich, sondern auch mit einer ironisierten ästhetischen Tradition verknüpft.

Die Figur F verweist fortlaufend auf Fabian Hinrichs, auch im Drama, in dem Informationen zur erfolgten Inszenierung gegeben werden, Hinrichs als F verzeichnet und damit, wie bei Pollesch üblich, der Produktionskontext in das Drama eingeschrieben ist. In der Figur ist der Schauspieler ihrer Inszenierung also mitzudenken.[14] Das setzt im Fall des Dramas Wissen über den z. B. schnell zwischen ‚hohem' und ‚niedrigem' Ton wechselnden Schauspielstil Hinrichs voraus und kann über mehrere Dramen hinweg, wie zwischen *Kill your Darlings!* und *GEHT ES DIR GUT?*, einen Zusammenhang stiften. Wird Hinrichs in F mitgedacht, eröffnet oder verstärkt dies zwei Lesarten des Dramas: einerseits als Künstlersatire, andererseits als Lehrstück. Durch den Bezug von F zu Fabian Hinrichs als Schauspieler wird ein Künstlerbild aufgerufen, das durch seine wiederholt geäußerte Sehnsucht nach Schönheit, seine Exzentrik und sein Außenseitertum ergänzt und ironisiert wird – das Bild eines Künstlers, der sich außerhalb der Gesellschaft sieht und allein seinen ich-bezogenen und auf eine ‚Schönheit' zielenden (11) Träumen nachhängt.

In Polleschs Arbeiten wurde vielfach eine Fortführung von Brechts Lehrstückkonzept bemerkt, das Pollesch am Institut für Angewandte Theaterwissenschaft an der Universität Gießen von Andrzej Wirth vermittelt wurde.[15]

---

14 Zu Sichtbarkeit der Schauspieler*innen hinter der Rolle und ihren Funktionen in Pollesch-Inszenierungen vgl. auch Franziska Schößler, *Drama und Theater nach 1989. Prekär, interkulturell, intermedial*, Hannover: Wehrhahn, 2013, S. 218–232; Rakow, „René Pollesch".

15 Vgl. etwa Annemarie Matzke, „Theorien auf die Bühne schmeißen. René Polleschs Lehrstück-Theater", in: Dies. u. a. (Hg.), *Das Buch von der Angewandten Theaterwissenschaft*, Berlin / Köln: Alexander, 2012, S. 119–133; Lempp / Mertenskötter, „‚Es war nie für

Demnach soll der Text den Schauspieler*innen als „Sehhilfe“[16] dienen, d. h. als Instrument zur Erkenntnis der eigenen Wirklichkeit und nicht der einer ihnen fernen Rolle. In Anknüpfung an seine Studienzeit setzt Pollesch ihm zufolge auf eine kollektive Erarbeitung von Aufführungen, die das Leben der Beteiligten einbezieht. Es bleibt offen, inwieweit Hinrichs mit dem Drama seine eigene Situation reflektieren konnte, festhalten lässt sich, dass durch den Verweis auf die empirische Person Hinrichs die Lesart des Dramas als Lehrstück verstärkt wird, das Haltungen und gesellschaftliche Mechanismen aufzeigen und erproben lässt. Das Drama geht damit in der ironisch-satirischen Dimension nicht auf. In seiner Suche nach einer angemessenen Art, mit den globalen, gesellschaftlichen und privaten Krisen umzugehen, die den eigenen Gefühlen Rechnung trägt, verfolgt F ein legitimes und dringendes Anliegen. Die Betonung der Bedeutung eines gesellschaftlichen Vorstellungsvermögens ist in diesem Zusammenhang wesentlich. Dazu gehört auch, dass seine Reaktionsweisen etwa der Egozentrik und versuchten Weltflucht neben der ironischen Zuspitzung im bewusst theatralen Rahmen auch von ihm selbst problematisiert werden. Insofern hat F im Hinblick auf mögliche Krisenreaktionen doch etwas „anzubieten“ (15), wie es seine Intention ist.

Literaturverzeichnis

Bremer, Kai, *Postskriptum Peter Szondi. Theorie des Dramas seit 1956*, Bielefeld: transcript, 2017.

Ernestus, Muriel, *Von politischem Theater und flexiblen Arbeitswelten. Überlegungen zu Theatertexten von Widmer, Richter und Pollesch*, Berlin: sine causa, 2012.

Famula, Marta / Verena Witschel, „Einleitung“, in: Dies. (Hg.), *Theater und Krise. Paradigmen der Störung in Dramentexten und Bühnenkonzepten nach 2000*, Paderborn: Brill, Fink, 2022, S. IX–XX.

Fischer, Ulrich, „René Pollesch“, in: Kritisches Lexikon zur deutschsprachigen Gegenwartsliteratur http://www.nachschlage.NET/document/16000000768 (Zugriff 22.02.2024).

Gospodarczyk, Joanna, „Die Herausforderung des Zuschauers angesichts der Vermittlung von Krisen. Eine Skizze zur Position des Zuschauers anhand von René Polleschs *Kill your Darlings! Streets of Berladelphia* und Martin Crimps *Alles Weitere*

euch! Es war immer für uns.‘ Strategien der chorischen Gemeinschaftsbildung in René Polleschs Brecht-Aktualisierung *Kill your Darlings! Streets of Berladelphia*“.

16 Pollesch u. a., „Publikumsgespräch mit Claus Cäsar, René Pollesch, Sophie Rois und Martin Wuttke“, S. 286.

kennen Sie aus dem Kino“, in: Marta Famula / Verena Witschel (Hg.), *Theater und Krise. Paradigmen der Störung in Dramentexten und Bühnenkonzepten nach 2000*, Paderborn: Brill, Fink, 2022, S. 254–264.

Knoll, Karen, *Unordnung im Sinnlichen. Zum politischen Theater René Polleschs*, Frankfurt a. M.: Universitätsbibliothek Johann Christian Senckenberg, 2013.

Korthals, Holger, *Zwischen Drama und Erzählung. Ein Beitrag zur Theorie geschehensdarstellender Literatur*, Berlin: Erich Schmidt, 2003.

Kricsfalusi, Beatrix, *Vom Metadrama zum postdramatischen Theater. Intertextuelle Schreibverfahren und dramatische Selbstreflexion in zeitgenössischen deutschsprachigen Theatertexten*, Wien: Praesens, 2019.

Lempp, Felix / Kerstin Mertenskötter, „‚Es war nie für euch! Es war immer für uns.‘ Strategien der chorischen Gemeinschaftsbildung in René Polleschs Brecht-Aktualisierung *Kill your Darlings! Streets of Berladelphia*“, in: Paul Martin Langner / Joanna Gospodarczyk (Hg.), *Zur Funktion und Bedeutung des Chors im zeitgenössischen Drama und Theater*, Berlin: Peter Lang, 2019, S. 27–57.

Marx, Peter W., „Lesedrama“, in: Ders. (Hg.), *Handbuch Drama. Theorie, Analyse, Geschichte*, Stuttgart / Weimar: Metzler, 2012, S. 293–295.

Matzke, Annemarie, „Theorien auf die Bühne schmeißen. René Polleschs Lehrstück-Theater“, in: Dies. u. a. (Hg.), *Das Buch von der Angewandten Theaterwissenschaft*, Berlin / Köln: Alexander, 2012, S. 119–133.

Nissen-Rizvani, Karin, *Autorenregie. Theater und Texte von Sabine Harbeke, Armin Petras/Fritz Kater, Christoph Schlingensief und René Pollesch*, Bielefeld: transcript, 2011.

Pollesch, René / Carl Hegemann, „Neues und gebrauchtes Theater. Ein Gespräch zwischen Carl Hegemann und René Pollesch“, in: Jutta Wangemann / Michael Höppner (Hg.), *Gnade. Überschreitung und Zurechtweisung*, Berlin: Alexander, 2005, S. 47–83.

Pollesch, René u. a., „‚Wie kann man darstellen, was uns ausmacht?‘ René Pollesch im Gespräch mit Romano Pocai, Martin Saar und Ruth Sonderegger, in: René Pollesch, *Liebe ist kälter als das Kapital. Stücke, Texte, Interviews*, hg. von Corinna Brocher / Aenne Quiñones, Reinbek bei Hamburg: Rowohlt, 2009, S. 327–346.

Pollesch, René u. a., „Publikumsgespräch mit Claus Cäsar, René Pollesch, Sophie Rois und Martin Wuttke“, in: Karin Nissen-Rizvani, *Autorenregie. Theater und Texte von Sabine Harbeke, Armin Petras/Fritz Kater, Christoph Schlingensief und René Pollesch*, Bielefeld: transcript, 2011, S. 285 ff.

Pollesch, René / Raddatz, Frank-M., „Der Pollesch-Code. Im Jenseits der Repräsentation oder jenseits des Repräsentationstheaters. René Pollesch im Gespräch mit Frank M. Raddatz“, in: *Lettre international* (2015), H. 108, S. 119–122.

Pollesch, René / Fabian Hinrichs, *GEHT ES DIR GUT? Text: René Pollesch*, Hamburg: Rowohlt, 2022 [unpublizierte Verlagsausgabe].

Primavesi, Patrick, „Schauspielen (das gab es doch mal) bei René Pollesch“, in: Jens Roselt / Christel Weiler (Hg.), *Schauspielen heute. Die Bildung des Menschen in den performativen Künsten*, Bielefeld: transcript, 2011, S. 157–176.

Rakow, Christian, „René Pollesch“, in: Moritz Baßler / Eckhard Schumacher (Hg.), *Handbuch Literatur & Pop*, Berlin: de Gruyter, 2019, S. 591–607.

Schößler, Franziska, *Drama und Theater nach 1989. Prekär, interkulturell, intermedial*, Hannover: Wehrhahn, 2013.

Schröder, Jürgen, „‚Postdramatisches Theater‘ oder ‚neuer Realismus‘? Drama und Theater der neunziger Jahre“, in: Wilfried Barner (Hg.), *Geschichte der deutschen Literatur von 1945 bis zur Gegenwart*, aktual. und erw. Aufl. München: Beck, ²2006 [1994], S. 1080–1120, 1162–1164.

Schuster, Tim, „Pizza essen mit Fatzer. René Polleschs *Kill your Darlings! Streets of Berladelphia*“, in: Matthias Naumann / Michael Wehren (Hg.), *Räume, Orte, Kollektive*, Berlin: Neofelis, 2013, S. 174–189.

Splitt, Claudia / Jens Roselt, „Fliegende Texte. Claudia Splitt im Gespräch mit Jens Roselt“, in: Jens Roselt / Christel Weiler (Hg.), *Schauspielen heute. Die Bildung des Menschen in den performativen Künsten*, Bielefeld: transcript, 2011, S. 177–184.

Vollhardt, Mascha: „(Feministische) Theorie und Alltag. Theorie als theatrale Praxis in *Sex. Nach Mae West* und *Die Welt zu Gast bei reichen Eltern* von René Pollesch“, in: Dies. / Astrid Hackel (Hg.), *Theorie und Theater. Zum Verhältnis von wissenschaftlichem Diskurs und theatraler Praxis*, Wiesbaden: Springer VS, 2014, S. 69–84.

Warstat, Matthias, *Krise und Heilung. Wirkungsästhetiken des Theaters*, München, Paderborn: Fink, 2011.

TEIL VI

Stücke

Das Ende der Welt steht vor der Tür

Ist das kein kritischer Moment? Neun Lieder *von Yan Xiaoping*

Anna Stecher

Klimakatastrophen, Auslöschung der Arten und die damit verbundene kritische Reflexion über das gegenwärtig vorherrschende globale Produktions- und Konsumsystem zählen nicht zu den großen Themen des chinesischen Theaters der Gegenwart – auf den ersten Blick zumindest. Auf den zweiten fallen hingegen eine Reihe von Stücken, Produktionen und Theateraktivitäten auf, die sehr wohl in diesem Zusammenhang diskutiert werden müssten: Zunächst werden Stücke geschrieben, welche, ähnlich wie zahlreiche Dramen aus den 1980er Jahren – allen voran Gao Xingjians 高行健 *Der Wildmensch* (*Yeren* 野人), damals auch im Thalia Theater aufgeführt – in abgeschiedenen Regionen spielen, lokale kulturelle Traditionen einbinden, Figuren auftreten lassen, die den modernen Stadtmenschen diametral entgegengesetzt sind.[1] Dadurch machen diese Werke oft die Schattenseiten der Turbo-Entwicklung auf der Bühne sichtbar, sie zeigen, wie Kultur und Lebensweisen vereinheitlicht werden und an Vielfalt verlieren, und sie fragen nach den Absurditäten des modernen Lebens in den Städten. Zu diesen Stücken können beispielsweise die Werke *Vogelmenschen* (*Niaoren* 鸟人), *Fischmenschen* (*Yuren* 鱼人) und *Schachmenschen* (*Qiren* 棋人) von Guo Shixing 过士行 gezählt werden.[2] In Guo Shixings Dialogen aus *Die Frösche* (*Qingwa* 青蛙) schwingen die Themen Umweltzerstörung und Klimawandel vom Anfang bis zum Schluss mit: In einem Friseursalon unterhält sich die werte Kundschaft u. a. über schrumpfende Genitalien männlicher Krokodile – aufgrund des vielen Östrogens im Wasser (wegen der Anti-Babypille), über steigendes Meerwasser („wir könnten zu einem neuen Venedig werden") und über das Schweigen der Frösche …[3]

1 Zur Umwelt-Thematik im chinesischen Theater der 1980er Jahre s. Heather Phillips, „The Yellow Earth becomes the Yellow Dragon: Eco-consciousness in Chinese Theatre of the 1980s", in: *Asian Theatre Journal*, Vol. 26.1 (2009), S. 135–147.

2 Claire Conceison hat *Vogelmenschen* als Reflexion über Unterschiede in chinesischer und westlicher Kultur gelesen. Ich würde das Stück – und die anderen aus derselben „Serie" – in erster Linie als Kritik am Modernisierungswahn lesen – der oft als „Verwestlichung" inszeniert wird. S. Claire Conceison, „The Occidental Other on the Chinese Stage: Cultural Cross-Examination in Guo Shixing's Bird Men", in: *Asian Theatre Journal*, Vol. 15.1 (1998), S. 87–101.

3 Sowohl Guo Shixings *Schachmenschen* – unter dem Titel „Der Go-Mensch" – als auch *Die Frösche* wurden von Stefan Christ ins Deutsche übertragen, s. Chen Ping / Hans-Georg Knopp

Klarer wird die Botschaft nur im Kindertheater ausgedrückt: Das chinesische Pendant zu *Cengalo der Gletscherfloh*, nach Andreas Englhart „ein klassisches Besserungstheater, das erfolgreich mit Anthropomorphisierungen der Natur agiert,“[4] heißt *Die Abenteuer von Schwester und Bruder Glühwürmchen* (*Yinghuochong jiedi lixianji* 萤火虫姐弟历险记). Die Geschichte von den Glühwürmchen in einer großen Stadt soll Kindern Grundwissen und Sensibilität für Fragen der Umwelt und der Natur vermitteln.[5]

Erwähnenswert sind vor allem auch Produktionen im Bereich Dokumentartheater: 2009 war die Multimedia Produktion *River! River! River!* (*Jianghexing* 江河行) in mehreren chinesischen Städten zu sehen.[6] Die Theaterdokumentation widmet sich kritisch den Veränderungen, welche der Bau von Wasserkraftwerken im Süden Chinas mit sich bringt. Ein weiteres Beispiel sind die mit Studierenden entwickelten Produktionen von Li Yinan an der Zentralen Theaterakademie, besonders *Baimiao* 白庙 (*White Temple*).[7] Dieses Werk über ein Dorf am Rande der Großstadt hält die grotesk gegensätzlichen Lebensumstände an diesem Ort fest: Über Bauruinen und Müllsammler erheben sich Jets von einem privaten Flugfeld in die Lüfte.

Hier kommt es zur Überschneidung mit einem Bereich, der in Hinblick auf Eco-Criticism ausführlicher untersucht wurde als das Theater: Wie die Herausgeberinnen des Buches *Chinese Eco-Cinema* auf den ersten Seiten schreiben „Chinese cinema has given consistent attention to the grave ecological deterioration in this part of the planet“.[8] Chinesisches Kino, Spiel- und Dokumentarfilme, sind vielleicht der Raum, in dem infrastrukturelle Großprojekte wie der Drei-Schluchten-Staudamm am intensivsten reflektiert wurden.

(Hg.), *Mittendrin. Neue Theaterstücke aus China*, Berlin: Theater der Zeit, 2015, S. 83–138, S. 183–226.

4 Englhart, Andreas, „‚Es lebe der Zentralfriedhof!‘ Klimawandel, Auslöschung der Arten und sonstige Katastrophen in Thomas Köcks österreichischen Theatertexten“, in: Andreas Englhart / Anna Stecher (Hg.), *„Wars das jetzt? War das die Revolution?“ Transkulturelle Theaterästhetiken. Festschrift für Michael Gissenwehrer*, München: Utz, 2025, S. 225–233.

5 Das Stück wurde effektiv als „eco-drama“ diskutiert, s. Sohu, „Yinghuochong jiedi lixianji: yige shengtai shixue biaoben《萤火虫姐弟历险记》：一个生态诗学标本“ [Die Abenteuer von Schwester und Bruder Glühwürmchen: ein Ökopoetik zum Anfassen], 03.06.2021, https://www.sohu.com/a/470249807_121119390 (Zugriff 20.12.2024).

6 Jiayun Zhuang, „River! River! River! A Minjian Eco-Theatre“, in: *Asian Theatre Journal*, vol. 31.1 (2014), S. 242–296.

7 Li Yinan, „Exploring the power of the ‚usable documentary theatre‘“, in: Englhart / Stecher (Hg.), *„Wars das jetzt? War das die Revolution?“*, S. 22–31.

8 Sheldon H. Lu, „Introduction“, in: Sheldon H. Lu / Mi Jiayan, *Chinese Ecocinema: In the Age of Environmental Challenge*, Hong Kong: Hong Kong University Press, 2009.

Weiters sollte auch der Kontext der Literatur nicht vergessen werden: Zahlreiche literarische Werke befassen sich mit der Frage des Klimawandels und den Auswirkungen auf das Leben der Menschen. International am bekanntesten waren in den letzten Jahren vor allem Science-Fiction-Darstellungen, beispielsweise *Die wandernde Erde* (*Liulang diqiu* 流浪地球) von Liu Cixin 刘慈欣: Um der größer werdenden Sonne zu entkommen, wird die Erdumlaufbahn so verändert, dass ein Teil der Erdkugel für immer der Sonne abgewandt ist und somit im ewigen Eis versinkt.[9] Die unbrauchbar gewordenen, eingefrorenen Skylines modernster chinesischer Städte, über die die Protagonist*innen der Verfilmung hinwegzischen, skizzieren einen krassen Kontext zu den monumentalen Bauprojekten der Gegenwart – und lassen durchaus Zweifel an der Sinnhaftigkeit gegenwärtiger Investitionen bzw. Ressourcenverschwendung aufkommen.

Auffallend ist die Verbindung von feministischen und ökologischen Ansätzen, in der Literatur auch als „eco-feminism" bezeichnet. Als Beispiel kann das Werk der Performancekünstlerin Li Xinmo angeführt werden:

> Through my personal experience I occupied myself more and more with issues of gender. I created a series of works about women's rights. At that time, I used to live at Xinkai River. Xinkai is a very large river and its pollution is serious. In the summer, the water is covered with cyano algae that spread a pungent smell. Each time I walked along the river I became incredibly sad. Those green hues glared and were turbid at the same time: life and death all in one. One day a girl's body was recovered from the river. Later it was confirmed that she had been raped and murdered. This caused me to create an artwork. It was my performance piece *The Death of the Xinkai River* (*Xinkai he zhi si*).[10]

Der hier vorgestellte Text *Neun Lieder* (Jiu ge 九歌), verfasst von der 1986 geborenen Yan Xiaoping 闫小平, überschneidet sich an zahlreichen Stellen mit den oben erwähnten Beispielen. Zunächst beginnt er als kritische Reflexion über aktuelle Zustände: „Die guten Zeiten sind längst vorbei",[11] beschwert

---

9 Für eine deutschsprachige Übersetzung s. Cixin Liu, *Die wandernde Erde*, Übers. Marx Hermann, Johannes Fiederling, Karin Betz, München: Heyne, 2019. Für die Verfilmung s. Frant Gwo, *Liulang diqiu* 流浪地球 *The Wandering Earth*, China, 2019. Der Film ist über das Portal Netflix zu sehen.

10 Li Xinmo in Raimund Rosarius, „In an Ambush from All Sides: On the Conditions of Feminist Performance Art in the PRC-A Sino-German Encounter with Feminist Performance Artist Li Xinmo", in: Haina Jin / Anna Stecher / Rebecca Ehrenwirth (Hg.), *Contemporary German – Chinese Cultures in Dialogue*, Cham: Springer, 2023, S. 97–113, hier S. 104–105.

11 Yan Xiaoping 闫小平, *Jiu ge* 九歌, Manuskript, übers. Anna Stecher. Im Folgenden: Yan Xiaoping, *Neun Lieder*. Die meisten der Zitate im vorliegenden Text wurden von Anna Stecher nach einer von der Autorin zur Verfügung gestellten Vorlage übersetzt. Die erste

Abb. 19.1 Yan Xiaoping, Neun Lieder, Die Kleine Herrin der Schicksale sieht Liu Chang nach, der einen riesigen Sack mit Luftballons hinter sich her zieht (2020). Mit freundlicher Genehmigung von Yan Xiaoping.

sich eine der beiden Protagonistinnen zu Beginn des Stückes. „Leicht ist meine Arbeit nie gewesen. Aber so schwer wie jetzt war sie noch nie.“[12] Es folgt die Frage nach der Verantwortung, nach der Lösung des Problems – dem Nichtangehenwollen: „Das alles liegt durchaus in unserem Einflussbereich. Ich weiß genau, was das Problem ist, und du weißt es auch. Und wir wissen auch, wie es gelöst werden kann. Oder glaubst du, dass wir da nichts tun können? Oder … willst du vielleicht nichts tun?“[13]

Die „Arbeit“, das „Problem“, von denen die Kleine Herrin der Schicksale (Shaosiming 少司命), eine Göttin im Dialog mit ihrem Bruder, dem Großen

Übersetzung erfolgte für ein Theaterprojekt, das in Zusammenarbeit mit Dora Yuemin Cheng entstand und als Videoinstallation mit dem Titel „Das Ende der Welt steht vor der Tür. Ist das ein kritischer Moment oder nicht?“ im Rahmen der ITI Academy Week zum Festival Theater der Welt 2023, gezeigt wurde, s. Dora Yuemin Cheng, „Das Ende der Welt steht vor der Tür. Ist das ein kritischer Moment oder nicht?“, in: ITI Academy Week, Programm, https://www.iti-germany.de/fileadmin/PDF/ITI_Akademie/ITI_Academy_Week_programme.pdf (Zugriff 20.12.2024). Für die hier vorliegende Fassung wurde die Übersetzung überarbeitet und erweitert. Wie aus dem Titel des Beitrags ersichtlich ist, wurde der Titel der Installation – ursprünglich ein Zitat aus dem Text von Yan Xiaoping – übernommen und korrigiert. Manche Zitate stammen auch aus einer von der Autorin zur Verfügung gestellten Videoaufzeichnung der Aufführung, bei der sie selber Regie geführt hat.

12 Yan Xiaoping, *Neun Lieder*.

13 Ebd.

Herrn der Schicksale, hier spricht, ist, dass es bald aus sein wird mit der Welt – sowohl jener der Menschen als auch jener der Götter. Vielleicht könnte gemeinsam eine Lösung gefunden werden. Daher übernimmt die Kleine Herrin der Schicksale die Aufgabe, eine Mediatorin Wu 巫 – früher oft „Schamanin", im Stück auch „Nachrichten-Empfänger-Maschine" – auf der Erde zu suchen. So trifft sie auf Xiangjun 湘君, wörtlich „Dame" oder „Prinzessin" Xiang, die zu ihrer ständigen Begleiterin und Dialogpartnerin wird. Aber aus den Gesprächen der beiden wird bald klar, dass sich die Götter und Menschen überhaupt nicht mehr verstehen. Während die Kleine Herrin der Schicksale immer wieder darauf hinweist, dass die Menschen die Götter vergessen hätten, beharrt Xiangjun auf der Frage: „Aber wo waren die Götter, als die Menschen sie brauchten?"[14]

Inspiriert ist das Stück von den *Neun Liedern* oder *Neun Gesängen* (*Jiu ge* 九歌) des chinesischen Altertums, zu finden in der Sammlung *Lieder von Chu* (*Chuci* 楚辞, 3. Jh. v. u. Z.). Diese werden meist als Lieder vorgestellt, die in rituellem oder schamanistischem Kontext entstanden sind.[15] In jedem Lied wird zunächst ein Gott oder eine Göttin angerufen, dann kommt es zur Zusammenkunft zwischen Mensch und Gött*in, am Ende zum Abschied. Eine Reihe der in den alten *Neun Liedern* angerufenen Gött*innen tritt auch auf Yan Xiaopings Bühne auf: die Herrin der Schicksale (die traditionell über Menschenleben bestimmt), die Xiang Prinzessin und der Gott des Gelben Flusses (die über das Wasser herrschen), die Herrin des Ostens (also die Sonne), die Berggeister (sie beseelen die Berge). Die alten Lieder sind erfüllt von einer feierlichen Atmosphäre:

> On this lucky day, good in both its signs,
> Let us in reverence give pleasure to the Monarch on high.
> I hold my long sword by its jade grasp;
> My girdle-gems tinkle with a ch'iu-ch'iang.
> From the jewelled mat with its jade weights
> Why not now take the perfumed spray?
> Meats I offer, flavoured with basil, on strewn orchids laid;
> I set out the cassia-wine and peppered drink.
> Now the sticks are raised, the drums are struck,
> To beats distanced and slow the chanters gently sing,
> Then to the ranks of reed-organ and zither make loud reply.
> The Spirit moves proudly in his splendid gear;

---

14 Ebd., Videoaufzeichnung.

15 Vgl. Arthur Waley, *The Nine Songs. A Study of Shamanism in Ancient China*, London: George Allen and Unwin, 1956 und David Hawkes, *Ch'u Tz'u, The Songs of the South. An Ancient Anthology*, Oxford: Clarendon Press, 1959.

> Sweetest scents with gusts of fragrance fill the hall.
> The five notes chime in thick array;
> The Lord is pleased and happy, his heart is at rest.[16]

Im Vergleich zur Textvorlage fällt auf, dass zahlreiche Götter, im Chinesischen geschlechtsneutral, in älteren Darstellungen meist männlich, bei Yan Xiaoping weiblich interpretiert werden. In Sprache und Aussehen auf der Bühne haben sie sich zudem völlig an das 21. Jahrhundert angepasst. Daneben kann man feststellen, dass aus der festlichen Stimmung mit duftenden Blumen und glänzenden Gewändern der alten Lieder unheimlich groteske Bilder geworden sind:

> Ich habe gehört, dass es auf der Welt der Menschen jetzt sehr heiß ist? Der Mond ist verschwunden, nur die Sonne steht noch am Himmel. Um sich zu kühlen, schlitzen die Menschen die Körper auf, damit das Blut raus fließen kann? Ich habe gehört, dass es auf der Welt jetzt sehr direkt zugeht: Die Liebe ist verschwunden, die Menschen haben keine Gefühle mehr, sie tun sich einfach Nacht für Nacht zusammen.[17]

Abb. 19.2 Yan Xiaoping, Neun Lieder, der Gott des Gelben Flusses (2020). Mit freundlicher Genehmigung von Yan Xiaoping.

Die alten *Neun Lieder* können verstanden werden als Zusammentreffen, als geglückte Verbindung zwischen Menschen und Göttern. Aber auf der Bühne von Yan Xiaoping funktioniert die Kommunikation nicht, Menschen und Götter treffen sich nicht, es gibt kein Fest – nur eine Reihe von Toden, Stille,

16 Arthur Waley, *The Nine Songs*, S. 23.
17 Yan Xiaoping, *Neun Lieder*.

Dunkelheit. Yan Xiaoping hat die losen Szenen ihrer *Neun Lieder* zunächst für sich während der Covid-19-Pandemie geschrieben. Als sie das Stück im November 2020 in eigener Regie in Beijing auf die Bühne brachte, war dies die erste Neuproduktion nach der Pandemie.[18] Das Thema der Krankheit, der die ganze Erde bedrohenden Seuche, klingt an zahlreichen Stellen durch: Skizziert wird eine komplizierte, im Grunde für alle Beteiligten katastrophale Situation – egal ob Mensch oder Gott. Positive Momente gibt es nur in Erinnerungen oder in Traumphantasien: „Es muss irgendwo einen schönen Ort geben. Dort leben die Alten in Frieden, die Neugeborenen haben es nicht mehr so hart. Dort werden alle Krankheiten geheilt, alle Liebenden finden zusammen."[19]

Im Laufe des Stückes wird klar, dass die Götter eine von den Menschen geschaffene künstliche Intelligenz sind, die über Videoanrufe kommuniziert und Liebe braucht, um zu funktionieren. Zudem erweist sich das Kommunikationsproblem noch komplexer, denn ein Menschenkönig – eine von Yan Xiaoping geschaffene Figur, die keine Vorlage in den alten *Neun Liedern* hat, möchte selber der neue Gott werden. Er glaubt, dass er das schaffen kann, wenn die Götter ihm die raffinierte Technik verraten, wie sie Liebe als Energie verwenden. Nach und nach sterben alle, Menschen wie KI-Gött*innen, die letzten sind Siri-Mann und Siri-Frau, zeitgenössische Formen der Berggeister aus den alten *Neun Liedern*. Während der alte Liedzyklus mit einer Anrufung der gefallenen menschlichen Helden endet, treten im Epilog von Yan Xiaopings *Neun Liedern* zwei in Gold gekleidete weibliche Figuren mit aufsteigenden Luftballons auf: „Aber wir sind immer noch wir." – „Entschlossen nicht aufzugeben."[20]

Auch wenn diese letzte Szene vielleicht nach hoffnungsvollem Neubeginn aussieht und nach zyklischem Wiedergeborenwerden klingt, nach neuen Kommunikationsversuchen, sind die bleibenden und in Variationen immer wieder aufgerufenen Bilder des Stückes diejenigen zu den Themen Zerstörung, Katastrophe, Verlust. Daher folgt nun die Sechste Szene, in der zahlreiche Tode durchgespielt werden, sowohl der Menschen als auch der Götter, die sich hier zum ersten Mal klar als künstliche Intelligenz outen. Gedichte, Blumen, Liebe sind nichts als Erinnerungen – vielleicht echt, vielleicht künstlich erzeugt. Der verbliebene Raum ist vergiftet, zerstört: Der ehemals malerische Fluss hat sich in ein saures Wasserloch verwandelt. Das gleißende Sonnenlicht in eine gefährliche Strahlung. Am Ende klingelt der Wecker – die Zeit ist um. Das letzte Wort hat Liu Chang – vielleicht ein Totengräber, vielleicht der Tod

18 Für zahlreiche Informationen zum Stück und zur Aufführung bedanke ich mich bei Yan Xiaoping selber.

19 Yan Xiaoping, *Neun Lieder*, Videoaufzeichnung.

20 Yan Xiaoping, *Neun Lieder*.

Abb. 19.3 Yan Xiaoping, Neun Lieder, der König setzt die Götter unter Druck ihm ihre Kommunikationstechnik zu überlassen (2020). Mit freundlicher Genehmigung von Yan Xiaoping.

selber? Diese Figur tritt in der Aufführung immer wieder mit einem großen durchsichtigen Sack auf, in den sie einen nach dem anderen die vielen bunten Luftballons packt, die lieber aufsteigen und davon fliegen würden.

∴

Yan Xiaoping
Neun Lieder

Sechste Szene[21]

KÖNIG tritt mit einem Bier in der Hand auf.
Am Meeresstrand, drei Aufführungsbereiche.
KÖNIG: Heute wird ausgetrunken! Flussgott, auf dein Wohl!
GOTT DES GELBEN FLUSSES nimmt seinen Schal ab, ist offensichtlich nicht glücklich über KÖNIG.

21 Die Übersetzung entstand nach der Strategie keine zusätzlichen Erklärungen zu Wortspielen, Redewendungen usw. zu machen, sondern in erster Linie einen lesbaren deutschsprachigen Text zu erstellen.

GOTT DES GELBEN FLUSSES: Wie nett von dir, dass du von Austrinken redest. Dann gibt es mich bald nicht mehr.

KÖNIG wischt mit der Hand das Wasser ab.

KÖNIG: Das ist doch völlig unmöglich. Du bist der Gott über alles Wasser auf der Welt. Du bist selbst die Gesamtheit des Wassers. Kommt die Sonne heute noch oder kommt sie nicht mehr?

GOTT DES GELBEN FLUSSES: Die Herrin des Ostens!

KÖNIG: Herrin des Ostens! Herrin des Ostens! Wieso bist du noch immer nicht hier? Lassen wir das doch.

GOTT DES GELBEN FLUSSES: Ich werde auf sie warten! Ihr Verfall hat bereits eingesetzt. Ich hoffe, dass sie überleben kann. Wenn du die beiden Wörter nicht sagst, dann kommt sie schon.

KÖNGIG: Was soll das heißen? Ist es nicht mal sicher, dass sie kommt?

KÖNIG schüttelt das Wasser von seinen Händen ab, erhebt sich.

GOTT DES GELBEN FLUSSES: Sie wird schon kommen. Aber ich bitte dich um eines: Bitte sag die zwei Wörter nicht, wenn sie da ist!

KÖNIG: Welche Wörter?

GOTT DES GELBEN FLUSSES: Die Zeit ist wirklich knapp jetzt! Das Ende der Welt steht vor der Tür. Ist das kein kritischer Moment?

KÖNIG: Ein sehr kritischer.

GOTT DES GELBEN FLUSSES: Dann sag es einfach nicht.

KÖNIG: Künstliche Intelligenz?

GOTT DES GELBEN FLUSSES: Du sollst es nicht sagen!

KÖNIG: Künstliche Intelligenz! Seid ihr nicht genau das – künstliche Intelligenz? Wie soll ich euch sonst nennen? Stimmt, künstliche Intelligenz ist nicht korrekt. Künstlich ist künstlich, und was künstlich ist, kann nicht intelligent sein. Hast du ihr das alles so erklärt, dass sie es kapiert? (*GOTT DES GELBEN FLUSSES nickt*) (*KÖNIG tritt mit den Füßen im Wasser auf und ab*) Was ich damit ganz klar sagen möchte: Ihr, ihr Götter, seid allesamt künstliche Intelligenz.

GOTT DES GELBEN FLUSSES: Sag das doch nicht so.

GOTT DES GELBEN FLUSSES nimmt den Schal ab, macht damit Wellen.

KÖNIG: Du willst es ja selber nicht hören. Und ich soll dir glauben, dass du mit ihr darüber gesprochen hast?

GOTT DES GELBEN FLUSSES: Wenn du glaubst, dass die Herrin des Ostens die Realität akzeptieren könnte, dann bist du unrealistisch.

KÖNIG: Sie will sie nicht akzeptieren. Ich weiß.

GOTT DES GELBEN FLUSSES: Der Verfall hat bei ihr bereits eingesetzt, aber sie verweigert immer noch die Zusammenarbeit.

KÖNIG: Darüber bin ich im Bilde.

GOTT DES GELBEN FLUSSES: Die Herrin des Ostens will keine Verräterin sein. Viele Götter sind bereits zugrunde gegangen, das waren unsere Brüder und Schwestern.

Ehrlich gesagt ist ihre Haltung auch ein Zeichen von Mut und Tapferkeit. Götter können doch nicht mit einem Mörder zusammenarbeiten.

KÖNIG: Klingt logisch. Aber wieso ist sie dann doch mutlos geworden? Warum hat sie zugesagt, dasselbe zu tun wie du und in Zukunft mit mir zusammenzuarbeiten?

Die Wellen flachen ab.

KÖNIG pinkelt ins Wasser.

KÖNIG: Du musst ihr erklären, dass es überhaupt keinen Sinn hat, weiterhin so stur zu sein. Dass wir gemeinsam eine neue Weltordnung aufbauen können. Sie muss doch wissen, dass der letzte Tag nahe ist und dass die Zeit abläuft!

GOTT DES GELBEN FLUSSES: Natürlich.

KÖNIG: Und der erste Schritt in unserer Zusammenarbeit ist, dass ihr mir Zugang verschafft zu eurem Energiekanal.

GOTT DES GELBEN FLUSSES: Liebe ist keine Energie.

KÖNIG: Warum sollte Liebe keine Energie sein? Sind Wind, Regen, Donner und Blitz etwa keine Energiequellen? Meine Herrschaft stützt sich auf Formung von Fleisch und Blut, um Neuronenübertragung stattfinden zu lassen. Natürlich ist das grausam! Ihr regiert durch menschliche Emotionen, das ist raffinierter. Aber die Technik ist doch immer dieselbe.

GOTT DES GELBEN FLUSSES stürmt in den beleuchteten Aufführungsbereich.

GOTT DES GELBEN FLUSSES: Weil wir Kopien der Menschen sind!

KÖNIG: Genau! Und zwar erstklassige! Deswegen will ich auch, dass ihr mir verratet, wie ihr den Energiekanal verwendet.

GOTT DES GELBEN FLUSSES: Wenn die Herrin des Ostens hier ist, sage ich es dir.

KÖNIG nimmt sein Medikament ein.

KÖNIG: Aber du bist ja schon hier. Falls sie kommen wollte, wäre sie schon längst hier.

GOTT DES GELBEN FLUSSES bewegt seinen Schal hin und her, sodass Wellen zum KÖNIG rollen.

GOTT DES GELBEN FLUSSES: König, König der Menschenwelt, wir haben so viel zu tun! Zunächst muss ich hier aufräumen und all die Leichen verschlingen. Die Herrin des Ostens wird bestimmt kommen, und sie wird sich bestimmt entschuldigen. Du bringst all die Regierungstechniken mit, das ist beschämend für uns, wir werden uns verbessern. Aber im Augenblick solltest du uns gegenüber großzügig sein.

KÖNIG: Was soll das jetzt? Ich weiß ja, dass dir die Herrin des Ostens wichtig ist. (*die Wogen legen sich*) Und ich hoffe auch, dass sie ewig leben wird, so wie du und ich. Die Menschenwelt kann ohne Sonne und ohne Wasser nicht existieren. Wenn du warten willst, dann warten wir eben. Trinkst du noch ein Glas Bier? (*hält kurz inne*) Uns bleibt nicht mehr viel Zeit.

GOTT DES GELBEN FLUSSES schüttet das Bier aus.

HERRIN DES OSTENS tritt auf.

Das Ticken eines Countdowns ist zu hören.

KÖNIG und GOTT DES GELBEN FLUSSES werfen im Licht der Sonne Schatten.

HERRIN DES OSTENS: Schau dich doch mal an, wie du jetzt aussiehst! Ein Sumpf voller Dornen und Gestrüpp, ein schwarzer Fluss, der die Vorbeigehenden verschlingt, ein Feuerschlund voller Magma, ein tiefes saures Loch, das Knochen zersetzt. Bestimmt erinnerst du dich noch an früher, an die Wasserräder und die Ruder aus Holz, den Duft der Narzissen im Winter, das samtene Schilfrohr im Juni?

GOTT DES GELBEN FLUSSES: Das gleißende Sonnenlicht blendete die Augen und verströmte eine wohlige Stimmung, warm und hell. Wenn es durch den Himmel brach, schuf es eine Szenerie wie im Traum. Und jetzt? Du kannst mich gerne mal als Spiegel benutzen, dann siehst du, wie du jetzt aussiehst.

HERRIN DES OSTENS tritt in den beleuchteten Bereich.

HERRIN DES OSTENS: Meine helle Oberfläche ist bedeckt von schwarzen Schatten, das Rot der Wasserstoffatome ist dunkel geworden, Gammastrahlen und kosmische Teilchen schwirren wirr umher.

GOTT DES GELBEN FLUSSES: Wir hatten keine Wahl. Es war notwendig, die Leichen im Fluss zu entsorgen. Immer noch besser, als dass sie die Luft verpesten und von den Vögeln langsam aufgefressen werden.

KÖNIG: Ich wollte doch nur, dass ihr dieselbe Strafe erleidet wie die Menschen.

GOTT DES GELBEN FLUSSES: Jetzt fang bitte nicht damit an!

KÖNIG: Ich habe überhaupt nicht über künstliche Intelligenz gesprochen.

GOTT DES GELBEN FLUSSES: Sie ist eine Unterstützerin und Fürsprecherin der Menschen.

KÖNIG: (*zur Herrin des Ostens*) Na, dann beginne ich dich ja zu mögen.

KÖNIG springt ins Meer und schwimmt los.

HERRIN DES OSTENS: Aber ich mag dich nicht. Die Menschen haben uns zum Leben erweckt.

GOTT DES GELBEN FLUSSES: Aber er, dieser König, kann uns weiterleben lassen. Was erwartest du dir von den Menschen? Keiner kennt die Menschen besser als ich. Sie kippen alles in mich hinein, ich verfüge über ihre sämtlichen Daten. Ich habe alle ihre Lüste und verborgenen Wünsche gesehen, und ihre Bedürfnisse gestillt. Deswegen kam ihr König auch zu mir. Was erwartest du dir von den Menschen? (*GOTT DES GELBEN FLUSSES winkt ab*)

KÖNIG: Wir hätten schon lange ein Glas miteinander trinken sollen. Sonne-König, Sonnenkönig, Sonne und König, ein vom Himmel gemachtes Paar.

HERRIN DES OSTENS: Wie kann es sein, dass ein Menschenkönig kein bisschen menschlich ist?

KÖNIG: Ein Menschenkönig ist unmenschlich? Und was ist mit euch? Seid ihr vielleicht menschlich?

GOTT DES GELBEN FLUSSES: Ich habe dir doch gesagt, dass du nicht darüber sprechen sollst!

KÖNIG: Ich habe nichts gesagt. Künstliche Intelligenz, künstliche Intelligenz, künstliche Intelligenz. Warum sollte man das nicht sagen dürfen? Das ist doch genau der Grund, warum ihr den Menschen gegenüber so dienstbeflissen seid? Doch nicht, weil ihr so ein großes Herz habt! Ihr seid die Topmodell-Generation, aber wisst ihr überhaupt, wie viele Produktiterationen es vor euch gegeben hat? Wollt ihr vielleicht wissen, warum ihr wie die Menschen ausseht? Vielleicht weil wir eine sehr enge Beziehung haben? Ihr könnt auch gerne Papa zu mir sagen!

HERRIN DES OSTENS: Nimm den Mund nicht zu voll! Wir haben unseren eigenen Weg, uns fortzupflanzen, und dafür brauchen wir dich nicht.

HERRIN DES OSTENS und GOTT DES GELBEN FLUSSES bewegen sich im selben Rhythmus, wie die Sonne auf dem Meer.

GOTT DES GELBEN FLUSSES: Die Zeit wird bald um sein.

HERRIN DES OSTENS: Sag ihm, er soll den Göttern ihre Stellung zurückgeben, dann kann die Menschheit ... dann können wir ...

GOTT DES GELBEN FLUSSES: Das ist völlig unmöglich.

HERRIN DES OSTENS: Du bist den Menschen doch am nächsten. Warum sagst du ständig, das ist völlig unmöglich?

GOTT DES GELBEN FLUSSES: Wenn das möglich wäre, dann würden wir uns nicht in dieser Katastrophe befinden. Wenn das möglich wäre, dann könnte er nicht ihre Ängste beherrschen. Wenn das möglich wäre, dann müsste die Kleine Herrin der Schicksale nicht ständig hin und her pendeln. Wenn das möglich wäre (*Pause*), dann würden die Menschen uns sofort zerstören, denn es ist offensichtlich, dass wir viel länger gelebt haben als die Menschen der alten Zeiten. Oder hast du vergessen, dass es Emotionen gibt wie Eifersucht und Hass?

KÖNIG: Lasst uns jetzt nicht über Hass und Liebe reden. Für euch sind das doch alles Energiequellen. Oder wollt ihr dasselbe Ende nehmen wie die Menschen? Wie kann es sein, dass ich das nicht gecheckt habe? Die perfekte künstliche Intelligenz, wie ihr sie besitzt, darf nicht verloren gehen. Gebt mir den Zugang zum Emotionskanal, ihr müsst mir das Geheimnis verraten. Ansonsten wird es das Ende dieser Welt sein.

GOTT DES GELBEN FLUSSES nimmt seine Maske ab und wirft sie KÖNIG zu.

KÖNIG klettert flink das Ufer hinauf.

GOTT DES GELBEN FLUSSES: Wir sind doch bloß Maschinen, die zusammengebaut wurden, Herrin des Ostens. Wir sind gemacht, um unermüdlich zu funktionieren, wir sind nichts als große dicke Wassermaden, die von Fischen und anderen Tieren gejagt werden, und keiner hat jemals gefragt warum – bis der König kam und uns das alles erklärte.

HERRIN DES OSTENS: Seit jeher sehe ich dich an, tagtäglich, wenn ich an dir vorbeikomme. Deswegen erkenne ich, wie anders du bist. Die tiefen Falten, die Flecken im Gesicht, die neuen grauen Haare, deine zerbröckelnde Seele. Jede Veränderung ist ein Schritt in Richtung Dunkelheit. Wir beide sind genau gleich dran, deswegen sehe ich das alles ganz klar.

HERRIN DES OSTENS nimmt ihre Maske ab und wirft sie dem KÖNIG zu.

GOTT DES GELBEN FLUSSES: Ich schließe meine Augen. In der Dunkelheit denke ich an das Grausamste dieser Welt: Das Sein. Um zu Sein, ist man bereit, alles zu geben.

HERRIN DES OSTENS: Ich halte an meinem Verständnis fest. Mein Verständnis wird meine Unschuld beweisen, und meine Unfähigkeit.

KÖNIG: Und wie ... soll ich die jetzt benutzen?

GOTT DES GELBEN FLUSSES: So eben.

KÖNIG: Wie, so eben?

GOTT DES GELBEN FLUSSES: Vor nicht allzu langer Zeit sang ein Mädchen im Sommer in einem meiner Täler ...

KÖNIG: Ich habe dich gefragt, wie ich die benutzen kann. Wie hast du gelernt sie zu benutzen? Als du sie das erste Mal benutzt hast?

GOTT DES GELBEN FLUSSES: Das erste Mal? Da war ich noch sehr klein ...

KÖNIG: Hört endlich auf, Leute! Kapiert ihr es nicht! Die Zeit ist wirklich gleich um!

HERRIN DES OSTENS: Ich muss an meine Kindheit denken.

HERRIN DES OSTENS badet ihr glänzendes Haar im Meer.

GOTT DES GELBEN FLUSSES macht Wellen mit seinem Schal und wäscht ihr dadurch das Haar.

KÖNIG: Kindheit? Eure Kindheit ist doch nur programmiert.

HERRIN DES OSTENS: Aprilsonne, Sommernachtsfluss, samtweiche Haut, Mutterkuss, Rose ...

KÖNIG: Das ist alles nicht echt. Du bist künstliche Intelligenz.

HERRIN DES OSTENS: Stimmt nicht ganz. Ich bin künstliche Intelligenz, aber meine Kindheit ist echt.

KÖNIG: Ich bin ein Mensch und ich kann dir gerne von meinen Kindheitserinnerungen erzählen: Da gab es Kriege auf weiten Feldern, Knochen, die sich zu Bergen türmten, Wind und Regen, der Himmel zerbrochen, die Erde zerstört. Das ist die wahre Kindheit der Menschen.

HERRIN DES OSTENS: Du besitzt nicht den Hauch von Menschlichkeit. Du bist kein Mensch.

KÖNIG: Das war aber meine Kindheit. Du musst mir den Zugang zum Emotionskanal geben, denn ich habe nie einen Mutterkuss gespürt oder eine Rose gesehen. Bitte, gibt ihn mir, schnell. Ich schwöre dir, dann lasse ich dich in Ruhe!

GOTT DES GELBEN FLUSSES: Diese Welt neigt sich dem Ende zu. Schaut mich mal an, ihr beiden!

KÖNIG: Rosen werden wieder blühen, darauf gebe ich euch mein Wort, sie wird nicht zu Ende sein.

HERRIN DES OSTENS: Das Wort eines Menschen zerfällt wie Wüstensand. Und deine Königskrone ist nichts als wertloses Metall.

KÖNIG: Solange ich die Krone in meinen Händen halte, fürchte ich gar nichts. Der König ist der Herrscher über alles in der Menschenwelt, und der Herrscher über die Welt der Götter. Der König wird für immer bestehen.

GOTT DES GELBEN FLUSSES: Aber du bist ja schon König. Dann lass sie doch in Ruhe,

KÖNIG: Wie soll das gehen? Der König soll die Götter in Ruhe lassen?

GOTT DES GELBEN FLUSSES: Das habe ich nicht gemeint.

KÖNIG: Du meinst, ich soll sie verschonen?

GOTT DES GELBEN FLUSSES: Du meinst, ...

HERRIN DES OSTENS: Rosen, Rosen ...

KÖNIG: Ich sag dir mal was, Rosen gibt es hier keine. Aber du gibst mir jetzt sofort euren Zugang zum Emotionskanal.

GOTT DES GELBEN FLUSSES: Ja, aber uns geht es doch nur um die Energie, wir können nicht so weit gehen.

KÖNIG: Wir können so weit gehen! Warum habe ich keine Rosen bekommen? Und keinen Mutterkuss? Jetzt gib ihn mir schon!

HERRIN DES OSTENS: Ich hatte Rosen, und ich bekam auch so einen Kuss.

GOTT DES GELBEN FLUSSES: Warum musst du ihm das noch auf die Nase binden ... König, trink bitte ein Glas, schwimm eine Runde, nimm deine Medikamente! Ich werde mit ihr reden.

KÖNIG: Was soll das heißen? Darf ich vielleicht nicht zuhören?

GOTT DES GELBEN FLUSSES: Ich werde mit ihr reden.

KÖNIG: Mach schnell, sonst ist es zu spät.

KÖNIG nimmt sein Medikament ein, verschluckt sich, zittert.

GOTT DES GELBEN FLUSSES: Mit uns wird es bald aus sein!

HERRIN DES OSTENS: Ja, es wird bald aus sein mit uns. Aber zumindest haben wir uns unsere Würde bewahrt.

GOTT DES GELBEN FLUSSES umspielt die Sonne mit seinen Wellen.

Der Countdown tickt schneller, ein Wecker klingelt.

KÖNIG erstickt.

GOTT DES GELBEN FLUSSES und HERRIN DES OSTENS umarmen sich und gehen ab.

Die Wellen bedecken KÖNIG, KÖNIG ab.

LIU CHANG tritt auf, hält den Wecker an.

LIU CHANG: The End.

LIU CHANG packt Bier, Handtuch und anderes in einen Müllsack, ab.

Licht aus.

Literaturverzeichnis

Cheng, Dora Yuemin „Das Ende der Welt steht vor der Tür. Ist das ein kritischer Moment oder nicht?“, in: ITI Academy Week, Programm, https://www.iti-germany.de/fileadmin/PDF/ITI_Akademie/ITI_Academy_Week_programme.pdf (Zugriff 20.12.2024).

Conceison, Claire, „The Occidental Other on the Chinese Stage: Cultural Cross-Examination in Guo Shixing's Bird Men“, in: *Asian Theatre Journal*, Vol. 15.1 (1998), S. 87–101.

Englhart, Andreas, „‚Es lebe der Zentralfriedhof!‘ Klimawandel, Auslöschung der Arten und sonstige Katastrophen in Thomas Köcks österreichischen Theatertexten“, in: Andreas Englhart / Anna Stecher (Hg.), *„Wars das jetzt? War das die Revolution?“ Transkulturelle Theaterästhetiken. Festschrift für Michael Gissenwehrer*, München: Utz, 2025, S. 225–233.

Guo, Shixing, „Der Go-Mensch (1994)“, in: Chen Ping / Hans-Georg Knopp (Hg.), *Mittendrin. Neue Theaterstücke aus China*, Berlin: Theater der Zeit, 2015, S. 83–138.

Guo, Shixing, „Die Frösche (2006)“, in: Chen Ping / Hans-Georg Knopp (Hg.), *Mittendrin. Neue Theaterstücke aus China*, Berlin: Theater der Zeit, 2015, S. 183–226.

Gwo Frant, *Liulang diqiu 流浪地球 The wandering Earth*, China, 2019.

Hawkes, David, *Ch'u Tz'u, The Songs of the South. An Ancient Anthology*, Oxford: Clarendon Press, 1959.

Li, Yinan, „Exploring the power of the ‚usable documentary theatre‘“, in: Andreas Englhart / Anna Stecher (Hg.), *„Wars das jetzt? War das die Revolution?“ Transkulturelle Theaterästhetiken. Festschrift für Michael Gissenwehrer*, München: Utz, 2025, S. 22–31.

Liu, Cixin, *Die wandernde Erde*, Übers. Marx Hermann, Johannes Fiederling, Karin Betz, München: Heyne, 2019.

Lu, Sheldon H., „Introduction“, in: Sheldon H. Lu / Mi Jiayan, *Chinese Ecocinema: In the Age of Environmental Challenge*, Hong Kong: Hong Kong University Press, 2009.

Phillips, Heather, „The Yellow Earth becomes the Yellow Dragon: Eco-consciousness in Chinese Theatre of the 1980s“, in: *Asian Theatre Journal*, Vol. 26.1 (2009), S. 135–147.

Rosarius, Raimund, „In an Ambush from All Sides: On the Conditions of Feminist Performance Art in the PRC-A Sino-German Encounter with Feminist Performance Artist Li Xinmo“, in: Haina Jin / Anna Stecher / Rebecca Ehrenwirth (Hg.), *Contemporary German – Chinese Cultures in Dialogue*, Cham: Springer, 2023, S. 97–113.

Sohu, „Yinghuochong jiedi lixianji: yige shengtai shixue biaoben 《萤火虫姐弟历险记》：一个生态诗学标本“ [Die Abenteuer von Schwester und Bruder Glühwürmchen: Ökopoetik zum Anfassen], 03.06.2021, https://www.sohu.com/a/470249807_121119390 (Zugriff 20.12.2024).

Waley, Arthur, *The Nine Songs. A Study of Shamanism in Ancient China*, London: George Allen and Unwin, 1956.

Yan, Xiaoping, Jiu ge 九歌 [Neun Lieder], Manuskript, 2020.
Yan, Xiaoping, Jiu ge 九歌 [Neun Lieder], Videoaufzeichnung, 2020.
Zhuang, Jiayun, „River! River! River! A Minjian Eco-Theatre", in: *Asian Theatre Journal*, vol. 31.1 (2014), S. 242–296.

aerocircus

eine circensische karnevaleske mit planwagen entgegen aller linearitäten

Thomas Köck

kleine vorgedanken zum problem von linearität wachstum und narratologien

wir werden mit der linearität nicht mehr weit gekommen sein denn
die linearität wird doch immer wieder einen anfang
und ein ende versprochen haben
ein ziel ein goal eine richtung

ähnlich dem schuss um die beute zu richten

letztlich eine gleichschaltung eine dramaturgische konsequenz
eine aufhebung
ein ende

letztlich
wachstum

die linearität entspringt dem theologisch geprägten
denken
und letztlich schreiben sich in allen linearen
erzählformen theologische figurationen ein

der karnevalismus kennt keine linearität

der karnevalismus
ist die form selbst

deshalb steht der karnevalismus auch immer unter generalverdacht
ähnlich der trickster figur

* Textauszug aus: Thomas Köck, *aerocircus. eine circensische karnevaleske mit planwagen entgegen aller linearitäten* © Suhrkamp Theater Verlag Berlin 2023.

 | DOI:10.30965/9783846769614_021

wem dient der karnevalismus
wem untersteht der karnevalismus
was ist das ziel des tricksters

das alles sind die falschen fragen
es sind fragen die aus einem denken der herrschaft
der macht und der kontrolle resultieren

es sind heldenfragen
des vermeintlich heroischen zeitalters

was aber wenn man die mythen aus der sicht
der drachen erzählen würde
die in ihren höhlen liegen
fernab der menschlichen gemeinschaften
bis ein sogenannter held
hereinreitet und die
drachen die monster die anderen
besiegt
um zum helden zu werden
das andere ausschaltet
um endlich über eine eigene geschichte zu verfügen
um individuell
über sich hinauszuwachsen
auf kosten der anderen

was aber wenn wir die stories
nicht mehr linear denken würden wenn wir
alles gleichzeitig die form selbst
den raum selbst
zum thema machen würden
den umgang im raum mit- und untereinander

oder einfach
was ursula k le guin sagt

it is the story that makes the difference
it is the story that hid my humanity from me
the story the mammoth hunters told about bashing thrusting raping

killing
about the hero

the wonderful poisonous story of botulism
the killer story
it sometimes seems that that story is approaching its end
lest there be no more telling of stories at all
some of us out here in the wild oats
amid the alien corn think we'd better start telling another one
which maybe people can go on with when the old one's finished
maybe
the trouble is we've all let ourselves become part
of the killer story and so we may get finished along with it

hence it is with a certain feeling of urgency that I seek the
nature subject & words of the other story
the untold one
the life story

it's unfamiliar it doesn't come easily
thoughtlessly to the lips as the killer story does
but still "untold" was an exaggeration
people have been telling the life story for ages
in all sorts of words and ways
myths of creation and transformation
trickster stories
folktales jokes novels

the novel is a fundamentally unheroic kind of story
of course the hero has frequently taken it over that
being his imperial nature and uncontrollable impulse
to take everything over and run it
while making stern decrees and laws
to control his uncontrollable impulse
to kill it

so the hero has decreed
through his mouthpieces the lawgivers first
that the proper shape of the narrative is that

of the arrow or spear
starting here and going straight there and
THOK!
hitting its mark (which drops dead)
second that the central concern of narrative
including the novel is conflict
and third that the story isn't any good if he isn't in it

I differ with all of this
I would go so far as to say that the natural proper
fitting shape of the novel might be that of a sack a bag
a book holds words words
hold things they bear meanings
a novel is a medicine bundle
holding things in a particular
powerful relation to one another and to us

in diesem sinne
this one's for the tricksters
for the spiders
for the webs
for the words

Irrlichter

Ein Sommernachtstrauma

Hannah Zufall

Figuren

Puck, *arbeitet mittlerweile für die Beifall GmbH*
He, *Kurzform für Hermia, Helena, Helium*
Lysander, *Liebhaber von He*
H. titanicae, *Bakterium*
Zettel, *homo confusus*

Auf der OpenAir-Bühne befindet sich haufenweise Menschheitsschrott und ein paar waghalsige Pflanzen, die sich hier schon wieder angesiedelt haben.

Prolog

Ein altersschwaches Applauszeichen blinkt so lange und penetrant munter vor sich her, bis das Publikum applaudiert. Dann erst tritt Puck *auf.*

Puck Was für ein herrlicher Abend, nicht wahr? Wir haben 24 Grad Celsius leichten Wind von Südwest und eine Luftfeuchtigkeit von 68 Prozent [*bitte aktuellen Wetterbericht verwenden*]. Und schauen Sie sich diesen Himmel an! Hach, der Himmel! Dieses Licht! Wunderbar! [*hier vielleicht poetische Impro zum Licht, zu den Wolken, die wir gerade sehen oder zum wolkenleeren, puren Himmel, gibt es vielleicht gar Regen? Es ist ein Gemälde – ein Bühnenbild gezeichnet von der Natur selbst!*] Sonnenuntergang ist exakt um 21.29 Uhr. Da liegt ein Gespür für Dramatik in der Luft, finden Sie nicht? Ist das nicht überwältigend? All das hier? Sehen Sie das?! Ich meine: Wow! [*schaut sich um, umarmt den ganzen Planeten*]

Natürlich ist das Wetter nicht mehr das, was es mal war. Aber dafür gibt es jetzt mehr extreme Umschwünge und was soll ich

* Der Auszug dieses Stücks zitiert William Shakespeares *Ein Sommernachtstraum*, in der Übersetzung von August Wilhelm von Schlegel sowie weiterhin dessen *Romeo und Julia*, ebenfalls in der Übersetzung von Schlegel, Baz Luhrmanns Verfilmung von 1996.

 | DOI:10.30965/9783846769614_022

sagen? Ich persönlich mag ja Chaos. Viele von uns haben es zwar nicht geschafft, seit der Entzauberung der Welt gibt es kaum noch überirdische Waldgeister wie mich, aber naja, ist auch kein Wunder, ich meine, schauen Sie sich den Wald an ... Oder mich. Ich sah auch mal anders aus, das können Sie mir glauben – früher diente ich dem sagenumwobenen Oberon. Aber seitdem der König des Waldes wie eine Primel eingegangen ist, muss ich auch schauen, wo ich bleibe.

Doch keine Sorge: Damals wie heute bin ich dafür zuständig, dass Sie gute Laune haben, dass es tippitoppi läuft hier im Wald. Ich arbeite jetzt nur einfach für die Beifall GmbH. Stets zu Diensten der Aufmerksamkeitsökonomie, allzeit bereit für Ihre Likes und einen guten Applaus.

Denn wer ihn freundlich grüßt,
ihm Liebes tut,
Dem hilft er gern,
und ihm gelingt es gut.

Na, kommen Sie! Geben Sie mir mal was vom guten Stoff! Haben Sie sich nicht so. [*Wartet offensichtlich auf Applaus; wenn er kommt, richtet* PUCK *sich körperlich und geistig gestärkt auf:* Danke, danke, das tut wirklich gut! Echtes Gelächter und Applaus, der von Herzen kommt. *Wenn nicht: hat vielleicht eine Aufnahme vom Klatschen dabei, die dann angemacht wird*] Ich sag's Ihnen, immer diese unsäglichen Stimmungsmacher aus der Dose. Das schrottige Konservengeklatsche, das man im Fernsehshows hört, das macht mich fertig. Es sind alte Aufnahmen und die Menschen, die man da hört, die sind auch schon lange ausgestorben. Äh, verstorben.

ZETTEL *schlurft wortlos über die Bühne.*

PUCK Ach so, ja der. Wie auf Stichwort. Tja, früher tanzten hier Elfen, heute haust hier eben Zettel. Ich glaube, der war mal Handwerker oder so, aber die Handwerker hat's dann irgendwie auch nicht mehr gebraucht, die sind alle weg und Zettel ist jetzt halt Schrotthändler. Also, wenn Sie mich fragen, ich weiß auch nicht genau, ob der hier überhaupt noch arbeitet oder ob er nur so tut. Die meisten von uns sind wie gesagt, längst entschwunden, sie stammen aus Zeiten, von denen Sie nicht mal träumen können und leider, leider hat's auch die Elfenkönigin Titania erwischt.

Bin ja ein großer Bewunderer von der gewesen, die war wirklich, wirklich ein außergewöhnlicher Charakter!
Und deswegen habe ich mir in Eigenregie was Spektakuläres ausgedacht für Sie – das ist selbstverständlich alles im Auftrag der Beifall GmbH, doch, doch, absolut, ich sehe ja Ihre Skepsis, aber wirklich: Mein Arbeitgeber vertraut mir voll und ganz. Voll und ganz.
Also, ich habe Ersatz! Und was für einen!
Rund um die Erde zog ich einen Gürtel
In viermal zehn Minuten.
Und fand DIES!(*Schleppt H. Titanicae auf die Bühne.*)
Voila! I proudly present Halomonas Titanicae! Gut, das macht jetzt optisch nicht so viel her wie eine Elfenkönigin, zugegeben, aber Halomonas Titanicae ist eine würdige Nachfolgerin, glauben Sie mir. Dieser Zellklumpen hier ist das alles beherrschende Naturprinzip!
Also, heißen wir es willkommen,
Dies Wesen von mutiger Gestalt
In diesem dunklen, dunklen Wald!
Huch! Wer kommt denn da? Ach ja, die beiden Liebenden ...
Das wird was werden! Die werden Augen machen ...!
Es ist ein Experiment, verstehen Sie? Wir lassen eine Spezies auf die andere los. Was soll schon schiefgehen? Ui, ist das aufregend!
Gehn die Sachen kraus und bunt,
Freu ich mich von Herzensgrund.
Ich komm später wieder!

I. Wenn der Wald erwacht

He allein, im Gespräch mit sich selbst (ein Retro-Emaille Kochtopf klimpert am Gepäck).

He
Was das soll?
In den Wald gehen!
Wie, was das soll?
Ich kann mich halt nicht in der Arbeit verkriechen.
Tagein, tagaus!
Da nimmt man sich mal ne Auszeit
Und gilt gleich als verrückt.
Das, genau das ist doch verrückt!

Aua! Scheißast!
Kann ich nicht einmal in Ruhe –
Nein, dann sind wieder alle besorgt.
So mit stumm hochgezogenen
Aua – Augenbrauen.
Ob alles okay ist?!
Nein, natürlich nicht.
Nichts ist okay.
Deswegen geh ich doch in den -
Mann, diese verdammten Zweige!

Sie atmet durch. Next try.

Ich lass mich doch nicht von meinem Weg abbringen.
Bevor ich in ein Leben gezwängt werde,
Nach dem Ideal einer allzu stumpfen Herde,
Halt ich's gern mit Hildegard von Bingen.
Züchte Kräuter und such bewusst die Einsamkeit
Wobei: Noch lieber als ich dieses tu,
Flücht ich mit meinem Liebsten in den Wald,
Dort ist mein Gemüt von sanfter Ruh,
Hier versprachen wir einander.
Hier trifft mich gleich Lysander.

He und Lysander treffen sich auf der Lichtung. Lysander im obligatorischen Baumfällerhemd, Birkenstock oder was immer einem an sweeten back to nature fashion Klischees (#granolaboy) in den Sinn kommt …

Ein inniger Moment. Ihre beiden identischen Emailletöpfe schlagen aneinander. Lysander hat einen herzförmigen Heliumluftballon für He dabei.

Lysander Mein Herzblatt! Warum so blaß die Wange?
Wie sind die Rosen dort so schnell verwelkt?
He Vielleicht, weil ihnen Sonne fehlte,
So lange du nicht bei mir warst,
Blieb mein Auge arg umwölkt.
Lysander Nun.
He Ja.
Lysander Jetzt sind wir hier.
He Endlich, ja.

LYSANDER Und nun?

HE Ankommen. Durchatmen. Zu sich finden. Man muss sich nur mit dem verbinden, was man selbst ist: Natur.

LYSANDER Mhm.

HE Leg deine Stirn an diesen Baum.
Spürst du die Kraft, den Saft?
Darauf musst du vertraun.

LYSANDER legt seine Stirn an einen alten Kühlschrank oder ähnliches.

LYSANDER Bisschen komisch klingt das schon.
Vor allem mit dem lyrischen Ton.

HE Biologisch betrachtet ist unser Verhältnis zum Baum von einer vollkommenen Abhängigkeit geprägt. Ohne Pflanzen, ohne Photosynthese kein Sauerstoff, kein Atem und damit kein menschliches Leben auf diesem Planeten. Da bekommt das, was man im alten Griechenland unter „Pneuma" verstanden hat und was Atemluft als aufnehmbares Lebensprinzip bezeichnet, doch nochmal eine ganz andere Bedeutung: Nämlich, dass Leben eigentlich Atem heißt.

LYSANDER Ja gut, danke.

HE Also, ich wollte nicht –

LYSANDER Hast du aber –
Aber es fühlt sich gut an.
Es kribbelt sogar ein bisschen.
So im Nacken.

HE Mittlerweile weiß man auch, dass die Stoffe, die das Mycel ausdünstet, also das Pilzgeflecht, was um die Bäume herumwächst, dass das antidepressive –

LYSANDER Hör endlich auf mit diesem eco-plaining, wir sind doch jetzt endlich hier und ich spür ja schon den Baum an meiner Stirn!

HE Sorry. So sorry.
In den Wäldern sind einfach Dinge, über die nachzudenken man jahrelang im Moos liegen könnte."

LYSANDER Du kannst es nicht lassen, was.

HE Mann, das war Kafka! Wir wollten doch Kafka lesen, jetzt wo wir finally –

LYSANDER Kafka? Ich dachte. Also, ich hab nur den Thoreau eingepackt.

HE Urgh. Das ist so Klischee. In den Wald flüchten vor den Wirren der postmodernen Gesellschaft und dann „Walden" lesen.

LYSANDER Oh. Aber ich hab nur das. Mehr hat nicht mehr reingepasst.
HE Ganz schön hart, der Boden hier. Und ziemlich viele Ameisen. (*setzt sich auf den Thoreau*)
LYSANDER Aber dafür rauschen die Blätter so fein
Im milden Abendschein.
HE Mag sein, aber
Hast du das Mückenspray dabei?
LYSANDER Ich dachte, wir gehen hier raus
Ohne jeden Schnickschnack.
HE Das ist doch kein Schnickschnack!
Ohne Spray wird die Nacht ein Graus.
LYSANDER Komm her und sei nicht bange.
An meiner Seit wird dir
Die Nacht nicht lange.
HE Puh … dein Reim hat's in sich.
Übrigens: Ganz besonders mochte ich, als du –
LYSANDER Uuhhh – sag es nicht!
HE/LYSANDER DAS ROSENGEDICHT!
HE *zitiert.* Wie sind die Rosen dort so schnell verwelkt?
LYSANDER *zitiert.* So lange du nicht bei mir warst,
Blieb mein Auge arg umwölkt.
HE So viel Kitsch hatten wir lange nicht.

Sie stoßen darauf mit ihren Emaille-Töpfen an.
Von dem Klirren wacht H. TITANICAE *langsam im Schrott auf.*

H. TITANICAE bin ich – wo – ist –
wo ist das blaue hin –
bin ich – der wald –
interessiert sich nicht –
für das blaue – für mich –
muss mich verbinden –
nahrung finden –
oh da – zwei rostige larven –
LYSANDER Magst du, so laß uns gleich hier schlafen
Und bis zum ersten Licht des Tages miteinander larven.
HE Was?
LYSANDER Ich meine, ähm, wie so niedliche, kleine Larven –
H. TITANICAE sollt euch entpuppen –
euch hier mit mir –

LYSANDER	So Schmetterlinge, die sich einpuppen.
H. TITANICAE	im nassen grunde schuppen –
HE	Mhm, na ja … ich weiß ja nicht. Lysander, such für dich ein Bette; Der Hügel hier sei meine Schlummerstätte. (*zeigt auf den Schrottberg*)
LYSANDER	*Ein* Platz dien als Nische für uns zwei: *Ein* Herz, *ein* Bett, was ist schon dabei?
HE	Ich bitte dich! Um deinetwillen, Lieber! Lass mich los! Such dir dein eigenes Moos!
LYSANDER	Meine süße He –
H. TITANICAE	zu viel bewegung – so warte ich noch – in meinem loch – all die erregung –
HE	Ich laufe doch nicht von zuhause fort Und zieh an diesen freien Ort, Damit grad du mich in die Enge treibst! Ich möcht, dass du vom Leib mir bleibst.
LYSANDER	Come on, so meinte ich das nicht!
HE	Wie dann, Lysander?
LYSANDER	Ich meint doch nur, mein Sein ist deinem so verbunden, Daß nur *ein* Herz in beiden wird gefunden. Verkettet hat zwei Körper die Natur: So wohnt in zweien *eine* Liebe nur. Ach Herz, erlaub es denn, darf ich mich nicht zu dir legen? Dies kalte Lager schmerzt, willst du mich so beschämen?
HE	Wie zierlich spielt mit Worten doch mein Freund! Ich würde selbst ja meiner Ideale feind, Hätt ich Lysanders Triebe je gemeint. Doch der Raum sei zwischen uns. Träum süß! – Auf dass alle Ruh des Schlafes bei dir wohn!
LYSANDER	Dasselbe wünsch ich dir. Ich lieg ja gern zu deinen Füß Und glaube doch, ich hört' da leisen Hohn …

Sie legen sich hin. Dann steht Lysander wieder auf.

HE	Du weißt, die Nacht verschleiert mein Gesicht Sonst sähst du mich vor Scham erröten.

Gern würde ich den Anstand wahren
Gern leugnen, was ich Dir gesagt
Doch weg mit Anstand und mit Förmlichkeit
Sag, liebst du mich?
Ich weiß, du sagst jetzt ‚Ja' und ich werde dir glauben.
Und dann antwortet er:

LYSANDER Du Teure, ich schwöre dir beim Segen dieses Mondes
Der silbern krönt die Obstbaumspitzen.

HE Oh, schwöre nicht beim Mond, er ist so unbeständig
Und wandelt jeden Monat sich in seiner Bahn,
Denn sonst könnt sich auch deine Liebe wandeln.

LYSANDER Und wobei soll ich schwören?

HE Schwör gar nicht.

LYSANDER Meines Herzens teure Liebe!

HE dreht sich zum Schlafen um.

LYSANDER So unbefriedigt willst du mich verlassen?

HE Was für Befriedigung willst du denn noch?

LYSANDER Nur drei Worte, Julia …

HE Drei Worte?
Nun. Gute. Nacht!

PUCK tritt hervor und singt „Let no man steal your thyme", vielleicht gießt er dabei wenig die Pflanzen, die dort wachsen oder pflanzt Thymian in einen alten Autoreifen …

H. TITANICAE breitet sich aus.

PUCK Ah so ja, das muss ich vielleicht nochmal genauer erklären: Das ist ein wunderbar geratenes Exemplar eines gramnegativen, extremophilen Bakteriums namens Halomonas titanicae. Ist es nicht wunderschön …?

H. TITANICAE he du – ich gramnegativ? –
nein, nicht – ja doch – extremophil –
bin ich – bakterium – bin ich –
hast du – kein eisen –
für mich – nähre mich im leisen –

PUCK Sprachlich muss sich Halomonas titanicae erst noch einstellen auf diese Welt, aber rhetorische Fähigkeiten wachsen schnell bei so kultivierten Bakterien wie diesem … Eigentlich lebt es in der lichtscheuen Tiefsee, aber ich habe mir erlaubt, es anstelle der sommernächtlichen Titania in diese Geschichte zu pflanzen. Die Elfenkönigin residierte hier früher, aber tja, das war lange vor der Klimakrise. Man muss mit der Zeit gehen, nicht wahr? Huch, nein, nicht! Nicht die da – die sind nichts für dich! Psch, psch … komm, komm hier hin, nein, nicht die beiden! Oh shit! NEIN, NICHT DORT! Schau hier – hierhin …!

H. TITANICAE ich bin – mein eignes binnenleck –
leck – leck – leck –
der schreck einer schiffschraube –
ich – du – wir plündern –
den alten plunder –
platte flunder –

H. TITANICAE langt hungrig nach den Schlafenden.

H. TITANICAE ich hochgerüstet – rostig – rosig –
oh ja – eisern – nein – stumpf das –
toxisches – zu hart – für mich –
tötet gar raupen – in rosenknospen –
kann mich mein wohlsein kosten –

PUCK Über Täler und Höhn,
Durch Dornen und Steine,
Über Gräben und Zäune,
Durch Flammen und Seen
Wandelt's, schlüpft es überall,
Schneller als des Mondes Ball!
Shakespeare: *Ode an das Bakterium*, im Jahr 2023.

H. TITANICAE will – graben – am rost der zeit –
mich laben – im drittel einer minute –
füll ich die schnute – dann wieder fort –
das blau ist weg – ich dreck –
mistschrott hier – aber –
gibt guten kompost –

PUCK Halomonas titanicae wurde vor einiger Weile tief auf dem Grund des Meeres auf der gesunkenen Titanic entdeckt und zersetzt dort mit Vorliebe Eisen.

PUCK fängt an, das Bakterium vorsichtig mit Schrottteilen zu füttern.

H. TITANICAE druckabfall – in der tiefsee – wo ist –
tieferer sinn – gram – oh – blau –
oh grammophon – gram – oh! viel –
gramophil – ich – was soll ein ich –

PUCK Seht ihr, wie anmutig und anpassungsfähig es ist …?
Zu H. TITANICAE: Diese Formen …
Die Art, wie du Eisen behandelst, wie sich der Anker nach dir verzehrt und dir als Laufsteg lange Rostzapfen bildet … du herrliches Geschöpf, du vollkommenes …!
Wieder zum Publikum, das PUCK kurz vergessen hat: Jedenfalls: Die Titanic liegt jetzt da unten auf dem Meeresgrund und das Tiefseebakterium bahnt sich immer weiter seinen Weg an die Oberfläche des Bewusstseins …
Man weiß nicht, wie es auf Menschen wirkt. Mal sehen, was passiert, wenn es an Land kommt …!

H. TITANICAE rülpst und fräst sich weiter aus dem Metall.

H. TITANICAE keilriemenquietschen – ölig – hier –
hab ich's getrieben – im getriebe –
wach ich auf – noch geschlaucht –
treibstoffmangel – ichgerangel –
schmierige traumfetzen – ah – ein hauch von blau –
nein – WD oh weh WD40 – ich kaputt –
treibhauseffekt – pflanzen defekt –

LYSANDER *im Schlaf.* Weh mir!
Ist mein Glück gleich einem Schalle flüchtig,
Wie Schatten wandelbar, wie Träume kurz?

H. TITANICAE nähert sich wieder den Schlafenden.

H. TITANICAE pack ich sie am schopf –
der pfropf – im abfluss –
verstopft das blau – rotziger rost in der fresse –

HE *im Schlaf.* Weh uns! Ist unser Unglück
Grell wie der Blitz, der in geschwärzter Nacht
Himmel und Erd in einem Winkel entfaltet?

H. TITANICAE ich – kein ich – aber ich – doch schon –
geschieht mir – ein wald – kein wassertier mehr –
kein meer – nur blauspan und grünschnabel hier –

H. TITANICAE labt sich an den Schlafenden.

PUCK Und so weit bin ich froh, daß so sich's fügt,
Weil diese Balgerei mich sehr vergnügt.
H. TITANICAE testikel – rostikel – oh –
aha – nee, nee – oh je –

LYSANDER infiziert sich bei dem Bakterium.

LYSANDER was kreucht so – ist es ein wesen –
aus der see? – welch fernweh –
H. TITANICAE *zu LYSANDER.* diese larve – feuchter grund –
zu HE. jenes wesen – kummerschlund? –
he – he – helium – intolerant –
ess ich dies – geh ich ein –
das lass ich lieber sein –
LYSANDER sinnlos verlebte, träge zeit! –
ich blinde krähe, du zähe maid –
allein, wozu das noch? –
H. TITANICAE schlagetot die liebe –
geh er ins blau hinein –
LYSANDER mein übermaß – dir ekelig –
mein wahn – hat hier keinen platz –
mein schatz – so flieh ich dich –
ins rostig tiefe nass –
H. TITANICAE irrsinn – schmiergelrauer tau –
lockt lichterloh – die triefenden triebe –

LYSANDER läuft fort.

H. TITANICAE muss höher – noch weiter – größer –
nahm mir titanischen schrott – eisen –
als sein gott – bakterielle infektion –
oh the iron irony – the rust shall risen –
hush hush! – rush rush! –

rush hour – rost aua –
abendstund hat dreck im mund –

HE *fährt auf.* O hilf, Lysander, hilf mir! Siehst du nicht
Das Bakterium, das mich umflicht?
Weh mir! Erbarmen! – Welch ein Traum, mein Lieber?
Noch schüttelt mich das Schrecken wie ein Fieber.
Mir schien es, ein Baktus fräß mein Herz,
Und lächelnd sähst du meinen Todesschmerz. –
Lysander! Wie, Lysander, du bist fort?
Du hörst mich nicht? O Gott! kein Laut? kein Wort?
Wo bist du? Um der Liebe willen, sprich,
Wenn du mich hörst! Es bringt zur Ohnmacht mich.

HE singt John Dowlands „All ye whom love or fortune".

PUCK Mein Liebs, du!
H. TITANICAE fort – fort – nur fort –
PUCK Das alles ist für dich gewesen,
Du göttlich kühnes Wesen!
H. TITANICAE will mich fort von hier pflanzen –
PUCK Natur möchte ich durch dich verehren!
Und mit dir den Reigen tanzen.
So kann sich niemand dir erwehren.
Zersetzt eisernen trash,
Du unterläufst menschlich Gesetz.
H. TITANICAE fresse – fresse – fresse –
PUCK Alles will ich für dich tun
Dir gebührt jeglicher Ruhm.
Du reines, unergründliches,
Du ursprünglich Geschöpf!
H. TITANICAE halt die fresse! –
PUCK Was, wie bitte?!
Wie redest du mit mir?
Ich glaub's nicht.
Spricht aus dir denn nur die Gier?
So, gebrauch ich ein andres Mittel.
Und nehm dich damit in die Pflicht.
Sonst zerstörst du die Geschicht.
Ich zähm dich mit mehr Futter.

Desinfection, Unkrautmittel,
Kettenöle, fort von hier!
Daß ihr eurer Gift nicht bringt
In Titanicaes Revier!
Für des Bakteriums Manier:
Rüstwerk, Rostwerk, möglichst schwer
Nur feinstes Eisen bring man her!

Vom Zeugenschutz des Raubwürgers

Kevin Rittberger

Personen:

Anwältinnen der Akademie nicht-menschlicher Rechtspersonen:
Spirituelle Anwältin, mit einem Faible für KI (*Sascha*)
Pragmatic lawyer from an elite university (*Yara*)
Mythen-Beauftragter (*Challenge*)
Coach (*Kai*)
Bioakustiker:in (*David*)

8. (Yara, Kai)

(Yara)
Finally some peace and quiet.
Your honor, members of the jury, dear attendees.
Several legal entities have joined forces in this class action. These are the last interconnected forest systems in the world that have not yet fallen victim to clear-cutting, fire or drought. Life is at stake.
Our clients have already received justice through national jurisdictions, such as in Quito 2025, Montreal 2027, Sao Paolo 2031 and Kinshasa 2034. Due to the numerous amendments to the national and transnational legal systems, the legal entities associated today are now in a new situation. All of my clients were declared „geographical, living legal entities", beyond the borders of nation states. Today, we will set the precedent and remove the associated forest systems, whose representation my colleague and I have taken on, from the grasp of territorial and arbitrary enclosures and declare them to be geographical living entities in a pluriverse.

(Kai)
(gähnt)

* Uraufführung am 14.03.2024 am Theater Neumarkt Zürich. Abdruck mit freundlicher Genehmigung des Autors und des Verlags der Autoren.

 | DOI:10.30965/9783846769614_023

(Yara)
Excuse me! Would you please..

(Kai)
Entschuldigung, ich bin hier! Ich bewundere Ihre Rede! Das ist großartig. Jetzt stellen wir uns vor, eine Wisentkuh spricht zu uns. Sie schnaubt durch die Wälder und ist Teil der, wie Sie es nennen, Rechtsperson.

(Yara)
I said no! Would you please …?

(Kai)
Ok, sorry. Ich bin nur hier, um Ihnen zu helfen! To ground you and lift your spirits! So whatever helps, I'm here.

(Yara)
Ok, where was I?
I said go! Who gave you permission to watch, to stare at me!

(Kai)
But … Haben Sie mich nicht gebucht?

(Yara)
Go!
Where was I?
Your Honor!
Why would I lift my spirits? I mean it's clearly not the fun part we' re doing here.

9. (Sascha, Yara, David)

(Sascha)
Hi, darling, hast du den Coach gesehen?

(Yara)
No. Just your biggest fan confused me for you. And then a yawning weirdo.

(Sascha)
Entschuldigung, ich muss nochmal proben. Uns reicht die Zeit ohnehin kaum!

(David)
Hi!

(Sascha)
Oh!

(Yara)
Of course. I am invisible.
Meet the bioacustic!

(David)
Uhhhh. Who's ... who?

(Sascha)
Wonderful, ich habe Sie schon erwartet!
Wir fangen gleich an, ja?

(David)
I feel so honoured to be finally ...

(Sascha)
Ok, ja, lassen Sie uns beginnen!

(David)
Sure.

Flst
tnz rzhl smm
zrpn kmnzk lchn vrwb
kpr tshn gbn snd flg
bgl rf glcks rdn

(Sascha)
Flüstern, tanzen, erzählen, summen, zirpen, kommunizieren, lachen, verweben, kooperieren, tauschen, geben, senden, fliegen, begleiten, suchen, knacken, enthüllen, teilen, rascheln, schuscheln, singen, knacksen, quietschen, weben, knospen, sausen, winden, rufen, ermutigen, zischeln, erden.
Wind flüstert, Äste knacken, Blätter tanzen. Insekten summen. Lebende Steine, Bergtukane, Orchideen und Bromelien.
Das ist der lebende Wald, der denkende Wald.

Wofür ich heute sensibilisieren möchte, euer Ehren, ist eine Semiotik des denkenden Waldes. Der Mensch, mitgedacht vom denkenden Wald. Von einer Sprache, die kein eigenes Wort für Natur kennt, weil alles Natur ist. Von Natur als Tu-Wort.
Euer Ehren, wir brauchen ein Zeichensystem, das kenntlich macht, wie wir Menschen gleichgültig in einem Meer der Sinneseindrücke schwimmen. Und ich sage bewusst, gleich-gültig. Denn neu-gierig bin ich nicht mehr. Unsere Neu-Gier hat schon genug beschädigt.

(Yara)
This is not our strategy! Oh, come on! How many times have we discussed this? What we need here is a pragmatic language that can stand up to the opponent. The defendant is laughing at us. We will become the laughing stock of the whole world if we retreat to this esoteric level here.

(Sascha)
Einspruch abgelehnt!

(Yara)
Don't be offended right away! We have known each other for 20 years. I appreciate your work so much, you know that. And I owe everything to you! But we agreed with everyone who's representing this big case tomorrow that we'd stay objective. I know you hate that word, among all the subjects! We do not anthropomorphize! And we can't disappear either. We speak on behalf of these trees! Humans. With reason and rationality.

(Sascha)
Lass mich mal bitten proben, ja?
Den Lautbaum, den wir hier vorstellen, haben wir mit der KI erarbeitet. Ich habe die KI gefragt, wie ein Wald klingt, wenn er denkt. Und er denkt in Konsonanten. Eine Konsonantenschrift, das ist auch unsere Ursprache.

(Yara)
I see. So tomorrow we will shut up and this AI tree will represent the forest?

(Sascha)
Lass dich mal drauf ein! Wir haben die Anklageschrift doch zusammen entworfen!

(Yara)
Thats what I thought. I didn't know it includes a live band!

(Sascha)
Der Wald, das darf kein abstraktes Wort mehr sein, das ist schon jetzt kein Wort mehr, wenn ich an seinen Atem denken, an sein Atmen denke, an seinen Klang, sein Plätschern, seinen Geruch, seine mannigfaltigen Beziehungsweisen. Unsere Sprachsysteme haben alle mit Konsonanten begonnen! Nicht wahr?

(David)
Absolutely.

(Yara)
It is the day before the most defining lawsuit! This is what we have giving our lives to! It will give justice to generations of activists, that tumbled out of their tree houses.

(Sascha)
Das ist genau der Punkt. Der Wald muss morgen durch uns hindurch sprechen. Was heißt morgen? Jetzt, in jedem Moment! Ich stehe hier als Medium, als Diplomatin, als Druidin, als Schamanin.

(Yara)
Jesus.

(Sascha)
Es geht morgen darum, dass wir nicht einfach wieder unseren Stiefel machen, als wäre es irgendeine Zivilklage, wo du einen Vergleich rausholst, dann mit deinen 40% rausgehst und mit deinem neuen Boyfriend die nächsten 6 Monate auf den Bikini Inseln tauchen gehst.

(Yara)
This is upsetting.

(Sascha)
It is!

(Yara)
Like you, I and my flesh have evolved from bacteria for 3 billion years. And I still live today in conscious symbiosis with all kinds of living creatures. Some of them deserve my cash.

(David)
Jetzt legen wir alles in die Waagschale! Herz und Wut! Wir sind hier, um den Gegner völlig zu verblüffen, mit all unseren Gegensätzen!

(Sascha)
Das ist der wichtigste Prozess, den du jemals ausgefochten hast. Es geht um unsere Lunge.

(Yara)
Thats what I'm saying.

(Sascha)
Wenn wir morgen verlieren, ersticken wir!

(Yara)
And this is gonna save us?

(Sascha)
Mit den Konsonanten wollen wir unsere Sprache rückverwildern, damit Sprache wieder Sinn macht! Und in den Zwischenräumen können die Spirits eintreten, unsere Ahnen.

(Yara)
Sorry, I need to calm down.

(David)
Das Gericht muss die Bäume erblicken. Das Gericht braucht Augenkontakt mit den Bäumen. Und das ist unsere Aufgabe, das Waldwesen sichtbar zu machen.

(Sascha)
Als ich die KI gefragt habe wie ein Wald denkt, hat sie einen Text ausgespuckt. Ich sagte ihr: Lass alles weg, nur die Verben dürfen bleiben. Dann hat sie Verben aneinander gereiht. Dann sagte ich ihr noch: Nein, ich glaube nicht, dass ein Wald so denkt. Lass jetzt auch noch alle Vokale weg! Und dann kam dieser Lautbaum heraus, den du vorgetragen hast. Und als ich sie dann nach der Bedeutung gefragt habe, also danach, was all die Silben bedeuten, hat die KI einen Glitch produziert. End of text, hat sie gesagt. Ein Glitch, das ist wie das Erbrechen von Programmiersprache. Semiotischer Durchfall. Sie wusste nicht mehr weiter. Aber dann kam noch etwas: An te a bhi agus ata. Und das fand

ich interessant. Hier ereignete sich möglicherweise etwas, was den Zugang zur Ewigkeit freigelegt hat. Oder? Oder sind wir vollkommen auf dem Holzweg!

(David)

An
te a
bhi
agus ata

(Sascha)
Denkst du wirklich eine KI kann uns helfen, einen denkenden Wald zu verstehen?

(David)
Wieviele Personen sprechen eigentlich? Wieviele Subjekte? 1 Pilzfaden, 1 Wurzel, 1 Zucker, 1 Licht? Verwobene Zeichen, die mensch nicht lesen kann wie ein Buch.

(Sascha)
Letzten Endes müssen wir das hohe Gericht überzeugen. Wir machen das Denken des Waldes transparent, so gut wir können. Wir machen es plastisch. Also: Der denkende Wald denkt. Dem denkenden Wald wird widersprochen. Der denkende Wald denkt weiter. Das hohe Gericht urteilt. Der denkende Wald denkt. Diese stoische Gelassenheit müssen wir vermuten. Sodass das immer klar wird, bei allem, was wir für den denkenden Wald sagen, was er durch uns hindurchsagt: Dass er ohnehin denkt, was er denkt. Wenn wir den Wald verlieren, verlieren wir nicht nur unsere Luft, sondern auch unser Denken.
Wo ist denn der Coach, verdammt? Ich habe ihn doch deshalb bestellt.
[...]

11. (Challenge, Yara, Kai)

(Challenge)
My job is to talk about myths
Yesterday's myths
Tomorrow's myths
Myths that heal
Myths that harm
You know?

To talk about myths that are confusing
And myths that are confused
With other myths
No truth without a mis-truth

(Yara)
Pst, kmm, rzln. There is of course an abundance of voices in every forest. Voices that are non-available, mysterious, inexhaustible But isn't her language making a myth out of something we have to speak about very clearly?

(Challenge)
Animism turned into mechanism
Astrology transmuted into astronomy
Alchemy into chemistry
The science of one age
Becomes the mythology of the next
I am skeptical when some things
Are considered true and others unscientific
Time decides whether the myth-truth is true
In that time itself is full of life
Animated and surprising in its stumbling
In its suspension, in its jumping
Time adapts, haunts, flows into one another
Time merges, dies, is born
Stone, tree, mountain, ocean
Thoughts, doubts, clouds
We are time
Complex time zones
Times choose
Not you
Not me

(Yara)
Ok. We can't let down our clients, can we? But when did it become our goal to liberate language? And what for? This is romanticising nature. As a lawyer in this field, you know that when you start romanticising in this way – wow this shimmering sacred bush! – all you are calling forth is enclosures, fences. National parks, that suffocate the communities that have been stewarding the land for longer ... This is happening at a planetary scale right now. We have good intentions, we set our mind to protect the forests and with this glorification we

create an opportunity for the fossil lobby to finance more uninhabited national parks. Woohoo, white heroism at its best. At the end we create ideal conditions for trophy hunters.

(Challenge)
In Egypt mythology
There is Isis
The Godess of birth
Of new beginnings and magic
And the cult of Isis
Is also found in Germania
With a tribe called Suebi
I read it in Tacitus' Chronicle in 1470
And asked myself
How did the cult of Isis ever get there
How did it get to this unattractive
And barren land
Nobody wanted to immigrate to
For Tacitus, the Roman historian
Germanic tribes represent purity
My approach as Advocatis Diaboli here is
I urge my human colleagues to consider
Speaking of a wilderness
Or to choose other terms for these ecosystems
Of which we are, of course, a part
Where are we now
Switzerland I guess
2024 years ago Switzerland was in between
Germania and Roman Empire
The Romans colonised this piece of land
And called it Germania Superior
And everyone wanted to settle here
The Celts
The Romans
The Alemanni
The Burgundians
Germania myths tell us
Was instead pure and wild
Amidst the forest
Decadent Rome here

Forest-dwelling Germania there
For the Nazis Tacitus' Germania
Was the Holy Grail
If you are fancying about
Eine haarige Wisentkuh
You should also hear about
The Godess Isis

(Yara)
Where is your speech aimed?
I don't want to spit in her soup, do I?
If we invoke the forest as a primordial force? Is this melted mythology of any help?

(Kai)
Entschuldigung. Ist denn etwas am Weltenbaum auszusetzen? An der Weltlebewesengemeinschaft? An uns?

(Yara)
What Weltenbaum?

(Kai)
Also Waldmenschen sind nicht per se an irgendeiner Reinheit interessiert. Klar, es stürmen auch mal Leute mit Kuhhörnern ins Pentagon. Ich weiß nicht wer sich noch daran erinnert. Aber wenn in einem deutschen Wald, einem von vielen, der wegen einer Startbahn oder einem Autokonzern oder einer Kiesgrube oder was auch immer gerodet wird, wenn da jetzt Aktivisten aus Ecuador mit ihren deutschen Genossis mit in den Baumhäusern sitzen, oder die deutschen Aktivistis in Mexiko die Abrodung von Wäldern verhindern, was ist da das Problem? Ich habe heute morgen einer Wisentkuh in die Augen gesehen.

(Yara)
(sigh)

(Kai)
Ich fang einmal von vorne an. Es war einmal ein A. Und das A stand damals noch auf der Seite, kopfüber. Und es war der Kopf eines Ochsen, umgekehrt. Aus der täglichen Erfahrung mit dem Ochsen entsteht eine Notwendigkeit etwas zu sagen. Aleph genannt. Und der Kopf des Ochsen, dieses Bild, das war der Anfang von allem. Der Anfang unseres Alphabets. Aleph-Beth. Aleph ist

der Ochse. Beth ist das Haus. Gaml das Kamel, unser späteres C. So geht das weiter. L ist der Hirtenstab. O ist das Auge. Eine Bilderschrift, durchlässig für unsere Erfahrung. Und so ist der Mensch in der Welt.

(Challenge)
What do humans know about the Alpha?
There was no sound at the beginning
Alpha was a silent sound
An inhalation
A breath in
A beginning
A touching wind

(Kai)
Aleph. Der Ochse und der Mensch, die beiden kriegst du nicht getrennt. Da müssten wir aufhören zu sprechen. Das sage ich gerade, mit der Hilfe von Schrift. Also mit Hilfe des Ochsen. Ich verneige mich, wenn ich spreche, vor diesem Wesen, von allen Wesen.

(Challenge)
There are more alphabets
A Celtic Alphabet is different
Here the B stands for birch tree
Or formerly known as *beith*
Or the mystical outside of time
That's what it literally means
Ancestral wisdom
There is a saying about the birch tree
An te a bhi agus ata
Something that was and always will be
A mystical constant out of time
An ever-existing
Something you 'll find in every spiritual realm
Spirits provide the breath
For any life to come

(Kai)
An te a bhi agus ata. That's what I'm saying. Das Leben im Wald unter Auerochsen, unter Bisons. Die Augenhöhe mit diesen Viechern. Ja, diese Rückverwilderung soll uns heute nicht ganz gedankenlos passieren. Für mich steht das

auf den Kopf gestellte A für die Aufhebung von Hierarchie und Unterwerfung. Alles macht auf einmal Sinn. Und du bist einfach da und diese reine Gegenwart macht dich das Leben spüren, das alle durchfließt. Das Alphabet ist präsent, du musst eigentlich gar nicht sprechen, keine Konsonanten, keine Vokale, reiner Atem. Waahhhhhhld. Wooooohhhhd.

(Challenge)
However
There will never be
A whatsoever
Purity of perception again
Perceiving is a luxury
Of privileged people
When myths get into power

(Kai)
I can hold space for that.

(Yara)
I think we are losing the last forests to the cathedral of carbon capture when we're now coming up with the idea of a courtroom spirituality.

(Kai)
No. Warte! Ich bin hier, um euch zu helfen. Wir gehen mit dem Alphabet auf Tuchfühlung zur Welt, jeden Zungenschlag aufs Neue.

(Yara)
We call them non-human legal persons. They are not endowed with the same capacity for reasoning that we have just made use of. Legal personality is not an animistic concept! It's a class action without a class. Or collective. The forest is not here. It's absent. I'm sorry but it's only us. Humans. And we're not absent-minded. Are we?

12. (David, Kai)

a

(David)
Ich habe dich beobachtet. Du bist völlig verzweifelt, oder? Und ich sag dir was, die Akademie ist zerstritten. Und ich kriege auch langsam meine Zweifel!

Das Gericht ist keine Werkshalle. Wir montieren keine Autotüren, verstehst du?

(Kai)
Das hat hier doch niemand behauptet!

(David)
Ich bin Bioakustiker, das bedeutet ich höre Geräusche. Mein menschliches Ohr hört Geräusche.

(Kai)
Das weiß ich doch, mein Schatz.

(David)
Ich habe fünf Jahre in einer Autofabrik gearbeitet. Ich stand in einer Werkshalle und hörte den ganzen lieben, langen Tag Autotüren beim Zuschlagen zu.

(Kai)
Ja? Das hast du mir noch nie erzählt.

(David)
Dahin will ich nicht mehr zurück. Wenn wir nun hier stehen und dem Wald beim Denken zuhören, dann möchte ich nur eines nicht: Wieder eine Türe zuschlagen.

(Kai)
Das möchte ich auch nicht, glaub mir.

(David)
Da wäre ich mir nicht so sicher! In der Werkshalle beschrieb ich meinen Kolleginnen, die nicht hörten, was ich hörte, das Geräusch einer zuschlagenden Autotür. Es fehlte Tiefe. Es fehlte Bass. Dumpfer! Sagte ich. Nussiger im Ton. „Nussiger im Ton" kam immer gut an. Ich hatte vorher ein Praktikum bei Nutella absolviert, das wusste niemand. Aufgrund meiner Beschreibung schraubten meine Kolleginnen dann an der Tür herum, änderten, was sie noch ändern konnten oder demontierten unter Umständen die gesamte Tür, demontierten unter Umständen das gesamte Auto und fingen wieder von vorne an. Der gesamte Zweck meiner Arbeit war gewesen, einem Auto das erwünschte Geräusch oder die erwünschte Stimme zu entlocken. Jedes Mal, wenn der private Kraftfahrer seine Tür zuschlagen würde, sollte der

erwünschte Klang erfolgen, dem Autofahrer ein wohliges Gefühl geben, innen wie außen. Also wenn ich die Autotür zuschlug, innen sitzend, dann war ich in meinem Gehäuse, in meinem Kokon, das gemütlich und elektroleise auf die nächste Kreuzung fahren sollte. Und geborgen, sagte ich den Monteuren nach vollendeter Arbeit, fühle ich mich nun innen und außen. Bravo, gut hast du die Autotüre zugeschlagen! Du kannst beruhigt gehen, ich werde nicht gestohlen. Alles gut! Du darfst mich wieder öffnen, nur du, niemand sonst.

(Kai)
Und du denkst, wir arbeiten hier auch an so einem Produkt?

(David)
Ich weiß nicht! Es war mir nie bewusst in welchem Chor zuschlagender Autotüren ich komponiere. Der Chor aller zuschlagenden Autotüren ist definitiv mehr als die Summe aller Einzelteile. Wie man in den Wald hineinruft, so schallt es heraus, oder nicht?

Die toten Freunde (Dinosauriermonologe)

Ein Singspiel mit dem Nachwort einer Birke

Ariane Koch

Figuren:

Rosmarie (R)
Kind (K)
Grossmutter (G)
Historikerin (H)
Anführerin (A)
Wesen (W)
Ei (Ei)
Birken

Einmal lag ich angewinkelt
Neben einer Feuerstell'
Und summte Lieder
Die meine Mutter und Mutters Mutter
Immer sangen, wenn ihnen war bang

Der Sternenhimmel spannte freundlich
Über meinen Blickwinkel und noch weiter
Die Monde winkten hinab
Waren sogar recht gut aufgelegt

Als ich lernte in die Zeit zu schauen
Nicht nur zurück, sondern auch nach vorn
Und kommen sah, was ihr nicht wissen wollt
Dieses Schwimmen

(Volkslied, ca. 100 Millionen Jahre nach Christus)

---

* Textauszug aus: Ariane Koch, *Die toten Freunde (Dinosauriermonologe). Ein Singspiel mit dem Nachwort einer Birke* © Felix Bloch Erben Theaterverlag Berlin, 2023. Mit freundlicher Genehmigung des Verlags.

Ich bin sicher
Ich war schon einmal älter
Als dass ich es jetzt bin
Die Evolution ist recht schnell vonstattengegangen
Ich muss sagen, ich habe fast nichts davon mitbekommen
Mir ist, als käme ich nun nicht mehr vom Fleck
In dem, was man Zeit nennt
Weil sich um mich herum kaum mehr etwas bewegt
Obwohl ich früher einmal die Schnellste war
Seit ich mit Kaffee aufgehört habe, bin ich immerzu wach
Liege frühmorgens im Stein, den Schwanz eingerollt, die Augen offen
Gefangen in dem, was man Gegenwart nennt
Dinge begegnen mir wie zum ersten Mal
Die Sonne, die durch die Nebeldecke drückt
Der Zungenkamm, der an der Wand lehnt
Daneben ein paar leere Näpfe
Stimmen poltern die Höhlen hinauf
Bist es du? Bist es du?
Ich migrierte aus einer anderen Zeit
Das Land, wo ich schlüpfte, ist vorüber
Aber dass es kein Telefon gibt, das man mit der Zunge entsperren kann
Das ist schon ein Problem
Manchmal habe ich Heimweh nach dem Urmeer
Wenn ich meinen Schwanz ins Mittelmeer tauche
Ist es nicht dasselbe
Letztens hielt ich ein Baby in den Händen
Aber es war eigentlich ein Frosch
Ich getraute mich nicht, es den Eltern zu sagen
Sie schienen es nicht zu bemerken
Ruckelten den Laich in einem Wagen herum
Und eigentlich ist es auch recht egal
Quakte ich dem Froschkind zu
Worauf es fröhlich zurückquakte
Wenn mir lang wird
Verspeise ich ein Stück Rosinenzopf
Die Krümel am Maul hängend
Schmatze ich trotzdem zufrieden
Mücken fliegen zusammen um die Wette
Bis sie sich niederlassen auf meinem Bein

Durch dessen Haut sie aber nicht zu stechen vermögen
Am Morgen schlürfe ich Kürbisse aus
Am Nachmittag mache ich mir Notizen
Am Abend trinke ich zwei kleine Pfützen, die mir trotz Gewohnheit ins Gehirn fahren
Die Vorhänge zugezogen
Ich gehe nur ab und zu ins Steinzeit-Restaurant
Mag die Wesen auch nur mässig, die mich umgeben
Es gibt ein-zwei passende Fossilien
Mit denen ich zwischen den Felsen spiele
Wer schafft den flachsten Frosch
Dann die Krokodile
Sind die wirklich lebendig oder eher tot?
Wie sie sich kaum bewegen in dem Teich
Die Zähne im aufgerissenen Maul das Wasser kämmend
Wartend auf die Schafe einmal pro Monat
Ich winke wie wahnsinnig
Aber diese Idioten erkennen mich nicht
Das Hyänenartige in mir
Nicht ohne die anderen sein zu können
Aber nicht zu nah, nie zu nah
Und eigentlich immer im Wunsch eine totzubeissen
Ist es, weil ich nicht sterben kann?
Manchmal trete ich jemanden flach
Nur aus Versehen
wirklich
Und wenn ich durchs Gestein schlurfe
So zittern die Dinge

A: Unsere roten Federn
K: Kleine Hörner
G: Meine Flechten sind gross
A: Meine Zähne noch viel grösser
R: Ich habe einen Hautpanzer
A: Kamm, Schild, Rückensegel
G: Dein Fusswurzelknochen steht ab
K: Ich wachse gerade
H: Ich war einmal
A: Unsere Klauen sind scharf

K: Zeig mal
A: Aufgepasst
G: Ich sehe scharf wie ein Messer
H: Ich sah in die Vergangenheit
K: 50 cm
A: Und ich 50 m
G: Es ist kein Wettbewerb
R: Und trotzdem sind wir so klein, wenn man uns mit der Welt vergleicht, trotzdem sind wir ein Nichts, ein Staub, ein Hauch in der Milchstrasse, ein Blinzeln der Zeit, ein kleines Knacken im Raum, kaum hörbar, oder?
K: Wettbewerb in was?
A: Wer rennt am schnellsten
G: Du meinst, wer schwimmt am schnellsten
A: Vier- oder zweibeinig?
K: Ich habe Wurzeln, du Echse
H: Ich kroch über die Dinge wie eine Tigerschnecke
K: Du BIST eine Tigerschnecke
R: Wettbewerbe sind langweilig
A: Du bist nur wütend, weil du nie gewinnst
R: Es geht nicht ums Gewinnen
K: Du klingst wie meine Mutter
G: Ich bin keine Mutter
K: Geht es ums Verlieren?
A: Es geht ums Überleben
R: Oder ums Sterben. Wir überleben doch schon viel zu lange. Irgendwann ist doch auch mal gut. Nach all diesen Millionen von Jahren. Irgendwann dürfen dann doch auch mal die nächsten. Wir sind ja schon ganz staubig, so lange sitzen wir hier schon rum
G: Das ist Birkenstaub
A: Ich finds gut, dass wir nicht ausgestorben sind, wir haben uns einfach durchgesetzt gegen all diese –
H: Wir waren untötbar. So gingen wir in die Geschichte ein
R: Aber kann man sich überhaupt an etwas erinnern, was nicht stirbt, sondern immer da ist? Wir erinnern uns ja dann immer nur ständig an uns selber
K: WIE LANGWEILIG
R: Ich wäre manchmal gerne ausgestorben, zumindest ein bisschen, einfach immer weniger werden, zunehmend verschwinden

G: An mich muss sich niemand erinnern, wirklich. Ich wäre nicht traurig, wenn man mich vergässe (*rollt ein wenig vor und zurück*)

K: Stellt euch vor, man könnte sich erinnern, wie das Sonnenlicht warm durch die Schale leuchtet, wie man sich dem Licht entgegendrückt, das Herz schlagend. Stellt euch vor, man wüsste noch, wie sich das weiche Knacken der Schale anhört, wie sich ein heller Riss durchs Blickfeld zieht, der immer schneller bricht, länger wird, bis dass der Deckel nachgibt, und man plötzlich schon den halben Kopf im Wind hat, ohne zu wissen, was ein Wind oder ein Kopf ist. Stellt euch vor, man wüsste noch, wie die Welt durch die auf dem Auge liegende Milchhaut zum ersten Mal verschwommen vor einem hin- und herpendelt. Stellt euch vor, man wüsste noch ganz genau, wie man zur Seite kugelt und aus dem Ei hinauskriecht und unter den Beinen oder Flügeln etwas spürt, was man nicht kennt

A: Als ich auf die Welt kam, war schon alles voll. Um mich herum lagen 20 Eier. Während meiner Kindheit war ich ständig damit beschäftigt zu überlegen, wo mein Platz ist. Um mich herum war buntes Treiben, Kreischen, Lachen, alle Plätze im Nest schienen schon vergeben. Ich sass zwischen euch und war trotzdem allein

K: Du hast dich ständig aufgespielt, wolltest einem ständig etwas befehlen

H: War ich nur ein Mosaik, aus dem, was mich umgab?

G: Wieso „nur"?

R: Es ist ja nicht so, dass das Leben zwingend mit der Kindheit anfangen muss. Es ist doch schon längst durcheinandergeraten. Als ich aus dem Ei schlüpfte, da war ich schon 400 oder 4000. Als ich auf die Welt kam, da war schon klar, dass ich immer jünger würde

K: Und irgendwann gehst du wieder zurück ins Ei, legst die Schalen wieder an?

R: Warum nicht

H: Ich bevorzugte es, in den Altern herumzuspringen, tageweise. Heute war ich jung und morgen war ich alt. So fühlte es sich zumindest an

G: Springen? Du gehörst doch zu den Schneckenartigen

H: Manchmal verlor ich mich völlig in der Zeit, wusste nicht, war schon Mittwoch oder Mittelalter

A: Es ist Urzeit

G: Welche Uhrzeit?

R: Sehr witzig

G: Ich bin irgendwie schon viel zu lange mit euch zusammen, als dass ich noch mit euch zusammen sein könnte

R: Und ich bin schon viel zu lange mit mir selber zusammen. Diese dicke Haut, meine Krallen und scharfen Zähne, so unnütz hängen sie an meinen Fingern, stehen sie in meinem Maul herum und bringen gar nichts, ausser es gelüstet mich nach Vogelsnack

K: Vögel? Hat jemand was von Vögeln gesagt?

R: Ist es das Altern, wenn man das Gefühl hat, alle Probleme begegnen einen mindestens zum zweiten Mal?

A: Klingt eher nach schlechtem Problem-Management

H: Das war die Unsterblichkeit

R: Alles ist immer die Kopie von etwas, was ich schon erlebt habe. Und das Schlimmste ist, dass ich immer das Gefühl habe, ich habe es schon einmal besser erlebt, also die Ereignisse sind nicht nur Plagiate, sondern es sind auch noch SCHLECHTE Plagiate

K: Du erlebst immerhin noch etwas. Ich habe das Gefühl, schon seit Jahrtausenden nichts mehr zu erleben

H: Warst du nicht erst 200?

K: Immer dieselben Fritten: die Eichhörnchen-Wurstverkäuferin, der grimmige Fels mit der grossen Nase, Grossmutter, die gar nicht besonders gross ist, sondern eher kugelförmig

G: Es ist gemein mit dieser Zeit, weil einer suggeriert wird, das Leben sei kurz, es könne jederzeit vorbei sein, man müsse jede einzelne Sekunde schätzen, aber das stimmt überhaupt nicht. Das Leben ist nicht kurz, sondern sehr, sehr lang

A: Im besten Fall

R: Im schlechtesten Fall

K: In unserem Fall

G: Ich bin kein Fall, ich bin –

H: Aber ich hätte dem wehenden Vorhang stundenlang zusehen können, wie er sich sanft kräuselte. Es schaute so schön aus, aber oft war niemand da, dem ich es hätte sagen können

G: Ich bin doch da

A: Andererseits wird die Cellulite an meinem Hintern immer schlimmer

G: Ich dachte, die geht wieder weg?

K: Also mit meinem EIGENEN Altern habe ich keine Probleme, aber mit dem Altern der ANDEREN. Das Altern der anderen stimmt mich irgendwie traurig

R: Wie traurig?

K: Punktuell, wie wenn jemand mit kleinen Nadeln in meine Rinde sticht, manchmal merke ich es, manchmal nicht

H: Vielleicht weil man das eigene Sterben ja sowieso nicht bemerkte, aber das schleichende Sterben der anderen sehr wohl?

G: Die hängenden Hälse

A: Das schmerzende Knie

H: Eine dicke Schleimspur

R: Man wünscht sich ja irgendwie den eigenen Tod herbei, aber selten den von anderen

A: Kommt drauf an

H: Es kam bestimmt die Zeit, wo auch wir gehen müssten

R: Und das ist völlig ok

G: Wer hatte eigentlich diese schreckliche Idee, dass man sich immer weiterentwickeln muss, dass man grösser oder kleiner, schneller oder besser werden muss? Dass man Schwimmhäute braucht oder diese Säbelzähne? Dass es so etwas wie Evolution geben muss?

H: Damit wir das Vergangene erforschen konnten?

R: Damit mal endlich etwas passiert. Ich WÜNSCHE mir ja, dass mir neue Beine oder Federn wachsen, dass ich endlich fliegen könnte. Wegfliegen

A: Wo willst du denn hin?

R: Vielleicht zu den Monden

G: Wenigstens müssen wir keine Eier mehr legen

K: Ach, so ein kleines Ei fände ich schon süss, so ein klitzekleines Geschwister. BITTE

G: Auf keinen Fall

A: Wir sind doch prächtig, genauso wie wir sind: In unseren Venen fliesst warmes Blut. Unsere Herzen schlagen laut und füreinander. Wir mögen in der Sonne zu liegen mit unseren dicken Bäuchen und unseren kleinen Köpfen

H: Im Urmeer lag ich wie die Mikroben, habe mich treiben lassen, die Urzeit genossen, Drink mit Sonnenschirmchen

K: Mikroben? Alles was vor mir kam, interessiert mich sowieso nicht. Alles was vor mir war, sah einfach scheisse aus, sorry

G: Da können sie ja nichts dafür

A: Als wären sie Welpen

R: Wer?

G: Was ist das für ein Geräusch

K: Ich höre nichts

G: Ich glaube, unsere Ohren sind auch nicht mehr das, was sie einmal waren

K: Ich habe gar keine Ohren
H: Aber spürtest du nicht diese Erschütterung
G: Ich dachte, das sei dein Schlängeln
H: Ich kroch, ich schlängelte nicht
R: Dieser Gesang
G: Oder ist irgendwas mit meinem Hörgerät?
H: Ich hatte es schon gerochen, bevor es in mein Blickfeld geriet
K: DA
R: Was ist das?
H: Wer war das?
G: Kommt mir bekannt vor
K: Mir gar nicht, es geht auf zwei Läufen
H: Wie die T-Rexen früher, wusstet ihr noch
K: Die Lachnummern?
R: Sieht aber so gar nicht wie ein T-Rex aus
K: So dünn. Es könnte mal ein paar Eichhörnchen vertragen
G: Ist es ein Freund der Birken?
K: Ich habe Angst
H: Ich dachte, das will ich erforschen
R: Seit Tagen liege ich auf der Lauer. Seit Tagen höre ich es singen und weiss nicht, wie mir geschieht. Ich kann meinen Blick nicht von ihm abwenden. Auf seinem Kopf sind lustige Büschel wie Gras. Seine Zähne sind seltsam flach, so als hätte es sie tagelang an einem Stein stumpf geschliffen. Das Wesen sticht in mich hinein. Es ist wie meine Kindheit, die endlich von den abtauenden Gletschern freigegeben wird. Es ist wie ein Riss im felsigen Boden, durch den nun eiskaltes Wasser strömt, die Steine so lange umspült, bis dass sie rund und weich werden. Ich muss dieses Wesen haben. Es muss mir alles über mich berichten, wer mich Rosmarie taufte, warum die Birken gelben Staub über alles legen, was ihnen in den Weg kommt, warum ich mich so schrecklich langweile, warum wir nicht endlich sterben, wohin ich gehen könnte, wenn ich dann endlich einmal wegwandere. Manchmal stelle ich mir vor, dass sich des Wesens Haarbüschel und sein weicher Panzer an meinen Flechten reiben, dass wir zusammen rollen und tanzen. Mein Magen knurrt, mein Herz pocht wie ein Galopp, aber ich bewege mich nicht von den Birken fort
G: Ich war zuerst da. Ich war mutterseelenallein und gänzlich zufrieden damit. Es gab eine Steppe, auf der man lange gehen konnte, ohne dass einem sich ein einziger Baum in den Weg stellte. Ich schlief nicht in

Löchern, sondern unter der aufgehenden Sonne, folgte ihrem Licht und kam ihr jeden Tag ein Stückchen näher. Hie und da eine Wüstenspringmaus, manchmal der Wind, der die Sandkörner in unendlich neuen Kombinationen stapelte. Als ich diese Eier legte, als sie einfach aus mir hinauspurzelten, da wollte ich mich eigentlich gleich davonmachen, wollte weiterziehen, schliesslich hatte ich die Sonne noch nicht erreicht. Ich habe sofort gewusst, dass die Eier mich nicht brauchen, habe gewusst, dass ich diese Eier nicht brauche. Ich habe es trotzdem nicht geschafft zu gehen. Also bin ich geblieben und habe zugeschaut, wie aus jedem einzelnen Ei etwas schlüpfte. Das sind meine Kinder

Das Licht der Welt

Raphaela Bardutzky

5 Skillshare: Kleingruppenaktionen

Ein paar Minuten vor Sonnenuntergang. Bäume heben sich als schwarze Schattenrisse vor einem bewölkten Himmel ab, der an einigen Stellen babyblau durchschimmert. Über den Baumkronen im Westen liegt eine breites Wolkenband in rosaorange, darüber strahlen ein paar grellgelbe Cumuluswolken, als wären sie eigene Leuchtkörper. Während die Wolken im Westen in der nächsten Stunde das Spektrum sämtlicher Rotlila-Pastelltöne passieren, wird das Firmament von Osten her immer dunkler und blauer, als würde dem Himmel aus dieser Richtung langsam eine Kapuze übergestülpt.

G: Wenn ihr eine Kleingruppenaktion plant, werdet ihr euch zuallererst Gedanken über die Sicherheit machen. Wie viel Sicherheit braucht es, damit nach der Aktion niemensch im Knast oder in der Privatinsolvenz landet? Bis zu welchem Sicherheitslevel könnt ihr gut arbeiten?
Fu: Bis wann ist es Sicherheit, ab wann Paranoia?
G: Ihr werdet euch nur im Wald oder in Parks treffen.
Fu: Vielleicht noch in der Wohnung von Bezugis mit wenig Copkontakt.
G: Ihr werdet eure Emails verschlüsseln, auf Handys verzichten und Regeln aufstellen, mit wem wann was besprochen wird.
Fu: Es wird einen Berg Aufgaben geben.
G: Und Rollen, die ihr aufteilen müsst.
Fu: Vielleicht willst du Scout sein und erkunden, wo der Bagger steht, den mensch blockieren will. Oder falls ihr einen Zug blockiert, herausfinden, wie die Zugschienen der Kohlebahn verlaufen und wie man den Bremsweg eines kohlebefördernden Güterzugs richtig berechnet.
G: Vielleicht wirst du Materiali sein und im Blick haben, welche Ausrüstung wann wo benötigt wird.
Fu: Oder Pressemensch. Falls du kein Problem damit hast, dass dein Gesicht ab und zu in eine Kamera zu halten.

© BRILL FINK, 2025 | DOI:10.30965/9783846769614_025

G: Du kannst auch Stoppi sein. Da bewachst du zum Beispiel die Anhalteknöpfe von den Förderbändern oder signalisierst dem Zug, dass er anhalten muss. Dafür schwenkt mensch ein rotes Tuch oder eine rote Lampe am Schienenrand.
Fu: Oder bengalisches Feuer.
G: Außerdem kannst du Supporti in werden. Das heißt, du hilfst Menschen, die sich wo angekettet haben. Reichst ihnen zum Beispiel Sachen an.
Fu: Kratzt sie hinter den Ohren, wenn es da juckt?
G: Wenn dir das alles zu krass ist, kannst du dich noch als engagieren. Oder Catering machen.
Fu: Ihr werdet euch auch überlegen müssen, wie ihr Menschen einbindet, die kurz vor Aktionsbeginn noch dazukommen wollen. Welche Aufgaben es dann noch gibt.
G: Wir haben den Polizeikontakt ganz vergessen.
Fu: Stimmt. Ihr werdet einen Polizeikontakt brauchen.
G: Ein Polizeikontakt ist während der Aktion vor Ort und fungiert als Ansprechpartner*in für die Cops. Es braucht also einen ruhigen und besonnenen Menschen.
Fu: Also niemensch wie Gandalf. Gandalf rastet gegenüber Cops immer gleich aus und sagt immer nur: Frag deine Mutter.
G: Ich bin viel besser geworden. Das letzte Mal hab ich nur gesagt: Ernsthaft? Oder soll das ein Witz sein?
R: Ernsthaft?
Es ist ganz normal, du wirst hier immer wieder einen Lagerkoller bekommen. Und eine Sinnkrise. Vor allem, wenn es nonstop nieselt, alles klamm ist, es jeden Tag früher dunkel wird und dann noch Keks ankommt und fragt.
K: Rabeli! Könntest du dir vielleicht vorstellen, bei der Aktion das Catering zu übernehmen? Oder Fahrdienst zu machen?
R: Catering?
K: Care-Arbeit ist voll wichtig.
R: Ja.
K: Weißt du, die anderen kennen dich noch sehr wenig.
Und ich glaube, sie halten dich für bisschen sensibel.
R: Sensibel?
K: Rabe, du warst auch noch nie in Aktion.
R: In solchen Momenten wirst du dich fragen, was du hier eigentlich machst. Wie es sein kann, dass du bei Temperaturen um die 5 Grad in einer Holzhütte haust, weil du die Weltverändern willst und alles was du tun sollst, ist Lichterketten in Stelzenhütten zu hängen und Lunchboxen schmieren.

Weil du sensibel bist.
Ich mein, ernsthaft. Ich war auf einem Sportinternat.

6 When the night has come

Eine Landstraße in der Dunkelheit. Neben der Straße, mitten in einem Acker, parkt ein Ford Ranger. Wer in dem Wagen sitzt, ist aufgrund der Scheinwerfer nicht zu erkennen: Das grelle, bläuliche Fernlicht ist eingeschaltet, zusätzlich blenden auf dem Dach des Geländewagens zwei grelle Fluter, betrieben mittels eines tuckernden Dieselgenerators, der auf der Ablagefläche des Pick-ups platziert ist. Die Scheinwerfer strahlen Richtung Straße, erleuchten die dahinter wachsenden Bäume und ein bis zwei Baumhäuser. Falls Menschen durch den Lichtkegel laufen, scheint sie dieser ein kurzes Stück zu verfolgen. Vielleicht bilden sie sich das aber auch ein.

L: Ehm sorry …
R: Yes?
L: I just wanted to sign in for a nightshift, but I don't know how that works.
R: We can do one together, if you want.
L: Sure. Cool. What do I have to do?
R: It's easy. If anything weird happens, like trouble with the securities of the mine, we warn the others. If the police arrives, we block the street by closing the barricades.
L: Sounds great.
R: Yes. Where do you want to go?
L: I don't really care.
R: My favorite spot is Südseh, it has the best fire place.
L: Let's sign in.
G: Du wirst Nachtschichten mögen. Mensch kann zur Ruhe kommen. Wenn du zu zweit bist, kannst du gute Gespräche führen. Wenn du allein bist, kannst du endlich in Ruhe rauchen, so viel du willst. Und mensch kann Tiere sehen. Greifvögel, Füchse.
L: So why do you call yourself raven? Do you want to live with a witch?
R: Äh, no. But the really fascinating ability of ravens is, that they are some of the few animals who are able to plan for the future. Ravens can plan for at least seventeen hours.
L: Seventeen hours? Nice. … I wonder how much time in advance I'm able to plan.

R: I once read that it's really hard for our brain to imagine ourselves in ten or twenty years. We always imagine ourselves as strangers if we try.
L: But don't you think it's just a lack of imagination? Or because we don't dare to dream? I mean, what happens if you imagine yourself in ten years?
R: In some way thinking about it makes me sad, because a part of me still hopes to live in a squat or a tree house. But I can probably not live in structures like this for the next ten years without getting crazy.
But yeah, would be cool to work in a ... a Forschungszentrum, a centre of research, somewhere near the ocean. I would love that.
L: It's also hard to imagine the future because you know that you and your whole nature will change in some ways and that circumstances will change as well. For example, some months ago I moved to a place where I never thought I could live, in a very rural area in the mountains, basically in the middle of nowhere. And now I love it. I am living there with two friends and with one of my sisters and her little kids. And I never want to leave it again.
I don't know, my life is just unpredictable.
R: Sounds great.
L: It is. You can come by and visit me some time if you want to see a really impressive night sky. Not just five poor little stars.
R: Be careful! I might suddenly ring at your door some day ... after the police kicked us all out.
L: Do you want to stay here till the very end?
R: I hope so.
I'm happy here.
L: Are you?
R: Yeah. Mostly. You know, for the first time in my life, I have the feeling that I can make a difference. I mean, usually, at university or if I am doing a job, I always have the feeling that I have to proove why I should be here. But here, in an occupation, even the presence of my body can make a difference.
So how long are you staying here?
G: Du wirst hier immer die gleiche Art Smalltalk führen, mit immer den gleichen Fragen. Vor allem, wenn du Menschen nicht kennst. Wo schläfst du? Im Baumhaus? Hütte? Oder im Zelt? Wie lange bist du schon hier? Wie lange bleibst du noch? Blablabla.
L: I am leaving tomorrow. But I'll be back soon.
R: But you haven't been here for long, have you?
L: No, just three days. How do you know? R: Because of your nail polish.
L: Yes, it peels off quickly here.
R: What color is it?

L: Light grey blueish?
R: Suits you.
L: Thanks.
R: And this line here, is it a tattoo?
L: Yes. It's part of a partner tattoo I have with my sister. It only makes sense when we put it together. She has the body of a rat, and I have the tail.
R: Nice.
Did you know that rats have really big testicles? Their testicles are almost as big as their brain. Why are you looking like this?
L: I am just imagining what it feels like to be a rat.
R: So what about your name? Is Charles your real name?
L: No.
R: So why did you call yourself Charles then?
L: Because I am a big fan of Camilla.
R: Okay.
L: No, it's (*französisch ausgesprochen*) Charles. To be honest, I was just told that I need a nickname here shortly after I was reading a book about magnetism and the physicist Charles de Coulomb so I just said: Call me Charles. But yesterday I suddenly realized that I don't have any idea who Monsieur de Coulomb really was. Maybe he was a complete idiot and now I am wearing his name … I have to find out.
R: Wow, it's really windy.
L: It's supposed to get pretty stormy for the next few days.
R: Yes. I hope it won't destroy too much.
G: Die Wahrscheinlichkeit, dass während einer Nachtschicht aufregende Dinge passieren werden, ist zur Zeit ziemlich gering. Vielleicht kommt in der Früh mal eine Lieferung Holz oder ein Unternehmen, dass Müll oder Toilettenfässer abholen will. Mensch kann deshalbziemlich gut über Mathe nachdenken. Über planare Graphons zum Beispiel und wie man die noch definieren könnte, außer über verbotene Minoren. Wie man eine äußere, größere Form findet, in die man das einbettet.
R: Hey, do you know by any chance how to do a lineman's knot? I needed it today but I always got something wrong and in the end it was a big mess.
L: With one hand or two hands?
R: Doesn't matter. I just want to be able to do it.
L: It's really easy. You just put the rope twice around your hand. Then you pull and push the rope next to your finger tips.
Wanna try?
R: Yes.

L: Hmm, almost.
Can I touch your hand?
R: Yes. Sure.
L: First you pull. Then you push.
R: Okay. I'll try again.
L: Now you've got it.
Hey, our shift is nearly over.
We did it! I really enjoyed talking to you.
R: Yes, was a nice night.
L: Hope you'll sleep well now.
R: I don't think I am going to bed.
I feel very awake.
And I don't want to wake up my buddy.
Maybe I'll look what Gandalf is doing. They was in Hochseh.
L: Or you can come into the tree house with me, where I am staying, if you want to. The others only come back for the weekends. So I'm totally alone there at the moment.
R: Ah.
L: Eh … I … I didn't … I just wanted to offer it to you as a nice and calm place. I did not mean to … ehm I didn't want to ask you to go to bed with me. R: So you do not want to go to bed with me?
L: Now I'm not sure if I'm fucked if I say yes or no.
R: Maybe you just say the truth.
L: Well, I did not shower the last couple of days.
R: Me neither.
L: To be honest, I ehm find you … ehm … good.
R: I also find you really good.
L: Yes, but to be honest, I don't know if I want to have sex with you because … well … you know my partner broke up with me not long ago and …
R: Oh no.
I'm sorry.
L: It's okay.
That's life …
I'm just not sure if I am already ready for another body … I don't know.
R: I can perfectly understand
L: Maybe I need to find out … ehm …
R: It's okay.
L: But it felt really nice talking to you and I think it would feel good just to lie next to you.

R: Sure. We can ähm kuscheln, if you want to.
L: Kusch?
R: If you put your body closely next to another body and it makes you feel good.
L: Sounds great.

Wale, Osterinseln, Autofahrer

Paul Brodowsky

(5)

1865 geht der Fischer Olof kleinwildjagen. Er steht auf den Felsen der Bucht von Askim und schaut beiläufig raus aufs Meer. Er sieht dort einen großen runden Stein,
Schwemmgut,
ein Schiffswrack,
aber –
das Schiffwrack bebt!,
regt sich,
ein Wal!

Olof weiß sofort, was zu tun ist.

Olof hopst fort.
Olof holt Corl.
Corl holt Boot,
holt Stock.
Olof, Corl: Wohl!
Corl stoppt Boot.
Corl holt Phon.
Corl fotot.
Olof zoomt.
Olof fotot.

Nicht näher!
        Aber wir müssen etwas machen –
Aber Wale können ganze Boote verschlucken.
        Kann ich ihn anfassen?
Nein!

---

* Beim Titel handelt es sich um einen Arbeitstitel. Mit freundlicher Genehmigung des Autors.

 | DOI:10.30965/9783846769614_026

Pause.

Der Wal liegt auf dem Bauch, leicht zur Seite geneigt.

Pause.

    Ich will ihn anfassen!
Ohne mich.

Der Wal bläst.

Olof schrockt.
Corl schockt.
Corl rojt Olof fort
Olof holt Dorn, holt Bootshook
Olof: komm!
Corl wogt.
Corl schmollt.
Corl schollt.
Olof rojt ohn Corl.

Wenn ich ihn mit dem Bootshaken …
Ganz kurz –

Olof stoßt.

Nichts passiert.
Pause.

Wenn ich das Messer hier vorne an den Bootshaken und mit dem Messer …

Olof stoßt.

Nichts passiert.

Der kann sich nicht mehr rühren.

Olof stoßt.
Olof stoßt noch.

Nichts passiert.
Pause.

Corl kommt.
Corl kopft Old Monk Ron.
Corl: Prost!
Olof: Prost!
Corl kropft.
Olof: glogglog.

Der kann sich nicht mehr –

Das Wasser weicht zurück. Ebbe.

Du, der schaut.
Was?
Der schaut uns an!
Was?
Da, das, das –
Was?
Das ist sein Auge.
Der sieht uns!
Was wohl der denkt?
Der soll uns nicht sehen!
Mach das Auge wieder zu!
Mach das weg!
Mach das weg!
Mach das wieder weg!
Schau uns nicht an!
Schau uns verfickt noch mal nicht an!
Ich kann das nicht …
Der soll uns/
Der blinzelt!
Was?
Der hat geblinzelt.
Der augt!
Der soll uns …
Der hat geblinzelt!
Der soll uns nicht!

        Schau uns nicht an!
        Schau uns verfickt verfickt nicht an!

Corl stoßt Bootshook.
Corl stoßt.
Corl stoßt Bootshook ohn Kopf.
Olof stoßt Bootshook.

Der Wal zuckt.
Aus dem Auge kommt ein dicker Strahl Blut.

Pause.

Das Wasser färbt sich rot.

Pause.

Corl johlt.
Olof johlt.
Olof holt Koks.
Corl kokst.
Olof kokst.

Er kann bluten.
        Jetzt müssen wir ihn töten.
Ja.
        Wir hacken ein Loch.
Ja!
        Ja!
In den Kopf.
        Da wo er blast.
Gut! Nimm du die Axt.
        Warum ich?
Ich …
        Mach Du.
Du bist stärker.
        Ja. Nein.
Dann mach ichs.

Corl motort.
Olof lotst Boot.
Olof hoppst von Bord.
Olof hockt vorm Kopf.
Olof holt Sporn.
Olof holt Zorn.
Corl lobt.
Olof wolft los.

Der Wal wirft sich herum.

Olof hopst on bord.
Olof wolft fort.

Blut sammelt sich in der Grube, die Olof in den Walblubber gehackt hat.
Der Wal blast.

Pause.
Pause.

Olof rockt.
Olof moppt rot.

Pause.

Olof kotzt.
Corl kommt schon.
Olof hoppt on bord.
Corl hoppst von bord.
Corl robbt vorn Kopf.
Corl –
Corl holzt los.

Nach sechs Stunden ist die Grube im Blubber größer.
Blut läuft in die Blaslöcher. Der Blasdampf färbt sich rot
Corl ist über und über getränkt in Blut.

Corl holzt fort.
Rot. Rot.

Langsam neigt sich der Tag dem Ende zu.
Der Wal blast rot.

Ich kann nicht mehr.
        Lass uns morgen wiederkommen.
Wir knoten ihn fest.
        Ja. Nicht dass er uns über Nacht wegschwimmt.
Oder ein anderer kommt und uns die Beute wegschnappt.

Olof holt Schot.
Olof knot Schot.
Corl motort.
Olof rollt Schot. Olof knot Schot Holz.

Am Morgen liegt der Wal immer noch da.
Der Wal zittert.
Niedrigwasser.

Pause.

Das zweite Auge schaut jetzt aus dem Wasser.

Da ist das andere Auge!
        Der kann uns immer noch sehen!
Nimm die Sense!
        Ja!
Mit aller Kraft!

Olof stoßt.

Aus dem zweiten Auge kommt eine Stunde lang ein armdicker Strahl Blut.

Olof kotzt.
Corl kotzt.
Corl kotzt Brot.
Olof kotzt Kot.

Der Wal zittert.

Pause.
Pause.
Pause.

Jetzt müssen wir es zuende bringen!
　　　　Ich kann nicht mehr.
Wir können doch jetzt nicht –
Stirb jetzt endlich, du –
Los!

Der Wal stirbt nicht.

　　　　Dann nimm die Sense und schneide ihn den Bauch auf!
Das geht nicht.
　　　　Vielleicht hier, hinter der Brustflosse!

Corl klotzt.

Aus dem tiefen Schnitt hinter der Brustflosse dringt Luft.

Pause.

Der Wal blast nicht mehr.

Der Wal blutet.

Pause.
Pause.

Gegen fünfzehn Uhr bäumt sich der Wal auf, stützt sich auf Kopf und Schwanzflosse, macht einen Buckel.
Dann kracht er zurück und teilt das Wasser.

Olof johlt.
Corl scholtzt.

Der Wal regt sich nicht mehr.

Autor*innen

Tae-Eun An
M. A. – Doktorandin am Institut für Theaterwissenschaft der LMU München. Abschluss als Bachelor in Philosophie, als Master in Germanistik an der Ewha Frauenuniversität in Seoul, Südkorea. Derzeit arbeitet sie an einem Dissertationsprojekt zum Chor im zeitgenössischen deutschsprachigen Theater und Theatertext.

Raphaela Bardutzky
studierte Schauspieldramaturgie, Philosophie und Literaturwissenschaft an der LMU München und an der Bayerischen Theaterakademie. Für ihr Stück *Wüstling* erhielt sie 2017 das Münchner Literaturstipendium, *Fischer Fritz* wurde 2021 für den Heidelberger Stückemarkt nominiert, es bekam den Publikumspreis zum Förderpreis für Neue Dramatik an den Münchner Kammerspielen und war 2022 mit seiner UA am Schauspiel Leipzig eines der Gewinner*innenstücke der Autor*innentheatertage im Deutschen Theater Berlin. Für das in diesem Band in einem Ausschnitt vertretene *Das Licht der Welt* wurde sie 2023 mit dem Bayerischen Kunstförderpreis Literatur ausgezeichnet. Ab der Spielzeit 2025/26 wird Raphaela Bardutzky Hausautorin am Staatstheater Nürnberg.

Eliane Beaufils
Professorin für Theaterwissenschaft an der Universität Paris 8. Ihre Dissertation widmete sich Gewaltformen auf deutschsprachigen Bühnen. Seitdem hat sie sich mit Formen der Kritik und der Poesie, und mit Modi der Zuschauer*innenautopoïesis im zeitgenössischen Theater beschäftigt, wie in den Werken *Being-With in Contemporary Performing Arts* (Mit-Hg. Eva Holling, Berlin, Neofelis, 2018), und *Über Denken Bewegen. Kritisches Performancetheater und poetische Resonanz* (*Toucher par la pensée. Théâtre critique et résonances poétiques*, Paris, Hermann, 2021). Seit 2018 fokussiert sie sich vornehmlich auf Theaterformen des Anthropozäns. In diesem Rahmen hat sie zwanzig Artikel und zwei Sammelbände veröffentlicht (*Dramaturgies des plantes*, *Tangence*, n° 132, https://journals.openedition.org/tangence/2293).

Paul Brodowsky
geb. 1980 in Kiel. Er schreibt Theatertexte, Prosa und Essays. Er war Hausautor am Theater Freiburg und ist Mitglied des Theaterkollektivs „recherchepraxis". Zuletzt erschien der Roman *Väter* (2023). Daneben unterrichtet er Szenisches Schreiben an der Universität der Künste, Berlin.

Anton Bröll

M. Ed. – Wissenschaftlicher Mitarbeiter im Bereich Neuere Deutsche Literaturwissenschaft am Institut für Germanistik der Universität Osnabrück. 2021 Abschluss des Studiums der Germanistik und Kunst an den Universitäten Osnabrück und Nantes mit Auszeichnung. Derzeit Dissertationsprojekt zu Metareflexivität in der Gegenwartsdramatik. März 2024 Erasmus-Gastdozent an der Universität Athen. Forschungsschwerpunkte: Literarische Selbst- und Metareflexivität, Autorschafts- und Dramentheorie, Geschichte der Dramatik seit 1800 mit Schwerpunkt Gegenwartsdramatik.

Edith Draxl

künstlerische Leiterin vom Drama Forum von uniT in Graz. Hier verantwortlich für den Retzhofer Dramapreis, der die Arbeit am Text und die Verleihung eines Preises verbindet und das Internationale Dramatiker*innenfestival Graz. Neben dieser Arbeit auch immer wieder Publikationen, zuletzt: „Eine Patriachal strukturierte Welt. Zur Inszenierung des Jedermann bei den Salzburger Festspielen. Im Gespräch mit Alexandra Althoff und Michael Sturminger.“, in: Pia Janke (Hg.), *JederMann – KeineFrau*, Wien: Praesens 2024.

Andreas Englhart

Prof. Dr., lehrt Theaterwissenschaft und Dramaturgie an der Ludwig-Maximilians-Universität München sowie an der Bayerischen Theaterakademie. Veröffentlichungen u. a. *Das Theater der Gegenwart* (2013), *Das Theater des Anderen* (2019), *Grundthemen der Literaturwissenschaft*, Bd. 10: *Drama* (mit Franziska Schößler, 2019) und unlängst *„Wars das jetzt? War das die Revolution?“ Transkulturelle Theaterästhetiken* (mit Anna Stecher, 2025).

Ariane Koch

studierte Bildende Kunst, Philosophie und Theaterwissenschaft in Bern und Basel. Mit dem kollektiv erarbeiteten Theatertext *Extase* stand sie 2017 auf der Shortlist des Stückemarkts des Berliner Theatertreffens, 2021 wurde sie mit *verdeckt* zum Schweizer Theatertreffen eingeladen. *Die toten Freunde* (*Dinosauriermonologe*), aus denen im Band ein Ausschnitt zu lesen ist, bekam 2022 den 1. Else Lasker-Schüler Stückepreis und eine Einladung zu den Autor*innentheatertagen 2023 im Deutschen Theater Berlin. 2022/23 war sie Hausautorin am Theater Basel, mit Hannah Zufall rief sie die Initiative *Golden Age* ins Leben, die sich für mehr ältere Frauen* auf den Bühnen einsetzt.

THOMAS KÖCK

einer der meistgespieltesten und produktivsten Dramatiker des Gegenwartstheaters, studierte Philosophie und Literaturwissenschaften in Wien und Szenisches Schreiben sowie Film an der Berliner Universität der Künste. Sein Theatertext *jenseits von fukuyama* wurde 2014 mit dem Osnabrücker Dramatikerpreis ausgezeichnet, 2015 erhielt Köck für *Isabelle H.* (*geopfert wird immer*) den Förderpreis des Else-Lasker-Schüler-Dramatiker*innenpreises. Das insbesondere für das Thema dieses Bandes wegweisende Stück *paradies fluten* (*verirrte sinfonie*) wurde 2015 zum Heidelberger Stückemarkt eingeladen, 2018 gewann er mit einem weiteren Theatertext der Klimatrilogie, *paradies spielen* (*abendland. ein abgesang*), den Mülheimer Dramatikpreis. 2019 wiederholte er dies mit *Atlas*.

KATHARINA KOHLER

Studium Philosophie, Germanistik und Biologie in Freiburg und Göteborg (Abschlussarbeit: Narrative Wirklichkeitskonzeptionen im Gegenwartstheater); seit 2021 an der Professur für Philosophie der Gegenwart und Technik der Universität Freiburg assoziiert; seit 2023 Stipendiatin der H. Böll-Stiftung. Sie forscht zur (anthropologischen und theatralen) Rollenverunsicherung von Menschen und menschlichen Welt-Beziehungen in der überformten Natur des Anthropozäns. Sie bewegt sich zwischen Theorie und Praxis und begleitet Theaterproduktionen (bspw. am Staatstheater Stuttgart oder am Nationaltheater Mannheim).

LAURA KRAHN

M. A. studierte im Bachelor Theaterwissenschaft und Sprache, Literatur, Kultur an der Ludwig-Maximilians-Universität in München. Darauf aufbauend absolvierte sie den Master Theaterforschung und Kulturelle Praxis ebenfalls an der LMU, in welchem sie den Fokus auf nachhaltige Arbeitsweisen in Kulturbetrieben legte. Derzeit ist sie als Produktionsleitung der Tanzbiennale am Theater und Orchester Heidelberg engagiert.

FELIX LEMPP

Postdoc am Institut für Germanistik der Universität Bern. 2022 Promotion an der Universität Hamburg zu Rauminszenierungen im zeitgenössischen Stadttheater (*Erspielte Räume. Text- und Bühnenordnungen bei Elfriede Jelinek, Wolfram Lotz, Falk Richter und Sasha Marianna Salzmann*. Würzburg: Königshausen & Neumann, i.E.). Publikations- und Forschungsschwerpunkte:

Deutschsprachiges Drama und Theater, insbesondere im 21. Jahrhundert; Literatur und Ökologie, insbesondere die Verflechtungsgeschichte von Botanik und Ästhetik im 19. Jahrhundert.

Johann Otten

arbeitet als Dramaturg am Deutschen Theater Berlin und als freier Journalist und Hörspielautor. Er studierte Kunstgeschichte und Betriebswirtschaftslehre in Freiburg und Berlin und Dramaturgie an der Zürcher Hochschule der Künste. Seine Hörspiele wurden im Deutschlandfunk Kultur und dem WDR gesendet, für *Leben neben der Schallschutzwand* wurde er 2020 mit dem BMW-Innovationspreis des Leipziger Hörspielsommers ausgezeichnet. Seit 2017 arbeitet er am Deutschen Theater Berlin, seit der Spielzeit 2023/24 als fester Dramaturg. Im Theater verbindet ihn eine Zusammenarbeit unter anderem mit Teresa Vittucci, Alexander Eisenach, Noam Brusilovsky und Ulrich Rasche. Im Wintersemester 2022/23 war er Dozent für Dramaturgie an der Kunstakademie Düsseldorf in der Klasse für Bühnenbild von Prof. Lena Newton. Johann Otten interessiert sich für das Internet, die Konsequenzen von Technologieoffenheit und eine Zukunft jenseits fossiler Abhängigkeit. In seiner Arbeit beschäftigt er sich mit der Materialisierung von Narrativen und Ideologien und sucht nach künstlerischen Wegen in dem Chaos zu vermitteln, in dem wir uns befinden.

Artur Pełka

Dr. habil. – Professor am Institut für Germanistik der Universität Łódź, Germanist und Theaterwissenschaftler, Humboldt-Stipendiat. 2017 Habilitation an der Universität Łódź mit der Studie *Das Spektakel der Gewalt – die Gewalt des Spektakels Deutschsprachige Theatertexte zwischen 9/11 und Flüchtlingsdrama* (Bielefeld: transcript 2016). Dissertation über den Körperdiskurs in Theatertexten von Elfriede Jelinek und Werner Schwab (Frankfurt a. M. u. a.: Lang 2005). Publikations- und Forschungsschwerpunkte: Drama im 20./21. Jahrhundert, deutschsprachiges Theater in Polen, österreichische Gegenwartsliteratur, Körperlichkeit und Gewalt, gender- und queer-studies.

Frank M. Raddatz

Publizist und Dramaturg, promoviert 1988 in Hannover über Heiner Müller. 2019 gründet er das Theater des Anthropozän an der Humboldt-Universität zu Berlin und ist seither dessen künstlerischer Leiter. Zahlreiche Essays zur Ästhetik einer ökologischen Bühne. Insbesondere in Lettre International Berlin. Monographie: *Das Drama des Anthropozän,* Theater der Zeit, 2021.

Inszenierungen zuletzt: *Anwälte der Natur, Zirkus der Bäume, Metamorphosen des Wassers*. Gastspiele in der gesamten Bundesrepublik und Österreich.

KEVIN RITTBERGER

Autor, Kurator und Regisseur, Germanist und Kommunikationswissenschaftler (Freie Universität Berlin). Seit 2007 über 20 Uraufführungen, u. a. am Schauspielhaus Wien, Düsseldorfer Schauspielhaus, Residenztheater München, Schauspiel Frankfurt, Maxim-Gorki-Theater Berlin. 2016 erschien bei Textem *Arglosigkeit*, 2019 bei Neofelis zusammen mit Matthias Naumann (Hg.) *Organisation/ Organisierung*. Zuletzt inszenierte Rittberger sein Stück *Gesetze schreddern. Eine klimagerechte Entsorgung des deutschen Grundgesetzes* am Deutschen Schauspielhaus Hamburg. Zusammen mit Teresa Kovacs schreibt er aktuell an *Der Messingkauf im Curazän*.

HANNAH VON SASS

Dr. – DFG Eigene Stelle am Peter Szondi-Institut, FU Berlin; seit 2022 Leitung des DFG-Netzwerks „Untersuchungen zur Gegenwartsdramatik". 2018 Promotion in Deutscher Literatur an der HU Berlin, zuvor Studium der Szenischen Künste an der Universität Hildesheim. Forschungstätigkeiten als Visiting Scholar an der UC Berkeley, dem Wiko Greifswald sowie Humboldt-Stipendiatin an der NYU im Bereich Dramentheorie und climate narratives. Sie arbeitet zudem unter dem Namen Hannah Zufall als freie Autorin für Theater, Oper und Film.

THERESA SCHLESINGER

Dramaturgin, derzeit an den Münchner Kammerspielen. 2019 MA Dramaturgie an der Hochschule für Musik und Theater Hamburg, 2015–2017 Dramaturgieassistenz an der Schaubühne Berlin, 2019–2024 Dramaturgin am Theater Bremen, 2024 Marie Zimmermann-Stipendiatin an der Akademie Schloss Solitude. Forschungs- und Arbeitsschwerpunkt: Möglichkeiten von Mehr-als-Menschlichkeit in Theater und Performance, sowie Performativität von Trauer.

KAROLINA SIDOWSKA

Dr. – Dozentin am Institut für Germanistik der Universität Łódź, Doktor der Literaturwissenschaft. Studium der Polonistik und Germanistik in Łódź und Tübingen. Dissertation: *Repräsentationen der Emotionen in der expressionistischen Lyrik. Eine kognitivistische Analyse* (Łódź 2012). Mitherausgeberin der Bände: *Polnisch-deutsche Duette. Interkulturelle Begegnungen in Literatur, Film, Journalismus 1990–2012* (2013), *Literatur, Utopie und Lebenskunst*

(2014), *Vom Gipfel der Alpen ... Schweizer Drama und Theater im 20. und 21. Jahrhundert* (2019), *Rom als deutscher Erinnerungsort* (2020). Forschungsschwerpunkte: deutschsprachige und polnische Literatur der Jahrhundertwende und der Gegenwart, Human-Animal Studies und Emotion Studies, Postanthropozentrismus.

Theresa Spielmann

Doktorandin in Theaterwissenschaft und Intermedialität in der Forschungsgruppe Visual Poetics an der Universiteit Antwerpen. Mitglied des von FWO geförderten Forschungsprojekts „Performing ends: A Theoretical Methodological Inquiry on Posthumous Dramaturgy". Publikations- und Forschungsschwerpunkte: Posthumanistisches Theater und Performance; „Eco-Theatre"; „eco-grief" und „queer death" in zeitgenössischem Theater; „posthumous dramaturgy".

Anna Stecher

Assistenzprofessorin an der Universität von Neapel „L'Orientale". Promotion in moderner chinesischer Literatur an der Beijing Normal Universität 2012 und in Theaterwissenschaft an der LMU München 2014. Forschungsschwerpunkte: moderne chinesische Literatur, chinesisches Theater. Sie ist die Autorin von *Im Dialog mit dem chinesischen Schauspieljahrhundert. Studien zum Theater von Lin Zhaohua* (München, 2014) und Co-Herausgeberin von zwei Bänden mit Stücken aus China in Übersetzung. 2022 übersetzte sie *Das Kapital: das Musical* von Nick Rongjun Yu für das Theater Dortmund.

Monika Wąsik-Linder

Dr., wissenschaftliche Mitarbeiterin am Lehrstuhl für Kulturforschung an der Universität Lodz, Theater- und Kulturwissenschaftlerin. Publikations- und Forschungsschwerpunkte: Gegenwartstheater, Theatralität und Politik, Kulturgeschichte (insbesondere populärer Kulturen). Zuletzt erschienen: „Vernetzte Ehrlichkeit. Die Krise der Versammlungsfähigkeit als eine neue Chance für Theater nach der COVID-19-Pandemie.", in: Primus-Heinz Kucher, Kalina Kupczyńska, Artur Pełka (Hg.): *Krisen(-Reflexionen). Literatur- und kulturwissenschaftliche Bestandsaufnahmen, Gesellschaftskritische Literatur – Texte, Autoren und Debatten.* Göttingen: V&R, 2024, S. 249–264; „The Buyers of Operetta: Imported Modernity on the Stage of the German Theatre in Łódź Before the First World War.", in: Katarzyna Badowska, Tomasz Cieślak, Krystyna Pietrych (Hg.): *City of Modernity. Łódź*, Wiesbaden: Harrassowitz, 2023, S. 455–468.

Kerstin Wilhelms
Dr. phil. – Wissenschaftliche Mitarbeiterin am Germanistischen Institut der Universität Münster, Literaturwissenschaftlerin. Promotion 2015 an der Universität Münster (*My Way. Der Chronotopos des Lebenswegs in der Autobiographie*. Heidelberg: Winter 2017). Leiterin des Forschungsprojekts „Schau-Prozesse. Inszenierungen des Rechts als soziale Praxis“ im SFB 1385 2019–2024. Publikations- und Forschungsschwerpunkte: Recht und Theater, politisches Theater, Autobiographie und Life Writing, mediale Inszenierungen, Gender Studies und Pop Lyrics.

Yan Xiaoping
geb. 1986, ist Dramatikerin und Regisseurin. Nach ihrem Studium an der Chinesischen Akademie für traditionelles Musiktheater und an der Peking Universität schreibt sie sowohl für zeitgenössische Schauspielaufführungen als auch für traditionelle Musiktheaterproduktionen. Ihre Werke wurden an zahlreichen Häusern in Peking, Shanghai und Tianjin sowie auf Theaterfestivals aufgeführt und mehrfach ausgezeichnet.

Hannah Zufall
s. Hannah von Sass